Prüfung von
Hochspannungs-Leistungsschaltern

Prüfung von Hochspannungs-Leistungsschaltern

Von

Dr. techn. Ernst Slamecka

Leiter des Hochleistungsversuchs- und Hochleistungsprüffeldes in Berlin
und wissenschaftlicher Berater der Siemens-Schuckertwerke AG

Mit 213 Abbildungen

Springer-Verlag Berlin Heidelberg GmbH

1966

Alle Rechte, insbesondere das der Übersetzung in fremde Sprachen, vorbehalten
Ohne ausdrückliche Genehmigung des Verlages ist es auch nicht gestattet,
dieses Buch oder Teile daraus auf photomechanischem Wege
(Photokopie, Mikrokopie) oder auf andere Art zu vervielfältigen
© by Springer-Verlag Berlin Heidelberg 1966
Ursprünglich erschienen bei Springer-Verlag, Berlin/Heidelberg 1966

Library of Congress Catalog Card Number: 65–25420

ISBN 978-3-662-12844-2   ISBN 978-3-662-12843-5 (eBook)
DOI 10.1007/978-3-662-12843-5

Titelnummer 1283

Die Wiedergabe von Gebrauchsnamen, Handelsnamen, Warenbezeichnungen usw.
in diesem Buch berechtigt auch ohne besondere Kennzeichnung nicht zu der Annahme, daß solche Namen im Sinne der Warenzeichen- und Markenschutz-Gesetz-
gebung als frei zu betrachten wären und daher von jedermann benutzt werden dürften

Vorwort

Dieses Buch ist aus den Arbeiten im Hochleistungs-Versuchs- und Prüffeld entstanden. Zuerst lag nur eine kleine Sammlung von Formeln und anderen Unterlagen vor, die sich in der Praxis als nützlich erwiesen hatten. Im Verlauf der Zeit wuchs diese Sammlung stark an, eine Folge der Erfahrungen und Erkenntnisse aus der stürmisch fortschreitenden Netz-, Schalter- und Prüftechnik. Schließlich konnte an eine Zusammenfassung in Buchform gedacht und vermutet werden, ein solches Buch würde als Ergänzung zu der schon vorhandenen Literatur nicht nur dem Ingenieur im Hochleistungsprüffeld helfen, sondern auch bei der Planung und beim Betrieb von Hochspannungsnetzen gute Dienste leisten. Nicht zuletzt regte zur Herausgabe des Buches die Tatsache an, daß es über viele der darin behandelten Vorgänge noch kein zusammenfassendes Werk gibt.

Die meisten Gleichungen, die in dem Buch vorkommen, wurden ausführlich hergeleitet, um das Verstehen der Zusammenhänge zu erleichtern. Die dargestellten Rechenverfahren sind allgemein anwendbar. Daraus kann auch der Studierende Nutzen ziehen. Als Unterlage für Zahlenrechnungen enthält das Buch ausführliche Tabellen und Diagramme. Bei der Benennung der behandelten Vorgänge und bei der Bezeichnung der zugehörigen Größen war ich nach Möglichkeit bestrebt, unter den vielen Empfehlungen die gebräuchlichsten zu wählen und fand in dem Vorschriftenwerk des VDE sowie in den Deutschen Normen eine gute Hilfe.

Der Stoff des Buches gliedert sich in fünf Kapitel. Jedes einzelne dieser Kapitel ist weitgehend unabhängig von den anderen. Auf eine Einführung in die Elektrotechnik wurde verzichtet, da es an entsprechenden Büchern nicht mangelt.

Vielen Fachkollegen danke ich für wertvolle Ratschläge. Namentlich danke ich Herrn Dr.-Ing. A. EINSELE, Herrn Dr.-Ing. M. ERCHE und Herrn Dipl.-Ing. J. JUNGMICHL für die Durchsicht des Manuskriptes. Herrn Dr. EINSELE bin ich auch für die Anregung zu der Entwicklung der synthetischen Prüfschaltungen mit gesteuerter Spannungsüberlagerung zu Dank verbunden. Herrn Dr.-Ing. E. PFLAUM und Herrn Ing. W. RUHNAU danke ich für die Mitarbeit bei dieser Entwicklung.

Für den Beitrag zu dem Abschnitt über Synchronmaschinen (Stoßleistungsgeneratoren) danke ich Herrn Dipl.-Ing. K. BONFERT und Herrn

Ing. K. WASCHULEWSKI, für den Beitrag zu dem Kapitel über das Schalten kapazitiver Ströme sage ich Herrn Dr.-Ing. G. KUMMEROW Dank. Große Verdienste um das Gelingen des Buches hat sich Herr Dipl.-Ing. Dipl.-Wirtschaftsing. W. WATERSCHEK erworben. Er hat nicht nur alle Rechnungen sorgfältig kontrolliert, sondern auch wesentliche Verbesserungen vorgeschlagen. Hierfür sowie für das Mitlesen der Korrekturen möchte ich ihm herzlich danken.

Den Siemens-Schuckert-Werken bin ich für die Förderung der Arbeiten zu Dank verpflichtet.

Dem Springer-Verlag danke ich für die vorzügliche Ausstattung des Buches und für die gute Zusammenarbeit bei seinem Druck.

Abschließend noch eine Bitte an die Leser, sowohl an die Fachleute als auch an die Studierenden: sie mögen alle Unzulänglichkeiten, die ihnen auffallen, dem Verfasser mitteilen und ihm auch Verbesserungsvorschläge nicht vorenthalten.

Berlin, im Herbst 1965

E. Slamecka

Inhaltsverzeichnis

Seite

Einleitung 1

I. Schalten großer induktiver Ströme 6

1 Schalten im gestörten Netz 8

2 Kurzschlußströme in Drehstromnetzen 9

   2.1 Dreipoliger Kurzschluß mit und ohne Erdberührung 12

   2.2 Zweipoliger Kurzschluß ohne Erdberührung 17

   2.3 Zweipoliger Kurzschluß mit Erdberührung 19

   2.4 Einpoliger Erdkurzschluß 26

3 Wiederkehrende Polspannungen nach dem Unterbrechen der Kurzschlußströme 26

   3.1 Wiederkehrende Polspannung an der Schaltstrecke des erstlöschenden Poles nach einem dreipoligen Kurzschluß mit und ohne Erdberührung 28

      3.1.1 Netz mit freiem Systemmittelpunkt 28

      3.1.2 Netz mit induktiv geerdetem Systemmittelpunkt 30

      3.1.3 Netz mit starr geerdetem Systemmittelpunkt 31

   3.2 Wiederkehrende Polspannung an den Schaltstrecken der an der
Unterbrechung eines zweipoligen Kurzschlusses mit Erdberührung
beteiligten Pole 35

      3.2.1 Netz mit freiem Systemmittelpunkt 38

      3.2.2 Netz mit induktiv geerdetem Systemmittelpunkt 38

      3.2.3 Netze mit starr geerdetem Systemmittelpunkt 38

   3.3 Wiederkehrende Polspannung an der Schaltstrecke nach einem
einpoligen Erdkurzschluß 39

4 Zusammenfassung 39

5 Der instationäre Kurzschlußstrom 41

   5.1 Der instationäre symmetrische Kurzschlußstrom 43

   5.2 Der instationäre asymmetrische Kurzschlußstrom 46

6 Einschwingspannungen 50

   6.1 Verfahren des „eingeprägten Stromes" zur Berechnung der Einschwingspannung 52

   6.2 Einschwingspannung an der Schaltstrecke des erstlöschenden Poles
nach einem dreipoligen Kurzschluß ohne Erdberührung 55

   6.3 Einschwingspannung an der Schaltstrecke des erstlöschenden Poles
nach einem dreipoligen Kurzschluß mit Erdberührung 57

VIII   Inhaltsverzeichnis

Seite

6.4 Einschwingspannung an der Schaltstrecke nach einem zweipoligen Kurzschluß mit Erdberührung 60

6.5 Einschwingspannung an der Schaltstrecke nach einem einpoligen Erdkurzschluß 62

6.6 Einschwingspannung an der Schaltstrecke nach einem einpoligen Erdschluß 64

Aufsätze zu Kapitel I 66

II. Schalten kleiner induktiver Ströme 72

1 Die unterbrechende Schaltstrecke als zeitlich veränderliche Spannungsquelle. 75

1.1 Konstante Spannungsfestigkeit der Schaltstrecke 77

1.2 Linear ansteigende Spannungsfestigkeit der Schaltstrecke 80

1.3 Maximale Schaltspannung bei vorgegebener Löschdauer und vorgegebenem Verlauf der Spannungsfestigkeit der Schaltstrecke . . 83

1.4 Minimale Spannungsfestigkeit 85

2 Schaltspannungen beim Ausschalten eines Transformators mit freiem Sternpunkt nach einem zweipoligen Kurzschluß 86

3 Schaltspannungen beim Ausschalten eines Transformators mit induktiv geerdetem Sternpunkt nach einem zweipoligen Kurzschluß mit Erdberührung 88

4 Abkippstrom und Schaltspannung 89

5 Parallelkapazität der Schaltstrecke und Höhe der Schaltspannung . . 92

6 Schaltspannungen beim Ausschalten unbelasteter Transformatoren auf der Ober- oder Unterspannungsseite 93

7 Magnetisierungskennlinie und Höhe der Schaltspannungen. 97

Aufsätze zu Kapitel II 99

III. Schalten kapazitiver Ströme 100

1 Einschwingspannung beim Ausschalten von Kondensatorbatterien und unbelasteten Kabeln im fehlerfreien Netz 104

1.1 Sternpunkt des speisenden Netzes und der kapazitiven Last geerdet 104

1.2 Sternpunkt des speisenden Netzes geerdet, Sternpunkt der kapazitiven Last frei 106

1.2.1 Einschwingspannung über der Schaltstrecke des erstlöschenden Poles 106

1.2.2 Einschwingspannungen nach der allpoligen Stromunterbrechung 107

1.3 Sternpunkt des speisenden Netzes frei, Sternpunkt der kapazitiven Last geerdet 109

1.4 Sternpunkt des speisenden Netzes und der kapazitiven Last frei . . 110

1.5 Einschwingspannung unter Berücksichtigung der Kapazität des speisenden Netzes, Netz- und Laststernpunkt geerdet 110

Inhaltsverzeichnis IX

Seite

1.6 Ausschalten einer kapazitiven Last mit Neuzündungen der Schaltstrecke 112

1.6.1 Amplituden und Frequenzen der Ausgleichströme 112

1.6.2 Beziehungen zwischen der Anzahl der Rückzündungen und
der Höhe der Schaltspannungen 115

1.7 Ableitwiderstand und Kapazität des Sternpunktes, Einfluß auf die
Einschwingspannung 117

1.7.1 Hochohmiger Ableitwiderstand und kleine Kapazität. . . . 118

1.7.2 Hochohmiger Ableitwiderstand und große Kapazität . . . 120

2 Einschwingspannungen beim Ausschalten von Kondensatorbatterien
und unbelasteten Kabeln im erdschlußbehafteten Netz, Sternpunkt
des speisenden Netzes frei, Sternpunkt der kapazitiven Last geerdet . 122

2.1 Erdschluß auf der Netzseite 122

2.2 Erdschluß auf der Lastseite 125

2.2.1 Löschfolge T—RS 126

2.2.1.1 Einschwingspannung über der Schaltstrecke des erstlöschenden Poles 126

2.2.1.2 Einschwingspannungen nach der allpoligen Stromunterbrechung 127

2.2.2 Löschfolge R—ST 128

2.2.2.1 Einschwingspannung über der Schaltstrecke des erstlöschenden Poles 129

2.2.2.2 Einschwingspannungen nach der allpoligen Stromunterbrechung 129

2.2.3 Löschfolge S—TR 131

2.2.3.1 Einschwingspannung über der Schaltstrecke des erstlöschenden Poles 131

2.2.3.2 Einschwingspannung nach der allpoligen Stromunterbrechung 132

3 Einschwingspannung beim Ausschalten von unbelasteten Freileitungen 135

3.1 Leitungsgleichungen 135

3.2 Ersatzschaltplan einer unbelasteten kurzen Freileitung 136

3.3 Ausschalten einer unbelasteten kurzen Freileitung 139

3.3.1 Einschwingspannung über der Schaltstrecke des erstlöschenden Poles 139

3.3.2 Einschwingspannungen über den Schaltstrecken nach der
Stromunterbrechung im zweitlöschenden Pol 141

3.3.3 Einschwingspannungen über den Schaltstrecken nach der allpoligen Stromunterbrechung 143

3.4 Nachbildung einer unbelasteten kurzen Leitung 145

3.5 Ausschalten einer unbelasteten langen Leitung 146

3.5.1 Differentialgleichungen der homogenen Leitung 147

3.5.2 Lösung der Differentialgleichungen für periodische Wellen . 148

Inhaltsverzeichnis

Seite

3.5.3 Ausgleichspannung auf der ausgeschalteten Leitung 151
3.5.4 Einschwingspannung an der Schaltstrecke 152
3.5.5 Beeinflussung durch Wanderwellen auf benachbarten Leitungsseilen 153

3.6 Nachbildung einer unbelasteten langen Leitung 155
3.6.1 Ähnlichkeitsgesetze zwischen den Ausgleichvorgängen auf der Leitung und an einem Element der Nachbildung 155
3.6.2 Prüfschaltungen 157
3.6.2.1 Elementenprüfung 157
3.6.2.2 Synthetische Prüfung 158

Aufsätze zu Kapitel III 159

IV. Der Schaltlichtbogen 161

1 Einführung 163

2 Energiebilanz des Bogens 165

3 Beschreibung des dynamischen Bogens nach A. M. CASSIE 165
3.1 Grundlegende Versuche mit Hochstrombögen 166
3.2 Gleichung des dynamischen Bogens 167
3.3 Bogenspannung bei vorgegebenem Verlauf des Ausschaltstromes . 168
3.4 Bogenstrom bei vorgegebenem Verlauf der Einschwingspannung . 170

4 Beschreibung des dynamischen Bogens nach O. MAYR 172
4.1 Thermoionisierung und Leitfähigkeit des Bogens 173
4.2 Leitfähigkeit und Wärmeinhalt des Bogens 176
4.3 Gleichung des dynamischen Bogens 178
4.4 Bogenspannung bei vorgegebenem Verlauf des Ausschaltstromes . 178
4.5 Bogenstrom bei vorgegebenem Verlauf der Einschwingspannung 180

5 Leitfähigkeit des Schaltlichtbogens und Grenzausschaltleistung. . . . 184
5.1 Löschbedingung 185
5.2 Grenzausschaltleistung im Bereich der Nachleitfähigkeit der Schaltstrecke 185
5.3 Linear ansteigende Einschwingspannung 186
5.4 Ungedämpft oszillierende Einschwingspannung 187

6 Wechselwirkung zwischen Schaltlichtbogen und Stromkreis 188
6.1 Untersuchung nach der Methode der kleinen Schwingungen . . . 188
6.1.1 Bogen mit Parallelkapazität 188
6.1.2 Bogen mit Parallelwiderstand 191
6.1.3 Bogen mit Reihenschwingkreis 192
6.2 Wechselwirkung zwischen Bogen und Stromkreis unter Berücksichtigung der vollen Größe des Ausschaltstromes und der wiederkehrenden Polspannung 196
6.2.1 Reihenschaltung aus Ohmschem Widerstand und Kapazität parallel zum Bogen 196

Inhaltsverzeichnis   XI

Seite

6.2.2 Bogen mit Parallelwiderstand und Parallelkapazität. . . . 198

6.2.3 Bogen in einem Stromkreis ohne dämpfende Schaltelemente 199

7 Ermittlung der Zeitkonstante des Schaltlichtbogens 200

7.1 Ermittlung der Bogenzeitkonstante aus Oszillogrammen der Bogenspannung und des Bogenstromes im Bereich des Nulldurchganges 200

7.2 Ermittlung der Bogenzeitkonstante nach dem Verfahren der Überlagerung mit einem höherfrequenten Wechselstrom 204

7.3 Ermittlung der Bogenzeitkonstante nach dem Verfahren der Überlagerung eines Gleichstromimpulses 207

Aufsätze zu Kapitel IV 213

V. Verfahren und Stromkreise für die Prüfung von Hochspannungs-Leistungsschaltern 216

1 Einführung 218

2 Direkte und indirekte Prüfverfahren 220

2.1 Direkte Prüfung 222

2.2 Indirekte Prüfung 227

2.2.1 Einpolige Prüfung 227

2.2.2 Elementenprüfung 233

3 Synthetische Prüfschaltungen 237

3.1 Entwicklungsformen 239

3.2 Skeats-Schaltung 240

3.3 Marx-Schaltung 241

3.4 Synthetische Prüfschaltungen nach dem Prinzip der gesteuerten
Stromüberlagerung (Zweifrequenz-Prüfschaltungen) 242

3.4.1 Addition der Ströme in der Schaltstrecke des Prüflings . . . 243

3.4.1.1 Anfangszustand 243

3.4.1.2 Hochstromintervall 243

3.4.1.3 Überlagerungsintervall 244

3.4.1.4 Schwingstromintervall 246

3.4.1.5 Hochspannungsintervall 248

3.4.2 Ausgeführte Prüfanlage 256

3.4.3 Subtraktion der Ströme in der Schaltstrecke des Blockierschalters 257

3.4.3.1 Überlagerungsintervall 258

3.4.3.2 Schwingstromintervall 259

3.4.3.3 Hochspannungsintervall 262

3.4.4 Ausgeführte Prüfanlage 266

3.5 Synthetische Prüfschaltungen nach dem Prinzip der gesteuerten
Spannungsüberlagerung (Einfrequenz-Prüfschaltungen) 268

3.5.1 Parallelschaltung des Hochspannungskreises zur Schaltstrecke des Prüflings 269

XII   Inhaltsverzeichnis

Seite

       3.5.1.1 Intervall der vom Hochstromkreis erzeugten Ein-
schwingspannung 270

       3.5.1.2 Intervall der Wechselwirkung zwischen Hochstrom-
und Hochspannungskreis 273

    3.5.2 Reihenschaltung des Hochstrom- und des Hochspannungs-
kreises 277

       3.5.2.1 Intervall der vom Hochstromkreis erzeugten Ein-
schwingspannung 277

       3.5.2.2 Intervall der Überlagerung der Spannungen des Hoch-
strom- und des Hochspannungskreises 278

    3.5.3 Ausgeführte Prüfanlage 282

Aufsätze zu Kapitel V 286

Nationale und internationale Bestimmungen und Richtlinien 291

Anhang: Literaturverzeichnis 296

Sachverzeichnis 313

Einleitung

Bei der Prüfung des Schaltvermögens von Hochspannungsleistungsschaltern gehört es mit zu den wichtigsten Aufgaben des Versuchsingenieurs, den Prüfstromkreis so zu schalten, daß die anzuwendenden Sollwerte des Kurzschlußstromes, der Einschwingspannung und der wiederkehrenden Polspannung erreicht werden. In nationalen und internationalen Prüfbestimmungen sind diese Sollwerte festgelegt. Sie beruhen auf umfangreichen Netzuntersuchungen und langjährigen Betriebserfahrungen. Die Kenntnis dieser Werte allein genügt jedoch nicht immer, um alle Entscheidungen treffen zu können, die der Prüfbetrieb erfordert. Es ist auch notwendig zu wissen, wie die Ströme und Spannungen von der Art des Fehlers, den Erdungsverhältnissen und der Verteilung der strombegrenzenden Reaktanzen im Netz allgemein abhängen.

Das *erste Kapitel* gibt darüber Auskunft. Unter den verschiedenen Möglichkeiten der Darstellung wurden die elementaren Rechenmethoden gewählt, damit die Zusammenhänge ohne große Mühe verstanden werden; nicht zuletzt aber auch, damit der Zeitaufwand für das Studium klein bleibt. Denn bei aller Eleganz der Darstellung mit Hilfe der Matrizen und Komponentenrechnung kann nicht übersehen werden, daß hierzu viel Vorarbeit, vor allem aber viel Übung notwendig ist.

Empfehlenswert schien es, den Verlauf des instationären Kurzschlußstromes von Stoßleistungsgeneratoren, d. h. Synchronmaschinen, kurz zu behandeln und hierzu auch Beispiele anzugeben.

Eine Anforderung an den Leistungsschalter, die mit zunehmendem Kurzschlußstrom an Bedeutung gewinnt, ist das Ausschalten sogenannter Abstandskurzschlüsse. Sie werden hervorgerufen durch einen Überschlag auf der Freileitung zwischen den Leitern oder von einem der Leiter gegen Erde in einer verhältnismäßig kurzen Entfernung von der Station (einige hundert Meter bis einige Kilometer). Nach der Unterbrechung des ein- oder mehrpoligen Kurzschlußstromes schwingt die Spannung am Anfang der Freileitung in den stationären Verlauf ein. Die Frequenz der Schwingung ist der Länge der kurzgeschlossenen Leitung umgekehrt proportional — demnach sehr hoch —, ihre Amplitude ist der Leitungslänge proportional. Auf der Netzseite spielt sich ein ähnlicher Vorgang ab, wobei jedoch die Frequenz der Schwingung relativ niedrig ist. Die Schaltstrecke wird von der Summe der beiden Spannungen beansprucht. Insbesondere der erste steile, im wesentlichen durch den

2 Einleitung

Ausgleichsvorgang auf der Freileitung bedingte Anstieg der resultierenden Spannung (einige kV/µs) stellt an das Löschvermögen des Leistungsschalters hohe Anforderungen.

Während die Schaltvorgänge beim Abstandskurzschluß qualitativ bereits weitgehend geklärt werden konnten, sind die quantitativen Untersuchungen noch nicht abgeschlossen. Daher wäre es nach Meinung des Verfassers zur Zeit noch verfrüht, den Abstandskurzschluß in diesem Buch zu behandeln. Einen Überblick gibt jedoch die Literatur, die im Anschluß an das Kapitel I angeführt ist.

Im *zweiten Kapitel* wird das Ausschalten von kleinen induktiven Strömen erläutert und zu Beginn ein Verfahren angegeben, das es ermöglicht, unter bestimmten Voraussetzungen Schaltspannungen zu ermitteln. Dann wird die Auswirkung einer Parallelkapazität zur Schaltstrecke untersucht. Ferner wird der Unterschied aufgezeigt, der entsteht, je nachdem, ob man einen Transformator- auf der Ober- oder Unterspannungsseite ausschaltet. Zunehmende Bedeutung haben in jüngster Zeit die Bemühungen gewonnen, die maximalen Schaltspannungen beim Ausschalten unbelasteter Transformatoren nicht auf dem Umweg über eine Vielzahl von Schaltversuchen, sondern mit wenigen, gezielten Versuchen aus der Umwandlung der magnetischen in elektrische Energie unter Berücksichtigung des Wirkungsgrades dieser Energieumwandlung zu ermitteln. Daher werden die Grundlagen dieses Verfahrens erläutert.

Beim Ausschalten kleiner induktiver Ströme kann durch eine hohe Schaltspannung auf der abgeschalteten Seite die Isolation eines Leiters gegen Erde oder zwischen den Leitern durchschlagen werden. Bricht dabei auch die Isolation der Schaltstrecke zusammen, dann folgt dem Abkippen des kleinen induktiven Stromes ein Kurzschlußstrom nach. Dieses plötzliche Anwachsen eines kleinen Stromes auf einen Kurzschlußstrom bezeichnet man als Stromumschlag.

Die Kombination der verschiedenen Ausgleichsvorgänge, die zu diesem Fehler führt, ist bereits bekannt. Aber ähnlich wie bei dem vorhin erwähnten Abstandskurzschluß stehen auch hier noch abschließende quantitative Untersuchungen als Grundlage für Prüfverfahren und eine umfassende Behandlung aus.

Mit den Spannungen, die sich nach dem Unterbrechen kapazitiver Ströme über der Schaltstrecke aufbauen, befaßt sich das *dritte Kapitel*. Es fängt mit der Berechnung einfacher Schaltvorgänge im fehlerfreien und fehlerbehafteten Netz an und schließt mit der Behandlung von Ausgleichsvorgängen, die beim Ausschalten sehr langer unbelasteter Freileitungen durch überlagerte Wanderwellen entstehen. Der Verlauf der Einschwingspannungen wird nach dem Verfahren des eingeprägten Stromes berechnet. Im Zusammenhang mit der Rückzündung von Schaltstrecken werden auch die Ausgleichsvorgänge beim Schließen kapazitiver Stromkreise, insbesondere beim Parallelschalten von Kondensatorbatterien, untersucht.

In Kenntnis der Spannungs- und Stromverläufe ist man im Prüffeld in der Lage, Prüfkreise zu entwerfen, mit denen sich rückzündungsfreie und einschaltfeste Schalter entwickeln und prüfen lassen. Solche Stromkreise werden angegeben.

Das *vierte Kapitel* enthält die Theorie des Schaltlichtbogens. Für den Ingenieur, der im Hochleistungsprüffeld immer wieder dem wechselvollen und z. T. noch unerforschten Verhalten dieses Bogens gegenübersteht, besitzt dieses Thema eine beträchtliche Anziehungskraft. Daher wurde der Versuch unternommen, die verschiedenen Einzeldarstellungen über den Bogen dem heutigen Stand der Erkenntnisse entsprechend zusammenzufassen und auszubauen.

Die Verbesserung der Schalterkonstruktionen (eine Kenngröße dafür ist z. B. das Schaltergewicht je MVA Ausschaltleistung, 1928: 60 kp/MVA bei 200 kV, 1964: 0,6 kp/MVA bei 220 kV) und die Vergrößerung der Ausschaltleistung, (1928: Kurzschlußausschaltstrom 4 kA bei 200 kV, Löschdauer 100 bis 200 ms, 1964: Kurzschlußausschaltstrom 40 kA bei 220 kV, Löschdauer 10 bis 20 ms) wäre ohne Verfeinerung der Prüftechnik und ohne Vergrößerung der Prüfleistung kaum denkbar gewesen.

Andererseits wirkte sich die verbesserte Löschfähigkeit einer einzelnen Schaltstrecke auch auf die Entwicklung der Prüftechnik aus.

Bei diesem Stand der Dinge schien es vertretbar zu sein, ausgewählte Beispiele der Prüftechnik in *einem Kapitel, dem fünften*, zu behandeln. Die Fülle des Stoffes machte auch hier Einschränkungen unvermeidlich.

Zuerst werden die einzelnen Prüfverfahren definiert. Dann werden einige Angaben über Hochleistungsprüffelder gemacht.

Der wesentliche Inhalt dieses Kapitels liegt jedoch bei den synthetischen Prüfschaltungen, die in neuerer Zeit immer mehr Beachtung und Anwendung finden. Das Prinzip dieser synthetischen Prüfschaltungen wird erläutert, eine Übersicht über ihre geschichtliche Entwicklung gegeben und der Verlauf der Ströme und Spannungen untersucht.

Der Leser wird vielleicht erstaunt sein, in einem Buch über die Prüfung von Hochspannungsleistungsschaltern kein Kapitel zu finden, das diese Schalter selbst behandelt. Das hat folgenden Grund: Die Konstruktion eines Schalters, insbesondere für sehr große Ausschaltströme bei sehr hohen Betriebsspannungen, beruht auf der Anwendung von Erkenntnissen aus einem weiten Bereich der Technik und Physik.

Für eine eingehende Darstellung der Wirkungsweise und des Baues eines Leistungsschalters wäre es daher erforderlich gewesen, viele Teilgebiete, wie etwa

1*

4 Einleitung

Mechanik und Kinematik,

Theorie und Anwendung der Maschinenelemente,

Technologie der verschiedenartigsten Werkstoffe,

Hydro- und Aeromechanik,

Thermodynamik,

Physik des Schaltlichtbogens,

Stationäre und instationäre dielektrische Festigkeit fester, flüssiger
und gasförmiger Isolierstoffe

(die Reihenfolge bedeutet keine Rangordnung)

eingehend und auf den Schalter ausgerichtet zu behandeln.

Von einem solchen Vorhaben wurde jedoch abgesehen, da vorher auf
vielen der genannten Teilgebiete noch manches Problem zu lösen ist.

Dafür wurde zur Unterrichtung des Lesers eine große Zahl neuerer
Veröffentlichungen über Leistungsschalter, nach Löschprinzipien und
Spannungsbereichen geordnet, im Anhang zusammengestellt. Ebenfalls
zu diesem Zweck wurde dem Kapitel V ein reichhaltiges Verzeichnis der
einschlägigen nationalen und internationalen Vorschriften beigefügt.

Auch dem Hochleistungsprüffeld ist kein Kapitel gewidmet.

Ein Hochleistungsprüffeld stellt sich auf den ersten Blick als eine
Anordnung von Maschinen, Apparaten und Geräten der Starkstrom-
technik (Generatoren, Transformatoren, Drosselspulen, Sammelschienen,
Schaltgeräte und Schaltwarten) dar, wie sie in ähnlicher Form auch im
Netz vorkommt.

Etwas weniger fallen in diesem Prüffeld die hochentwickelten meß-
technischen Geräte, die heute nicht nur elektrische Größen erfassen, auf.

Beobachtet man das Prüffeld noch genauer, so macht sich bald ein
dritter sehr wesentlicher Bestandteil bemerkbar: die Apparate und Vorrichtungen der Steuerungstechnik. Durch sie wird erst das sinnvoll zeitlich gestufte Zusammenwirken aller vorhandenen Einrichtungen möglich.

Über Synchronmaschinen, Transformatoren, Drosselspulen und
Stromverteilungsanlagen kann in vielen Büchern nachgelesen werden.

Zusammenfassende Beschreibungen großer Hochleistungsprüffelder
findet man z. B. in den Schriften der ASTA (The Association of Short-
Circuit Testing Authorities), London, der CESI (Centro Elettrotecnico
Sperimentale Italiano), Mailand, der EdF (Électricité de France, Station
d'essais à grande puissance), Paris/Fontenay, der KEMA (Naamloze
Vennootschap tot Keuring van Electrotechnische Materialen), Arnheim,
der PEHLA (Gesellschaft für elektrische Hochleistungsprüfungen — Prüfung elektrischer Hochleistungsapparate), Frankfurt/M., und der VÚSE

(Státní Výzkumný Ústav Silnoproudé Elektrotechniky — Staatliches Forschungsinstitut für Starkstromtechnik, Hochleistungsprüffeld), Prag/Běchovice. Das Bedürfnis, auf diesem Gebiet Wissen zu erwerben oder zu erweitern, läßt sich also leicht erfüllen. Anders ist dagegen die Lage bei der speziellen Meß- und Steuerungstechnik. Zusammenfassende Arbeiten gibt es hier noch nicht. Über den Problemkreis informieren jedoch die zahlreichen Veröffentlichungen, die ebenfalls in den Anhang aufgenommen wurden.

I. Schalten großer induktiver Ströme

Formelzeichen

a	komplexer Faktor (Operator)
A_1, A_2, A_3	Konstante
B_1, B_2, B_3	Konstante
C_1, C_2, C_3	Konstante
C	Kapazität
C_1	Betriebskapazität eines Leiters einer Drehstromleitung
C_e	Erdkapazität eines Leiters einer Drehstromleitung
C_g	Gegenkapazität zwischen zwei Leitern einer Drehstromleitung
C_{res}	resultierende Kapazität parallel zur Schaltstrecke
F_N, F_Z	Polynome
$\Im, \Im_R, \Im_S, \Im_T$	Zeiger der Phasenströme
I	Betrag des Stromes
I_N	Nennstrom
$\Im_M$	Zeiger des Erdstromes
I_M	Betrag des Erdstromes
$\Im_{K3}$	Zeiger des dreipoligen Kurzschlußstromes
I_{K3}	Betrag des dreipoligen Kurzschlußstromes
i_{K3}	Augenblickswert des dreipoligen Kurzschlußstromes
I_{K2}	Betrag des zweipoligen Kurzschlußstromes
$\Im_{K1}$	Zeiger des einpoligen Erdkurzschlußstromes
I_{KO}	Betrag des Fehlerstromes bei Phasenopposition
$\Im_C$	Zeiger des kapazitiven Erdschlußstromes
$\hat{I}_k''$	Scheitelwert des subtransienten Kurzschlußstromes
$\hat{I}_k'$	Scheitelwert des transienten Kurzschlußstromes
$\hat{I}_d$	Scheitelwert des Dauerkurzschlußstromes
$\hat{I}_a$	Scheitelwert des Ausschaltstromes
i	Augenblickswert des Stromes nach der Schalthandlung
$\tilde{i}$	Augenblickswert des Stromes vor der Schalthandlung
$\tilde{i}, i^*$	Augenblickswert des Stromes als Folge der Schalthandlung
k	Impedanzverhältnis
L	Induktivität, Ersatzinduktivität des Netzes
L_{res}	resultierende Induktivität
L_M	Induktivität zwischen Systemmittelpunkt und Erde
L_0	Nullinduktivität
p_1, p_2, p_3, p_i, p_n	reelle Wurzeln eines Polynoms
P_K	Kurzschlußleistung
$P_{KI}, P_{KII}, P_{Ki}, P_{Kj}$	Teilkurzschlußleistungen
P_{KG}	Kurzschlußleistung eines Generators
P_{KL}	Kurzschlußleistung einer Leitung
P_{KT}	Kurzschlußleistung eines Transformators

I. Schalten großer induktiver Ströme

P_{KO}	Kurzschlußleistung bei Phasenopposition
P_{IO}, P_{IIO}	Teilkurzschlußleistungen bei Phasenopposition
P_k''	Anfangskurzschlußleistung
P_a	Ausschaltleistung
R	Ohmscher Widerstand des Kurzschlußkreises
R_1	Ohmscher Widerstand der Ständerwicklung
R_2	Ohmscher Widerstand der Erregerwicklung
R_{3d}	Ohmscher Widerstand der Dämpferwicklung in der Längsachse
R_{3q}	Ohmscher Widerstand der Dämpferwicklung in der Querachse
S_m	mittlere Steilheit der Einschwingspannung an der Schaltstrecke des erstlöschenden Poles bei einem 3poligen erdfreien Kurzschluß
S_{me}	mittlere Steilheit der Einschwingspannung an der Schaltstrecke des erstlöschenden Poles bei einem dreipoligen Kurzschluß mit Erdberührung
t	Augenblickswert der Zeit
T_d''	subtransiente Kurzschlußzeitkonstante
T_{d_0}''	subtransiente Leerlaufzeitkonstante
T_d'	transiente Kurzschlußzeitkonstante
T_{d_0}'	Leerlaufzeitkonstante der Erregerwicklung
T_a	Zeitkonstante des Gleichstromgliedes
$U_\triangle$	Nennspannung (verkettete Spannung)
$\mathfrak{u}$, $\mathfrak{u}_R$, $\mathfrak{u}_S$, $\mathfrak{u}_T$	Zeiger der Netzspannung (Phasenspannung)
U	Betrag der Netzspannung (Phasenspannung)
$\mathfrak{u}_M$	Zeiger der Spannung zwischen Systemmittelpunkt und Erde
$\mathfrak{u}_W$, $\mathfrak{u}_{WR}$, $\mathfrak{u}_{WS}$, $\mathfrak{u}_{WT}$	Zeiger der wiederkehrenden Polspannungen
U_W	Betrag der wiederkehrenden Polspannung
$\hat{U}_W$	Scheitelwert der wiederkehrenden Spannung
$\hat{U}_W''$	Scheitelwert der subtransienten wiederkehrenden Spannung
$\hat{U}_0$	Scheitelwert der Klemmenspannung der unbelasteten Synchronmaschine
u	Augenblickswert der Spannung an der Schaltstrecke nach der Schalthandlung
$\mathfrak{u}$	Augenblickswert der Spannung an der Schaltstrecke vor der Schalthandlung
$\tilde{u}$	Augenblickswert der Ausgleichsspannung an der Schaltstrecke als Folge der Schalthandlung
v	Verstimmung
X, X_i	Reaktanzbeträge
x, x_i	bezogene Reaktanzen
X_1	Betrag der Mitreaktanz
X_2	Betrag der Gegenreaktanz
X_0	Betrag der Nullreaktanz
X_{hd}	Hauptfeldreaktanz der Längsachse
X_{hq}	Hauptfeldreaktanz der Querachse
$X_{1\sigma}$	Streureaktanz der Ständerwicklung
$X_{2\sigma}$	Streureaktanz der Erregerwicklung
$X_{3\sigma d}$	Streureaktanz der Dämpferwicklung in der Längsachse

8 I. Schalten großer induktiver Ströme

$X_{3\sigma q}$	Streureaktanz der Dämpferwicklung in der Querachse
X_d''	subtransiente Längsreaktanz
X_q''	subtransiente Querreaktanz
X_d'	transiente Längsreaktanz
X_d	Synchronreaktanz
x_d''	bezogene subtransiente Längsreaktanz
x_d'	bezogene transiente Längsreaktanz
x_d	bezogene Synchronreaktanz
$\mathfrak{Z}, \mathfrak{Z}_I, \mathfrak{Z}_{II}$	Impedanzen (komplexe Widerstände)
Z, Z_I, Z_{II}	Impedanzbeträge, Impedanzoperatoren
$\mathfrak{Z}_1$	Mitimpedanz
Z_1	Betrag der Mitimpedanz
$\mathfrak{Z}_2$	Gegenimpedanz
Z_2	Betrag der Gegenimpedanz
$\mathfrak{Z}_0$	Nullimpedanz
Z_0	Betrag der Nullimpedanz
$\mathfrak{Z}_M$	Impedanz zwischen Systemmittelpunkt und Erde
$\mathfrak{Z}_C$	komplexer kapazitiver Widerstand
Z_C	Betrag eines kapazitiven Widerstandes
$\mathfrak{Z}_L$	komplexer induktiver Widerstand
Z_L	Betrag eines induktiven Widerstandes
$\mathfrak{Z}_{res}$	resultierende Impedanz
Z_{res}	Betrag einer resultierenden Impedanz
γ	Überschwingfaktor
$\delta_1, \delta_2, \delta_3, \delta_i$	Dämpfungsfaktoren
ϑ	Winkel zwischen Ständerwicklung und Erregerwicklung
λ	Verhältnis des Betrages der Nullimpedanz zum Betrag der Mitimpedanz
$\nu_1, \nu_2, \nu_3, \nu_i$	Kreisfrequenzen
ν	Einschwingkreisfrequenz des Netzes beim dreipoligen Kurzschluß
ν_e	Einschwingkreisfrequenz des Netzes beim dreipoligen Kurzschluß mit Erdberührung
ν_1	Einschwingkreisfrequenz des Netzes bei einem zweipoligen Kurzschluß mit Erdberührung
ν_0	Einschwingkreisfrequenz des Nullsystems
τ	Augenblickswert der Zeit
φ	Phasenwinkel, Impedanzwinkel
φ_0	Winkel der Nullimpedanz
ω	Kreisfrequenz des Netzes

1 Schalten im gestörten Netz

Die Schaltstrecken von Hochspannungs-Leistungsschaltern werden beim Schalten im gestörten Netz zuerst durch den Fehlerstrom, nach seiner Unterbrechung durch die *Einschwingspannung* und daran anschließend durch die *wiederkehrende Polspannung* beansprucht.

Diese Beanspruchungen zeigen bei dem fortschreitenden Ausbau der Hochspannungsnetze und dem damit verbundenen Anstieg der Kurzschlußströme und wiederkehrenden Spannungen eine noch immer stark ansteigende Tendenz.

So kommt ihnen für die Entwicklung und Prüfung von Hochspannungs-Leistungsschaltern eine in vieler Hinsicht große Bedeutung zu.

Man versteht unter der *Einschwingspannung* jene Spannung, die an der Schaltstrecke eines Schalterpoles, unmittelbar nachdem der Strom von diesem unterbrochen worden ist, auftritt. Gedanklich läßt sie sich in zwei Teilspannungen aufspalten: in eine Ausgleichsspannung und in eine betriebsfrequente Spannung. Der betriebsfrequente Spannungsanteil wird *wiederkehrende Polspannung* genannt.

Schließlich ist noch die Bezeichnung *wiederkehrende Spannung* oder auch *wiederkehrende Netzspannung* für die betriebsfrequente Spannung zwischen den Leitern auf der Seite der Einspeisung nach dem Unterbrechen des Stromes durch alle Pole und nach dem Abklingen des Ausgleichsvorganges gebräuchlich.

Für den Verlauf dieser Beanspruchungsgrößen lassen sich nur in einem sehr begrenzten Ausmaß übersichtliche Formeln angeben.

Schon durch verhältnismäßig einfache Kombinationen der elektrischen Bauelemente des Netzes — im Zusammenhang mit der Einschwingspannung z. B. Generatoren, Transformatoren, Strombegrenzungsdrosselspulen und Leitungen — wächst der mathematische Aufwand für eine genaue Berechnung, insbesondere unter Berücksichtigung der Dämpfung so beträchtlich, daß Ergebnisse entweder nur durch stark vereinfachende Annahmen oder aber — wenn Genauigkeit gefordert wird — mit Hilfe von Analog- oder Digitalrechenmaschinen zu erhalten sind.

Die Berechnung dieser Ströme und Spannungen stellt daher, im ganzen betrachtet, einen umfangreichen, speziellen Wissenszweig dar. Ihn zu beherrschen, ist meist nur Spezialisten möglich.

Die Kenntnis einiger wichtiger Probleme und das Vertrautsein mit den zu ihrer Untersuchung anwendbaren, noch relativ einfachen Rechenmethoden ist jedoch auch dem Ingenieur, zu dessen Aufgabengebiet andere Fragen gehören, nützlich.

Hierzu soll die folgende Einführung einen Beitrag leisten.

2 Kurzschlußströme in Drehstromnetzen

Kurzschlüsse werden durch Überbrücken oder Zerstören der Isolation an einer oder an mehreren Stellen eines spannungsführenden Netzes verursacht.

Das Verschwinden oder die Verminderung der Isolation kann verschiedenen Ursprung haben.

10   I. Schalten großer induktiver Ströme

Bekannt sind z. B.:

mechanische Einwirkungen

— nach Arbeiten in der Anlage wird vergessen, die Erdung zu beseitigen, ein Bagger greift und beschädigt dabei ein Hochspannungskabel, die Seile einer Hochspannungsfreileitung schlagen zusammen, ein Trennschalter wird unter Last gezogen, ein Kleintier überbrückt die Sammelschienen in einer Schaltanlage —

Fremdschichteinflüsse

— an der Oberfläche der Isolatoren einer Hochspannungsfreileitung im Industriegebiet oder in Küstennähe setzt sich eine leitende Schicht ab, die anstehende Spannung erzeugt selbst durch Kriechstromeinwirkung einen leitenden Pfad an der Oberfläche eines dafür anfälligen Isolators —

Überschlag durch äußere Überspannungen

— ein Blitz schlägt in eine Freileitung oder in der Nähe einer Freileitung ein —

Überschlag durch innere Überspannungen

— bei einem intermittierenden Erdschluß, beim Ausschalten eines Transformators belastet mit einer Kompensationsdrosselspule, eine kapazitive

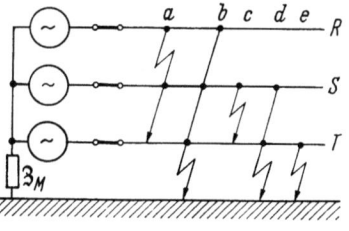

Abb. I/1. Kurzschlußfehler in Hochspannungsnetzen

Last wird mit Rückzündungen ausgeschaltet, eine leerlaufende lange Leitung wird eingeschaltet.

Will man diese Störungen unabhängig von der Entstehungsursache nach ihren elektrischen Auswirkungen unterscheiden und durch Kurzbezeichnungen charakterisieren, ergeben sich etwa 5 Fehlerarten, Abb. I/1:

a) dreipoliger Kurzschluß, erdfrei
b)   ,,   ,,   mit Erdberührung
c) zweipoliger   ,,   erdfrei
d)   ,,   ,,   mit Erdberührung
e) einpoliger Erdkurzschluß

Um einen ungefähren Überblick zu vermitteln, mit welchen Anteilen diese Störungen in verschiedenen Hochspannungsnetzen auftreten können, sind in den Abb. I/2, I/3 und I/4 die Ergebnisse von Untersuchungen in amerikanischen, deutschen und russischen Hochspannungsnetzen dargestellt.

2 Kurzschlußströme in Drehstromnetzen

Diese Diagramme dürften trotz der möglichen Streuung infolge der statistischen Natur der Dinge und der unterschiedlichen, regionalen Betriebsverhältnisse sowie trotz gewisser struktureller Änderungen, die

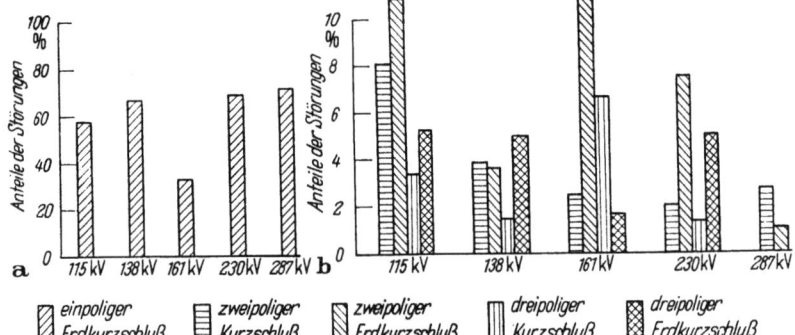

Abb. I/2a u. b. Anteile der Betriebsstörungen durch Kurzschlüsse in amerikanischen und kanadischen Hochspannungsnetzen nach R. L. WITZKE (1952).

a) einpoliger Erdkurzschluß; b) mehrpoliger Kurzschluß und Erdkurzschluß

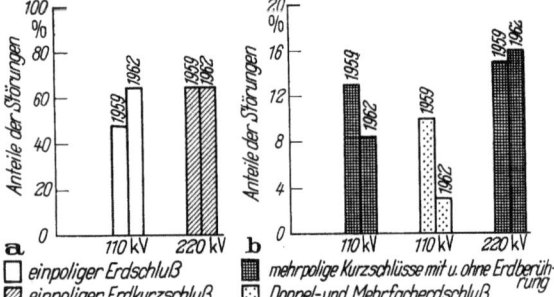

Abb. I/3a u. b. Betriebsstörungen durch Kurz- und Erdschlüsse in deutschen 110-kV- und 220-kV-Netzen nach der VDEW-Statistik 1959 und 1962

a) einpoliger Erdschluß und Erdkurzschluß; b) mehrpoliger Kurzschluß und Erdkurzschluß
Definition der Fehler: Begriffserklärungen aus der Leitungsschutztechnik — VDEW 1963

im Lauf der Zeit unvermeidbar sind, doch folgende grundsätzliche Einzelheiten über die Art der Beanspruchung der Schalter im Netz aussagen:

In allen Bereichen der Betriebsspannung überwiegen Erdschlüsse und Erdkurzschlüsse.

Mit steigender Betriebsspannung nehmen die Erd- und Erdkurzschlüsse zu, der Anteil der erdfreien Kurzschlüsse geht noch mehr zurück.

Bei Betriebsspannungen über 245 kV verschwindet der Anteil der dreipoligen erdfreien Kurzschlüsse überhaupt.

Die zugehörigen stationären Ströme und Spannungen lassen sich auf verschiedene Weise berechnen; man kann die dafür maßgebenden Glei-

12 I. Schalten großer induktiver Ströme

chungen entweder mit Hilfe der Kirchhoffschen Sätze direkt herleiten oder die Methode des Rechnens mit symmetrischen Komponenten zwischenschalten. Hier sollen aus den schon genannten Gründen nur einfache Fehler im Netz behandelt werden. Da in diesem Fall das Rechnen mit symmetrischen Komponenten keine Vorteile bringen, sondern nur mehr Aufwand benötigen würde, geben wir der direkten Berechnung den Vorzug.

Für weitergehende Interessen des Lesers sind in der Zusammenstellung des einschlägigen Schrifttums einige Quellen angegeben.

Abb. I/4a u. b. Anteile der Betriebsstörungen durch Kurzschlüsse auf 110-kV- und 220-kV-Freileitungen in der UdSSR nach M. A. BERKOWITSCH und W. A. SEMJONOW (1959)

a) einpoliger Erdkurzschluß; b) mehrpoliger Kurzschluß und Erdkurzschluß

2.1 Dreipoliger Kurzschluß mit und ohne Erdberührung

An diesem Fehler sind alle drei Phasen eines Drehstromsystems gleich beteiligt. Weist dieses System symmetrische, d. h. gleich große und in der Phasenlage um jeweils 120° verschobene Spannungen auf, an die symmetrisch, d. h. in jedem Leiter gleich große Widerstände angeschlossen sind, fließen nur symmetrische Ströme; sie erzeugen ihrerseits wieder nur symmetrische Spannungsabfälle.

Es genügt daher, den Strom eines Leiters zu berechnen, Abb. I/5. Aus der Gleichung

$$\mathfrak{u} - \mathfrak{Z}\,\mathfrak{J}_{K3} = 0, \tag{1}$$

folgt

$$\mathfrak{Z} = Z\,e^{j\varphi},$$

$$\boxed{\mathfrak{J}_{K3} = \frac{\mathfrak{u}}{\mathfrak{Z}}.} \tag{2}$$

Vielfach interessiert jedoch nicht nur der Kurzschlußstrom, sondern auch die Kurzschlußleistung, also das Produkt aus dem Kurzschlußstrom und der Spannung, die unmittelbar vor dem Kurzschlußstrom angestanden ist. Diese Kurzschlußleistung läßt sich folgendermaßen aus den Teilkurzschlußleistungen der Baugruppen der Anlage ermitteln:

2 Kurzschlußströme in Drehstromnetzen

Sind die induktiven Widerstände der betroffenen Generatoren — gerechnet wird stets mit der jeweiligen Anfangs- bzw. Übergangsreaktanz —, Transformatoren, Verbindungsleitungen und gegebenenfalls Strombegrenzungsspulen im einzelnen bekannt,

$$X = \frac{U_\Delta}{\sqrt{3}\,I_N}\,x, \qquad (3)$$

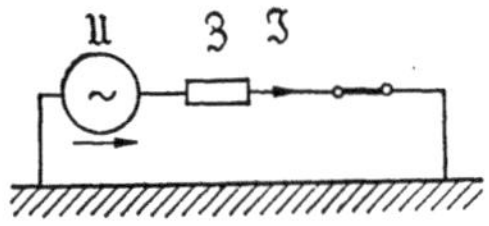

— bei großen Maschinen und dementsprechenden Anlagen ist im allgemeinen der Wirkwiderstand vernachlässigbar klein —, ergibt sich für die Teilkurzschlußleistung unter der Voraussetzung einer konstanten Spannung auf der Speiseseite

Abb. I/5
Dreipoliger Kurzschluß,
einpoliger Schaltplan

$$P_{Ki} = \frac{U_\Delta^2}{X_i} = \sqrt{3}\,\frac{U_\Delta I_N}{x_i}, \qquad (4)$$

und für die resultierende Kurzschlußleistung gilt:

$$P_K = \frac{U_\Delta^2}{\sum\limits_{i=1}^{n} X_i}. \qquad (5)$$

Ersetzt man in dieser Gleichung die Teilreaktanzen durch die Teilkurzschlußleistungen nach Gl. (4), nimmt die Gl. (5) die Form

$$P_K = \frac{1}{\sum\limits_{i=1}^{n} \dfrac{1}{P_{Ki}}} \qquad (6)$$

an.

Zur Erhöhung der Durchgangsleistung können Transformatoren parallelgeschaltet werden. Ferner können zur Leistungssteigerung — z. B. der Prüfleistung in einem Hochleistungsprüffeld — sowohl Transformatoren als auch Generatoren parallelgeschaltet sein.

In einer Erweiterung ist die Gl. (6) auch auf solche Fälle anwendbar. An die Stelle der Teilleistung eines einzelnen Apparates oder Anlagenteiles tritt nun die Summe der Kurzschlußleistungen der parallelgeschalteten Einheiten, so daß allgemein

$$P_K = \frac{1}{\sum\limits_{i=1}^{n} \dfrac{1}{\sum\limits_{j=1}^{m}{}_i P_{Kj}}}. \qquad (7)$$

14   I. Schalten großer induktiver Ströme

Als erstes Beispiel ist in Abb. I/6 der Schaltplan des Hochstromkreises eines Prüffeldes zu sehen, in dem zur Erhöhung der dreiphasigen Prüfleistung zwei Transformatoren parallelgeschaltet worden sind.

Mit den in diesem Bild eingezeichneten Symbolen für die Teilkurzschlußleistungen ergibt sich aus Gl. (7) die resultierende Kurzschlußleistung der Prüfanlage zu

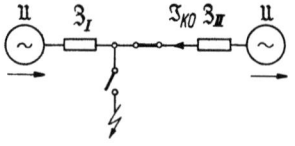

Abb. I/6. Hochstromkreis eines Hochleistungsprüffeldes, einpoliger Schaltplan

$$P_K = \frac{1}{\dfrac{1}{P_{KG}} + \dfrac{1}{P_{KL}} + \dfrac{1}{P_{KT1} + P_{KT2}}} . \qquad (8)$$

Mit den nachstehenden Zahlenwerten für die Teilkurzschlußleistungen

$$P_{KG} \ = \ 4\,800 \ \text{MVA}$$

$$P_{KL} \ = 48\,200 \ \text{MVA}$$

$$P_{KT1} = P_{KT2} = 4135 \ \text{MVA}$$

beträgt die resultierende Kurzschlußleistung 2820 GVA.

Für ein weiteres Beispiel zeigt die Abb. I/7 zwei Netze, die über eine Freileitung miteinander verbunden sind. Auf einem Leitungsabzweig sei ein dreipoliger Kurzschluß entstanden. Die resultierende Kurzschlußleistung an dieser Stelle unmittelbar nach dem Entstehen des Fehlers ist gleich der Summe der Teil-Kurzschlußleistungen

Abb. I/7. Kurzschluß auf einem Abzweig von einer Verbindungsleitung zweier Netze mit Phasenopposition als Fehlerfolge, einpoliger Schaltplan

$$P_K = P_{KI} + P_{KII} . \qquad (9)$$

Den zugehörigen Kurzschlußstrom beschreibt die Gleichung

$$I_{K3} = \frac{P_K}{3\,U} . \qquad (10)$$

Durch den Kurzschluß sind die beiden Netze entkoppelt und können im Verlauf der Störung außer Tritt fallen.

Dabei ist es möglich, daß die Spannungssterne der beteiligten Netze gerade um 180° auseinanderlaufen.

Man bezeichnet diesen Störungszustand als Phasenopposition.

Sie ist mit einer Kurzschlußleistung nach der Gleichung

$$P_{KO} = \frac{1}{\dfrac{1}{P_{IO}} + \dfrac{1}{P_{IIO}}} \qquad (11)$$

oder mit

$$P_{IO} = 3\,\frac{(2\,U)^2}{Z_I} = 4\,P_{KI},$$

$$P_{IIO} = 3\,\frac{(2\,U)^2}{Z_{II}} = 4\,P_{KII},$$

nach der Gleichung

$$P_{KO} = \frac{4}{\dfrac{1}{P_{KI}} + \dfrac{1}{P_{KII}}} \tag{12}$$

verbunden. Zwischen den beiden außer Tritt gefallenen Netzen fließt ein symmetrischer Fehlerstrom

$$I_{KO} = \frac{P_{KO}}{6\,U}. \tag{13}$$

Bezieht man die Kurzschlußleistung und den Kurzschlußstrom bei Phasenopposition auf die Summe der Kurzschlußleistungen und der Kurzschlußströme unmittelbar vor dem Entstehen dieses Zustandes, so ergibt sich

$$\boxed{\frac{P_{KO}}{P_K} = \frac{4}{\dfrac{P_{KI}}{P_{KII}} + \dfrac{P_{KII}}{P_{KI}} + 2}} \tag{14}$$

und

$$\boxed{\frac{I_{KO}}{I_{K3}} = \frac{1}{2}\,\frac{P_{KO}}{P_K}.} \tag{15}$$

In Abb. I/8 wurden die Aussagen dieser beiden Gleichungen graphisch ausgewertet. Danach entsteht der größte Ausschaltstrom offenbar dann, wenn die Teilkurzschlußleistungen der beiden in Phasenopposition beteiligten Netze gleich groß sind. Hierbei fließt aber nur die Hälfte des Summenkurzschlußstromes. Im allgemeinen kann man größere Unterschiede der Teilkurzschlußleistungen voraussetzen. Ein wahrscheinliches Verhältnis ist etwa

$$P_{KI} : P_{KII} = 1 : 6;$$

dem entspricht

$$\frac{P_{KO}}{P_K} \approx 0{,}5$$

und

$$\frac{I_{KO}}{I_{K3}} \approx 0{,}25.$$

16 I. Schalten großer induktiver Ströme

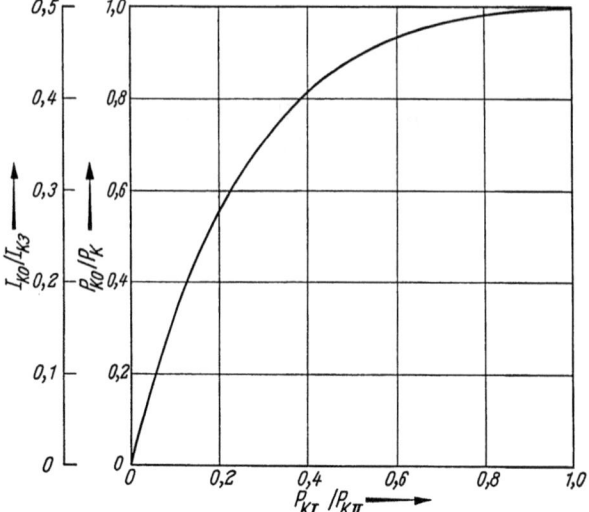

Abb. I/8. Bezogener Kurzschlußstrom und bezogene Kurzschlußleistung bei Phasenopposition

Die Impedanz in der Gl. (2) enthält sowohl den Blind- als auch den Wirkwiderstand der gesamten Strombahn. Die entwickelte Form lautet

$$I_K(\varphi) = \frac{U}{X} \frac{1}{\sqrt{1 + \left(\dfrac{R}{X}\right)^2}}. \tag{16}$$

Wird dieser Strom auf den ideellen Kurzschlußstrom bei $R = 0$ bezogen, dann ist das Verhältnis der Ströme vom Leistungsfaktor des Kurzschlußkreises nach der Gleichung

$$\boxed{\frac{I_K(\varphi)}{I_K} = \sqrt{1 - \cos^2 \varphi}} \tag{17}$$

abhängig. Aus der stark vergrößerten Darstellung dieser Winkelfunktion in dem interessierenden Bereich in Abb. I/9 wird ersichtlich, daß der Leistungsfaktor bis zu einem Wert von etwa $\cos \varphi = 0,15$ die Größe des Kurzschlußstromes nur wenig beeinflußt. Dieser Leistungsfaktor soll z. B. nach den VDE- und IEC-Richtlinien bei der Prüfung von Hochspannungs-Leistungsschaltern nicht überschritten werden.

Die Auswertung der Leistungsfaktoren nach Kurzschluß-Versuchen in großen Hochleistungsversuchsfeldern und Hochspannungsnetzen hat Werte geliefert, die gleich oder kleiner 0,1 sind.

2 Kurzschlußströme in Drehstromnetzen   17

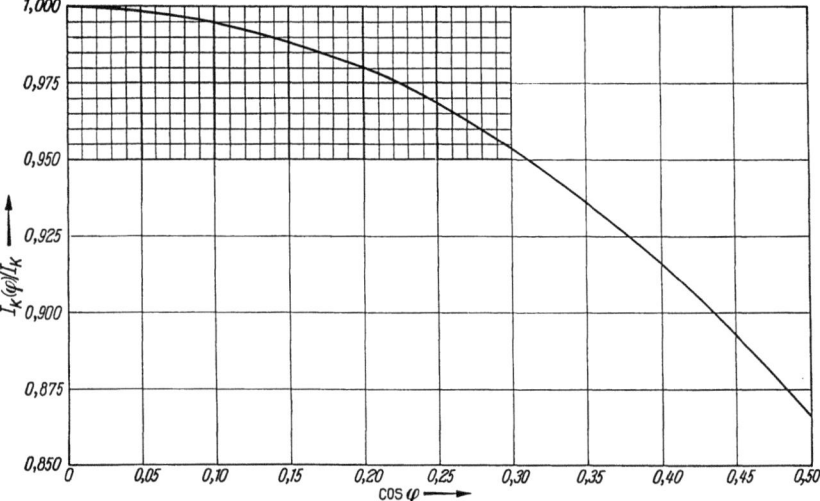

Abb. I/9. Abhängigkeit des bezogenen symmetrischen, dreipoligen Kurzschlußstromes vom
Leistungsfaktor

2.2 Zweipoliger Kurzschluß ohne Erdberührung

In Abb. I/10 ist der Stromkreis zu sehen, in welchem dieser Kurzschlußstrom fließt.

Dieser Kurzschlußkreis stellt auch die Verhältnisse bei der Ausschaltung eines dreipoligen erdfreien Kurzschlusses in dem Zeitintervall
zwischen den Stromunterbrechungen in den Schaltstrecken des erstlöschenden und der letztlöschenden Schalterpole dar.

Ein Umlauf in dem Kurzschlußkreis,

$$\mathfrak{U}_S - \mathfrak{Z}\,\mathfrak{I}_S + \mathfrak{Z}\,\mathfrak{I}_T - \mathfrak{U}_T = 0, \qquad (18)$$

liefert mit

$$\mathfrak{I}_T = -\,\mathfrak{I}_S\;,$$

$$\mathfrak{U}_S = a^2\,\mathfrak{U}_R$$

und

$$\mathfrak{U}_T = a\,\mathfrak{U}_R$$

Abb. I/10. Zweipoliger Kurzschluß ohne Erdberührung

$$\boxed{\mathfrak{I}_S = -j\,\frac{\sqrt{3}}{2}\,\frac{\mathfrak{U}_R}{\mathfrak{Z}}.} \qquad (19)$$

2 Slamecka, Prüfung

18   I. Schalten großer induktiver Ströme

Der zweipolige Kurzschlußstrom beträgt also nur 87% des symmetrischen dreipoligen Kurzschlußstromes. Für die Abhängigkeit vom Leistungsfaktor gilt die Aussage der Gl. (17) unverändert weiter.

Leitet man die Gleichung des zweipoligen Kurzschlußstromes mit Hilfe der Methode der symmetrischen Komponenten her, ergibt sich

$$\mathfrak{I}_S = -j \sqrt{3}\, \frac{\mathfrak{u}_R}{\mathfrak{Z}_1}\, \frac{1}{1 + \dfrac{\mathfrak{Z}_2}{\mathfrak{Z}_1}}. \tag{20}$$

In Abb. I/11 ist das Verhältnis der Ströme in Abhängigkeit von diesem Impedanzverhältnis eingetragen. Dabei wurde den Tatsachen in etwa entsprechend angenommen, daß der von den beiden Impedanzen eingeschlossene Winkel Null ist.

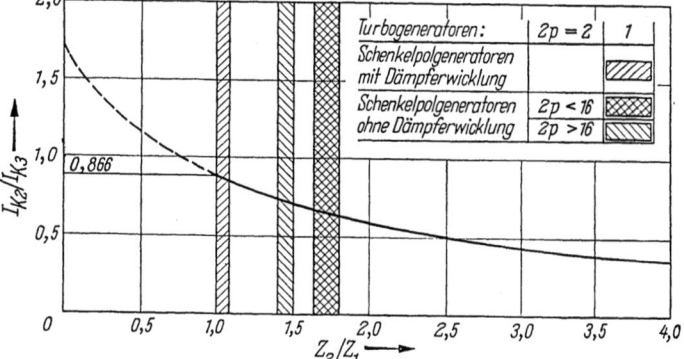

Abb. I/11. Bezogener zweipoliger Kurzschlußstrom in Abhängigkeit vom Verhältnis der Gegenreaktanz zu subtransienten bzw. transienten Mitreaktanz

Tabelle I/1. *Einige Kombinationen des komplexen Faktors (Operators) a*

$$a = e^{j\frac{2\pi}{3}} = -\frac{1}{2} + j\frac{\sqrt{3}}{2}$$

$$a^2 = e^{j\frac{4\pi}{3}} = -\frac{1}{2} - j\frac{\sqrt{3}}{2}$$

$$a^3 = 1 \qquad\qquad a + a^2 = -1$$

$$a^4 = a \qquad\qquad a - a^2 = j\sqrt{3}$$

$$1 + a + a^2 = 0 \qquad 1 - a = \frac{3}{2} - j\frac{\sqrt{3}}{2} = j\sqrt{3}\,a^2$$

$$1 + a = -a^2 \qquad 1 - a^2 = \frac{3}{2} + j\frac{\sqrt{3}}{2} = -j\sqrt{3}\,a$$

$$1 + a^2 = -a \qquad \frac{1 - a^2}{1 - a} = -a^2$$

2 Kurzschlußströme in Drehstromnetzen

Weiter sind in die Abbildung die Bereiche der Impedanzverhältnisse für die verschiedenen Generator-Grundtypen eingezeichnet, so daß sich danach die Anwendbarkeit der einfachen Gl. (19) beurteilen läßt.

Eine Zusammenstellung einiger Kombinationen des Faktors a, die auch für die weiteren Rechnungen nützlich ist, enthält die Tab. I/1.

2.3 Zweipoliger Kurzschluß mit Erdberührung

Bei der Herleitung der Gleichungen der Kurzschlußströme in diesem Fehlerfall gehen wir von dem Schaltplan in Abb. I/12 aus. Er unterscheidet sich von demjenigen in Abb. I/10 dadurch, daß jetzt Kurzschlußort und Netz-Mittelpunkt leitend miteinander verbunden sind.

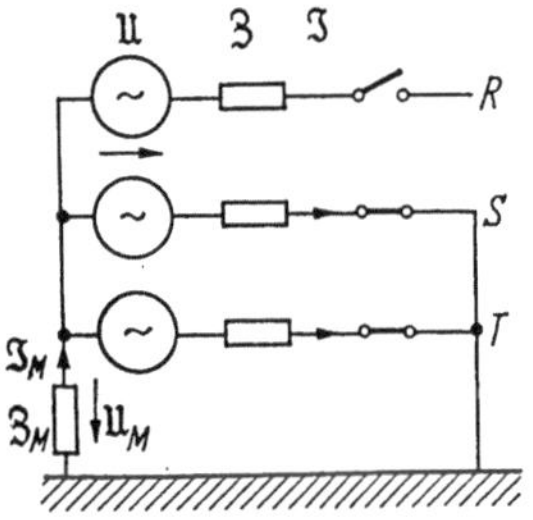

Es gilt der Ansatz

$$\begin{aligned}
\mathfrak{U}_S - \mathfrak{Z}\,\mathfrak{J}_S - \mathfrak{U}_M &= 0,\\
\mathfrak{U}_T - \mathfrak{Z}\,\mathfrak{J}_T - \mathfrak{U}_M &= 0,\\
-\mathfrak{Z}_M\,\mathfrak{J}_M + \mathfrak{U}_M &= 0,\\
\mathfrak{J}_S + \mathfrak{J}_T - \mathfrak{J}_M &= 0.
\end{aligned} \tag{21}$$

Abb. I/12. Zweipoliger Kurzschluß mit Erdberührung

Daraus folgt für die Spannung des Mittelpunktes

$$\mathfrak{U}_M = (\mathfrak{U}_S + \mathfrak{U}_T)\,\frac{\mathfrak{Z}_M}{\mathfrak{Z} + 2\,\mathfrak{Z}_M}. \tag{22}$$

In diesen Gleichungen eliminieren wir den Erdungswiderstand gemäß der Beziehung

$$\mathfrak{Z}_0 = \mathfrak{Z} + 3\,\mathfrak{Z}_M. \tag{23}$$

Für die neue Größe $\mathfrak{Z}_0$ hat sich die Bezeichnung „Nullimpedanz" eingebürgert. Sie kommt aus dem Rechnen mit symmetrischen Komponenten und stellt den Widerstand dar, den Ströme, die in allen 3 Leitern mit gleicher Größe und Phasenlage fließen, vorfinden.

Die Beziehung (23) drückt demnach aus, daß der zwischen Systemmittelpunkt und Erde angeordnete zusätzliche Widerstand auf einen Leiter bezogen worden ist.

Damit ergeben sich für die Kurzschlußströme folgende Gleichungen:

$$\mathfrak{J}_S = -\frac{\mathfrak{U}_R}{\mathfrak{Z}}\,j\,\frac{\sqrt{3}}{2}\cdot\frac{\dfrac{\mathfrak{Z}_0}{\mathfrak{Z}} - a}{\dfrac{1}{2} + \dfrac{\mathfrak{Z}_0}{\mathfrak{Z}}}, \tag{24}$$

$$\mathfrak{I}_T = \frac{\mathfrak{U}_R}{\mathfrak{Z}}\, j\, \frac{\sqrt{3}}{2}\, \frac{\dfrac{\mathfrak{Z}_0}{\mathfrak{Z}} - a^2}{\dfrac{1}{2} + \dfrac{\mathfrak{Z}_0}{\mathfrak{Z}}}, \qquad (25)$$

$$\mathfrak{I}_M = -\frac{\mathfrak{U}_R}{\mathfrak{Z}}\, \frac{3}{2}\, \frac{1}{\dfrac{1}{2} + \dfrac{\mathfrak{Z}_0}{\mathfrak{Z}}}. \qquad (26)$$

Leitet man die Gleichungen dieser Kurzschlußströme mit Hilfe der symmetrischen Komponenten her, folgen die Ausdrücke

$$\mathfrak{I}_S = -\mathfrak{U}_R\, j\sqrt{3}\, \frac{\mathfrak{Z}_0 - a\,\mathfrak{Z}_2}{\mathfrak{Z}_1\mathfrak{Z}_2 + \mathfrak{Z}_2\mathfrak{Z}_0 + \mathfrak{Z}_0\mathfrak{Z}_1}, \qquad (27)$$

$$\mathfrak{I}_T = \mathfrak{U}_R\, j\sqrt{3}\, \frac{\mathfrak{Z}_0 - a^2\,\mathfrak{Z}_2}{\mathfrak{Z}_1\mathfrak{Z}_2 + \mathfrak{Z}_2\mathfrak{Z}_0 + \mathfrak{Z}_0\mathfrak{Z}_1} \qquad (28)$$

und

$$\mathfrak{I}_M = -\mathfrak{U}_R\, \frac{\mathfrak{Z}_2}{\mathfrak{Z}_1\mathfrak{Z}_2 + \mathfrak{Z}_2\mathfrak{Z}_0 + \mathfrak{Z}_0\mathfrak{Z}_1}. \qquad (29)$$

Für $\mathfrak{Z}_1 = \mathfrak{Z}_2 = \mathfrak{Z}$ werden sie mit den Ausdrücken nach den Gln. (24, 25 und 26) identisch.

Bei einem Impedanzverhältnis, das gegen Unendlich geht, also bei einem sehr großen Erdungswiderstand, nimmt die Gl. (24) die Form der Gl. (19) an, während der Strom nach Gl. (26) verschwindet.

Dies muß auch so sein, da dieser Grenzfall nur eine Umschreibung des zweipoligen erdfreien Kurzschlusses ist.

Der Unterschied zwischen den Kurzschlußströmen in den Leitern S und T kommt durch die unterschiedlichen Ausdrücke für die Zähler in den Brüchen der Gln. (24 u. 25) zustande. Spaltet man die Zeigersumme der Zähler in Real- und Imaginärteil auf und faßt man die gleichliegenden Komponenten zusammen, wird deutlich:

Sobald man im Zähler der einen Gleichung, z. B. der Gl. (24), das Vorzeichen des Winkels, den die beiden Impedanzen $\mathfrak{Z}$ und $\mathfrak{Z}_0$ einschließen, wechselt, entsteht daraus der konjugiert komplexe Zähler der Gl. (25) und umgekehrt, Abb. I/13.

Die Untersuchung ergibt weiter, daß die Absolutwerte der Kurzschlußströme in den beiden Leitern S und T gleich groß sind, wenn der Winkel zwischen den Impedanzen verschwindet,

$$I_{K2} = |\mathfrak{I}_S| = |\mathfrak{I}_T| = \frac{U}{Z}\ \sqrt{3}\ \frac{\sqrt{1+\lambda+\lambda^2}}{1+2\lambda},\tag{30}$$

$$\lambda = \frac{Z_0}{Z}.$$

Die Abhängigkeit der Kurzschlußströme vom Verhältnis der Impedanzbeträge wurde in den Abb. I/14 und I/15 in der gleichen Art wie in den Arbeiten von R. Roeper (Kurzschluß-ströme in Drehstromnetzen, Siemens-Schuckertwerke A. G., Selbstverlag 1962) dargestellt. In den Abbildungen sind auch noch die Abhängigkeiten für andere Differenzen der Impedanzwinkel eingezeichnet. Die Abb. I/16 unterrichtet über den bezogenen Kurzschlußstrom, der über die Erdverbindung fließt.

Der Winkel zwischen den Impedanzen ist im allgemeinen negativ und liegt in einem Netz mit induktiv geerdetem Systemmittelpunkt zwischen Null und 90°. Dabei sind kleine Winkelwerte wahrscheinlicher als große.

Ein Winkel von etwa 90° bedeutet, daß der Erdungswiderstand ohmschen Charakter hat.

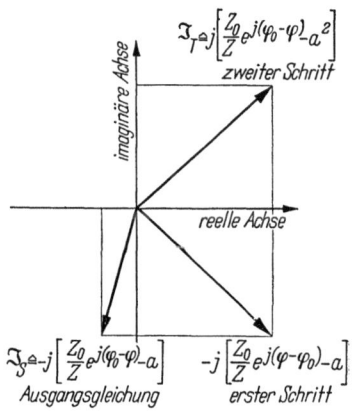

Abb. I/13. Zeigerdiagramm für den Zusammenhang zwischen $\mathfrak{I}_S$ und $\mathfrak{I}_T$ $\left(\text{gezeichnet für } \dfrac{Z_0}{Z} = 3 \text{ und } \varphi - \varphi_0 = 30°\right)$

Wird die Differenz der Impedanzwinkel größer als 90°, so heißt dies, daß eine der beiden Impedanzen kapazitiv geworden ist. In einem Netz mit freiem Mittelpunkt ist es die Nullimpedanz, die hauptsächlich von den Erdkapazitäten gebildet wird. Die Winkeldifferenz kann theoretisch bis auf 180° anwachsen.

In einem Netz mit starr geerdetem Systemmittelpunkt ist $\mathfrak{Z}_M$ Null.

Da die verbleibende Nullimpedanz, z. B. der Transformatoren, kleiner als die Mitimpedanz sein kann, ist es möglich, daß das Verhältnis $\frac{\mathfrak{Z}_0}{\mathfrak{Z}}$ kleiner als Eins wird. Es gilt dann nicht mehr die einfache Beziehung (23), sondern Tab. I/2.

Der zugehörigen Winkeldifferenz ist weiterhin der Bereich zwischen 0° und 90° zugeordnet. Als Folge davon wird der Kurzschlußstrom im Leiter S größer als der symmetrische dreipolige Kurzschlußstrom. Zum

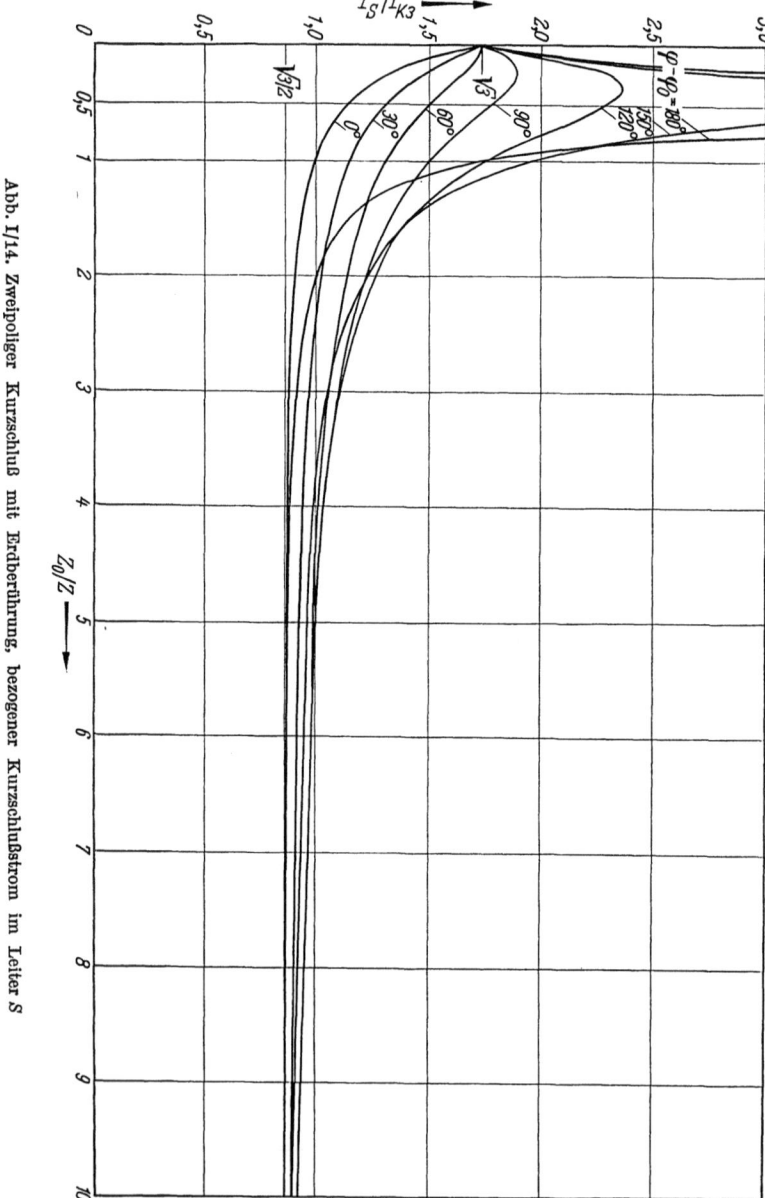

Abb. I/14. Zweipoliger Kurzschluß mit Erdberührung, bezogener Kurzschlußstrom im Leiter S

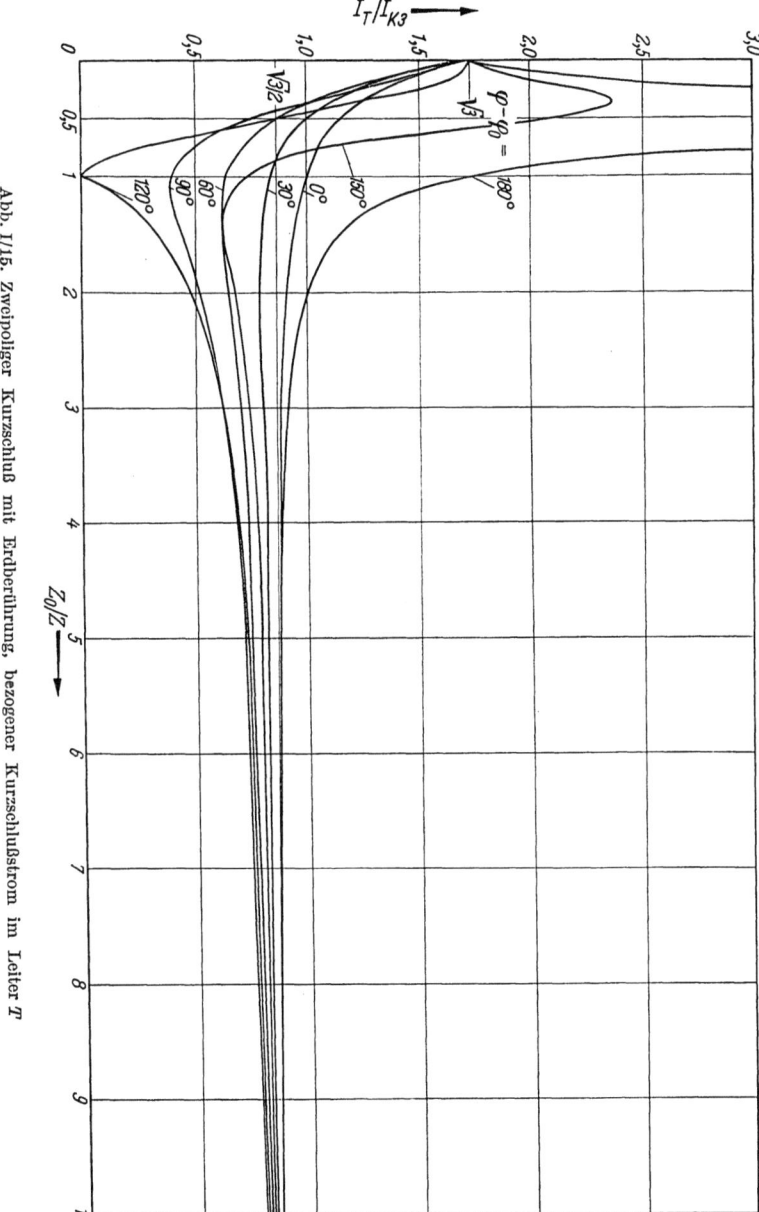

Abb. I/15. Zweipoliger Kurzschluß mit Erdberührung, bezogener Kurzschlußstrom im Leiter T

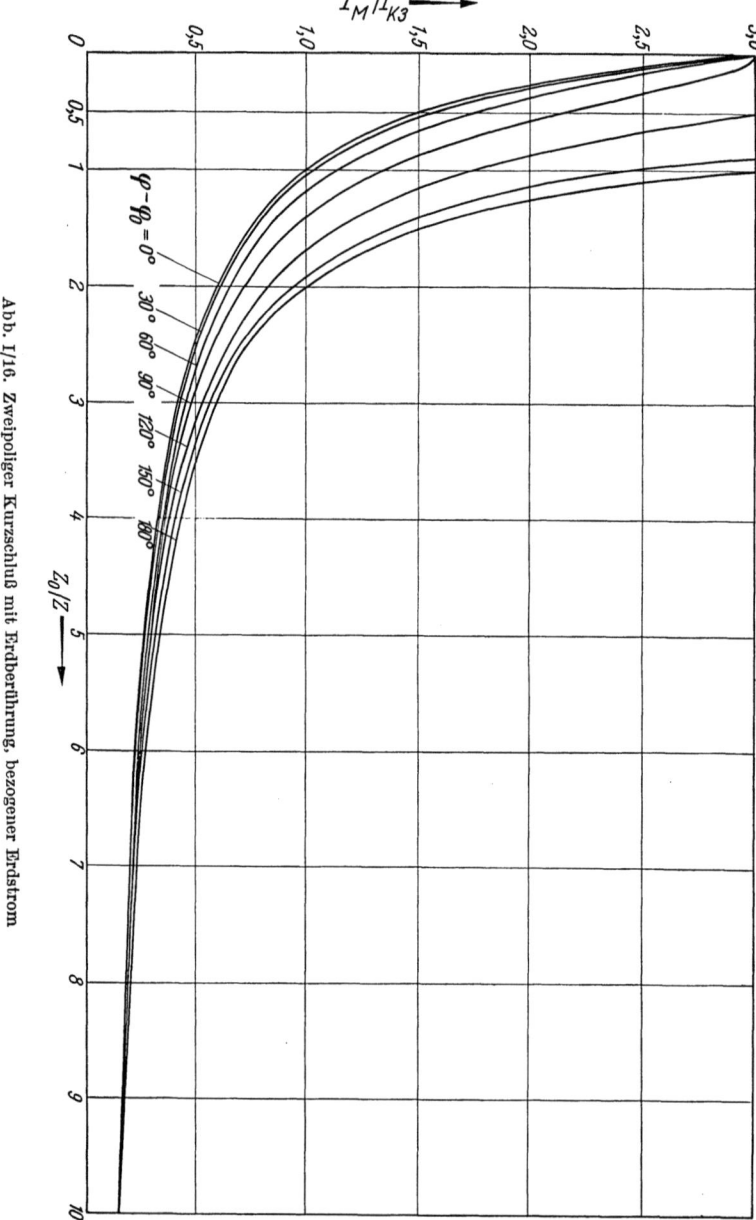

Abb. I/16. Zweipoliger Kurzschluß mit Erdberührung, bezogener Erdstrom

2 Kurzschlußströme in Drehstromnetzen   25

Beispiel macht bei einem Impedanzverhältnis von $\dfrac{Z_0}{Z} = 0{,}5$ und einer Winkeldifferenz von 60° die Stromzunahme 50% aus.

Tabelle I/2. *Bezogene Nullreaktanzen von Drehstromtransformatoren*
(nach G. Funk. Der Kurzschluß im Drehstromnetz. München: Oldenbourg 1962)

Schaltung	$\dfrac{X_0}{X_1}$	Transformatorkern
	3—10	Dreischenkelkern
	10—100	Mantel, Fünfschenkelkern, Einheit aus 3 Einphasentransformatoren
	0,65—1	beliebig
	0,10—0,15	beliebig

Bemerkung: Transformatoren mit $\dfrac{X_0}{X_1} \leqq 1$ sind voll sternpunktbelastbar.

Transformatoren mit $\dfrac{X_0}{X_1} > 1$ sind nur beschränkt oder nicht sternpunktbelastbar

Um die Bedingungen der starren Sternpunkterdung zu erfüllen, müssen die geerdeten Transformatorsternpunkte auch belastbar sein.

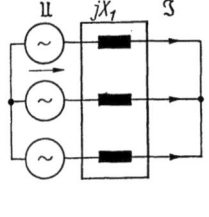

$$X_1 = \frac{U}{I}$$

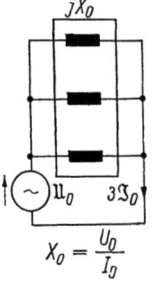

$$X_0 = \frac{U_0}{I_0}$$

Prinzipschaltungen zur Messung

der Mitreaktanz   und   der Nullreaktanz

26 I. Schalten großer induktiver Ströme

2.4 Einpoliger Erdkurzschluß

Anhand des Schaltplanes in Abb. I/17 läßt sich die Gleichung dieses Fehlerstromes unmittelbar anschreiben.

Unter Verwendung der Beziehung nach Gl. (23) lautet sie:

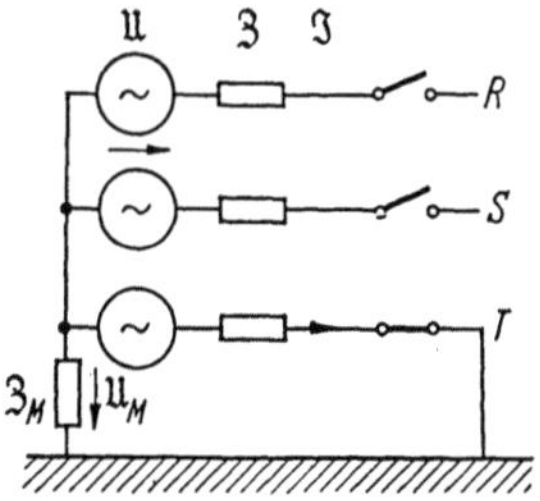

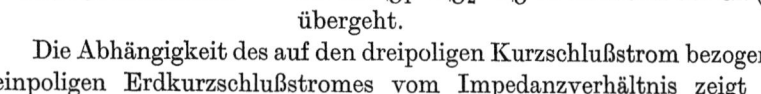

$$\Im_{K1} = \frac{\mathfrak{U}}{\Im}\,\frac{3}{2 + \dfrac{\Im_0}{\Im}}\,. \tag{31}$$

Das Rechenverfahren der symmetrischen Komponenten liefert dafür die Gleichung

$$\Im_{K1} = \frac{3\,\mathfrak{U}}{\Im_1 + \Im_2 + \Im_0}, \tag{32}$$

Abb. I/17
Einpoliger Erdkurzschluß

die bei $\Im_1 = \Im_2 = \Im$ in die Form der Gl. (31) übergeht.

Die Abhängigkeit des auf den dreipoligen Kurzschlußstrom bezogenen einpoligen Erdkurzschlußstromes vom Impedanzverhältnis zeigt die Abb. I/18.

Parameter ist wieder der von den beiden Impedanzen $\Im$ und $\Im_0$ eingeschlossene Winkel. Über ihn gilt das bereits bei der Behandlung des zweipoligen Kurzschlusses mit Erdberührung Gesagte.

In Netzen mit starr geerdetem Systemmittelpunkt sind bei relativen Impedanzwinkeln zwischen 0 und 90° Impedanzverhältnisse möglich, die zu einem Erdschlußstrom führen, der bis zu 30% größer sein kann als der dreipolige Kurzschlußstrom; die zugehörigen Parameter sind: $\dfrac{Z_0}{Z} = 0{,}5$ und $\varphi - \varphi_0 = 30°$.

Beträgt z. B. in einem starr geerdeten 400-kV-Netz mit einer Kurzschlußleistung von 35 GVA der dreipolige Kurzschlußstrom 50 kA, so sind bei einem Erdkurzschluß Ströme bis zu 65 kA zu erwarten.

Zusammenfassend läßt sich zu den Kurzschlußströmen sagen, daß in Netzen mit freiem Systemmittelpunkt sowie in Erdschluß-kompensierten Netzen der dreipolige Kurzschluß den größten Fehlerstrom verursacht. Dagegen können in Netzen, deren Mittelpunkte starr oder über einen sehr kleinen Widerstand geerdet sind, die größten Kurzschlußströme bei einem zwei- oder einpoligen Erdkurzschluß fließen.

3 Wiederkehrende Polspannungen nach dem Unterbrechen der Kurzschlußströme

Nach der Unterbrechung des Kurzschlußstromes in der Schaltstrecke eines Schalterpoles schwingt die Spannung daran in den stationären Verlauf ein.

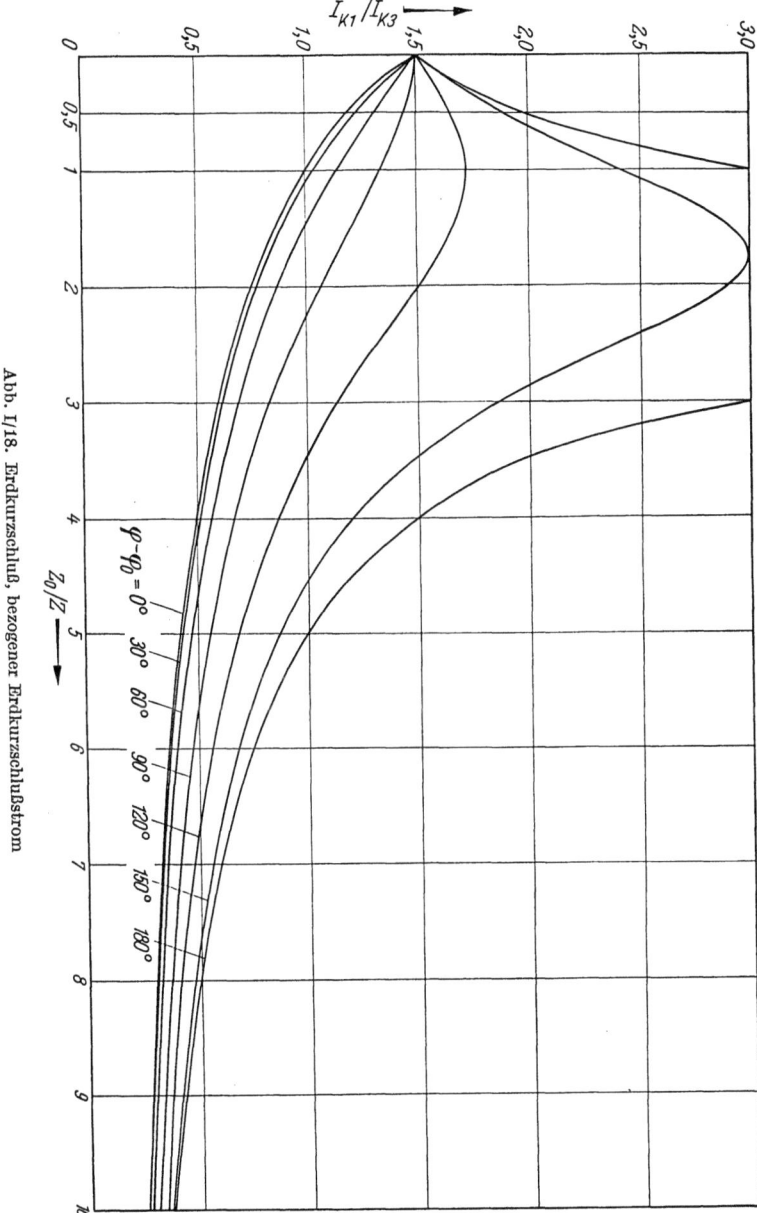

Abb. I/18. Erdkurzschluß, bezogener Erdkurzschlußstrom

28   I. Schalten großer induktiver Ströme

Die Gleichungen, welche die Höhe dieser stationären Spannungen bestimmen, sollen nun für alle vorstehend behandelten Fehlerfälle der Reihe nach ermittelt werden.

3.1 Wiederkehrende Polspannung an der Schaltstrecke des erstlöschenden Poles nach einem dreipoligen Kurzschluß mit und ohne Erdberührung

Zur Herleitung der hierfür maßgebenden Gleichung dient der Schaltplan in Abb. I/19.

Aus dem Umlauf in dem durch die offene Schaltstrecke, den Leitungszug und die Spannungsquelle der Phase R sowie die Erdrückleitung gebildeten Kreis ergibt sich entsprechend dem 2. KIRCHHOFFschen Satz

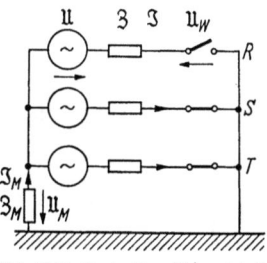

$$\mathfrak{U}_R - \mathfrak{U}_{WR} - \mathfrak{U}_M = 0. \qquad (33)$$

Setzt man in dieser Gleichung für die Spannung des Netzmittelpunktes die Beziehung nach Gl. (22) ein und wird ferner der Erdungswiderstand substituiert, folgt

$$\boxed{\;\mathfrak{U}_{WR} = \mathfrak{U}_R \, \frac{3}{2} \, \frac{\dfrac{\mathfrak{Z}_0}{3}}{\dfrac{1}{2} + \dfrac{\mathfrak{Z}_0}{3}}. \;} \qquad (34)$$

Abb. I/19. Dreipoliger Kurzschluß mit Erdberührung, Schaltplan zur Berechnung der wiederkehrenden Spannung an der Schaltstrecke des erstlöschenden Poles

Die Abb. I/20 führt vor Augen, wie sich nach dieser Gesetzmäßigkeit eine Änderung des Impedanzverhältnisses bei verschiedenen relativen Impedanzwinkeln auf die wiederkehrende Polspannung auswirkt.

3.1.1 Netz mit freiem Systemmittelpunkt

Schon bei der Behandlung der Kurzschlußströme wurde erwähnt, daß in einem Netz mit freiem Systemmittelpunkt die Differenz der Impedanzwinkel größer als 90° ist.

Die Nullimpedanz nimmt dann sehr große Werte an, dementsprechend auch das Impedanzverhältnis, und die wiederkehrende Polspannung ist daher — praktisch unabhängig von der Winkeldifferenz — etwa 50% größer als die Phasenspannung.

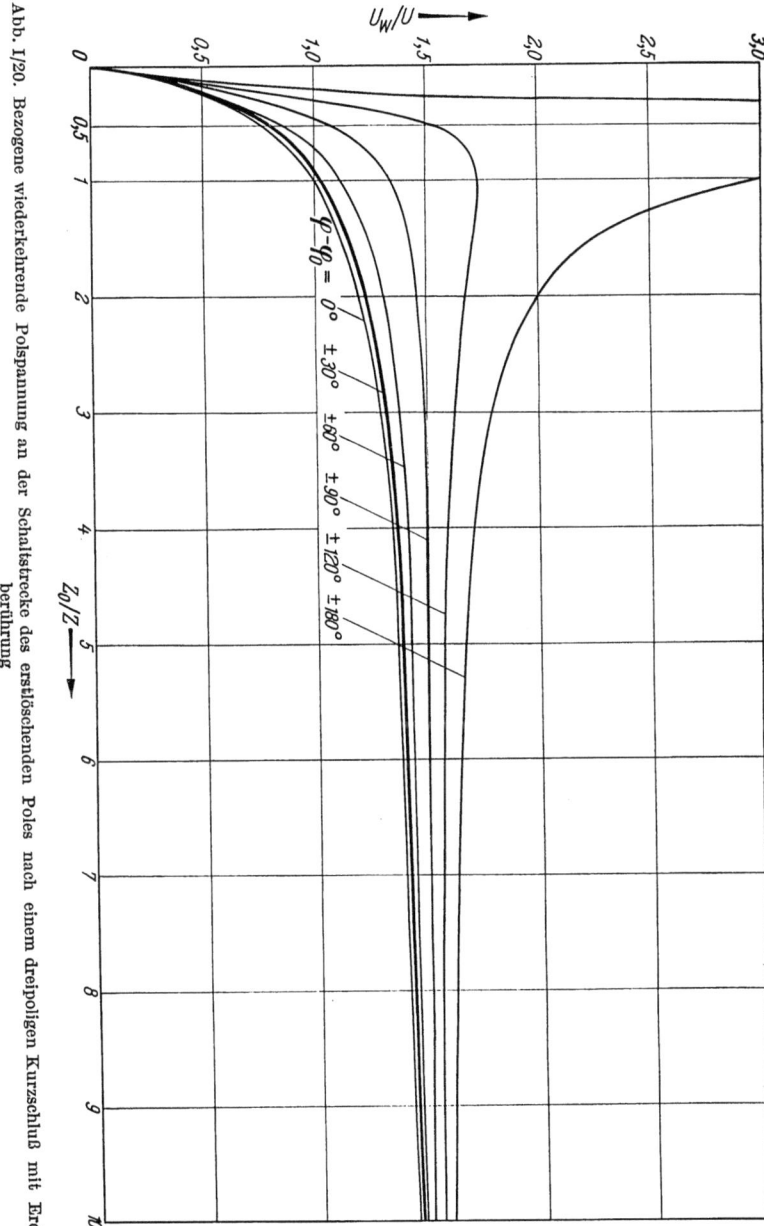

Abb. I/20. Bezogene wiederkehrende Polspannung an der Schaltstrecke des erstlöschenden Poles nach einem dreipoligen Kurzschluß mit Erdberührung

3.1.2 Netz mit induktiv geerdetem Systemmittelpunkt

In diesem Netz hängt die Höhe der wiederkehrenden Spannung über dem erstlöschenden Pol sehr von der Bemessung des induktiven Widerstandes ab. Nähere Auskunft darüber gibt die Impedanz, die der einpolige Erdschlußstrom vorfindet.

Diese Impedanz läßt sich nach dem Schaltplan in Abb. I/55 durch die Gleichung

$$3_{\mathrm{res}} = \frac{3_L}{1 + \dfrac{3_L}{3_C}} \tag{35}$$

darstellen.

$$3_L = j\,\omega\,L_M$$

bedeutet den induktiven Erdungswiderstand. Ihm gegenüber sind die übrigen induktiven Widerstände des Netzes meist vernachlässigbar klein.

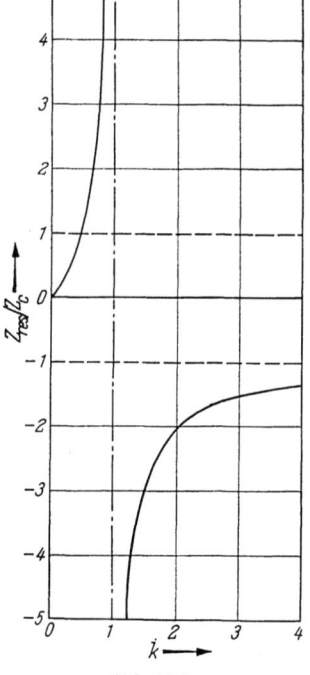

Abb. I/21

$$3_C = \frac{1}{j\,\omega\,3\,C_e}$$

steht für den kapazitiven Widerstand.

Setzt man

$$\frac{Z_L}{Z_C} = k\; \cdot \tag{36}$$

und betrachtet man nur den Absolutwert, folgt für die bezogene resultierende Impedanz

$$\frac{Z_{\mathrm{res}}}{Z_C} = \frac{k}{1 - k}. \tag{37}$$

Diese Beziehung wurde in Abb. I/21 ausgewertet. Wie daraus zu ersehen ist, geht die bezogene resultierende Impedanz bei vollständiger Kompensation, $k = 1$, gegen unendlich, so daß

$$\mathfrak{U}_{WR} = 1{,}5\,\mathfrak{U}_R.$$

Macht man den induktiven Erdungswiderstand größer als den kapazitiven Widerstand, der im wesentlichen durch Freileitungen und Kabel zustandekommt, $k > 1$, nimmt die bezogene resultierende Impedanz kapazitiven Charakter an. Ein solches Netz gilt als unterkompensiert.

Das Verhältnis der Nullimpedanz zur Mitimpedanz ist weiterhin

3 Wiederkehrende Polspannungen

wesentlich größer als Eins; somit liegt nach dem Diagramm in Abb. I/20 die wiederkehrende Polspannung nach wie vor etwa 50% über der Phasenspannung.

Macht man dagegen den induktiven Widerstand kleiner als den kapazitiven Widerstand des Netzes, $k < 1$, erhält die bezogene resultierende Impedanz induktiven Charakter. Dieser Zustand wird als Überkompensation bezeichnet; z. B. hat bei $k = 0{,}5$ die bezogene resultierende Impedanz den gleichen Betrag wie der kapazitive Widerstand.

Das Impedanzverhältnis $\frac{Z_0}{Z}$ ist dann unverändert wesentlich größer als Eins, so daß auch hier $\mathfrak{U}_{WR} \approx 1{,}5\,\mathfrak{U}_R$.

Wird der induktive Erdungswiderstand weiter verkleinert, gelangt man in das Gebiet der kleinen Impedanzverhältnisse. Damit sinkt auch die wiederkehrende Polspannung merklich ab.

3.1.3 Netz mit starr geerdetem Systemmittelpunkt

In einem solchen Netz ist der Systemmittelpunkt unmittelbar, d. h. starr mit der Erde verbunden. Wie bereits an früherer Selle vermerkt, kann sich darin das Impedanzverhältnis auf einen Wert von 0,5 verkleinern. Man spricht aber schon bei einem wesentlich größeren Wert des Impedanzverhältnisses von starrer Erdung. Dabei wird die starre Erdung im Zusammenhang mit der stationären betriebsfrequenten Spannung gesehen, die bei einem Fehler mit Erdberührung — also bei einem ein- oder zweipoligen Erdkurzschluß — an den gesunden Leitern auftritt.

Solange diese Spannung 80% der betriebsfrequenten Spannung zwischen den Leitern nicht überschreitet, gilt vereinbarungsgemäß das Netz als starr geerdet. Geht man mit dieser vorgegebenen oberen Spannungsgrenze in das Diagramm der Abhängigkeit der Spannung des gesunden Leiters vom Impedanzverhältnis bei einem einpoligen Erdkurzschluß, Abb. I/22 u. I/23, findet man für den ungünstigsten Fall nach Abb. I/23, daß das Impedanzverhältnis bei einer Winkeldifferenz von 30° den Wert 3 nicht überschreiten darf, wenn der genannte Spannungspegel eingehalten werden soll.

Braucht nur der zweipolige Erdkurzschluß berücksichtigt zu werden, könnte bei sonst gleichen Bedingungen das Impedanzverhältnis auf den Wert von 5 ansteigen, Abb. I/24. Zu den Diagrammen in den Abb. I/22, I/23 und I/24 sei noch vermerkt, daß sich die ihnen zugrunde liegenden Gleichungen nach dem hier angewendeten Rechenverfahren unschwer ermitteln lassen.

Dem Impedanzverhältnis 3 ist in der Abb. I/20 bei einer Differenz der Impedanzwinkel von 30° eine bezogene wiederkehrende Polspannung

32   I. Schalten großer induktiver Ströme

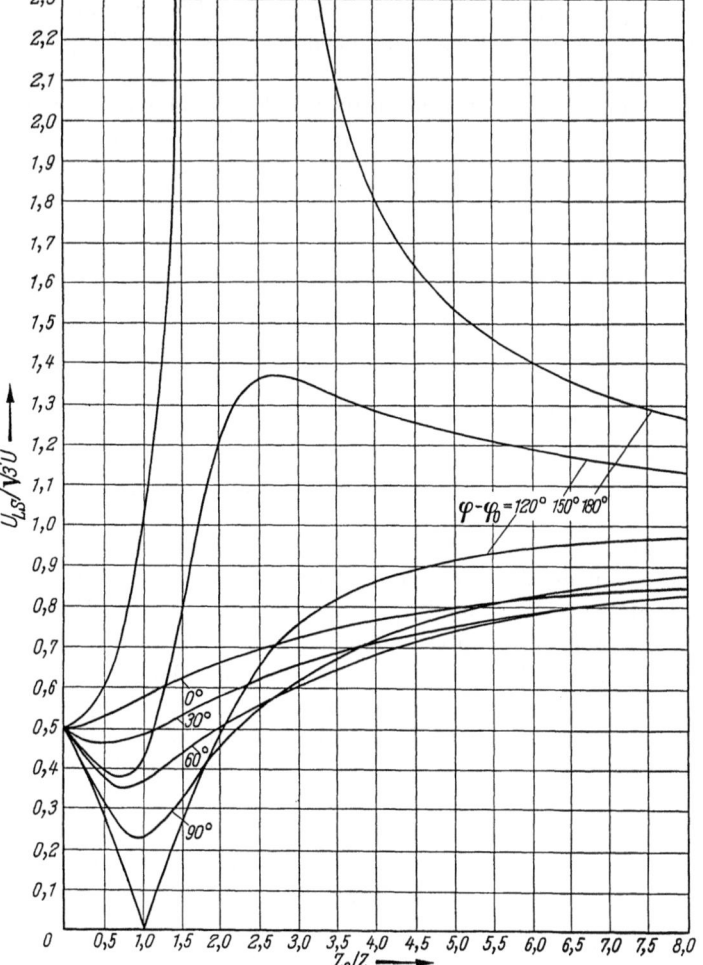

Abb. I/22. Bezogene betriebsfrequente Spannung des Leiters S gegen Erde bei einem einpoligen Erd-schluß im Leiter T

$$u_{LS} = -j\sqrt{3}\ u_R\ \frac{\frac{8_o}{8} - a}{\frac{8_o}{8} + 2}$$

von etwa 1,3 zugeordnet, dem Impedanzverhältnis von 5 bei der gleichen Winkeldifferenz eine solche von etwa 1,4.

Wenn feststeht, daß in einem Netz erdfreie Kurzschlüsse nicht in Betracht gezogen zu werden brauchen, können bei der einpoligen Prü-fung eines dreipoligen Schalters diese reduzierten wiederkehrenden Pol-spannungen angewendet werden.

3 Wiederkehrende Polspannungen

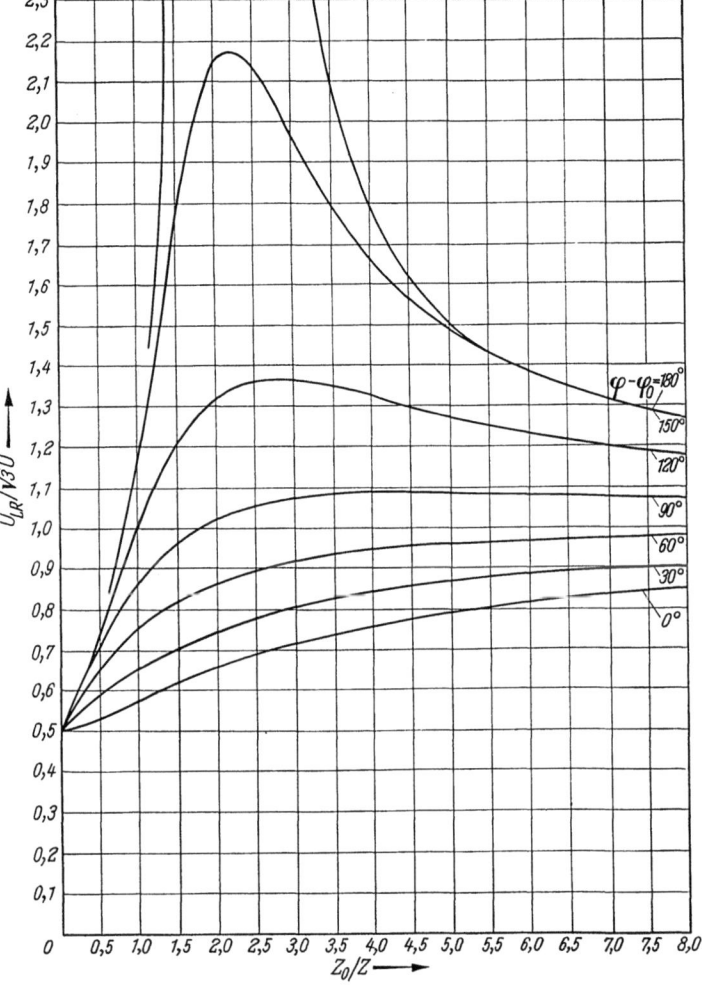

Abb. I/23. Bezogene betriebsfrequente Spannung des Leiters R gegen Erde bei einem einpoligen Erdkurzschluß im Leiter T

$$\mathfrak{U}_{LR} = j \sqrt{3} \; a \, \mathfrak{U}_R \, \frac{a \frac{\mathfrak{Z}_0}{\mathfrak{Z}} - 1}{\frac{\mathfrak{Z}_0}{\mathfrak{Z}} + 2}$$

3 Slamecka, Prüfung

34   I. Schalten großer induktiver Ströme

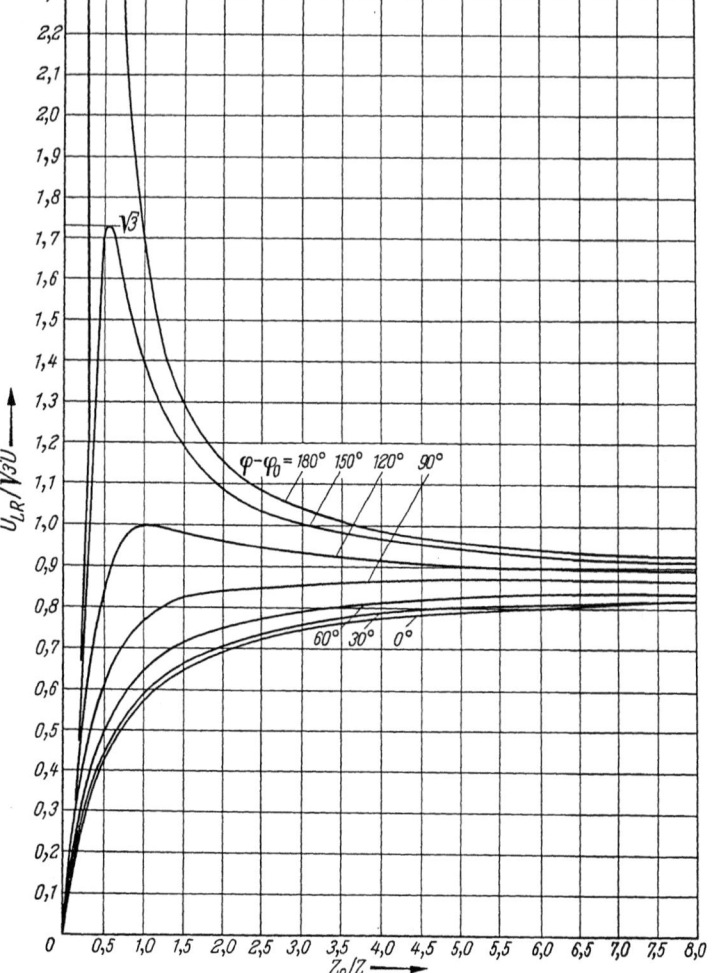

Abb. I/24. Bezogene betriebsfrequente Spannung des fehlerfreien Leiters gegen Erde bei einem zweipoligen Kurzschluß mit Erdberührung

$$\mathfrak{u}_{LR} = \mathfrak{u}_R \, \frac{3 \, \dfrac{\mathfrak{Z}_o}{\mathfrak{Z}}}{2 \, \dfrac{\mathfrak{Z}_o}{\mathfrak{Z}} + 1}$$

3.2 Wiederkehrende Polspannung an den Schaltstrecken der an der Unterbrechung eines zweipoligen Kurzschlusses mit Erdberührung beteiligten Pole

Ausgangspunkt für die Herleitung der Gleichungen dieser Spannungen ist der Schaltplan in Abb. I/12.

Vorstellungsgemäß habe bei der Unterbrechung des zweipoligen Erdkurzschlusses z. B. die Schaltstrecke des Poles T zuerst gelöscht.

In dem vom Leitungszug der Phase T und der Erdrückleitung gebildeten Kreis gilt

$$\mathfrak{U}_T - \mathfrak{U}_{WT} - \mathfrak{U}_M = 0. \tag{38}$$

Mit der Spannung des Systemmittelpunktes nach der Gleichung

$$\mathfrak{U}_M = \mathfrak{U}_S \frac{\mathfrak{Z}_M}{\mathfrak{Z} + \mathfrak{Z}_M} \tag{39}$$

ergibt sich nach Einführung der Beziehung (23) schließlich für die gesuchte wiederkehrende Polspannung der Ausdruck

$$\mathfrak{U}_{WT} = j \mathfrak{U}_R \sqrt{3} \; \frac{\dfrac{\mathfrak{Z}_0}{\mathfrak{Z}} - a^2}{2 + \dfrac{\mathfrak{Z}_0}{\mathfrak{Z}}}, \tag{40}$$

dessen Auswertung in Abb. I/25 dargestellt worden ist. Parameter bleibt die Winkeldifferenz zwischen der Null- und der Mitimpedanz.

Als nächstes wird angenommen, daß bei der Unterbrechung des zweipoligen Erdkurzschlusses die Schaltstrecke des Poles S zuerst löscht.

Die Rechnung, die analog zu der Herleitung der Gl. (40) verläuft, bringt für die Spannung, die an der Schaltstrecke dieses Poles wiederkehrt, den Ausdruck

$$\mathfrak{U}_{WS} = - j \mathfrak{U}_R \sqrt{3} \; \frac{\dfrac{\mathfrak{Z}_0}{\mathfrak{Z}} - a}{2 + \dfrac{\mathfrak{Z}_0}{\mathfrak{Z}}}. \tag{41}$$

Ein Vergleich der beiden Gleichungen für die wiederkehrenden Spannungen an den Schaltstrecken der Pole S und T mit den Gln. (24 und 25) der Kurzschlußströme in den Leitern S und T zeigt, daß die Zähler der Brüche identisch sind. Daher bestehen auch zwischen den Spannungen die gleichen Beziehungen wie zwischen den Strömen.

3*

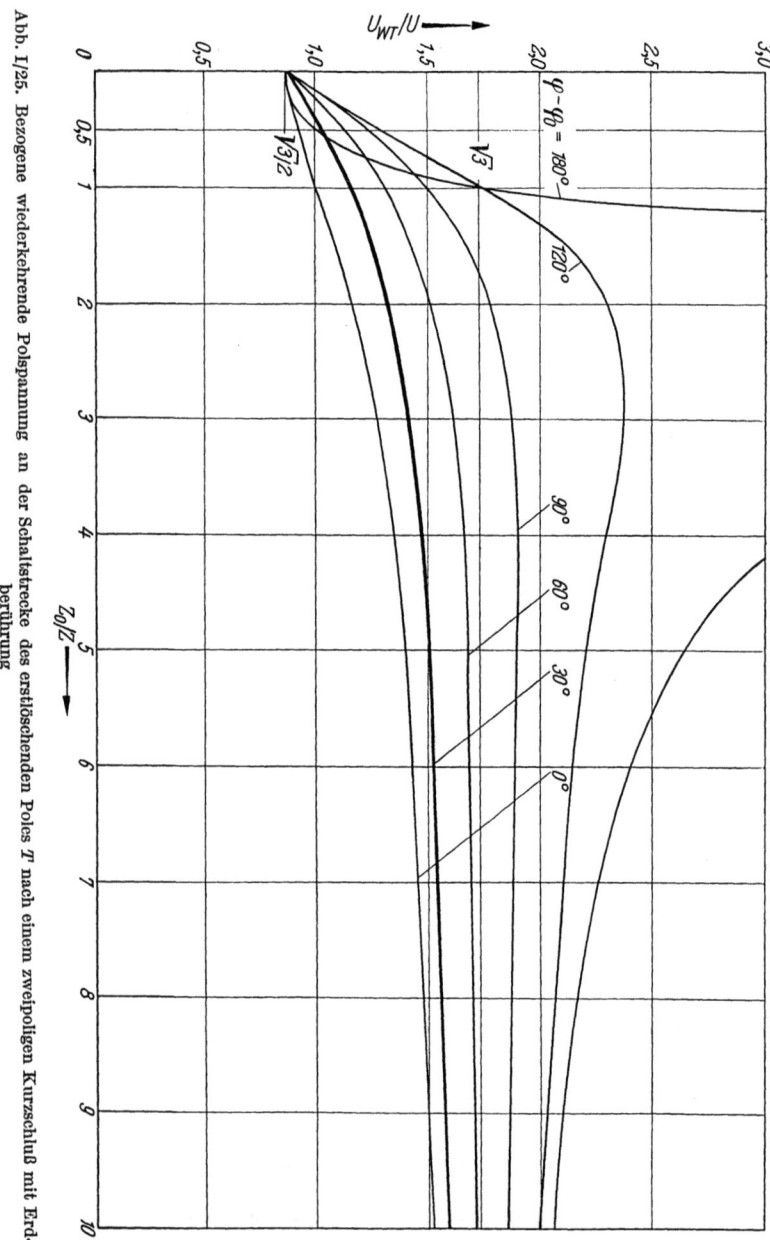

Abb. I/25. Bezogene wiederkehrende Polspannung an der Schaltstrecke des erstlöschenden Poles T nach einem zweipoligen Kurzschluß mit Erdberührung

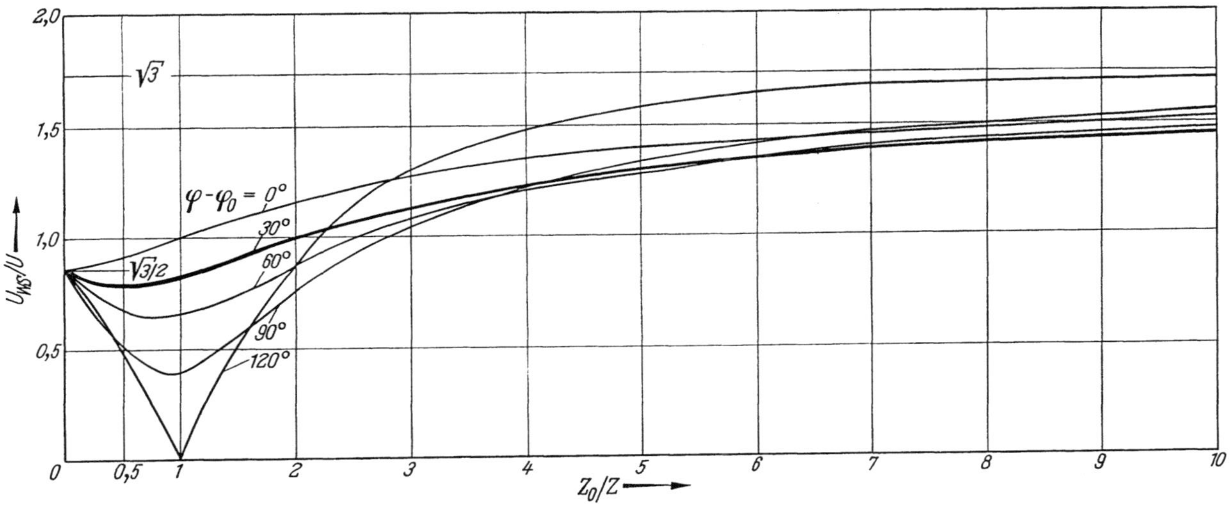

Abb. I/26. Bezogene wiederkehrende Polspannung an der Schaltstrecke des erstlöschenden Poles S nach einem zweipoligen Kurzschluß mit Erdberührung

38   I. Schalten großer induktiver Ströme

Eine positive Winkeldifferenz in die Gl. (40) eingesetzt, liefert als Absolutwert einen Betrag, den man ebenfalls erhalten würde, wenn in die Gl. (41) eine negative Winkeldifferenz eingesetzt wird.

Die Abb. I/26 enthält die Auswertung der Gl. (41).

Bei gleicher Richtung der Impedanzen, $\varphi - \varphi_0 = 0$, lautet der Ausdruck für den Absolutwert

$$|\mathfrak{U}_{WT}| = |\mathfrak{U}_{WS}| = U \sqrt{3} \, \frac{\sqrt{1 + \lambda + \lambda^2}}{2 + \lambda} . \tag{42}$$

3.2.1 Netz mit freiem Systemmittelpunkt

Bei den schon bekannten charakteristischen Merkmalen dieses Netzes ist die wiederkehrende Polspannung etwa gleich der Spannung zwischen den Leitern. Diesem Spannungswert streben alle Kurven der Abb. I/25 zu, wenn das Impedanzverhältnis gegen Unendlich geht.

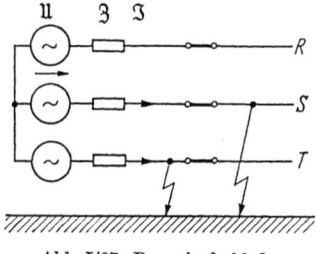

Abb. I/27. Doppelerdschluß

Die Kurzschlußströme in den Schaltstrecken der Pole R und T werden gleichzeitig unterbrochen. Die wiederkehrende Spannung verteilt sich demnach über die Schaltstrecken von 2 Polen. Ob diese Spannungsverteilung gleichmäßig erfolgt, hängt von den Impedanzen ab, die den Schaltstrecken der beiden letztlöschenden Pole eigentümlich sind.

Im Sonderfall des Doppelerdschlusses, Abb. I/27, übernimmt ein Pol des Schalters die gesamte Spannungsbeanspruchung.

3.2.2 Netz mit induktiv geerdetem Systemmittelpunkt

Entsprechend den ebenfalls hohen Werten der Nullimpedanz in Erdschluß-kompensierten Netzen liegen hinsichtlich der Höhe der wiederkehrenden Polspannung nahezu die gleichen Verhältnisse wie bei einem Netz mit freiem Systemmittelpunkt vor.

Auch die Stromunterbrechung erfolgt gleichzeitig und damit verteilt sich die wiederkehrende Spannung wieder über die Schaltstrecken von 2 Polen.

3.2.3 Netze mit starr geerdetem Systemmittelpunkt

In einem starr geerdeten Netz, mit $\dfrac{Z_0}{Z} = 3$, sinkt die maximal wiederkehrende Spannung an einem Pol auf den bezogenen Wert von etwa 1,4 ab, wenn als Differenz der Impedanzwinkel $\varphi - \varphi_0 = 30°$ angenommen wird. Es ist dies die Spannung an der Schaltstrecke des Poles T.

Mit abnehmendem Impedanzverhältnis geht die wiederkehrende Polspannung weiter zurück und erreicht z. B. bei $\dfrac{Z_0}{Z} = 0,5$ den bezogenen Wert von etwa 1.

Bemerkenswert ist, daß nach der Unterbrechung des schon genannten maximalen Kurzschlußstromes, der praktisch vorkommen kann, nämlich des Stromes im Leiter S (Abb. I/14), an der Schaltstrecke des betreffenden Schalterpoles eine Spannung wiederkehrt, die nur etwa 65% der Phasenspannung erreicht.

3.3 Wiederkehrende Polspannung an der Schaltstrecke nach einem einpoligen Erdkurzschluß

Nach der Unterbrechung des einpoligen Erdkurzschlußstromes kehrt an der Schaltstrecke des betroffenen Poles unabhängig vom Impedanzverhältnis stets die Leiter-Erdspannung wieder.

4 Zusammenfassung

Betrachtet man die wiederkehrenden Polspannungen in allen behandelten Fehlerfällen, so geht daraus u. a. hervor, daß die größte wiederkehrende Polspannung nach dem dreipoligen Kurzschluß an der Schaltstrecke des erstlöschenden Poles auftritt. Bei einem erdfreien Kurzschluß ist diese Spannung unabhängig von der Erdung des Netzmittelpunktes. Sie ist jedoch nicht dem größtmöglichen Fehlerstrom zugeordnet.

Wie bereits erläutert, ergibt die Rechnung theoretisch den größten Fehlerstrom für den zweipoligen Erdkurzschluß. Nach der Unterbrechung dieses Kurzschlußstromes erscheint an der zugehörigen Schaltstrecke eine wiederkehrende Polspannung, die kleiner ist als die Leiter-Erdspannung.

Mit größerer Wahrscheinlichkeit als die vorgenannten Störungen kann in starr geerdeten Netzen ein Erdkurzschluß vorkommen. Hierbei ist mit dem größten Fehlerstrom, der noch praktische Bedeutung hat, eine wiederkehrende Polspannung verbunden, die gleich der Phasenspannung ist.

Alle bisherigen Betrachtungen beruhen auf der Annahme einer starren Netzspannung. In Wirklichkeit wird jedoch bei den größten Kurz-

40   I. Schalten großer induktiver Ströme

schlußleistungen, die im allgemeinen den höchsten Betriebsspannungen
innerhalb des Gesamtnetzes zugeordnet sind, das erregende magnetische
Feld der in den Kurzschluß einspeisenden Generatoren geschwächt.
Dadurch sinkt der Kurzschlußstrom im Verlauf der Zeit ab. Nach
seiner Unterbrechung stellt sich an der Schaltstrecke des ausschaltenden
Poles zunächst eine Spannung ein, die kleiner ist als vor dem Einschalten
auf den Kurzschluß, Abb. I/28. Zwischen dem Ausschaltstrom und dem

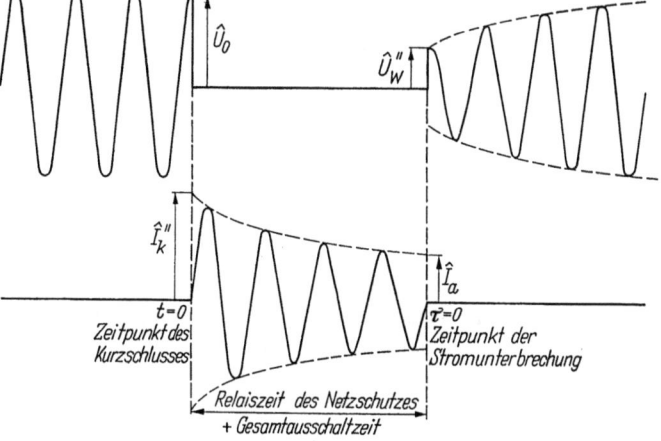

Abb. I/28. Kurzschlußstrom und wiederkehrende Spannung

Anfangswert der wiederkehrenden Polspannung besteht unter Berücksichtigung des Erregungszustandes der Synchronmaschine und der davon
abhängigen subtransienten Reaktanz in guter Näherung die Beziehung

$$\hat{U}''_W = \hat{I}_a X''_d. \tag{43}$$

Voraussetzung dafür ist die Beziehung

$$X''_d \approx X''_q; \tag{44}$$

sie trifft bei Stoßleistungs-Generatoren im allgemeinen zu.

Anfangskurzschlußstrom und Ausschaltstrom sind miteinander durch
die Gleichung

$$\frac{\hat{I}''_k}{\hat{I}_a} = \frac{U_0}{\hat{U}''_W} \tag{45}$$

verknüpft. Damit läßt sich folgender Zusammenhang zwischen der
Anfangskurzschlußleistung des Netzes und der vom Schalter zu be-
wältigenden Ausschaltleistung finden:

$$\frac{P_a}{P''_k} = \left(\frac{\hat{I}_a}{\hat{I}''_k}\right)^2. \tag{46}$$

Von dem im Augenblick der Stromunterbrechung durch die Gl. (43) definierten Wert steigt die Spannung exponentiell anklingend auf den stationären, der anstehenden Erregung entsprechenden Wert an. Dieser Vorgang ist jedoch im Zusammenhang mit dem Ausschalten des instationären Kurzschlußstromes zur Zeit in seinen Einzelheiten noch zu wenig erforscht.

5 Der instationäre Kurzschlußstrom

Den dreipoligen instationären Kurzschlußstrom der Synchronmaschine beschreibt näherungsweise die Gleichung

$$i_{k3} = \left[\hat{I}_d + (\hat{I}'_k - \hat{I}_d)\, e^{-\frac{t}{T'_d}} + (\hat{I}''_k - \hat{I}'_k)\, e^{-\frac{t}{T''_d}} \right] \cos(\omega t + \vartheta) -$$

$$- \hat{I}''_k \cos\vartheta\, e^{-\frac{t}{T_a}} \tag{47}$$

unter Voraussetzungen, von denen die wesentlicheren nachstehend genannt sind:

Die Beziehung (44) muß erfüllt sein, und die ohmschen Widerstände müssen klein sein gegenüber den induktiven Widerständen, was bei großen Maschinen immer gegeben ist.

Die dämpfende Wirkung massiver Eisenteile und die Sättigung des Eisens sind vernachlässigbar klein.

Die transiente Kurzschlußzeitkonstante T'_d und die transiente Leerlaufzeitkonstante T'_{do} sind groß gegenüber den entsprechenden subtransienten Zeitkonstanten T''_d und T''_{do} (für normal dimensionierte zwei- und mehrpolige Maschinen ist diese Voraussetzung stets erfüllt; für Stoßleistungsgeneratoren, insbesondere für mehrpolige Maschinen, trifft sie jedoch nicht immer zu; Lösungsmöglichkeiten für diesen Sonderfall ergeben sich aus den exakten Formeln, die man in der Literatur, etwa in K. BONFERT: Betriebsverhalten der Synchronmaschine. Berlin/Göttingen/Heidelberg: Springer 1961, finden kann).

In der Gl. (47) bedeuten

$$T''_d = \frac{X_{3\sigma d} + \dfrac{X_{1\sigma}\, X_{2\sigma}\, X_{hd}}{X_{1\sigma} X_{hd} + X_{1\sigma} X_{2\sigma} + X_{2\sigma} X_{hd}}}{\omega R_{3d}} = T''_{do}\, \frac{X''_d}{X'_d} \tag{48}$$

die subtransiente Kurzschlußzeitkonstante und

$$T'_d = \frac{X_{2\sigma} + \dfrac{X_{1\sigma}\, X_{hd}}{X_{1\sigma} + X_{hd}}}{\omega R_2} = T'_{do}\, \frac{X'_d}{X_d} \tag{49}$$

die transiente Kurzschlußzeitkonstante.

42   I. Schalten großer induktiver Ströme

Bei der Herleitung dieser beiden Zeitkonstanten wurde vereinfachend angenommen, daß die Erregerwicklung einen wesentlich kleineren ohmschen Widerstand aufweist als die Dämpferwicklung.

Schließlich steht

$$T_a = \frac{X_2}{\omega R_1} \tag{50}$$

für die Zeitkonstante des Gleichstromgliedes.

Die einzelnen Stromsymbole in der Gl. (47) bedeuten:

$$I_d = \frac{U_0}{X_d} = \frac{U_0 I_N}{U_N x_d} \tag{51}$$

den Scheitelwert des Dauerkurzschlußstromes,

$$I'_k = \frac{U_0}{X'_d} = \frac{U_0 I_N}{U_N x'_d} \tag{52}$$

den Scheitelwert des transienten Kurzschlußwechselstromes,

$$I''_k = \frac{U_0}{X''_d} = \frac{U_0 I_N}{U_N x''_d} \tag{53}$$

den Scheitelwert des subtransienten Kurzschlußwechselstromes.

U_0 steht für die Klemmenspannung des unbelasteten Generators vor dem Eintritt des Kurzschlusses. Die Maschinenreaktanzen sind in erster Näherung unabhängig vom Sättigungsgrad angenommen.

Für diese Reaktanzen gelten folgende Zusammenhänge:

Synchronreaktanz
in der Längsachse
$$X_d = X_{1\sigma} + X_{hd}, \tag{54}$$

transiente Reaktanz
in der Längsachse
$$X'_d = X_{1\sigma} + \frac{X_{2\sigma} X_{hd}}{X_{2\sigma} + X_{hd}}, \tag{55}$$

subtransiente Reaktanz
in der Längsachse
$$X''_d = X_{1\sigma} + \frac{X_{2\sigma} X_{3\sigma d} X_{hd}}{X_{2\sigma} X_{hd} + X_{3\sigma d} X_{hd} + X_{2\sigma} X_{3\sigma d}}, \tag{56}$$

subtransiente Reaktanz
in der Querachse
$$X''_q = X_{1\sigma} + \frac{X_{3\sigma q} X_{hq}}{X_{3\sigma q} + X_{hq}}, \tag{57}$$

x_d, x'_d, x''_d sind die bezogenen Reaktanzen zu X_d, X'_d, X''_d,

Inversreaktanz
$$X_2 \approx \frac{X''_d + X''_q}{2}. \tag{58}$$

Die Ersatzstromkreise, in denen sich die Ausgleichsvorgänge abspielen, zeigen die Abb. I/29, I/30, I/31, I/32 und I/33.

5 Der instationäre Kurzschlußstrom   43

Das Winkelsymbol ϑ in der Gl. (47) stellt den Winkel dar, den die Achse des betrachteten Stranges der Ständerwicklung im Kurzschlußaugenblick mit der Achse der Erregerwicklung einschließt, Abb. I/34.

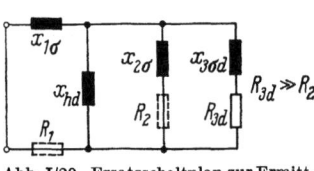

Abb. I/29. Ersatzschaltplan zur Ermittlung der subtransienten Kurzschlußzeitkonstante T''_d

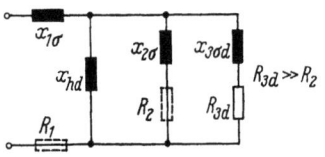

Abb. I/30. Ersatzschaltplan zur Ermittlung der subtransienten Leerlaufzeitkonstante T''_{d_0} und der subtransienten Reaktanz in der Längsachse X''_d (bei der Ermittlung der Reaktanz bleiben alle ohmschen Widerstände unberücksichtigt)

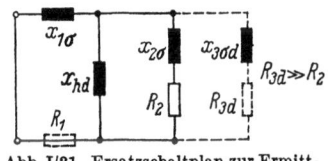

Abb. I/31. Ersatzschaltplan zur Ermittlung der transienten Kurzschlußzeitkonstante T'_d

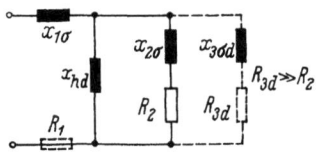

Abb. I/32. Ersatzschaltplan zur Ermittlung der Leerlaufzeitkonstante der Erregerwicklung T'_{d_0} und der transienten Reaktanz in der Längsachse X'_d (bei der Ermittlung der Reaktanz bleiben alle ohmschen Widerstände unberücksichtigt)

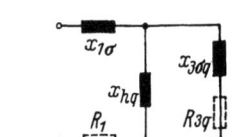

Abb. I/33. Ersatzschaltplan zur Ermittlung der subtransienten Reaktanz in der Querachse X''_q

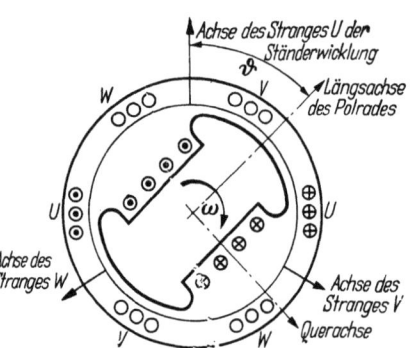

Abb. I/34. Aufbauskizze einer zweipoligen Synchronmaschine

5.1 Der instationäre symmetrische Kurzschlußstrom

Wird der Kurzschluß z. B. gerade in dem Zeitpunkt eingeleitet, in welchem die Achse des betrachteten Stranges der Ständerwicklung senkrecht zur Achse der Erregerwicklung steht, so verschwindet das

44   I. Schalten großer induktiver Ströme

Gleichstromglied, und ein symmetrischer Kurzschlußstrom beginnt zu fließen.

An drei verschiedenen Stoßleistungsgeneratoren wurde der Verlauf dieses instationären Kurzschlußstromes gemessen. Die Hüllkurven des bezogenen Stromes sind in Abb. I/35 dargestellt.

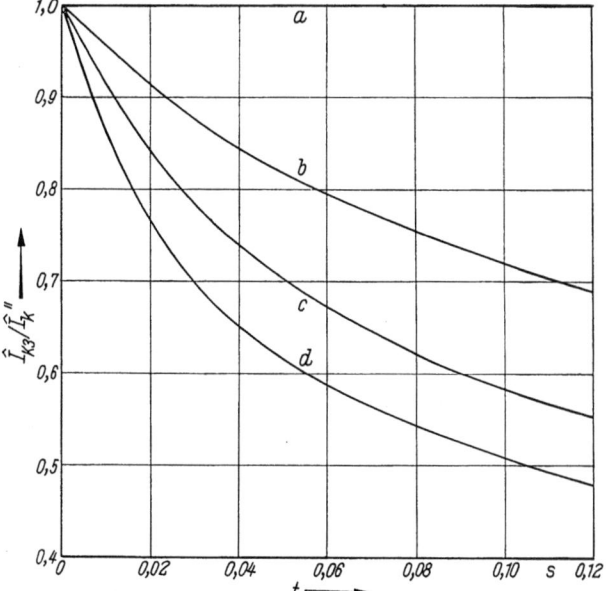

Abb. I/35. Hüllkurven des dreipoligen instationären Kurzschlußstromes verschiedener Generatortypen, Klemmenkurzschluß der unbelasteten Maschine

    a 8poliger Schenkelpolgenerator $P_N = 300$ MVA mit Stoßerregung
    b 8poliger Schenkelpolgenerator $P_N = 300$ MVA ohne Stoßerregung
    c 2poliger Turbogenerator $P_N = 64$ MVA ohne Stoßerregung
    d 2poliger Turbogenerator $P_N = 20$ MVA ohne Stoßerregung

Ihre Gleichung geht aus der Gl. (47) hervor und lautet

$$\frac{I_{K3}}{I_k''} = \frac{I_d}{I_k''} + \left(\frac{I_k'}{I_k''} - \frac{I_d}{I_k''}\right) e^{-\frac{t}{T_d'}} + \left(1 - \frac{I_k'}{I_k''}\right) e^{-\frac{t}{T_d''}}. \tag{59}$$

Den Kurzschlußstrom einer achtpoligen Grenzleistungsmaschine mit ausgeprägten, lamellierten Polen zeigt die Kurve *a*. Zur Kompensation der Ankerrückwirkung war bei diesem Versuch die Stoßerregung eingeschaltet. Wie man sieht, blieb als Folge der Kurzschlußstrom über die gesamte Stromflußdauer konstant. Den Kurzschlußstrom der gleichen Maschine, diesmal ohne Stoßerregung, veranschaulicht die Kurve *b*. Im Verlauf der hier gewählten Kurzschlußdauer von 6 Perioden sinkt der Kurzschlußstrom etwas ab.

5 Der instationäre Kurzschlußstrom 45

Ausgeprägter ist das Absinken bei zweipoligen Stoßleistungsgeneratoren mit Trommelläufer, wie es die zugehörige Kurve c demonstriert. Es handelt sich in diesem Fall um einen Stoßleistungsgenerator, dessen Klemmenkurzschlußleistung rund 50% derjenigen der mehrpoligen Grenzleistungsmaschine beträgt — also ebenfalls noch um eine sehr große Maschine.

Nach der Kurve d in Abb. I/35 verläuft der dreipolige instationäre Kurzschlußstrom eines zweipoligen Stoßleistungsgenerators kleinerer Leistung.

Die Klemmenkurzschlußleistungen dieser beiden zweipoligen Maschinen verhalten sich etwa wie 1 : 4.

Der Vergleich sämtlicher Kurven zeigt u. a., daß sowohl die Bauart als auch die Größe des Stoßleistungsgenerators den Verlauf des Kurzschlußstromes beeinflussen.

Der Aufbau der Formeln der instationären Kurzschlußzeitkonstanten läßt erkennen, daß sie größer werden, wenn die Ständer-Streureaktanz zunimmt. Eine solche Vergrößerung der Reaktanz des Ständerstromkreises tritt ein, wenn z. B. bei einer Prüfung mit dem Generator allein die Prüfleistung durch Drosselspulen vermindert werden muß. Den gleichen Effekt hat die Verwendung von Transformatoren bei der Prüfung von Leistungsschaltern, deren Nennspannung höher ist als die Nennspannung des Generators. Der Kurzschlußstrom klingt dann langsamer ab, als bei einer Prüfung mit dem Generator direkt.

Leistungsschalter für hohe Nennspannungen haben in der Regel auch große Nennausschaltleistungen. Solche Schalter können meistens nur noch einpolig geprüft werden (siehe Kap. V).

R. E. Doherty und C. A. Nickle legten dar, daß der dabei zur Anwendung kommende instationäre zweipolige Kurzschlußstrom bei Synchronmaschinen mit einer Dämpferwicklung im Prinzip den gleichen Verlauf hat wie der instationäre dreipolige Kurzschlußstrom. Die Unterschiede sind nur quantitativ und betreffen die Größe des Stromes und der Kurzschlußzeitkonstanten.

Während die Zeitkonstante des Gleichstromgliedes unverändert bleibt, steigen — wie aus den Formeln in der Tab. I/4 hervorgeht — die Werte der transienten und der subtransienten Zeitkonstante an. Dementsprechend sinkt der zweipolige symmetrische Kurzschlußstrom der Synchronmaschine schon an sich langsamer ab als der dreioplige Kurzschlußstrom. Das Einschalten einer Außenreaktanz — Drosselspulen oder Transformatoren — vergrößert auch hier die Kurzschlußzeitkonstanten zusätzlich und verlangsamt damit das Abklingen des Stromes noch mehr.

Angesichts der großen Bedeutung der Prüfung eines einzelnen Schalterpoles und der damit verbundenen zweipoligen Belastung des Stoßleistungsgenerators unter Zwischenschaltung von Transformatoren geben wir

46   I. Schalten großer induktiver Ströme

auch in diese Vorgänge einen quantitativen Einblick, Abb. I/36. Stromquellen sind nach wie vor die vorhin diskutierten Stoßleistungsgeneratoren verschiedener Bauart und Größe.

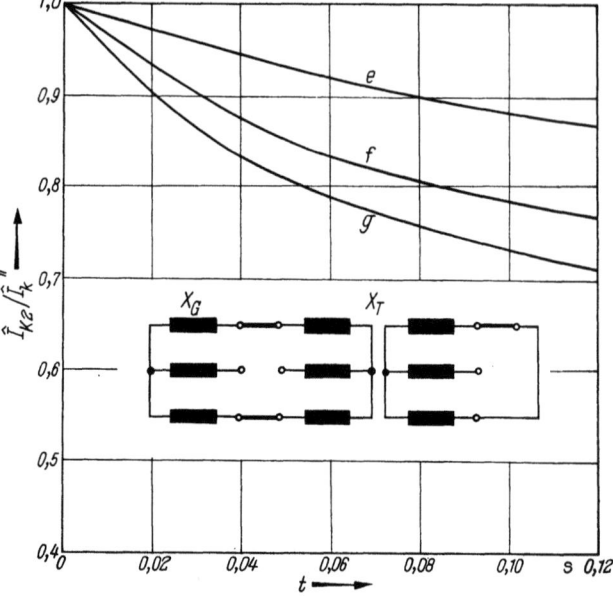

Abb. I/36. Hüllkurven des zweipoligen instationären Kurzschlußstromes verschiedener Generatortypen ohne Stoßerregung, $\dfrac{X_T}{X_G} = \dfrac{1}{3}$

e 8poliger Schenkelpolgenerator $P_N = 300\,\mathrm{MVA}$
f 2poliger Turbogenerator $P_N = 64\,\mathrm{MVA}$
g 2poliger Turbogenerator $P_N = 20\,\mathrm{MVA}$

Einige Kenngrößen von Synchronmaschinen verschiedener Bauart enthält die Tab. I/3.

Die vereinfachten Formeln der Kurzschlußströme und Zeitkonstanten der Synchronmaschine bei den verschiedenen Kurzschlußarten sind in der Tab. I/4 zusammengestellt.

5.2 Der instationäre asymmetrische Kurzschlußstrom

Ein magnetisches Kraftfeld kann nicht sprungartig entstehen oder verschwinden. Für den Auf- oder Abbau wird stets eine endliche Zeit benötigt.

Dies hat in einem Wechselstromkreis mit induktiver Last ein Gleichstromglied zur Folge, das immer dann auftritt und einen stetigen Strom-

5 Der instationäre Kurzschlußstrom

Tabelle I/3. *Kenngrößen von Synchronmaschinen* nach K. BONFERT

Maschinenart	Turbo-generatoren	Schenkelpolgeneratoren mit Dämpferwicklung		Schenkelpolgeneratoren ohne Dämpferwicklung	
		Schnell-läufer $2p < 16$	Langsam-läufer $2p > 16$	Schnell-läufer $2p < 16$	Langsam-läufer $2p > 16$
Subtransient-reaktanz in der Längsachse x_d'' in %	9—15	14—24	15—25	—	—
Subtransient-reaktanz in der Querachse x_q'' in %	9—15	14—26	16—28	—	—
Transient-reaktanz in der Längsachse x_d' in %	16—26	20—35	25—40	20—35	25—40
Synchron-reaktanz in der Längsachse (ge-sättigt) x_d in %	120—200	80—140	70—125	80—140	70—125
Subtransiente Kurzschluß-Zeitkonstante T_d'' in s	0,05—0,10	0,02—0,08	0,02—0,08	—	—
Transiente Kurzschluß-Zeitkonstante T_d' in s	0,6—2,0	0,5—2,5	0,55—2,5	0,5—2,5	0,55—2,5
Zeitkonstante des Gleichstrom-gliedes T_a in s	0,06—0,25	0,07—0,25	0,07—0,25	0,09—0,60	0,10—0,60

Inversreaktanz $x_2 \approx \dfrac{x_d'' + x_q''}{2}$ für Generatoren mit Dämpferwicklung

Nullreaktanz $x_0 \approx \left(\dfrac{1}{6} \ldots \dfrac{3}{4}\right) x_d''$ je nach Sehnung

Tabelle I/4. *Ströme und Zeitkonstanten bei Kurzschlüssen*

$\hat{I}$	I_d	I_k'	I_k''
$\hat{I}_{K3}$	$\dfrac{U_0}{X_d}$	$\dfrac{U_0}{X_d'}$	$\dfrac{U_0}{X_d''}$
$\hat{I}_{K2}$	$\dfrac{\sqrt{3}\,U_0}{X_d + X_2}$	$\dfrac{\sqrt{3}\,U_0}{X_d' + X_2}$	$\dfrac{\sqrt{3}\,U_0}{X_d'' + X_2}$
$\hat{I}_{K1}$	$\dfrac{3\,U_0}{X_d + X_2 + X_0}$	$\dfrac{3\,U_0}{X_d' + X_2 + X_0}$	$\dfrac{3\,U_0}{X_d'' + X_2 + X_0}$
$\hat{I}_3$ $\mathfrak{Z}$	$\dfrac{U_0}{X_d + X}$	$\dfrac{U_0}{X_d' + X}$	$\dfrac{U_0}{X_d'' + X}$
$\hat{I}_2$ $\mathfrak{Z}$	$\dfrac{\sqrt{3}\,U_0}{X_d + X_2 + 2X}$	$\dfrac{\sqrt{3}\,U_0}{X_d' + X_2 + 2X}$	$\dfrac{\sqrt{3}\,U_0}{X_d'' + X_2 + 2X}$
$\hat{I}_1$ $\mathfrak{Z}$	$\dfrac{3\,U_0}{X_d + X_2 + X_0 + 3X}$	$\dfrac{3\,U_0}{X_d' + X_2 + X_0 + 3X}$	$\dfrac{3\,U_0}{X_d'' + X_2 + X_0 + 3X}$

$$\mathfrak{Z} = R + jX \qquad X \gg R$$

verlauf herstellt, wenn der Stromkreis nicht im Nulldurchgang des voraussichtlich fließenden Kurzschlußstromes geschlossen wird.

Ein solches Gleichstromglied haben wir bei dem instationären Kurzschlußstrom der Synchronmaschine nach Gl. (47) kennengelernt.

Bildet man in schon bekannter Weise die Hüllkurve des asymmetrischen Kurzschlußstromes, dann ergibt sich die Gleichung

$$\frac{I_{K3}}{I_k''} = \frac{I_d}{I_k''} + \left(\frac{I_k'}{I_k''} - \frac{I_d}{I_k''}\right) e^{-\frac{t}{T_d'}} + \left(1 - \frac{I_k'}{I_k''}\right) e^{-\frac{t}{T_d''}} + e^{-\frac{t}{T_a}} \cos\vartheta. \quad (60)$$

Aus dem Aufbau der Gln. (47 und 60) ist zu ersehen, daß die Beanspruchung des Leistungsschalters durch das Gleichstromglied sowohl vom Zeitpunkt der Stromunterbrechung als auch von der Schnelligkeit, mit welcher der asymmetrische Strom dem symmetrischen Verlauf zustrebt, abhängt.

der unbelasteten Synchronmaschine nach J. TITTEL

T'_d	T''_d	T_a
$T'_{d_0}\dfrac{X'_d}{X_d}$	$T''_{d_0}\dfrac{X''_d}{X'_d}$	T_a
$T'_{d_0}\dfrac{X'_d+X_2}{X_d+X_2}$	$T''_{d_0}\dfrac{X''_d+X_2}{X'_d+X_2}$	T_a
$T'_{d_0}\dfrac{X'_d+X_2+X_0}{X_d+X_2+X_0}$	$T''_{d_0}\dfrac{X''_d+X_2+X_0}{X'_d+X_2+X_0}$	$T_a\dfrac{2+\dfrac{X_0}{X_2}}{3}$
$T'_{d_0}\dfrac{X'_d+X}{X_d+X}$	$T''_{d_0}\dfrac{X''_d+X}{X'_d+X}$	$T_a\dfrac{1+\dfrac{X}{X_2}}{1+\dfrac{R}{R_1}}$
$T'_{d_0}\dfrac{X'_d+X_2+2X}{X_d+X_2+2X}$	$T''_{d_0}\dfrac{X''_d+X_2+2X}{X'_d+X_2+2X}$	$T_a\dfrac{1+\dfrac{X}{X_2}}{1+\dfrac{R}{R_1}}$
$T'_{d_0}\dfrac{X'_d+X_2+X_0+3X}{X_d+X_2+X_0+3X}$	$T''_{d_0}\dfrac{X''_d+X_2+X_0+3X}{X'_d+X_2+X_0+3X}$	$T_a\dfrac{2+\dfrac{X_0}{X_2}+3\dfrac{X}{X_2}}{3\left(1+\dfrac{R}{R_1}\right)}$

$$\hat{I}=\hat{I}_d+(\hat{I}'_k-\hat{I}_d)\,e^{-\frac{t}{T'_d}}+(\hat{I}''_k-\hat{I}'_k)\,e^{-\frac{t}{T''_d}}+\hat{I}''_k\cos\vartheta\,e^{-\frac{t}{T_a}}$$

Je schneller ein Leistungsschalter bei ein und demselben Verlauf des asymmetrischen Kurzschlußstromes unterbricht, desto mehr beeinflußt das Gleichstromglied den Löschvorgang, und bei gleichbleibender Gesamtausschaltzeit und gleichem Anfangswert des Kurzschlußstromes macht ein schnell abklingendes Gleichstromglied weniger Schwierigkeiten als ein langsam abklingendes.

Aus diesem Grunde begnügt man sich nicht allein damit, das Verhalten eines Schalters beim Ausschalten eines symmetrischen Kurzschlußstromes zu untersuchen, sondern es wird auch noch die Fähigkeit des Schalters, einen asymmetrischen Kurzschlußstrom auszuschalten geprüft.

Um das Gleichstromglied, das die verschiedenen, in ihren Ausschaltzeiten variierenden Schalter bei der Prüfung beherrschen müssen, einfach bestimmen zu können und um für alle Schalter vergleichbare Verhältnisse

4 Slamecka, Prüfung

50   I. Schalten großer induktiver Ströme

zu schaffen, wurde von der Internationalen Elektrotechnischen Kommission ein Einheitsverlauf des Gleichstromgliedes gewählt. Dabei galt die Annahme, das speisende Netz sei unendlich stark und der Leistungsfaktor betrage etwa 0,07.

In Abb. I/37 ist u. a. auch der bezogene und als Unsymmetriefaktor bezeichnete Verlauf dieses Gleichstromgliedes dargestellt.

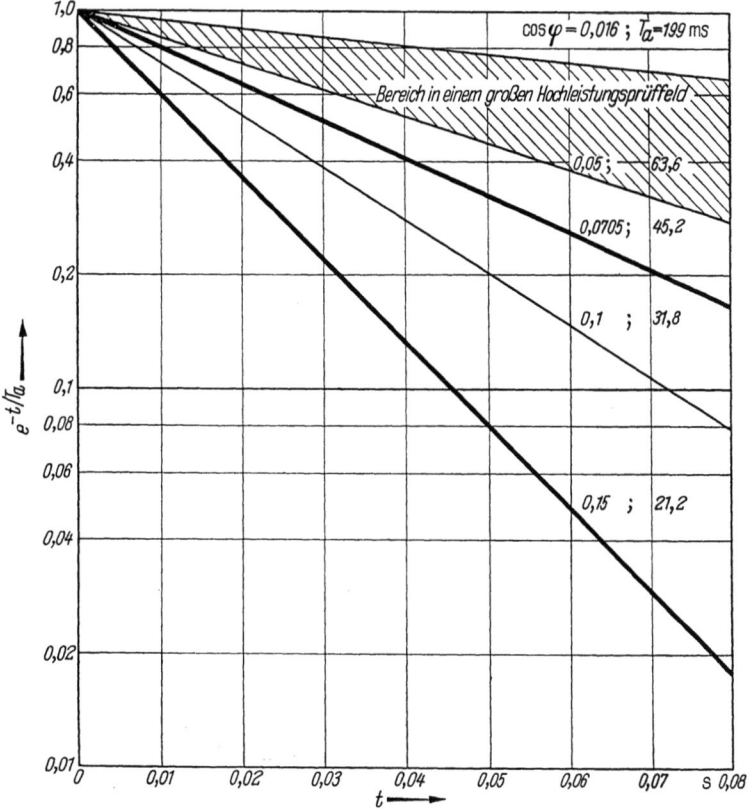

Abb. I/37. Unsymmetriefaktor $e^{-\frac{t}{T_a}}$ in Abhängigkeit von der Zeit, $T_a = \dfrac{1}{\omega} \sqrt{\dfrac{1}{\cos^2 \varphi} - 1}$

6 Einschwingspannungen

Ebenso wie bei der Herleitung der Gleichungen der Kurzschlußströme und wiederkehrenden Polspannungen werden aus den schon genannten Gründen auch für die Herleitung der Gleichungen der Einschwingspannung konventionelle Berechnungsverfahren verwendet.

Die Gleichungen der Einschwingspannungen werden also unmittelbar aus den Ersatzschaltplänen hergeleitet. Bei dem Aufbau der Ersatzschaltpläne wird die Größe der Induktivitäten als gegeben betrachtet. Damit ist eine Verbindung zu den Kurzschlußströmen hergestellt.

Die in den Ersatzschaltplänen eingezeichneten Kapazitäten bilden die Eigenkapazitäten der Wicklungen von Generatoren, Transformatoren und Drosselspulen nach. Hinsichtlich der Ermittlung dieser Ersatzkapazitäten sei auf die Arbeiten von W. WAGNER, J. K. BROWN (1937), J. BEWLY (1939) und P. HAMMARLUND (1946) verwiesen.

Bei den folgenden Rechnungen wird auf die Nachbildung der Dämpfung verzichtet, insbesondere auch deshalb, weil bis jetzt noch zu wenig geklärt worden ist, wie die für die Dämpfung maßgebenden Verluste:

Wirkstromverluste (Gleichstromwiderstand), Wirbelstromverluste in den Leitern und im aktiven Eisen, Hystereseverluste, Isolationsverluste, Koronaverluste

konkret im Ersatzschaltplan darzustellen wären.

Sicher ist zur Zeit nur, daß der dem Leistungsfaktor in etwa entsprechende Gleichstromwiderstand der Kurzschluß-Strombahn den geringsten Einfluß auf die Dämpfung der Einschwingspannung hat und ohne weiteres vernachlässigbar ist — z. B. entspricht einem $\cos \varphi = 0{,}15$ bei einer nach VDE 0670 definierten Einschwingfrequenz von 1000 Hz ein Überschwingfaktor von $\gamma = 1{,}988$. Die Vernachlässigung der Dämpfung wirkt sich auf Frequenz und Amplitude der Einschwingspannung aus.

Ihr Einfluß auf die Frequenz ist jedoch bis zu verhältnismäßig großen Dämpfungsfaktoren gering. Aufschluß darüber gibt das Diagramm in Abb. I/38.

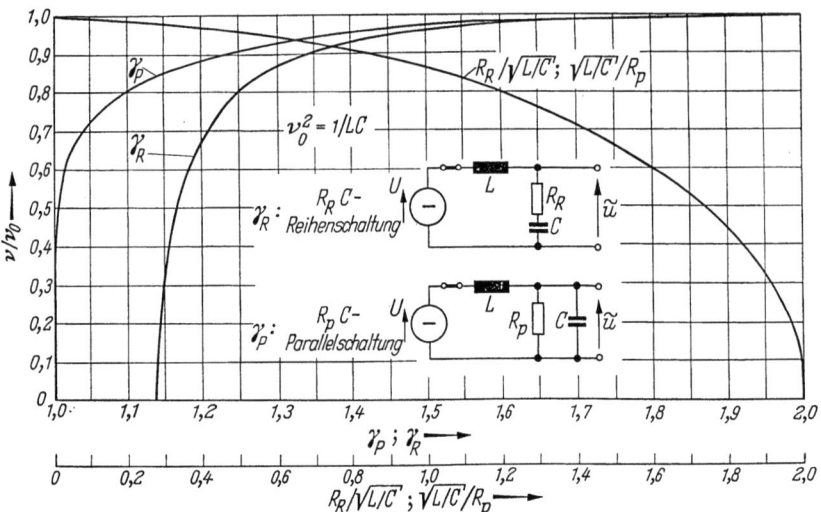

Abb. I/38. Einfluß der durch den Überschwingfaktor dargestellten Dämpfung auf die Eigenfrequenz

4*

52   I. Schalten großer induktiver Ströme

Wesentlich größer ist dagegen der Einfluß auf die Amplitude der Einschwingspannung. Ergebnisse von Berechnungen, die ohne Berücksichtigung der Dämpfung durchgeführt werden, liegen demnach auf der sicheren Seite.

Andererseits zeigen eingehende Untersuchungen, daß bei mehrfrequenten Einschwingspannungen die Amplituden weniger durch die Dämpfung, sondern vielmehr durch die Art der Überlagerung der Teilschwingungen begrenzt werden.

Bevor wir mit der Berechnung einiger Ausgleichsvorgänge beginnen, soll noch das Rechenverfahren erläutert werden.

6.1 Verfahren des „eingeprägten Stromes" zur Berechnung der Einschwingspannung

Für die Herleitung dieser Berechnungsmethode bedienen wir uns eines einfachen Beispiels.

Hierzu zeigt die Abb. I/39 einen einfrequenten ungedämpften Stromkreis mit Induktivität und Kapazität. Die ohne Innenwiderstand gedachte Energiequelle führe eine Gleichspannung. Der Schalter sei offen und die Kapazität entladen. Nun wird der Schalter lichtbogenfrei geschlossen.

Den Verlauf der Spannung, die von diesem Zeitpunkt an der Kapazität einschwingt, beschreiben die Differentialgleichungen

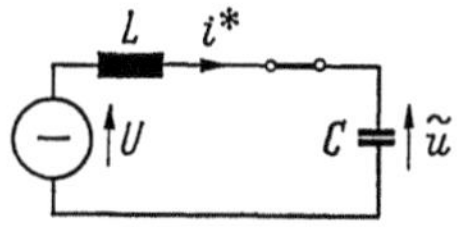

Abb. I/39. Ungedämpfter Schwingkreis, Ausgleichsvorgang durch Schließen des Schalters eingeleitet

und

$$U - L\frac{di^*}{dt} - \tilde{u} = 0 \qquad (61)$$

$$\tilde{u} = \tilde{u}(0) + \frac{1}{C} \int_0^t i^* \, dt \, .$$

Im Bildbereich der Laplace-Transformation ergibt sich hierfür die allgemeine Form

$$\frac{U}{p} - p^2 LC \, \mathfrak{L}\tilde{u} + pLC \, \tilde{u}(0) + LC \left(\frac{d\tilde{u}}{dt}\right)_0 - \mathfrak{L}\tilde{u} = 0 \, , \qquad (62)$$

die sich wegen der vorliegenden Anfangsbedingungen zu

$$\mathfrak{L}\tilde{u} = U \, \frac{1}{p} \, \frac{v^2}{p^2 + v^2} \, , \qquad (63)$$

$$v^2 = \frac{1}{LC} \, ,$$

vereinfacht.

Darin werden Zähler und Nenner mit der Funktionsvariablen erweitert, so daß nach einer Umformung folgender Ausdruck entsteht:

$$\mathfrak{L}\tilde{u} = \boxed{\frac{U}{L}\frac{1}{p^2}}\;\boxed{\frac{1}{C}\frac{p}{p^2+v^2}}\cdot \qquad (64)$$

Der erste Faktor auf der rechten Seite dieser Gleichung ist die Laplace-Transformierte der zeitlichen Funktion

$$i = \frac{U}{L}\,t; \qquad (65)$$

sie läßt sich als ein Strom deuten, der von der Gleichspannung durch die Induktivität getrieben wird. Ein solcher, der Gl. (65) entsprechender Kurzschlußstrom zu Beginn des Schaltvorganges wird möglich, wenn der Schaltplan nach Abb. I/39 die Gestalt des Schaltplanes in Abb. I/40 annimmt.

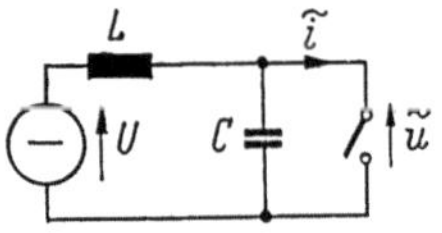

Dieser Kurzschlußstrom soll nun von einem Schalter, der in den umgeformten Stromkreis passend eingebaut ist, unterbrochen werden.

Dabei kann man sich die Stromunterbrechung so vorstellen, als ob im vorliegenden Fall gerade in dem Augenblick, in welchem der Kurzschluß entsteht — allgemein als ob im Augenblick eines Nulldurchganges des Kurzschlußstromes — dem Stromkreis ein Strom mit demselben Verlauf, jedoch mit umgekehrten Vorzeichen eingeprägt werden würde. Es beginnt ein Ausgleichstrom

Abb. I/40. Ungedämpfter Schwingkreis, Ausgleichsvorgang durch Öffnen des Schalters eingeleitet

$$\tilde{i}(t) = -i(t) \qquad (66)$$

zu fließen.

Der zweite Faktor auf der rechten Seite der Gl. (64) stellt den sogenannten Impedanzoperator dar. Man erhält ihn, indem die komplexe Impedanz des jeweils vorhandenen Zweipoles von den Klemmen des Schalters aus bestimmt und in dem so gefundenen Ausdruck $j\omega$ durch p ersetzt wird. Somit läßt sich die Gl. (64) in der allgemeinen Form

$$\boxed{\mathfrak{L}\tilde{u} + Z(p)\,\mathfrak{L}\tilde{i} = 0} \qquad (67)$$

schreiben. Den zugehörigen allgemeinen Ersatzschaltplan zeigt die Abb. I/41.

54   I. Schalten großer induktiver Ströme

In der Gl. (67) ergibt das Produkt aus dem Strom in Laplace-transformierter Form als Funktion der Variablen p und aus dem Impedanzoperator, einen Ausdruck, der sowohl im Zähler als auch im Nenner ein nach p geordnetes Polynom enthält,

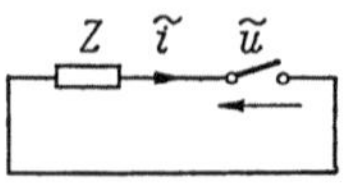

$$\mathfrak{L}\tilde{u} = \frac{F_Z(p)}{F_N(p)} ; \qquad (68)$$

Abb. I/41. Ersatzschaltplan zur Anwendung der Rechenmethode des eingeprägten Stromes

$F_Z(p)$ muß um mindestens einen Grad niedriger sein als $F_N(p)$, was sich gegebenfalls durch eine Division stets erreichen läßt.

Von dem Polynom des Nenners bestimmen wir die Wurzeln p_1, p_2, p_3, ... p_i ... p_n entsprechend $F_N(p_i) = 0$.

Unter der Voraussetzung einfacher Wurzeln läßt sich die Funktion nach Gl. (59) in die Form

$$\mathfrak{L}\tilde{u} = \frac{A_1}{p - p_1} + \frac{A_2}{p - p_2} + \frac{A_3}{p - p_3} + \cdots + \frac{B_1 + C_1 p}{p^2 + 2\delta_1 p + \nu_1^2} +$$

$$+ \frac{B_2 + C_2 p}{p^2 + 2\delta_2 p + \nu_2^2} + \frac{B_3 + C_3 p}{p^2 + 2\delta_3 p + \nu_3^2} + \cdots \qquad (69)$$

mit $\delta_i^2 < \nu_i^2$ bringen.

Wie daraus hervorgeht, brauchen nicht alle Wurzeln des Nenners reell, sondern können z. T. auch komplex oder imaginär sein.

Da jedoch das Nenner-Polynom lauter reelle Koeffizienten besitzt, können nur konjugierte komplexe Wurzeln auftreten. Mehr über die Partialbruchzerlegung findet man in den einschlägigen Lehrbüchern.

Nach der Aufgliederung lassen sich die einzelnen Partialbrüche meist einfach in den Originalbereich zurücktransformieren und liefern in ihrer Summe den gesuchten Verlauf des Ausgleichsvorganges.

Für unser Beispiel ergibt sich mit

$$Z(p) = \frac{1}{C} \frac{p}{p^2 + \nu^2},$$

und

$$\mathfrak{L}\tilde{\imath}(t) = \tilde{\imath}(p) = -\frac{U}{L} \frac{1}{p^2},$$

$$Z(p)\,\tilde{\imath}(p) = -U \frac{\nu^2}{p^2} \frac{p}{p^2 + \nu^2} = -U \left(\frac{1}{p} - \frac{p}{p^2 + \nu^2} \right),$$

so daß

$$\tilde{u} = U(1 - \cos\nu t).$$

Natürlich wäre man in diesem einfachen Fall über die konventionelle Lösung der Differentialgleichung ebenso sicher zum Ziel gelangt. Immerhin blieb es erspart, die Integrationskonstanten auf Grund der Anfangsbedingungen zu ermitteln.

Der Rechengang beim Berechnen von Ausgleichungsvorgängen nach dem Verfahren des eingeprägten Stromes sieht also folgendermaßen aus:

Zuerst wird der Strom ermittelt, der über die Schalterstrecke des Poles fließt, für den die Einschwingspannung nach der Stromunterbrechung berechnet werden soll. Man erhält bei einem sinusförmigen Strom im Bildbereich der Laplace-Transformation den Ausdruck

$$\mathfrak{L}\bar{i} = \frac{\hat{U}}{Z(\omega)} \frac{\omega}{p^2 + \omega^2}. \tag{70}$$

$\hat{U}$ ist der Scheitelwert der treibenden Spannung; $Z(\omega)$ ist der Betrag der Impedanz, die von dem zu unterbrechenden Strom durchflossen wird. Bei Kurzschlußfehlern gilt in guter Näherung $Z(\omega) = \omega L_{\text{res}}$, mit L_{res} als resultierender Induktivität des Kurzschlußkreises.

Dann ermittelt man den Impedanzoperator $Z(p)$ des Netzes, das an die offene Schaltstrecke angeschlossen ist, bildet das Produkt $\mathfrak{L}\bar{i} \cdot Z(p)$, zerlegt dieses in Partialbrüche und transformiert sie in den Originalbereich zurück.

In dem gewählten Beispiel sind die Spannung vor dem Schaltvorgang und der Strom nach dem Schaltvorgang Null. Eine solche Einschränkung ist jedoch keineswegs allgemein notwendig. Sowohl vor dem Schaltvorgang als auch nachher können Strom und Spannung endliche Werte haben und als Differenz zwischen zwei Vorgängen gleicher Dimension, die zwei verschiedenen Zeitbereichen zugeordnet sind, tritt ein Ausgleichsglied auf, das im Schaltaugenblick mit Null beginnend sich dem bis dahin bestehenden Zustand überlagert:

$$\tilde{i} = i - \bar{i} \tag{71}$$

und

$$\tilde{u} = u - \bar{u}. \tag{72}$$

6.2 Einschwingspannung an der Schaltstrecke des erstlöschenden Poles nach einem dreipoligen Kurzschluß ohne Erdberührung

Die Anordnung der Induktivitäten in dem Ersatzschaltplan nach Abb. I/42 entspricht dem Schaltplan der Abb. I/19. Ergänzend kommen

56   I. Schalten großer induktiver Ströme

die Ersatzkapazitäten zwischen Leiter und Erde und zwischen den Leitern hinzu.

Stellt man diese Anordnung etwas um, so entsteht daraus der Schaltplan der Abb. I/43. Er läßt deutlich erkennen, daß die Induktivität L_M

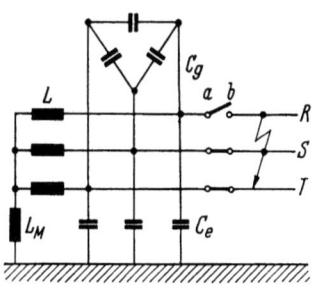

Abb. I/42. Ersatzschaltplan zur Ermittlung der Einschwingspannung an der Schaltstrecke des erstlöschenden Poles bei einem dreipoligen Kurzschluß ohne Erdberührung

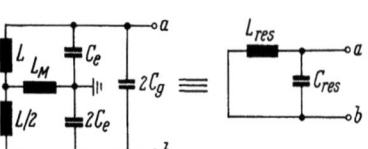

Abb. I/43. Reduzierte Ersatzschaltpläne zur Ermittlung der Einschwingspannung an der Schaltstrecke des erstlöschenden Poles bei einem dreipoligen Kurzschluß ohne Erdberührung

in Brückenschaltung zwischen den Abgriffen eines induktiven und kapazitiven Spannungsteilers mit gleichen Teilerverhältnissen liegt und daher stromlos bleibt. Voraussetzung dafür ist eine vernachlässigbar kleine Erdkapazität des Leitungsabschnittes zwischen den Schalterklemmen und dem Fehlerort — was bei einem Klemmenkurzschluß in der Station sicher zutreffen dürfte. Unter diesen Umständen kann die Induktivität L_M auch weggelassen werden. Dies führt zu dem ebenfalls in die Abb. I/43 eingezeichneten einfrequenten Schwingkreis. Darin ist die resultierende Induktivität

$$L_{\text{res}} = \frac{3}{2}\,L$$

und die resultierende Kapazität

$$C_{\text{res}} = \frac{2}{3}\,C_1, \quad C_1 = C_e + 3\,C_g, \tag{73}$$

so daß sich der Impedanzoperator zu

$$Z(p) = L_{\text{res}}\,v^2\,\frac{p}{p^2 + v^2} \tag{74}$$

bestimmen läßt, mit

$$v^2 = \frac{1}{L\,C_1}.$$

Vor der Stromunterbrechung fließt durch die Schaltstrecke der Strom nach Gl. (2),

$$\tilde{i}_{K3} = \frac{U}{\omega L} \sin \omega t.$$ (75)

Damit dieser Strom verschwindet, muß nach Gl. (66) der Schaltstrecke der Ausgleichstrom

$$i_{K3} = -\tilde{i}_{K3}$$

aufgedrückt werden.

Setzt man den Impedanzoperator und die Laplace-transformierte Funktion des dreipoligen Kurzschlußstromes in die Gl. (67) ein, ergibt sich die Ausgleichspannung im Bildbereich zu

$$\mathfrak{L}\tilde{u} = \frac{3}{2} U \frac{v^2}{p^2 + \omega^2} \frac{p}{p^2 + v^2}.$$ (76)

Im Originalbereich entspricht diesem Ausdruck folgender zeitlicher Verlauf:

$$\tilde{u} = u = \frac{3}{2} U \frac{1}{1 - \left(\dfrac{\omega}{v}\right)^2} (\cos \omega t - \cos v t).$$ (77)

Oft spielt sich der Einschwingvorgang in einem Zeitintervall ab, das gegenüber der Dauer einer betriebsfrequenten Wechselstromhalbwelle recht klein ist. Wird dementsprechend die Winkelfunktion $\cos \omega t$ in eine Reihe entwickelt, und diese nach dem ersten Glied abgebrochen, folgt

$$u \approx \frac{3}{2} U (1 - \cos v t).$$ (78)

Läßt man bei der Vereinfachung einen Fehler von etwa 5% noch zu, dann gilt diese Gl. in dem Bereich $0 \leqq \omega t \leqq 0,3$.

6.3 Einschwingspannung an der Schaltstrecke des erstlöschenden Poles nach einem dreipoligen Kurzschluß mit Erdberührung

Im Gegensatz zu dem soeben behandelten Schaltfall ist nun die Induktivität zwischen dem Systemmittelpunkt und Erde wirksam, Abb. I/44. Nach wie vor bleibt aber ein einfrequenter Schwingkreis bestehen, Abb. I/45.

58   I. Schalten großer induktiver Ströme

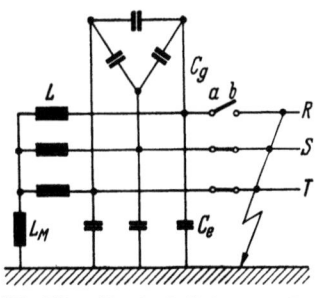

Abb. I/44. Ersatzschaltplan zur Ermittlung der Einschwingspannung an der Schaltstrecke des erstlöschenden Poles bei einem dreipoligen Kurzschluß mit Erdberührung

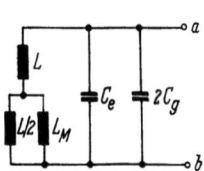

Abb. I/45. Reduzierter Ersatzschaltplan zur Ermittlung der Einschwingspannung an der Schaltstrecke des erstlöschenden Poles bei einem dreipoligen Kurzschluß mit Erdberührung

Der zugehörige Impedanzoperator lautet

$$Z(p) = L_{\text{res}}\, v_e^2\, \frac{p}{p^2 + v_e^2} \tag{79}$$

mit

$$L_{\text{res}} = \frac{3}{2}\, L\, \frac{\dfrac{L_0}{L}}{\dfrac{1}{2} + \dfrac{L_0}{L}}$$

und

$$C_{\text{res}} = C_e + 2C_g, \qquad L_0 = L + 3L_M, \qquad v_e^2 = \frac{1}{L_{\text{res}}\, C_{\text{res}}}.$$

Durch Einsetzen der Gl. (75) und der Gl. (79) in die Gl. (67) ergibt sich unter Weglassung der Zwischenrechnung

$$\tilde{u} = u = \hat{U}\, \frac{3}{2}\, \frac{\dfrac{L_0}{L}}{\dfrac{1}{2} + \dfrac{L_0}{L}}\, \frac{1}{1 - \left(\dfrac{\omega}{v_e}\right)^2}\, (\cos\omega t - \cos v_e t). \tag{80}$$

Auch hier bestehen die gleichen Vereinfachungsmöglichkeiten, die schon im Zusammenhang mit der Gl. (80) diskutiert worden sind.

Bei der Herleitung der Gl. (80) wurde die Impedanz, durch die der Systemmittelpunkt mit Erde verbunden ist, als rein induktiv angenommen. Dann gilt für die Amplitude der wiederkehrenden Polspannung in Abhängigkeit vom Reaktanzverhältnis der Kurvenzug mit dem Parameter $\varphi - \varphi_0 = 0$ im Diagramm der Abb. I/20, vorausgesetzt, daß $\left(\dfrac{\omega}{v_e}\right)^2 \ll 1$.

6 Einschwingspannungen

Zu der Frequenz der Einschwingspannung nach einem dreipoligen Erdkurzschluß mit induktiver Erdung des Systemmittelpunktes ist zu bemerken, daß sie ansteigt, wenn das Induktivitätsverhältnis $\frac{L_0}{L}$ abnimmt. Dies läßt sich besser erkennen, wenn man die Kreisfrequenz der Einschwingspannung nach Gl. (80) auf die Kreisfrequenz der Einschwingspannung nach Gl. (77) bezieht,

$$\nu_e^2 = \nu^2 \, \frac{2 + \dfrac{L}{L_0}}{2 + \dfrac{C_e}{C_1}}, \qquad (81)$$

und dieses Verhältnis graphisch darstellt, Abb. I/46.

Über die Beanspruchung der Schaltstrecke sagt aber die Frequenz der Einschwingspannung noch zu wenig aus. Die eigentlichen Beanspruchungsgrößen sind vielmehr die Steilheit des Spannungsanstieges und die Amplitude der Einschwingspannung.

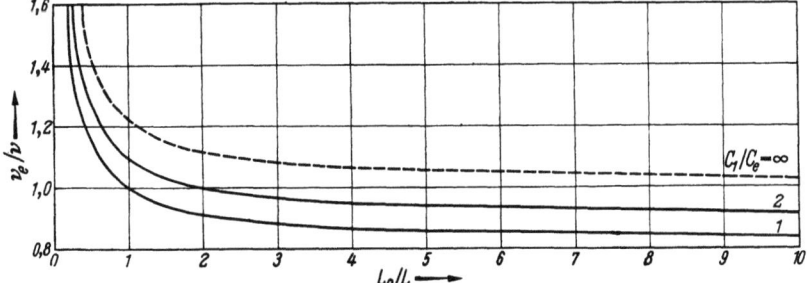

Abb. I/46. Bezogene Eigenfrequenz der Einschwingspannung nach einem dreipoligen Kurzschluß mit Erdberührung

Dabei ist die Steilheit des Spannungsanstieges durch den Quotienten aus einem charakteristischen Spannungswert und der zugeordneten Zeit definiert; z. B. erhält man mit der Amplitude der Einschwingspannung und der Zeit, die bis dahin vergeht, die mittlere Steilheit des Spannungsanstieges.

Wird sie auf die mittlere Steilheit des Spannungsanstieges beim erdfreien Kurzschluß bezogen,

$$\frac{S_{me}}{S_m} = \frac{2}{\sqrt{\left(2 + \dfrac{C_e}{C_1}\right)\left(2 + \dfrac{L}{L_0}\right)}}, \qquad (82)$$

60   I. Schalten großer induktiver Ströme

geht daraus hervor, daß eine abnehmende Nullreaktanz die Steilheit des Spannungsanstieges verkleinert, Abb. I/47. Wie leicht zu erkennen ist, gilt für die bezogene maximale Steilheit des Spannungsanstieges dieselbe Gleichung.

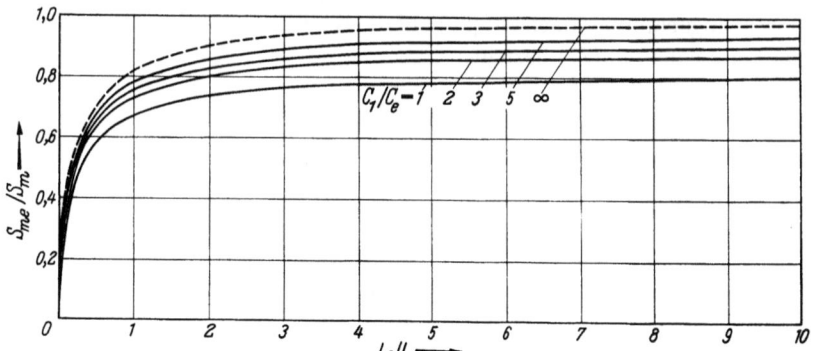

Abb. I/47. Bezogene mittlere Steilheit des Anstieges der Einschwingspannung nach einem dreipoligen Kurzschluß mit Erdberührung

6.4 Einschwingspannung an der Schaltstrecke nach einem zweipoligen Kurzschluß mit Erdberührung

Wir gehen von dem Schaltplan der Abb. I/48 aus und gelangen zu dem Ersatzschaltplan in Abb. I/49.

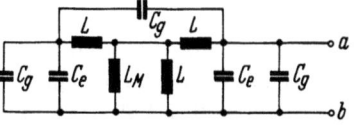

Abb. I/48. Ersatzschaltplan zur Ermittlung der Einschwingspannung an der Schaltstrecke nach einem zweipoligen Kurzschluß mit Erdberührung

Abb. I/49. Reduzierter Ersatzschaltplan zur Ermittlung der Einschwingspannung an der Schaltstrecke nach einem zweipoligen Kurzschluß mit Erdberührung

Den Impedanzoperator dieses Zweipoles beschreibt die Gleichung

$$Z(p) = \frac{p}{2}\left(\frac{1}{C_1}\frac{1}{p^2 + v^2} + \frac{3}{C_1 + 2C_e}\frac{1}{p^2 + v_1^2}\right). \tag{83}$$

6 Einschwingspannungen

Den Ausgleichstrom, welcher der Schaltstrecke zum Zwecke der Löschung aufzudrücken ist, erhalten wir entsprechend Gl. (30) zu

$$\check{i}_{K2} = \frac{U}{\omega L} \sqrt{3} \; \frac{\sqrt{1 + \frac{L_0}{L} + \left(\frac{L_0}{L}\right)^2}}{1 + 2\frac{L_0}{L}} \sin \omega t \; . \tag{84}$$

Damit liegen alle Faktoren, die nach Gl. (67) notwendig sind, um die Einschwingspannung berechnen zu können, vor.

Die Rechnung, die nichts Neues mehr bietet, liefert dafür

$$\check{u} = u = U \frac{\sqrt{3}}{2} \; \frac{\sqrt{1 + \frac{L_0}{L} + \left(\frac{L_0}{L}\right)^2}}{1 + 2\frac{L_0}{L}} \left[\frac{1}{1 - \left(\frac{\omega}{\nu}\right)^2} (\cos \omega t - \cos \nu t) + \right.$$
$$\left. + \frac{3}{1 + 2\frac{L}{L_0}} \frac{1}{1 - \left(\frac{\omega}{\nu_1}\right)^2} (\cos \omega t - \cos \nu_1 t) \right]. \tag{85}$$

Wie schon durch den Ersatzschaltplan angekündigt, enthält diese Einschwingspannung zwei Teilspannungen, die mit den Frequenzen

$$\nu^2 = \frac{1}{LC_1}$$

und

$$\nu_1^2 = \nu^2 \; \frac{1 + 2\frac{L}{L_0}}{1 + 2\frac{C_e}{C_1}}$$

schwingen.

Die Anteile der Amplituden dieser Teilschwingungen an der Gesamtschwingung in Abhängigkeit vom Reaktanzverhältnis und bezogen auf die Spannung zwischen den Leitern zeigt das Diagramm in Abb. I/50. Für die Darstellung in dieser Abbildung wurde $\left(\frac{\omega}{\nu}\right)^2 \ll 1$ und $\left(\frac{\omega}{\nu_1}\right)^2 \ll 1$ angenommen. In Abb. I/51 ist die Abhängigkeit des Frequenzverhältnisses $\frac{\nu_1}{\nu}$ vom Reaktanzverhältnis $\frac{L_0}{L}$ zu sehen.

62   I. Schalten großer induktiver Ströme

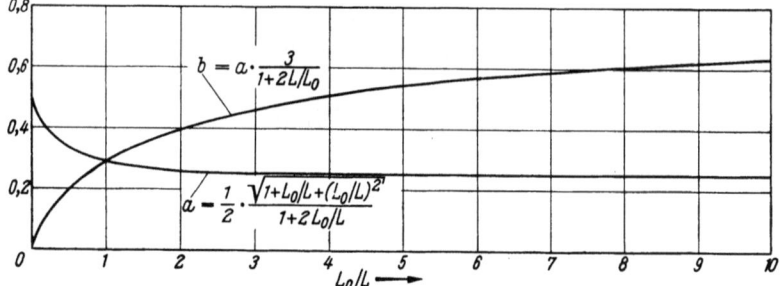

Abb. I/50. Komponenten der Einschwingspannung nach einem zweipoligen Kurzschluß mit Erdberührung bezogen auf den Scheitelwert der Spannung zwischen den Leitern

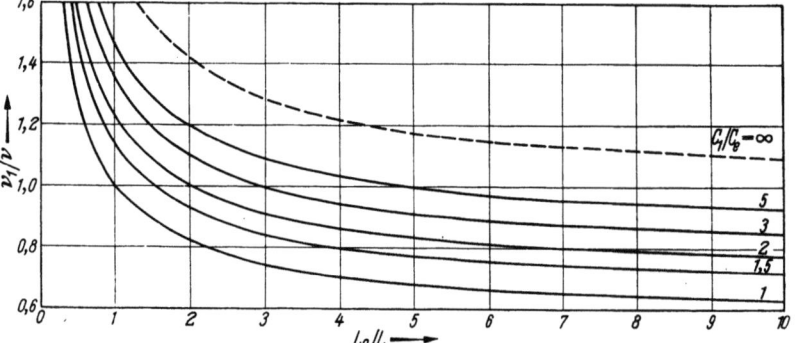

Abb. I/51. Bezogene zusätzliche Eigenfrequenz der Einschwingspannung nach einem zweipoligen
Kurzschluß mit Erdberührung

6.5 Einschwingspannung an der Schaltstrecke
nach einem einpoligen Erdkurzschluß

Aus dem Ersatzschaltplan der Abb. I/52 läßt sich der für die Rechnung
bequemere Ersatzschaltplan der Abb. I/53 entwickeln.

Für diesen Zweipol gilt der Impedanzoperator

$$Z(p) = \frac{p}{3}\left(\frac{2}{C_1}\frac{1}{p^2 + \nu^2} + \frac{1}{C_e}\frac{1}{p^2 + \nu_0^2}\right). \tag{86}$$

Mit dem Ausgleichstrom entsprechend Gl. (31),

$$i_{K1} = \frac{U}{\omega L}\frac{3}{2 + \dfrac{L_0}{L}}\sin \omega t, \tag{87}$$

stehen wieder alle Teilgrößen zur Verfügung, um über die Gl. (67) und einige Zwischenrechnungen folgenden Verlauf der Einschwingspannung zu erhalten:

$$\tilde{u} = u = \hat{U}\, \frac{1}{2 + \dfrac{L_0}{L}} \left[\frac{2}{1 - \left(\dfrac{\omega}{\nu}\right)^2} (\cos \omega t - \cos \nu t) + \right.$$

$$\left. + \frac{\dfrac{L_0}{L}}{1 - \left(\dfrac{\omega}{\nu_0}\right)^2} (\cos \omega t - \cos \nu_0 t) \right], \tag{88}$$

$$\nu^2 = \frac{1}{L C_1},$$

$$\nu_0^2 = \frac{1}{L_0 C_e}.$$

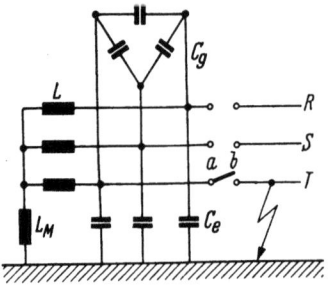

Abb. I/52. Ersatzschaltplan zur Ermittlung der Einschwingspannung an der Schaltstrecke nach einem einpoligen Erdkurzschluß

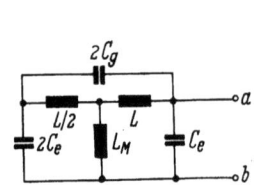

Abb. I/53. Reduzierter Ersatzschaltplan zur Ermittlung der Einschwingspannung an der Schaltstrecke nach einem einpoligen Erdkurzschluß

Unter der Annahme von $\left(\dfrac{\omega}{\nu}\right)^2 \ll 1$ und $\left(\dfrac{\omega}{\nu_0}\right)^2 \ll 1$ vereinfacht sich die Gl. (88) zu

$$u \approx \hat{U} \left(\cos \omega t - \frac{2}{2 + \dfrac{L_0}{L}} \cos \nu t - \frac{\dfrac{L_0}{L}}{2 + \dfrac{L_0}{L}} \cos \nu_0 t \right). \tag{89}$$

Ihre Auswertung in Abb. I/54 zeigt, daß der Einfluß des Gliedes, das mit der Kreisfrequenz ν schwingt, um so mehr zurückgeht, je größer das

64   I. Schalten großer induktiver Ströme

Verhältnis $\frac{L_0}{L}$ wird. Auf diesem Weg gelangen wir in das Gebiet des Erd-schluß-kompensierten Netzes.

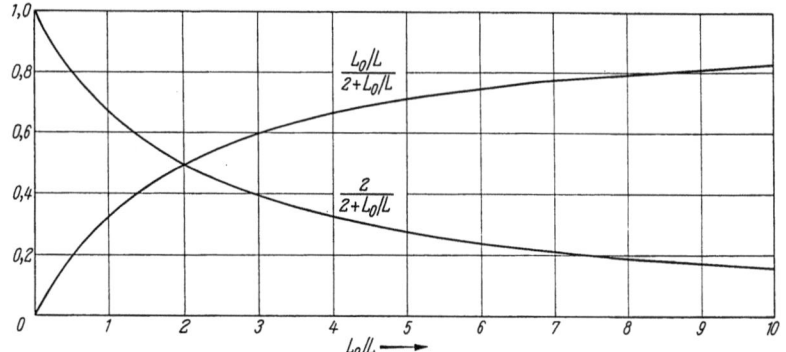

Abb. I/54. Komponenten der Einschwingspannung nach einem einpoligen Erdkurzschluß, bezogen auf die Leiter-Erdspannung

6.6 Einschwingspannung an der Schaltstrecke nach einem einpoligen Erdschluß

Bei einem einpoligen Erdschluß ist im Gegensatz zum einpoligen Erdkurzschluß der Systemmittelpunkt über eine verhältnismäßig hohe Impedanz mit Erde verbunden.

In einem Erdschluß-kompensierten Netz stellt diese Impedanz im wesentlichen einen induktiven Widerstand dar. Das Verhältnis $\frac{L_0}{L}$ ist

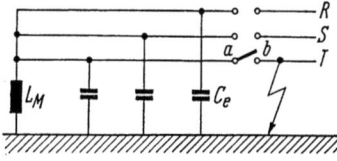

Abb. I/55. Vereinfachter Ersatzschaltplan zur Ermittlung der Einschwingspannung an der Schaltstrecke nach einem ein-poligen Erdschluß

hier groß gegen 2. Unter dieser Vor-aussetzung läßt sich die Einschwing-spannung einfach ermitteln.

Wir legen den Schaltplan Abb. I/55 zugrunde. Er unterscheidet sich von den vorhergehenden Schaltplänen da-durch, daß die Netzinduktivitäten und die Kapazitäten zwischen den Leitern vernachlässigt worden sind. In diesem Schaltplan fließt durch den fehlerbehafteten Leiter ein Erdschlußstrom von der Größe

$$i_{K1} = -\hat{U}\, 3\,\omega\, C_e \left[1 - \left(\frac{\nu_0}{\omega}\right)^2\right] \sin \omega t. \tag{90}$$

Von den Klemmen des Schalterpoles aus betrachtet, der diesen Fehler-strom zu unterbrechen hat, ergibt sich ein Impedanzoperator entspre-chend dem Ausdruck

$$Z(p) = \frac{1}{3 C_e} \frac{p}{p^2 + v_0^2}.$$ (91)

Analog zu dem bisher angewandten Rechenverfahren liefern die Gln. (90) und (91) für den Verlauf der Einschwingspannung die Gleichung

$$\boxed{\tilde{u} = u = \hat{U}(\cos \omega t - \cos v_0 t)}$$ (92)

Wie man sich leicht überzeugen kann, geht diese Gleichung auch aus der Gl. (89) hervor, wenn darin $\frac{L_0}{L} \gg 2$ angenommen wird.

In der Gl. (92) kann die Kreisfrequenz v_0 durch das Produkt aus der Betriebs-Kreisfrequenz und einem Faktor, der die sogenannte Verstim-mung enthält, ersetzt werden; man versteht darunter das Verhältnis des Erdschlußstromes nach Gl. (90) zum unkompensierten kapazitiven Erdschlußstrom:

$$\mathfrak{J}_c = \mathfrak{U} j \, 3 \omega C_e,$$ (93)

$$v = 1 - \left(\frac{v_0}{\omega}\right)^2.$$ (94)

Zwischen dem Impedanzverhältnis nach Gl. (36) und der Verstimmung besteht der Zusammenhang

$$v = \frac{k-1}{k}.$$ (95)

Bei Verstimmungen von wenigen Prozent läßt sich die Gl. (94) folgen-dermaßen umformen:

$$\frac{v_0}{\omega} = \sqrt{1-v} \approx 1 - \frac{v}{2}.$$ (96)

Nach Gl. (94) bedeutet $v_0 > \omega$ eine negative Verstimmung. Die größere Frequenz des Nullsystems weist auf eine Verkleinerung der In-duktivität der Erdschlußspule und auf einen dementsprechend ver-größerten induktiven Blindstrom hin. Man spricht von Überkompen-sation des Netzes.

Umgekehrt hat $v_0 < \omega$ einen verkleinerten induktiven Blindstrom zur Folge. Dieser Zustand des Netzes wird als Unterkompensation be-zeichnet. Man vermeidet sie jedoch tunlichst, weil, wie die Abb. I/23 zeigt,

5 Slamecka, Prüfung

in einem stark unterkompensierten Netz ($\varphi - \varphi_0 \approx 180°$) die Spannung zwischen den gesunden Leitern und Erde stets größer ist als die Spannung zwischen den Leitern, während im anderen Fall ($\varphi - \varphi_0 \approx 0$) das Gegenteil eintritt.

Zu vermerken ist auch noch, daß beim rückzündungsfreien Ausschalten einer unbelasteten Freileitung in einem Erdschluß-kompensierten Netz die Spannungsbeanspruchung der Schaltstrecken bei Überkompensation kleiner ist als bei Unterkompensation, wie H. D. Kuhn und G. Kummerow (1963) zeigten.

Eliminiert man nun in der Gl. (92) die Kreisfrequenz ν_0 mit Hilfe der Beziehung nach Gl. (96), so folgt

$$u = U \left\{ \left[1 - \cos \omega \left(\frac{v}{2} \right) t \right] \cos \omega t - \sin \omega t \sin \omega \left(\frac{v}{2} \right) t \right\}. \qquad (97)$$

Mit dieser Gleichung wurde der Spannungsverlauf bei der Ausschaltung eines Erdschlusses in einem schwach überkompensierten Netz berechnet und in Abb. I/56 dargestellt. Offensichtlich schwingt die Spannung nur sehr langsam, schwebungsartig ein. Bei dieser geringen Spannungsbeanspruchung kann auch ein frei brennender Erdschlußlichtbogen von selbst erlöschen.

Wie sich aus der Gl. (80) herleiten läßt, steigt in einem Erdschlußkompensierten Netz bei Resonanzabstimmung auch die Spannung über dem erstlöschenden Schalterpol nach einem dreipoligen Kurzschluß mit Erdberührung ähnlich langsam an.

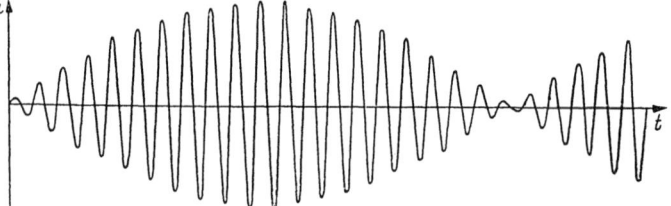

Abb. I/56. Einschwingen der Spannung an der Fehlerstelle nach dem Erlöschen des Erdschlußstromes,
$v = -0.1$

Aufsätze zu Kapitel I

Fortescue, C. L.: Method of Symmetrical Co-ordinates Applied to the Solution of Polyphase Networks. AIEE Trans. 37 (1918) II, 1027—1140.
— Polyphase Power Representation by Means of Symmetrical Co-ordinates. AIEE Trans. 39 (1920) II, 1481—1484.
Mayr, O.: Einphasiger Erdschluß und Doppelerdschluß in vermaschten Leitungsnetzen. Archiv. f. Elektrotechnik 17 (1926/27) H. 2, 163—173.

Aufsätze zu Kapitel I

OBERDORFER, G.: Das Rechnen nach der Methode der symmetrischen Koordinaten. E und M 45 (1927) H. 15, 296—301.
— Die Leistung in unsymmetrischen Dreiphasensystemen ETZ 50 (1929) H. 8, 265—267.
— Der Doppelerdschluß in einer zweifach gespeisten Einfachleitung im Lichte der Rechnung mit symmetrischen Komponenten. Wiss. Veröff. Siemens-Konzern 9 (1930) H. 2, 77—87.

HESSENBERG, K.: Die Berechnung von Symmetriestörungen in Drehstromnetzen mit Hilfe von symmetrischen Komponenten und Ersatzschaltungen. E und M (1931) H. 15, 273—276 u. H. 16, 299—304.

GUBLER, H.: Errechnung der Einschwingfrequenz der wiederkehrenden Spannung und ihre Bedeutung für die Abschaltleistung. VDE-Fachber. 5 (1931) 48—51.

PARK, R. H., and W. F. SKEATS: Circuit Breaker Recovery Voltages Magnitudes and Rates of Rise. AIEE Trans. 50 (1931) 204—239.

KAUFMANN, W.: Experimentelle Untersuchung über den Anstieg der wiederkehrenden Spannung bei Abschaltvorgängen. VDE-Fachber. 7 (1935) 39—42.

HAMEISTER, G.: Der Anstieg der wiederkehrenden Spannung nach Kurzschlußabschaltungen im Netz. ETZ 57 (1936) H. 36, 1025—1028 u. H. 37, 1052—1054.

EVANS, R. D., and A. C. MONTEITH: System Recovery Voltage Determination by Analytical and A-C Calculating Board Methods. Electr. Engng. 56 (1937) 695—705.

BROWN, J. K., u. P. FOURMARIER: Die Bestimmung des Verlaufs der wiederkehrenden Spannung nach Kurzschlußabschaltungen nach einer Hochfrequenz-Resonanz-Methode. Brown Boveri Mitt. 24 (1937) H. 8, 217—223.

BROWN, J. K., u. W. WANGER: Die Berechnung des Schwingungsverlaufs der wiederkehrenden Spannung nach Kurzschlußabschaltungen. Brown Boveri Mitt. 24 (1937) H. 11, 283—302.

TRENCHAM, H., and K. J. R. WILKINSON: Restriking Voltage and Its Import in Circuit Breaker Operation. Journal IEE 80 (1937) 460—468.

WANGER, W.: Die wiederkehrende Spannung bei Abschaltungen mit Hochspannungsschaltern. Bull. SEV 30 (1939) Nr. 13, 325—334.

PUPPIKOFER, H.: Der Einfluß des Schalters auf die wiederkehrende Spannung und sein Verhalten im Netz. Bull. SEV 30 (1939) Nr. 13, 334—342.

GOSLAND, L.: Restriking-Voltage under Various Fault Conditions at Typical Points on the Network of a Large City Supply Authority. Journal IEE 86 (1940) 248—274.

DUNLAP, G. W.: The Recovery-Voltage Analyzer for Determination of Circuit Recovery Characteristics. AIEE Trans. 60 (1941) 958—962.

ADAMS, J. A., W. F. SKEATS, R. C. VAN SICKLE and T. G. A. SILLERS: Practical Calculations of Circuit Transient Recovery Voltages. AIEE Trans. 61 (1942) 771—779.

TITTEL, J.: Ausgleichsvorgänge der Synchronmaschinen bei plötzlichen Blindlaständerungen. Wiss. Veröff. Siemens-Werken 21 (1942/43) H. 1, 38—74.

HARLE, J. A., and R. W. WILD: Restriking Voltage as a Factor in the Performance, Rating and Selection of Circuit-Breakers. Journal IEE 91/II (1944) No. 24, 469—482.

VOGELSANGER, E.: A Study of the Maximum Currents and Voltages which Can Stress a Circuit-Breaker in a Monophase or Polyphase System during the Rupture of Short-Circuits. CIGRE 1946, Ber. Nr. 119.

KURTH, F.: Fréquence de l'oszillation de la tension de rétablissement dans les réseaux à courant alternatif. (Méthode pour la mesure directe sur le réseau et sans interruption de service.) CIGRE 1948, Ber. Nr. 139.

5*

68   I. Schalten großer induktiver Ströme

MAYR, O.: Die wiederkehrende Spannung nach einphasigen Erdschlüssen in Leitungsnetzen. Elektrotechnik 4 (1950) H. 12, 401—403.

GOSLAND, L., and J. S. VOSPER: Tension de réamorçage dans les réseaux britanniques à 66 kV. CIGRE 1950, Ber. Nr. 110.

FOURMARIER, P.: Méthode expérimentale nouvelle de détermination de la tension de rétablissement — Résultats obtenus sur les réseaux belges. CIGRE 1950, Ber. Nr. 117.

TER HORST, D. TH. J.: Fréquences propres d'un réseau de lignes aériennes à 50 kV et du réseau d'interconnexion à 110 kV aux Pays-Bas. CIGRE 1950, Ber. Nr. 127.

KURTH, F.: Méthode pour la mesure directe du taux de la tension de rétablissement, dans les réseaux sans interruption de service. CIGRE 1950, Ber. Nr. 136.

BELOT, R.: Les fréquences propres dans les réseaux de transport d'énergie des Unions de Centrales Electriques du Hainaut. CIGRE 1950, Ber. Nr. 317.

SOMEDA, G.: Détermination expérimentale des fréquences propres dans un réseau italien. CIGRE 1950, Ber. Nr. 329.

MEYER, H.: Die grundlegenden Probleme der Hochspannungsschalter. Brown Boveri Mitt. 37 (1950) Nr. 4/5, 108—122.

DORSCH, H.: Untersuchung von Erdschlußüberspannungen mit Hilfe von Modellnetzen. Siemens-Z. 25 (1951) H. 3, 136—141.

ADKINS, B.: Transient Theory of Synchronous Generators Connected to Power Systems. Proceedings IEE 98/II (1951) 510—528.

JOHANNSEN, O. S.: An Investigation of the RRRV Values and Amplitude Factors in Swedish Power Networks, and a Proposal for RRRV Reference Values. CIGRE 1952, Ber. Nr. 104.

BELOT, R.: The Amplitude and Inherent Frequencies of the Recovery Voltage in the Networks of the Unions de Centrales Electriques Hainaut (Belgium). CIGRE 1952, Ber. Nr. 109.

GOSLAND, L., and J. S. VOSPER: Network Analyzer Study of Inherent Restriking Voltage Transients on the British 132 kV Grid. CIGRE 1952, Ber. Nr. 120.

WITZKE, R. L.: Physical Data and Performance of High-Voltage Transmission Lines in the United States and Canada. CIGRE 1952, Ber. Nr. 308.

DORSCH, H.: Nullimpedanz von Drehstrom-Freileitungen. Siemens-Z. 26 (1952) H. 5, 230—233.

LEEDS, W. M., and D. J. POVEJSIL: Out-of-Phase Switching Voltages and Their Effect on High-Voltage Circuit-Breaker Performance. AIEE Trans. 71 (1952) III, 88—96.

PRINZ, H.: Bestimmung des Stoßkurzschlußwechselstromes von Hochspannungsnetzen mit Hilfe des Kapazitätsgitters. ETZ 73 (1952) H. 4, 91—94.

PETSCHNER, K.: Die Bewertung des Ausschaltvermögens der Leistungsschalter unter Berücksichtigung des Spannungseinschwingvorganges. Deutsche Elektrotechnik 7 (1953) H. 2, 52—55.

BIERMANNS, J.: Netzvermaschung und Kurzschlußleistung. ETZ-A 74 (1953) H. 5, 147—149, u. H. 17, 501—504.

SLAMECKA, E.: Der unstationäre Kurzschlußstrom der Synchronmaschine. E und M 70 (1953) H. 13, 291—299, u. H. 14, 322—326.

DORSCH, H.: Die wiederkehrende Spannung beim Abschalten von Kurzschlüssen in Netzen mit freier Sternpunkterdung. VDE-Fachber. 17 (1953) II, 22—27.

BIERMANNS, J.: Druckgasschalter. ETZ-A 74 (1953) H. 10, 281—289.

SCHULZE, H.: Frequenz der wiederkehrenden Spannung. Energietechnik 3 (1953) H. 4, 148—156.

SCHULZE, H.: Die Behandlung der unsymmetrischen Belastung von Dreiphasensystemen nach der Methode der symmetrischen Komponenten. Energietechnik 4 (1954) H. 3, 114—118.

GÄRTNER, R.: Einschwingfrequenzen von Hochspannungsnetzen. VDE-Fachber. 18 (1954) II, 6—10.

DORSCH, H., u. M. ERCHE: Die wiederkehrende Spannung beim Unterbrechen von Kurzschlüssen. Siemens-Z. 29 (1955) H. 7, 260—268, u. H. 8, 356—364.

GEISE, F.: Erdkurzschluß, Einfach- und Doppelerdschluß in Mittelspannungsnetzen. ETZ-A 75 (1954) H. 6, 215—220.

PRINZ, H.: Darstellung des Leistungsschalters und Kondensators im Kapazitätsgitter. ETZ-A 76 (1955) H. 9, 309—314.

BIERMANNS, J.: Grenzleistungen von Schaltern, Schaltanlagen und Leitungsnetzen, ETZ-A 76 (1955) H. 20, 728—735.

BALTENSPERGER, P.: Statistische Untersuchung über Eigenfrequenzverhältnisse in möglichst vielen Netzen. Bull. SEV 46 (1955) Nr. 11, 505—517.

LANGER, H.: Einschwingfrequenz und Bewertung des Ausschaltvermögens von Leistungsschaltern im Netz. Elektrizitätswirtschaft 54 (1955) H. 6, 166—170, u. H. 7, 196—201.

HOCHRAINER, A.: Der Einfluß der Einschwingfrequenz und des Überschwingfaktors auf die Ausschaltleistung. ÖZE 8 (1955) H. 6, 185—192.

ZADUK, H.: Die Beanspruchung der Hochspannungsschalter in deutschen Netzen für 50 bis 65 kV bezüglich der Abschaltleistung und Einschwingfrequenz der wiederkehrenden Spannung. Archiv für Kraftwerks- und Netzbetrieb März 1955, Bericht 0-434-1. Studiengesellschaft f. Hochspannungsanlagen e. V.

KOTHEIMER, W. C.: A Method for Studying Circuit Transient Recovery Voltage Characteristics of Electric Power Systems. AIEE Trans. 74 (1955/56) III, 1083—1087.

BIERMANNS, J.: Kurzschlußleistung, Einschwingfrequenz und Überschwingfaktor. ETZ-A 77 (1956) H. 13, 435—441.

BERGER, K., u. R. PICHARD: Experimentelle und theoretische Untersuchung der Erdschlußüberspannungen in isolierten Wechselstromnetzen sowie der Eigenschaften des Erdschlußlichtbogens. Bull. SEV 47 (1956) Nr. 11, 485—517.

HOCHRAINER, A., u. K. KRIECHBAUM: Verfahren zur Bestimmung der Einschwingspannung. ETZ-A 77 (1956) H. 20, 721—724.

MÜLLER, W., u. H. PRINZ: Kurzschlußberechnung vermaschter Netze mit Hilfe des N_{SW}-Potentialverfahrens. Elektrizitätswirtschaft 55 (1956) H. 10, 321—326.

PRINZ, H.: Das komplexe N_{SW}-Potentialverfahren. Elektrizitätswirtschaft 55 (1956) H. 21, 751—757.

HOCHRAINER, A.: Das Schalten großer Ströme. AEG-Mitt. 47 (1957) H. 7/8, 213—224.

GERT, R.: Die in tschechoslowakischen Netzen vorherrschenden Bedingungen über Steilheit, Eigenfrequenz und Amplitudenfaktor der wiederkehrenden Spannung. Bull. SEV 48 (1957) Nr. 5, 195—219.

HOCHRAINER, A.: Das Vier-Parameter-Verfahren zur Kennzeichnung der Einschwingspannung in Netzen. ETZ-A 78 (1957) H. 19, 689—693.

FUNK, G.: Strom- und Spannungsbeanspruchungen von Hochspannungsnetzen je nach Art der Sternpunkterdung. ETZ-A 79 (1958) H. 2, 46—52.

DORSCH, H., u. M. ERCHE: Die Anwendung des Schwingungsmodells für die Untersuchung elektromagnetischer Ausgleichsvorgänge. ETZ-A 79 (1958) H. 4, 123—128.

BALTENSPERGER, P.: Zum Problem „Steilheit und Amplitudenfaktor der transitorischen wiederkehrenden Spannung". Bull. SEV 49 (1958) Nr. 14, 619—621.

70   I. Schalten großer induktiver Ströme

ERCHE, M.: Untersuchung über die Entstehung hoher Erdschluß-Überspannungen
    in gelöschten oder mit freiem Sternpunkt betriebenen Hochspannungsnetzen.
    VDE-Fachber. 20 (1958) I, 52—60.
FUKUDA, S., F. MORI, K. NAKANISHI and T. USHIO: Recovery and Restriking
    Voltage on 66—275 kV Power Systems. CIGRE 1958, Ber. Nr. 132.
BERKOWITSCH, M. A., u. W. A. SEMJONOW: Schadenstatistiken bei russischen 110-
    und 220-kV-Leitungen und Vorschläge zur Vereinfachung des Relais-Schutzes.
    Archiv f. Energiewirtschaft 13 (1959) H. 8, 324—335.
ERCHE, M., u. K. SCHMIDT: Beeinflussung eines gelöschten Netzes durch hohe Erd-
    kurzschlußströme eines benachbarten Netzes. ETZ-A 80 (1959) H. 1, 7—11.
HÄTSCHER, W.: Verfahren zur Bestimmung der Netzeigenfrequenzen. Energie-
    technik 10 (1960) H. 9, 390—396.
BALTENSPERGER, P.: Beschreibung der transitorischen wiederkehrenden Schalter-
    spannung durch vier Parameter, Prüfmöglichkeiten in Kurzschluß-Versuchs-
    anlagen. Bull. SEV 51 (1960) Nr. 3, 97—102.
MESTERMANN, R.: Die Behandlung des Sternpunktes in städtischen Kabelnetzen.
    ETZ-A 82 (1961) H. 21, 656—668.
PETITPIERRE, R.: Zusammenhänge zwischen den Verhältnissen und dem Verhalten
    von Leistungsschaltern in verschiedenen kritischen Schaltfällen. Schweiz. Techn.
    Zeit. 58 (1961) H. 29/30, 597—608.
SLAMECKA, E.: Beanspruchung von Hochspannungs-Leistungsschaltern beim Aus-
    schalten von Kurzschlußströmen und Verfahren zur Prüfung der Ausschalt-
    leistung. Der Maschinenschaden 35 (1962) H. 5/6, 69—77.
HOFMANN, H.: Die Laplace-Transformation und ihre Anwendung in der Elektro-
    technik und Regelungstechnik. ÖZE 15 (1962) H. 2, 33—40, H. 3, 79—84,
    H. 4, 121—128, H. 7, 301—308.
WASTE, W.: Erkenntnisse aus der Störungs- und Schadensstatistik für Drehstrom-
    schaltanlagen. ETZ-A 83 (1962) H. 6, 164—171.
HOCHRAINER, A.: Einschwingspannung und Schalterbeanspruchung. ETZ-A 83
    (1962) H. 27, 916—918.
BALTENSPERGER, P.: Schaltvorgänge in Hochspannungsnetzen. Bull. SEV 53
    (1962) Nr. 8, 370—378.
TRÜMPY, E.: Anwachsen der Kurzschlußleistungen in den schweiz. Netzen und
    Grenzleistungsprobleme. Bull. SEV 53 (1962) Nr. 8, 399—405.
TITTEL, J.: Die Stoßerregung von Synchronmaschinen. E und M 79 (1962) H. 24,
    601—611.
BEHNKE, M.: Beeinflussung abgeschalteter Systeme bei Erdkurzschluß in wirksam
    geerdeten Netzen. Energietechnik 14 (1964) H. 1, 41—44.
BADER, H., P. BALTENSPERGER, H. HARTMANN u. A. W. ROTH: Kurzschlußleistung
    und transitorische wiederkehrende Spannung in den schweizerischen 245-kV-
    und 420-kV-Netzen. Bull. SEV 55 (1964) Nr. 20, 1003—1016.
RUOSS, E.: Leistungsschalter. Bull. SEV 55 (1964) Nr. 11, 532—538.

Zum Problem des Abstandskurzschlusses

BIERMANNS, J.: Druckgasschalter. ETZ-A 74 (1953) H. 10, 281—289.
DORSCH, H., u. M. ERCHE: Die wiederkehrende Spannung beim Unterbrechen von
    Kurzschlüssen. Siemens-Zeit. 29 (1955) H. 7, 260—268, H. 8, 356—364.
DORSCH, H., and W. SCHICK: Study of the Natural Frequencies for the Future
    220 kV-System of the Rheinisch-Westfälisches Elektrizitätswerk (RWE).
    CIGRE 1956, Ber. Nr. 123.

Aufsätze zu Kapitel I

SKEATS, W. F., C. H. TITUS and W. R. WILSON: Severe rates of rise of recovery voltage associated with transmission line short circuits. AIEE Trans. 76 (1957), 1256—1266.

POUARD, M.: Nouvelles notions sur les vitesses de rétablissement de la tension aux bornes de disjoncteurs à haute tension. Bull. SFE 1958, 748—764.

HOCHRAINER, A.: Der Abstandskurzschluß. ETZ-A Bd. 80 (1959) 65—70.

ORGERET, L., et J. RENAUD: Le disjoncteur pneumatique à haute tension et les vitesses de rétablissement de tension élevées: le défaut kilométrique. Bull. SFE 1959, 748—764.

PEROLINI, M., C. DUBOIS, M. RENAUD, C. GALL, J. C. HENRY, Y. BARON and M. POUARD: New researches in the field of air blast circuit breakers. CIGRE 1960, Ber. Nr. 135.

PETITPIERRE, R.: Airblast circuit-breakers with relation to stresses which occur in modern networks, with particular reference to the interruption of short line faults. CIGRE 1960, Ber. Nr. 115.

BALTENSPERGER, P., u. E. RUOSS: Der Abstandskurzschluß in Hochspannungs-netzen. Brown Broveri-Mitt. Bd. 47 (1960), S. 329—339.

SCHULZE, H.: Beanspruchung der Schalter bei Abstandskurzschluß. Elektrie 1960, S. 30—32.

FALK, A. K., B. L. LLOYD and H. L. SMITH: Determination of Transient Recovery Voltages on the Detroit Edison System. AIEE Trans. 79 (1960) 392—404.

POUARD, M.: Le défaut kilométrique. Bull. Scient. de l'A.I.M., No. 10 (1961) 483—508.

RIEDER, W., u. H. D. KUHN: Bedeutung und Schwierigkeiten der sogenannten „Nachstrom"-Messungen. Schweiz. Techn. Zeit. 58 (1961) H. 29/30, 609—619.

WUTZ, H.: Schaltleistungsversuche mit einem Druckkammerschalter LR 0 2 für 230 kV im Kraftwerk Grand Coulée. Conti Elektro Ber. 7 (1961) H. 4, 166—174.

EIDINGER, A., and W. RIEDER: Short line fault problems. CIGRE 1962, Ber. Nr. 103.

FRATE, G.: Comparison between air blast and low-oil-content circuit-breakers as regards the short line fault. CIGRE 1962, Ber. Nr. 144.

JEAN-RICHARD, M., and R. THALER: Indirect proving of circuit-breakers in relation to short line faults by means of natural high frequency lumped circuits. CIGRE 1962, Ber. Nr. 120.

BALTENSPERGER, P.: Neuere Erkenntnisse auf dem Gebiete der Schaltvorgänge und der Schalterprüfung. Brown Boveri Mitt. 49 (1962) H. 9/10, 381—397.

JUSSILA, J., u. W. RIEDER: Die Anwendung der Elementenprüfung und die Verwendung künstlicher Leitungen bei Abstandskurzschluß-Prüfungen von Leistungsschaltern. Bull. SEV 53 (1962) H. 9, 451—458.

HOCHRAINER, A.: Der dreiphasige Abstandskurzschluß. ETZ-A 83 (1962) H. 1, 1—7.

ZWAHLEN, R.: Die Entkopplung der Leitungsgleichungen in mehrphasigen Netzen und Anwendung auf das Problem des Abstandskurzschlusses. Archiv f. Elektrotechnik 47 (1963) H. 20, 318—332.

BOLTON, E., A. C. EHRENBERG, F. L. HAMILTON, A. G. HAWKINS, F. P. MATRAVERS and I. A. THOMAS: British investigations of short-line fault phenomena. CIGRE 1964, Ber. Nr. 109.

TAKASUNA, T., I. TODORIKI, J. TOMIYAMA, S. FUJITAKA and M. OYAMA: Model testing of air-blast circuit breakers and a new artifical testing line for short-line faults. CIGRE 1964, Ber. Nr. 114.

KUMMEROW, G.: Die Spannungsbeanspruchung von Hochspannungs-Hochleistungs-schaltern beim Ausschalten von Abstandskurzschlüssen. Siemens-Z. 38 (1964) 350—357.

EIDINGER, A., u. J. JUSSILA: Die transienten Einschwingvorgänge bei dreiphasigen Abstandskurzschlüssen. Brown Boveri Mitt. 51 (1964) 303—319.

KUMMEROW, G., u. E. ZEMANN: Die Prüfung ölarmer Hochspannungs-Hochleistungs-schalter unter den Beanspruchungen des Abstandskurzschlusses. Siemens-Z. 39 (1965) H. 7, 786—790.

II. Schalten kleiner induktiver Ströme

Formelzeichen

a	Proportionalitätskonstante zu einer linear ansteigenden Hüllkurve der Durchschlagsspannungen der Schaltstrecke
b	Proportionalitätskonstante zu einer parabolisch ansteigenden Hüllkurve der Durchschlagsspannungen der Schaltstrecke
B	magnetische Induktion
C_N	Ersatzkapazität des Netzes
C	Ersatzkapazität an den Klemmen der auszuschaltenden Induktivität
C_o	Ersatzkapazität auf der Oberspannungsseite eines Transformators
C_u	Ersatzkapazität auf der Unterspannungsseite eines Transformators
C_e	Erdkapazität eines Leiters einer Drehstromleitung
C_g	Gegenkapazität zwischen zwei Leitern einer Drehstromleitung
C_1	Betriebskapazität eines Leiters einer Drehstromleitung
C_{res}	resultierende Kapazität parallel zur Schaltstrecke
H	magnetische Feldstärke
i	Augenblickswert des Stromes in der Schaltstrecke
$(i)_a$	Strom in der Schaltstrecke im Zeitpunkt der Instabilität des Schaltlichtbogens
I	Scheitelwert des stationären Stromes in der Schaltstrecke
$(i_o)_a$	Strom in der Oberspannungswicklung des auszuschaltenden Transformators im Zeitpunkt der Instabilität des Schaltlichtbogens
$(i_u)_a$	Strom in der Unterspannungswicklung des auszuschaltenden Transformators im Zeitpunkt der Instabilität des Schaltlichtbogens
I_o	Scheitelwert des stationären Stromes in der Oberspannungswicklung des auszuschaltenden Transformators
I_u	Scheitelwert des stationären Stromes in der Unterspannungswicklung des auszuschaltenden Transformators
i_L	Augenblickswert des Stromes in der auszuschaltenden Induktivität
$(i_L)_a$	Strom in der auszuschaltenden Induktivität im Zeitpunkt der Instabilität des Schaltlichtbogens
I_L	Scheitelwert des stationären Stromes in der auszuschaltenden Induktivität
I_C	Scheitelwert des stationären Stromes in der Parallelkapazität der auszuschaltenden Induktivität
I_μ	Scheitelwert des Magnetisierungsstromes
I_M	Scheitelwert des Erdschlußstromes
k	Schaltspannungsfaktor
k_o	Schaltspannungsfaktor auf der Oberspannungsseite des Transformators

Formelzeichen

$k_{o\,max}$	maximaler Schaltspannungsfaktor auf der Oberspannungsseite des Transformators
k_u	Schaltspannungsfaktor auf der Unterspannungsseite des Transformators
L	Induktivität
L_μ	Hauptinduktivität des Transformators
$L_{1\sigma}, L_{2\sigma}$	Streuinduktivitäten des Transformators
L_{0T}	Nullinduktivität eines Drehstromtransformators
L_M	Induktivität einer Erdschlußdrossel
p	Proportionalitätsfaktor zwischen Abkippstrom und Parallelkapazität zur Schaltstrecke
s	Augenblickswert der wiederkehrenden Spannungsfestigkeit der Schaltstrecke
$(s)_z$	Spannungsfestigkeit der Schaltstrecke unmittelbar vor ihrer Durchzündung
S_z	konstante Spannungsfestigkeit der Schaltstrecke
t	Augenblickswert der Zeit
t_0	Schaltaugenblick (Zeitpunkt der Kontakttrennung bzw. Löschmitteleinwirkung)
t_z, t_{z+1}	aufeinanderfolgende Zeitpunkte der Durchzündung der Schaltstrecke
t_1, t_2	Zeitpunkte der (endgültigen) Stromunterbrechung in der Schaltstrecke
u_N	Augenblickswert der Netzspannung (Phasenspannung)
$(u_N)_z$	Netzspannung unmittelbar vor der Durchzündung der Schaltstrecke
$\hat{U}$	Scheitelwert der Netzspannung (Phasenspannung)
$(u_o)_a$	Spannung auf der Oberspannungsseite des auszuschaltenden Transformators im Zeitpunkt der Instabilität des Schaltlichtbogens
$(u_u)_a$	Spannung auf der Unterspannungsseite des auszuschaltenden Transformators im Zeitpunkt der Instabilität des Schaltlichtbogens
$u_{o\,max}$	Maximalwert der Spannung auf der Oberspannungsseite des auszuschaltenden Transformators
$u_{u\,max}$	Maximalwert der Spannung auf der Unterspannungsseite des auszuschaltenden Transformators
$\hat{U}_o$	Scheitelwert der Netzspannung auf der Oberspannungsseite eines Transformators
$\hat{U}_u$	Scheitelwert der Netzspannung auf der Unterspannungsseite eines Transformators
u_L	Augenblickswert der Spannung an der auszuschaltenden Induktivität
$(u_L)_a$	Spannung an der auszuschaltenden Induktivität im Zeitpunkt der Instabilität des Lichtbogens
$u_{L\,max}$	Maximalwert der Spannung an der auszuschaltenden Induktivität
u	Augenblickswert der Spannung an der Schaltstrecke
u_m	mittlere Spannung an der Schaltstrecke
$\ddot{u}$	Übersetzungsverhältnis des Transformators
v	Augenblickswert der Hüllkurve der Durchschlagsspannungen der Schaltstrecke
v_{max}	Durchschlagsspannung der Schaltstrecke im Zeitpunkt ihrer endgültigen Stromunterbrechung
w_μ	magnetische Energiedichte
W_μ	magnetische Energie
W_ε	elektrische Energie
$W_{\varepsilon I}$	Energie in der Parallelkapazität der auszuschaltenden Induktivität unmittelbar vor der Durchzündung der Schaltstrecke

74   II. Schalten kleiner induktiver Ströme

$W_{\varepsilon II}$ Energie in der Parallelkapazität der auszuschaltenden Induktivität un-
           mittelbar nach der Durchzündung der Schaltstrecke

x Augenblickswert der bezogenen Zeit

x_0 bezogener Schaltaugenblick (Zeitpunkt der Kontakttrennung bzw. Beginn
           der Löschmitteleinwirkung)

x_1, x_2 bezogene Zeitpunkte der endgültigen Stromunterbrechung in der Schalt-
           strecke

ν Kreisfrequenz des Schwingkreises, gebildet aus auszuschaltender Induk-
           tivität und Parallelkapazität

ν_μ Kreisfrequenz eines leerlaufenden Transformators

ν_0 Kreisfrequenz des Nullsystems des Transformators

τ Augenblickswert der Zeit, vom Zeitpunkt der jeweiligen Strominstabilität
           an gezählt

φ Phasenlage des Stromes im Zeitpunkt der Kontakttrennung

ω Kreisfrequenz des Netzes

Einführung

Das rege Interesse an diesem Schaltfall hat seinen Grund darin, daß
der Schaltlichtbogen dieser Ströme, die insbesondere im Verhältnis zum
Kurzschlußstrom klein sind, nicht immer im natürlichen Nulldurchgang
des Stromes erlischt. Bei einem bestimmten Augenblickswert weicht
der Strom plötzlich von seinem betriebsfrequenten Verlauf ab und wird
schnell zu Null.

Die magnetische Energie, die im Zeitpunkt des Abkippens des
Stromes in der verhältnismäßig großen Induktivität des Stromkreises
gespeichert ist, setzt sich in Ausgleichsschwingungen in elektrische
Energie um; sie wird von den beteiligten Kapazitäten aufgenommen.
Dabei kann die Spannung an den Klemmen der auszuschaltenden Induktivität über den Scheitelwert der stationären Spannung angehoben
werden.

Diese Vorgänge lassen sich auf verschiedene Weise untersuchen und
darstellen.

Man kann z. B. die unterbrechende Schaltstrecke als zeitlich veränderliche Spannungsquelle auffassen, die einen zusätzlichen Strom erzeugt und damit zunächst den stationären Strom beeinflußt.

Im Augenblick der Unterbrechung des resultierenden Stromes überlagert sich die Spannung, die der Schaltstrecke eigen ist, dem Augenblickswert der treibenden Spannung zu einer resultierenden Schaltspannung an den Klemmen der abzuschaltenden Induktivität.

In einer anderen Betrachtungsweise kann man auch die Stabilitäts-
bedingungen des Schaltlichtbogens sowie die energetischen Verhältnisse
in der auszuschaltenden Induktivität klären und danach die Ausgleich-
spannungen ermitteln, die durch das plötzliche Erlöschen des Bogens
entstehen.

Alle diese Methoden haben ihre Vor- und Nachteile und ergänzen sich zum Teil.

1 Die unterbrechende Schaltstrecke
als zeitlich veränderliche Spannungsquelle

Die Abb. II/1 zeigt schematisch den näherungsweise als rein induktiv angenommenen Stromkreis mit einem Schalter, der gerade öffnet.

Ein Umlauf in diesem Kreis liefert den Ansatz

$$u_N = u + L \frac{di}{dt}, \tag{1}$$

in dem für die treibende Spannung

$$u_N = \hat{U} \cos \omega t \tag{2}$$

gilt.

Um die Gl. (1) integrieren zu können, kommt es darauf an, in dem kritischen Bereich der Stromunterbrechung für den Verlauf der Spannung über der Schaltstrecke eine passende Funktion zu finden. Einen Hinweis gibt die Skizze in Abb. II/2.

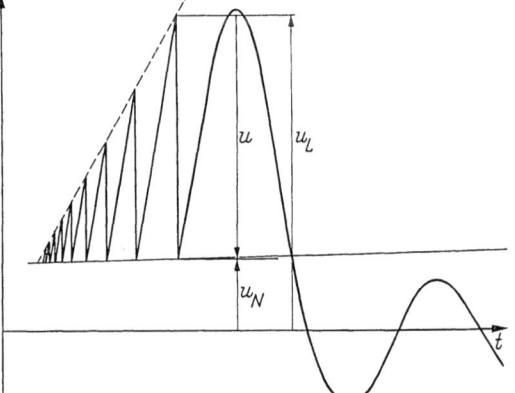

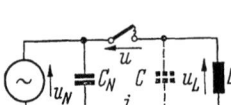

Abb. II/1. Ersatzschaltplan für das Ausschalten einer Induktivität

Abb. II/2. Schaltspannungen beim Unterbrechen eines kleinen induktiven Stromes, Stromunterbrechung vor dem Nulldurchgang des Stromes

Der Bogen, der diesem Schaltvorgang zugrunde liegt, ist — wie später noch erläutert werden soll — instabil geworden. Nach dem Nullwerden des Stromes schwingt die Spannung an der Induktivität in erster Näherung nach der Gleichung

$$u_L = (u_L)_a \cos \nu\tau - (i_L)_a \sqrt{\frac{L}{C}} \sin \nu\tau, \tag{3}$$

$$\nu^2 = \frac{1}{LC},$$

ein.

76   II. Schalten kleiner induktiver Ströme

An der Schaltstrecke liegt die Differenz aus der Spannung des Netzes und aus der Spannung an der Induktivität:

$$u = u_N - u_L. \tag{4}$$

Sobald diese Differenzspannung die Spannungsfestigkeit der Schaltstrecke erreicht hat,

$$u = s = v, \tag{5}$$

erfolgt der Durchschlag. Durch das wiederholte Aufeinanderfolgen von Erlöschen des Schaltlichtbogens, Einschwingen der Spannung, Durchschlag der Schaltstrecke bis zur endgültigen Ausschaltung erhält der Spannungsverlauf ein sägezahnähnliches Aussehen, wie auch aus Abb. II/3 hervorgeht, die den stark vergrößerten Ausschnitt eines Kathodenstrahl-Oszillogrammes wiedergibt.

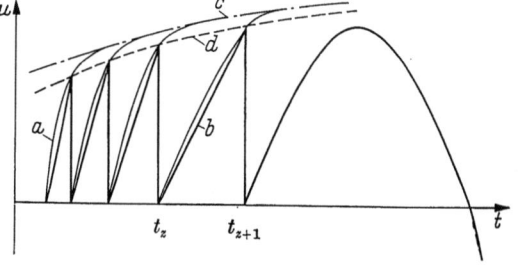

Abb. II/3. Schaltspannungen beim Unterbrechen eines kleinen induktiven Stromes, Ausschnitt aus einem Kathodenstrahl-Oszillogramm

a Verlauf der wiederkehrenden Spannungsfestigkeit der Schaltstrecke nach einer Neuzündung, $s(t)$; *b* Verlauf der Spannung an der Schaltstrecke nach einer Neuzündung, $u_s(t)$; *c* Hüllkurve der dielektrischen Festigkeit der Schaltstrecke, $w(t)$; *d* Hüllkurve der Durchschlagsspannungen, $v(t)$

Wenn die einzelnen Sägezähne genügend dicht aufeinander folgen, ist es näherungsweise zulässig, das Integral des Spannungsverlaufes über der Schaltstrecke durch den halben Betrag des Integrals der Hüllkurve der Durchschlagspannungen zu ersetzen:

$$\int_{t_z}^{t_{z+1}} u(t)\,dt \approx \frac{1}{2} \int_{t_z}^{t_{z+1}} v(t)\,dt. \tag{6}$$

Der geringe Fehler, der mit diesem Verfahren verbunden ist, wird dadurch verursacht, daß die Kurve der an der Schaltstrecke einschwingenden Spannung etwas von der Geraden abweicht und die Fläche, die zwischen zwei Durchschlägen von der Hüllkurve der Durchschlagspannungen abgeschlossen wird, nicht genau halbiert.

1 Die unterbrechende Schaltstrecke 77

Setzt man die Gln. (2 und 6) in die Gl. (1) ein, so ergibt sich nach der Integration für den Stromverlauf der Ausdruck

$$i\,(t) - (i)_0 = \frac{U}{\omega L}\,(\sin \omega t - \sin \omega t_0) - \frac{1}{2L}\int\limits_{t_0}^{t} v\,dt\,. \qquad (7)$$

Im Zeitpunkt der Kontakttrennung, $t = t_0$, ist der Strom noch durch die Induktivität bestimmt, so daß

$$(i)_0 = \frac{U}{\omega L}\,\sin \omega t_0\,; \qquad (8)$$

dementsprechend nimmt die Gl. (7) die Form

$$i\,(t) = \frac{U}{\omega L}\,\sin \omega t - \frac{1}{2L}\int\limits_{t_0}^{t} v\,dt \qquad (9)$$

an. Mit dieser Gleichung sollen die Löschbedingungen für bestimmte Hüllkurven der Durchschlagspannungen, d. h. in erster Näherung Leerschaltkennlinien, untersucht werden.

1.1 Konstante Spannungsfestigkeit der Schaltstrecke

Zunächst nehmen wir an, daß die Leerschaltkennlinie konstant sei,

$$v = \text{const} = \pm S_z\,. \qquad (10)$$

Man kann sich dabei eine Schaltstrecke vorstellen, deren dielektrische Festigkeit während der Unterbrechung eines kleinen induktiven Stromes zuerst sprungartig einen bestimmten Wert erreicht, dann aber nur noch langsam weiter ansteigt. Bei einer konstanten Durchschlagspannung, Abb. II/4, läßt sich nach Gl. (6) für die Spannung an der Schaltstrecke eine mittlere Gleichspannung mit dem halben Wert der Durchschlagspannung einführen:

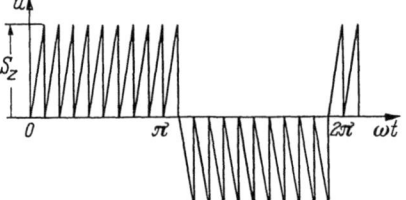

Abb. II/4. Sägezahnkurven bei konstanter Durchschlagspannung der Schaltstrecke (idealisierte Darstellung)

$$u_m \approx \pm \frac{S_z}{2}\,. \qquad (11)$$

Es interessiert jetzt, wie groß die dielektrische Festigkeit sein muß, damit gerade eine Löschung eintritt. Die Löschbedingungen fordern, daß der Strom Null sein und dauernd Null bleiben muß.

78 II. Schalten kleiner induktiver Ströme

Die erste Bedingung führt mit der Annahme $t_0 = 0$ zu der Gleichung

$$\frac{\hat{U}}{\omega L} \sin \omega t_1 - \frac{S_z}{2L} t_1 = 0, \qquad (12)$$

die zweite zu der Gleichung

$$\left(\frac{di}{dt}\right)_{t_1} = \frac{\hat{U}}{L} \cos \omega t_1 - \frac{S_z}{2L} = 0. \qquad (13)$$

Aus beiden Gleichungen ergibt sich für den vermuteten Löschzeitpunkt, $t = t_1$, der Ausdruck

$$t_1 = \frac{1}{\omega} \sqrt{4 \left(\frac{\hat{U}}{S_z}\right)^2 - 1}. \qquad (14)$$

Mit dieser Zeit und der Gl. (12) erhält man nach der Lösung der neuen, transzendenten Gleichung als Löschverhältnis der dielektrischen Festigkeit der Schaltstrecke zum Scheitelwert der treibenden Spannung

$$\frac{S_z}{\hat{U}} = 0{,}88. \qquad (15)$$

Durch dieses Verhältnis ist nach Gl. (4) auch die relative Spannung an der Induktivität im Zeitpunkt des Stromnulldurchganges zu

$$\frac{(u_L)_1}{\hat{U}} = \frac{(u_N)_1}{\hat{U}} - \frac{S_z}{\hat{U}} = -1{,}33 \qquad (16)$$

gegeben.

In Abb. II/5 sind zur Kontrolle die zugehörigen Strom- und Spannungsverläufe graphisch nach einem Verfahren ermittelt worden, das auf der Gl. (9) beruht und anhand eines Beispiels im folgenden Abschnitt noch genauer erläutert werden wird. Vorerst finden wir den Zahlenwert des Verhältnisses nach Gl. (16) bestätigt und weiter, daß über den vermuteten Löschzeitpunkt hinaus noch Strom fließen kann. Dies besagt, daß die Gln. (12) und (13) zwar notwendige, aber nicht hinreichende Bedingungen darstellen.

Wir versuchen es daher mit einer Erhöhung des Löschverhältnisses auf den Wert von z. B.

$$\frac{S_z}{\hat{U}} = 1{,}27$$

und erhalten damit einen Stromverlauf nach Abb. II/6.

Bemerkenswert ist, daß sich der bereits sehr flache Wiederanstieg des Stromes in Abb. II/5 jetzt zu einem breiten, stromlosen Intervall ausgedehnt hat. In dem gewählten Beispiel setzt der Stromfluß erst nach

1 Die unterbrechende Schaltstrecke   79

5 ms wieder ein. Solche über eine längere Zeit aussetzende Bogen kleiner induktiver Ströme wurden auch bei Versuchen beobachtet.

Die relative Schaltspannung an der Induktivität im Zeitpunkt des Strom-Nulldurchganges hat in diesem Fall auch den Wert 1,27. Erhöht

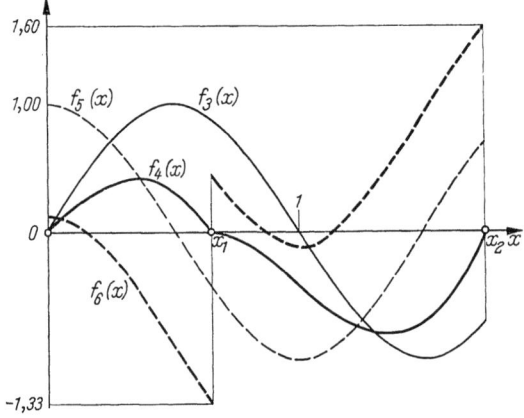

Abb. II/5. Graphische Ermittlung des bezogenen Strom- und Spannungsverlaufes bei konstanter Durchschlagspannung der Schaltstrecke; $\dfrac{S_Z}{\hat{U}_N} = 0{,}88$

Bedeutung der einzelnen Symbole: s. Legende zu Abb. II/7

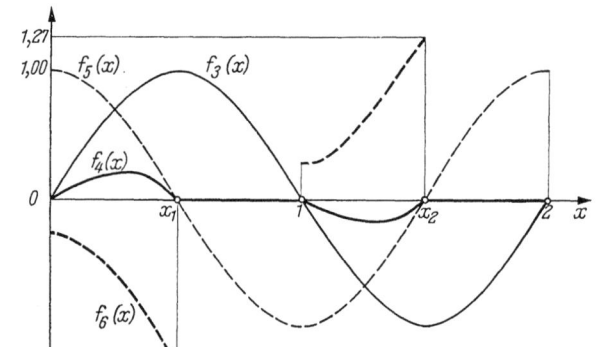

Abb. II/6. Graphische Ermittlung des bezogenen Strom- und Spannungsverlaufes bei konstanter Durchschlagspannung der Schaltstrecke; $\dfrac{S_Z}{\hat{U}_N} = 1{,}27$

Bedeutung der einzelnen Symbole: s. Legende zu Abb. II/7

man den Wert von $\dfrac{S_z}{\hat{U}}$, so wird eine endgültige Löschung, die je nach der Wahl des Zeitpunktes des Löschmitteleinsatzes bereits nach einer oder aber erst nach mehreren Halbwellen erfolgen kann, möglich.

80   II. Schalten kleiner induktiver Ströme

Um das Spannungsverhältnis für eine endgültige Löschung stets in einer Halbwelle zu ermitteln, machen wir folgende Überlegung:

Die Spannung nach Gl. (11) treibt einen fiktiven Strom, der mit der Steilheit

$$\frac{d\,i}{d\,t} = \frac{S_z}{2\,L} \qquad (17)$$

ansteigt. Ein weiterer resultierender Stromfluß ist bei einer im Nulldurchgang des Stromes sprunghaft einsetzenden, Gl. (11) entsprechenden Löschwirkung offenbar dann ausgeschlossen, wenn die Anstiegsgeschwindigkeiten des stationären Stromes und des Ausgleichsstromes gleich groß sind. Aus dieser Löschbedingung ergibt sich als sicheres Löschverhältnis

$$\frac{S_z}{\dot{U}} \geqq 2. \qquad (18)$$

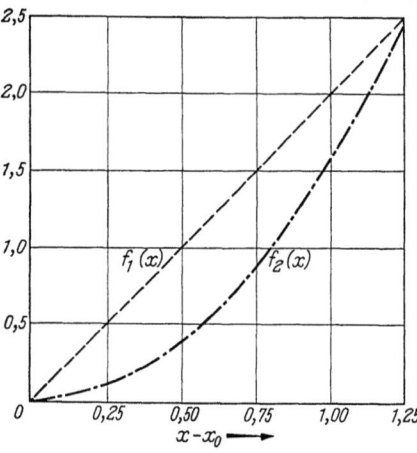

Abb. II/7a. $f_1(x)$ Verlauf der Hüllkurve der Durchschlagsspannungen der öffnenden Schaltstrecke, $v(t) = a\,(t - t_0)$ für $t > t_0$, bezogen auf den Scheitelwert der treibenden Spannung $\hat{U}_N$:

$$\frac{v(t)}{\hat{U}_N} = \frac{a}{\hat{U}_N}\,(t - t_0),$$

bezogen auf die Dauer einer Halbwelle $\frac{\pi}{\omega}$:

$$\frac{v(t)}{\hat{U}_N} = \frac{a}{\hat{U}_N}\,\frac{\pi}{\omega}\,\frac{\omega}{\pi}\,(t - t_0)$$

oder

$$f_1(x) = \frac{v(x)}{\hat{U}_N} = \frac{a}{\hat{U}_N}\,\frac{\pi}{\omega}\,(x - x_0)$$

im Beispiel wurde $\dfrac{a\,\pi}{\hat{U}\,\omega} = 2$ gewählt.

$f_2(x)$ Verlauf des Ausgleichsstromes in der öffnenden Schaltstrecke

$$i(t) = \frac{1}{2\,L}\int\limits_{t_0}^{t} v(t)\,dt,$$

bezogen auf den Scheitelwert des stationären kleinen induktiven Stromes $\hat{I} = \dfrac{\hat{U}_N}{\omega L}$:

$$\frac{i(t)}{\hat{I}} = \frac{\omega}{2}\int\limits_{t_0}^{t} \frac{v(t)}{\hat{U}_N}\,dt,$$

bezogen auf die Dauer einer Halbwelle $\frac{\pi}{\omega}$:

$$f_2(x) = \frac{i(x)}{\hat{I}} = \frac{\pi}{2}\int\limits_{x_0}^{x} \frac{v(x)}{\hat{U}_N}\,dx$$

An späterer Stelle wird es noch aus einer Betrachtung der an dem Löschvorgang beteiligten elektrischen Energien hergeleitet werden.

1.2 Linear ansteigende Spannungsfestigkeit der Schaltstrecke

In dem nun folgenden Beispiel möge die Hüllkurve der Durchschlagspannungen zwischen den öffnenden Schalterkontakten linear ansteigen; es ist dies ein Verlauf, der über kurze Zeiten in der Praxis öfters beobachtet wird,

$$v = a\,(t - t_0). \qquad (19)$$

1 Die unterbrechende Schaltstrecke

Um dabei auch den allgemeinen Fall, daß die Gegenspannung, d. h. die Löschwirkung, zu einem beliebigen Zeitpunkt während einer stationären Wechselstromhalbwelle einsetzt, möglichst einfach und anschau-

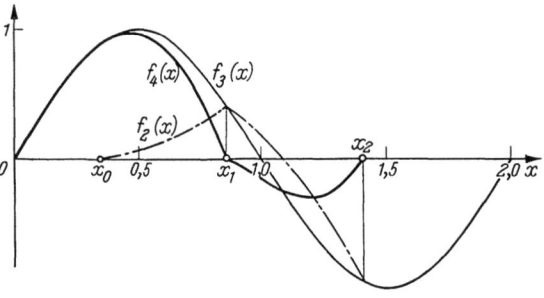

Abb. II/7b. $f_3(x)$ Verlauf des unbeeinflußten Stromes, bezogen auf den Scheitelwert des stationären Stromes und auf die Dauer einer Halbwelle

$$f_3(x) = \frac{i(x)}{\hat{I}} = \sin \pi x$$

$f_4(x)$ Verlauf des bezogenen resultierenden Stromes in der öffnenden Schaltstrecke

$$f_4(x) = f_3(x) - f_2(x)$$

lich berücksichtigen zu können, empfiehlt es sich weiterhin, den resultierenden Stromverlauf nach Gl. (9) und die zugehörigen Schaltspannungen graphisch zu ermitteln.

In der Abbildungsfolge II/7 ist dies mit bezogenen Strömen und Spannungen geschehen. Dabei wurde der Ausgleichsstrom so lange von dem stationären Wechselstrom subtrahiert, bis der resultierende Strom das Vorzeichen nicht mehr wechseln kann. Die näheren Erläuterungen sind den einzelnen Bildern beigefügt.

An diesem Beispiel des graphisch ermittelten Verlaufes von Strom und Schaltspannung ist bemerkenswert, daß am Ende sowohl der

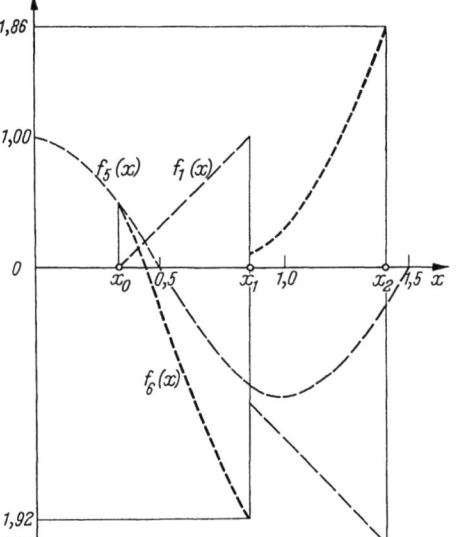

Abb. II/7c. $f_5(x)$ Verlauf der treibenden Spannung, bezogen auf den Scheitelwert und auf die Dauer einer Halbwelle

$$f_5(x) = \frac{u(x)}{\hat{U}_N} = \cos \pi x$$

$f_6(x)$ Verlauf der bezogenen Schaltspannung an der auszuschaltenden Induktivität

$$f_6(x) = f_5(x) \mp f_1(x)$$

6   Slamecka, Prüfung

82   II. Schalten kleiner induktiver Ströme

ersten als auch der zweiten verzerrten Stromhalbwelle Schaltspannungen
auftreten, die nahezu gleich groß sind. Bei einer intensiven Löschmitteleinwirkung erlischt der Bogen häufig schon im ersten Nulldurchgang, der auf den Beginn dieser Einwirkung folgt. Zwischen dem Einsetzen der Löschmitteleinwirkung innerhalb der Stromhalbwelle und

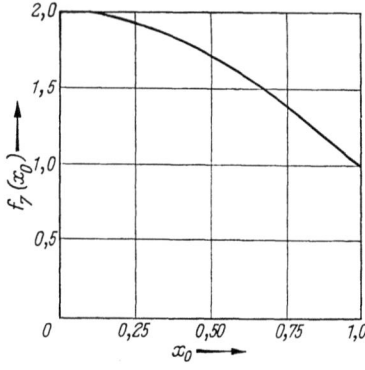

der zugeordneten Höhe der Schaltspannungen bestehen dann gewisse
Zusammenhänge.

Nähere Aussagen darüber lassen
sich durch die graphische Ermittlung der Schaltspannungen für verschiedene Zeitpunkte des Löschmitteleinsatzes nach dem in der Abbildungsfolge II/7 gezeigten Verfahren machen.
Danach sind die Schaltspannungen
am größten, wenn das Löschmittel im
Bereich eines Nulldurchganges des
stationären Stromes einzuwirken beginnt, Abb. II/8.

Abb. II/8. $f_7(x_0)$ Bezogene Schaltspannungen an den Klemmen der ausgeschalteten Induktivität in Abhängigkeit vom
bezogenen Zeitpunkt der Löschmitteleinwirkung

Die Abb. II/9 zeigt einige Versuchsergebnisse, welche die Theorie qualitativ gut bestätigen.

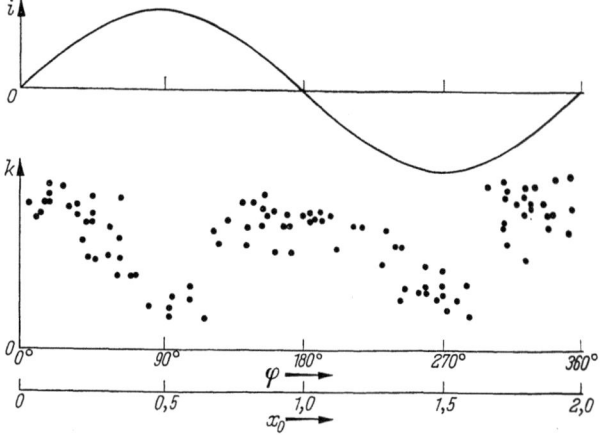

Abb. II/9. Gemessene bezogene Schaltspannungen in Abhängigkeit von der Phasenlage des betriebsfrequenten Stromes im Augenblick der Kontakttrennung (nach P. BALTENSPERGER 1960)

Diese Gesetzmäßigkeiten gelten jedoch nur, wenn die Stromunterbrechung von einem sägezahnartigen Verlauf der Spannung über
der Schaltstrecke begleitet wird. Bei größeren Strömen brennt der

Bogen trotz der Löschmitteleinwirkung während des größten Teiles der Halbwelle stabil. Der Strom wird in diesem Fall nur wenig beeinflußt, und der Bereich der Instabilität rückt nahe an seinen Nulldurchgang und damit an den Scheitelwert der treibenden Spannung heran.

Unter der Voraussetzung, daß der Verlauf der bezogenen dielektrischen Spannungsfestigkeit nach Abb. II/7 a weiterhin gilt, kann z. B. nach nahezu einer Halbwelle Bogendauer die bezogene Schaltspannung den Maximalwert von etwa 2 des Diagrammes in Abb. II/7 c übersteigen und nach Gl. (4) den Wert von etwa 3 erreichen.

1.3 Maximale Schaltspannung bei vorgegebener Löschdauer und vorgegebenem Verlauf der Spannungsfestigkeit der Schaltstrecke

Wir setzen voraus, daß der Strom innerhalb einer Halbwelle zum Zeitpunkt $t = t_1$ unterbrochen wird, also $i(t_1) = 0$.

Die größte Schaltspannung tritt dann auf, wenn bei monoton wachsendem $v(t)$ das Spannungsintegral der Gl. (9) für $i(t) = 0$ ein Maximum erreicht; dies ist der Fall für

$$\sin \omega t_1 = 1. \tag{20}$$

Damit wäre die Zeit bereits festgelegt und dürfte nicht mehr als freie Größe für die weitere Rechnung herangezogen werden, um eine neue Beziehung zwischen der Leerschaltkennlinie und der Nullbedingung des Stromes aufzustellen.

Da jedoch die sin-Funktion im Bereich des Maximums selbst auf eine größere Änderung des Argumentes nur wenig reagiert, steht in diesem Sonderfall das Argument, d. h. die Zeit, in einem gewissen Umfang als frei wählbare Größe zur Verfügung.

Liegt die Hüllkurve der Durchschlagspannungen der Schaltstrecke vor, z. B. durch Gl. (19), so erhält man gemeinsam mit den Gln. (20) und (9) für die Zeit, die bis zur Unterbrechung des Stromes vergeht,

$$t_1 - t_0 = \frac{2}{\omega} \sqrt{\frac{\omega \hat{U}}{a}}. \tag{21}$$

Nach ihrem Ablauf hat die Spannung an der Schaltstrecke die bezogene Höhe

$$\boxed{\frac{v_{\max}}{\hat{U}} = 2 \sqrt{\frac{a}{\omega \hat{U}}}} \tag{22}$$

erreicht.

84   II. Schalten kleiner induktiver Ströme

Dieses Gesetz, das von K. Berger und R. Pichard (1944) gefunden wurde, sagt aus, daß die maximale Spannung an der Schaltstrecke nur mit der Quadratwurzel der Steilheit des Anstieges der dielektrischen Festigkeit zunimmt. In dem hier behandelten Fall stellt diese Spannung in erster Näherung auch die maximale Schaltspannung an der abzuschaltenden Induktivität dar.

Zahlenbeispiel:

$$\hat{U} = \frac{10}{\sqrt{3}}\sqrt{2}\,\text{kV}, \qquad \omega = 314\,\frac{1}{\text{s}}, \qquad v = a\,t\,\text{kV},$$

$$a = 6\,\text{kV/ms}:$$

$$\frac{v_{\max}}{\hat{U}} \approx 3{,}1.$$

Es muß noch überprüft werden, ob im Zeitpunkt der Stromunterbrechung die Voraussetzung der Berechnung, nämlich $\sin \omega t_1 \approx 1$, eingehalten wurde. Darüber gibt die Lösung der transzendenten Gleichung

$$\sin \omega t_1 = \frac{\omega}{\hat{U}}\,\frac{a}{4}\,t_1^2$$

mit den Werten des Zahlenbeispiels Auskunft. Der Strom wird 4,16 ms nach dem Einsetzen der Löschmitteleinwirkung unterbrochen, so daß

$$\sin \omega t_1 = \sin 75° = 0{,}96 \approx 1.$$

Die Gl. (19) stellt nur eine spezielle Form des allgemeineren Verlaufs der Spannungsfestigkeit

$$v = b\,(t - t_0)^n \tag{23}$$

dar.

Das Integrieren dieser Funktion nach Gl. (9) unter Berücksichtigung des Grenzwertes nach Gl. (20) sowie der mitgeteilten Einschränkungen liefert für die Zeit, die bis zu der Unterbrechung des Stromes vergeht, den Ausdruck

$$t_1 - t_0 = \left[2\,\frac{\hat{U}}{\omega}\,(n+1)\,\frac{1}{b}\right]^{\frac{1}{n+1}}. \tag{24}$$

Damit erhält man für die maximale Schaltspannung

$$\boxed{\frac{v_{\max}}{\hat{U}} = \left[\frac{2\,(n+1)}{\omega}\right]^{\frac{n}{n+1}}\left(\frac{b}{\hat{U}}\right)^{\frac{1}{n+1}}} \tag{25}$$

Zahlenbeispiel:

$$\hat{U} = \frac{10}{\sqrt{3}} \sqrt{2}\,\mathrm{kV},$$

$$a = 314\,\frac{1}{\mathrm{s}}\,,$$

$$v = b\,t^2$$

$$b = 0{,}7\ \mathrm{kV/ms^2}:$$

$$\frac{v_{\max}}{\hat{U}} \approx 3{,}15, \qquad t_1 = 6\ \mathrm{ms},$$

$$\sin \omega t_1 = \sin 108° = 0{,}95 \approx 1\,.$$

Dieses Zahlenbeispiel interpretiert die Erweiterung der Gl. (22) zu der Gl. (25) wie folgt: Mit Hilfe einer gekrümmten Leerschaltkennlinie, die z. B. durch eine geknickte Kennlinie angenähert werden kann, ist es nahezu ohne Erhöhung des Schaltspannungsfaktors möglich, schneller hohe Werte der Spannungsfestigkeit der öffnenden Schaltstrecke zu erreichen.

Während die Werte des Zahlenbeispiels zu dem linearen Verlauf der Leerschaltkennlinie nach 10 ms eine Spannungsfestigkeit von 60 kV ergeben, ist bei der parabolisch verlaufenden Leerschaltkennlinie in der gleichen Zeit die Spannungsfestigkeit auf 70 kV angestiegen.

Im folgenden betrachten wir das Spiel der Energie, das bei dieser Art der Stromunterbrechung stattfindet, um auch daraus die minimale Spannungsfestigkeit herzuleiten, die notwendig ist, den Strom endgültig zu unterbrechen.

1.4 Minimale Spannungsfestigkeit

Als Voraussetzung für die folgende Betrachtung möge gelten, daß die Kapazität auf der speisenden Seite sehr groß ist im Verhältnis zu der Kapazität auf der Seite der auszuschaltenden Induktivität. Ferner soll die Zeit zwischen zwei Durchzündungen so kurz sein, daß in diesem Zeitintervall der Strom in der Induktivität annähernd konstant bleibt.

Vor einer Durchzündung ist in der Kapazität auf der abgeschalteten Seite die Energie

$$W_{eI} = \frac{C}{2}\,[(u_N)_z \pm (s)_z]^2 \tag{26}$$

gespeichert und anschließend die Energie

$$W_{eII} = \frac{C}{2}\,(u_N)_z^2\,. \tag{27}$$

86 II. Schalten kleiner induktiver Ströme

Zwischen den beiden Ladezuständen besteht die Energiedifferenz

$$\Delta W_e = W_{eII} - W_{eI}. \tag{28}$$

Eine negative Differenz bedeutet, daß das magnetische Feld der auszuschaltenden Induktivität einen Teil seiner Energie in das Netz zurückliefert. Dies ist eine Voraussetzung für die endgültige Stromunterbrechung. Sobald die Energiedifferenz abgebaut ist, hören die dicht aufeinanderfolgenden Durchzündungen auf, da sich jetzt beide Seiten der geöffneten Schaltstrecke auf gleichem Potential befinden. Wir können daher als Löschbedingung allgemein schreiben:

$$W_{eI} \geqq W_{eII}. \tag{29}$$

Die Entwicklung der Gl. (28) unter Berücksichtigung der Gl. (29) liefert als mathematische Formulierung der Voraussetzung für die endgültige Unterbrechung des kleinen induktiven Stromes

$$\boxed{(s)_z \geqq 2\,(u_N)_z} \tag{30}$$

und bestätigt, von einer anderen Überlegung ausgehend, die Gl. (18).

Die Anwendung dieser Gesetzmäßigkeit auf den Spannungsverlauf in Abb. II/7c zeigt, daß die Stromunterbrechung endgültig ist.

Ein kleiner induktiver Strom, dessen Bogen infolge einer starken Löschmitteleinwirkung instabil wird und der bei seinem vorzeitigen Erlöschen Schaltspannungen erzeugt, kann auch in Verbindung mit Kurzschlußströmen auftreten.

Die Bedingungen für das Entstehen dieser Schaltspannungen, nämlich die Existenz eines magnetischen Feldes und der plötzlichen Wechsel von einem niedrigohmigen in einen hochohmigen Stromkreis, können auch durch bestimmte Fehlerströme im Netz und dadurch ausgelöste Schalthandlungen sowie durch Schaltvorgänge beim Schalten kapazitiver Ströme eingeleitet werden.

2 Schaltspannungen
beim Ausschalten eines Transformators mit freiem Sternpunkt nach einem zweipoligen Kurzschluß

Auf der Verbindungsleitung zweier Netze I und II möge zwischen den Leitern S und T ein zweipoliger Kurzschluß entstanden sein, Abb. II/10. Dieser Kurzschluß werde nach dem Öffnen des Schalters S_{II} nur mehr aus dem Netz I über den Transformator T gespeist. Den neuen

2 Schaltspannungen nach einem zweipoligen Kurzschluß

Schaltzustand zeigt der Ersatzschaltplan der Abb. II/11, der aus dem Übersichtsschaltplan nach Abb. II/10 entstanden ist.

In den Wicklungssträngen S und T fließen die Kurzschlußströme weiter, im Wicklungsstrang R fließt nur noch der Magnetisierungsstrom. In dem Augenblick, zu dem dieser Strom gerade die volle Höhe $\hat{I}_\mu$ erreicht hat, fließen in den beiden anderen Wicklungssträngen Magnetisierungsströme von der Hälfte des Stromes $\hat{I}\mu$ mit entgegengesetzten Vorzeichen, Abb.

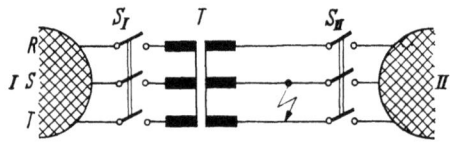

Abb. II/10. Ausschalten eines Transformators nach einem zweipoligen Kurzschluß

II/12. Der Magnetisierungsstrom $\hat{I}_{\mu_R}$ ist gegenüber der treibenden Spannung $\hat{U}_R$ und folglich auch gegenüber dem zweipoligen Kurzschluß-strom um 90° el phasen-verschoben; er geht im Augenblick der Unter-brechung des Kurz-schlußstromes gerade durch den Scheitelwert.

Bei Leistungsschal-tern ist die Löschmittel-einwirkung auf das Un-terbrechen der Kurz-

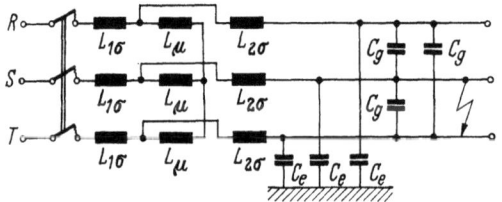

Abb. II/11. Ersatzschaltplan zu dem Übersichtsschaltplan nach Abb. II/10

schlußströme abgestimmt und deshalb sehr intensiv. So besteht eine gewisse Wahrscheinlichkeit dafür, daß gleichzeitig mit dem Erlöschen

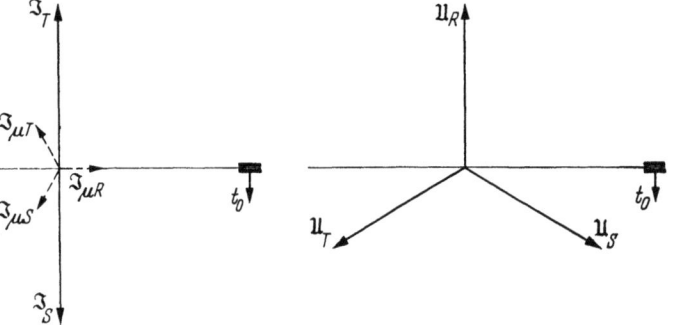

Abb. II/12. Zeigerdiagramme der Ströme und Spannungen beim Ausschalten eines Transformators nach einem zweipoligen Kurzschluß

der Schaltlichtbögen der Kurzschlußströme in den Polen S und T auch der anteilmäßig viel kleinere Magnetisierungsstrom, der durch den Pol R fließt, unterbrochen wird.

Der Transformator ist dann galvanisch vollkommen vom speisenden Netz getrennt, und es gilt der unter Vernachlässigung der Streuinduktivität aus dem Ersatzschaltplan nach Abb. II/11 hergeleitete Schwingkreis in Abb. II/13.

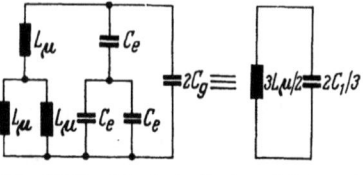

Abb. II/13. Schwingkreis, hergeleitet nach dem Ersatzschaltplan in Abb. II/11 (gleichzeitige Stromunterbrechung in allen Polen, Streuinduktivitäten des Transformators vernachlässigt)

Berücksichtigt man, daß im Augenblick der Stromunterbrechung die stationären Spannungen an den Klemmen des Transformators nicht wirksam sind, ergibt sich bei Vernachlässigung der Dämpfung aus der Gleichheit der magnetischen Energie

$$W_\mu = \frac{1}{2}\, I_\mu^2\, \frac{3}{2}\, L_\mu \qquad (31)$$

und der elektrischen Energie

$$W_\varepsilon = \frac{1}{2}\, u_{L\,max}^2\, \frac{2}{3}\, C_1 \qquad (32)$$

die bezogene maximale Schaltspannung zu

$$\boxed{\frac{u_{L\,max}}{U} = \frac{3}{2}\, \frac{1}{\omega}\, \sqrt{\frac{1}{L_\mu\, C_1}} = \frac{3}{2}\, \frac{\nu_\mu}{\omega};} \qquad (33)$$

sie hängt nach dieser Gleichung nur von dem Verhältnis der Frequenz, mit welcher sich die magnetische Energie in elektrische umwandelt, zur Betriebsfrequenz des Netzes ab.

Die Eigenfrequenzen unbelasteter Transformatoren erreichen einige 100 Hz, so daß theoretisch Schaltüberspannungen bis zum Zehnfachen und mehr der Phasenspannung entstehen könnten. In Wirklichkeit treten jedoch so hohe Werte nicht auf, da ein beträchtlicher Teil der magnetischen Energie durch wiederholte Rückzündungen ins Netz zurückgeliefert und ein weiterer Teil durch Dämpfung, hauptsächlich im Eisen, verbraucht wird.

3 Schaltspannungen beim Ausschalten eines Transformators mit induktiv geerdetem Sternpunkt nach einem zweipoligen Kurzschluß mit Erdberührung

Die Abb. II/14 zeigt den Schaltplan eines Teilnetzes, in welchem über einen Transformator, dessen Sternpunkt durch eine Erdschlußspule geerdet ist, ein zweipoliger Erdkurzschluß gespeist wird.

Die Kurzschlußströme und der Strom durch die Erdschlußspule sind durch die Gln. (I/24, I/25, I/26) gegeben.

Daraus geht hervor, daß diese Ströme in der Phase um 90° verschoben sind, wenn der Wirkwiderstand der Strombahn vernachlässigbar klein ist und das Verhältnis der Null-induktivität zur Mitinduktivität als groß gegen Eins angenommen werden kann. Daher ist im Augenblick der Unterbrechung des Kurzschlußstromes in den Induktivitäten des Null-Stromkreises die magnetische Energie

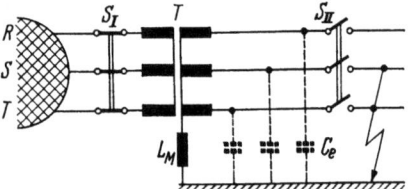

Abb. II/14. Ausschalten eines Transformators mit induktiv geerdetem Sternpunkt bei einem zweipoligen Erdkurzschluß

$$W_\mu \approx \frac{1}{2}\left(L_M + \frac{L_{0T}}{3}\right) I_M^2 \tag{34}$$

mit

$$I_M \approx \frac{U}{2\omega}\frac{1}{L_M + L_{0T}/3} \tag{35}$$

gespeichert.

Nimmt man ferner an, daß der Strom, der durch die Erdschlußspule fließt, gleichzeitig mit den Kurzschlußströmen unterbrochen wird, dann wandelt sich die entsprechende Energie in den resultierenden Erdkapazitäten des Transformators in elektrische Energie um:

$$W_\varepsilon = \frac{1}{2}\,3\,C_e\,u_{L\,max}^2\,. \tag{36}$$

Aus der Gleichheit der Energien ergibt sich die bezogene maximale Schaltspannung zu

$$\boxed{\frac{u_{L\,max}}{U} = \frac{1}{2\omega}\sqrt{\frac{1}{\left(L_M + \frac{L_{0T}}{3}\right)3\,C_e}} = \frac{1}{2}\frac{v_0}{\omega}} \tag{37}$$

4 Abkippstrom und Schaltspannung

Bei Ausschaltversuchen läßt sich beobachten, daß die Schaltspannungen in einer ganz charakteristischen Weise von der Größe des Ausschaltstromes abhängen.

Bei sehr kleinen Ausschaltströmen kann der Bogenstrom bereits im Scheitelwert instabil werden und abkippen. Trotzdem sind die Schalt-

90   II. Schalten kleiner induktiver Ströme

spannungen niedrig, weil nur wenig Energie in der auszuschaltenden Induktivität gespeichert ist.

Mit größer werdendem Strom nimmt auch die speicherbare magnetische Energie zu. Wird der Bogen weiterhin in seinem Scheitelwert instabil, dann wachsen auch die Schaltspannungen.

Schließlich wird der Ausschaltstrom so groß, daß die Instabilität den Bereich des Scheitelwertes des Stromes verläßt und auf kleinere Augenblickswerte zurückgeht. Damit sinken die Schaltspannungen ab. Der Grenzwert, dem sie zustreben, ist der Scheitelwert der stationären Spannung. In diesem Fall hat der Ausschaltstrom eine solche Größe, daß der Bogen nahezu bis zu dem natürlichen Nulldurchgang des Stromes stabil bleibt.

Diese Vorgänge sollen nun näher erläutert werden.

Um dabei das Wesentliche zeigen zu können, gehen wir von dem einpoligen verlustlosen Stromkreis in Abb. II/1 aus. Die Kapazität, die der Induktivität parallel geschaltet ist, sei konstant. Der zeitliche Verlauf der Schaltspannung ist bereits durch die Gl. (3) gegeben.

Für den Scheitelwert erhalten wir entweder aus dieser Gleichung oder aus der Energiebilanz auf der abgeschalteten Seite des Stromkreises den Ausdruck

$$u_{L\,\text{max}} = \sqrt{\frac{L}{C}\,(i_L^2)_a + (u_L^2)_a}.\tag{38}$$

Werden darin der Augenblickswert der stationären Spannung im Zeitpunkt der Stromunterbrechung durch die Gleichung

$$(u_L)_a = \hat{U}\,\sqrt{1 - \left(\frac{(i_L)_a}{\hat{I}_L}\right)^2},\tag{39}$$

die Induktivität durch die Beziehung

$$L = \frac{\hat{U}}{\omega\,\hat{I}_L}\tag{40}$$

und die Kapazität durch die Beziehung

$$C = \frac{\hat{I}_c}{\omega\,\hat{U}}\tag{41}$$

ersetzt, dann nimmt die bezogene Schaltspannung die Form

$$\boxed{\frac{u_{L\,\text{max}}}{\hat{U}} = \sqrt{1 + \frac{(i_L^2)_a}{\hat{I}_L^2}\left(\frac{\hat{I}_L}{\hat{I}_c} - 1\right)} = k}\tag{42}$$

an.

4 Abkippstrom und Schaltspannung

Der Strom in der Induktivität ist im allgemeinen wesentlich größer als der Strom in der Parallelkapazität. Daher kann der Einfachheit halber in guter Näherung bis zum Instabilwerden des Schaltlichtbogens der Strom in der Induktivität gleich dem Strom in der Schaltstrecke gesetzt werden:

$$(i_L)_a \approx (i)_a. \tag{43}$$

Danach hängt die maximale Schaltspannung von 2 Faktoren ab: von dem quadratischen Verhältnis des instabil gewordenen Schaltstromes zu dem Scheitelwert des stationären induktiven Stromes und von dem einfachen Verhältnis der stationären Ströme, die durch die Induktivität und Kapazität fließen.[1]

Wir möchten noch auf einen Sonderfall hinweisen: Wenn die stationären induktiven und kapazitiven Ströme gleich groß sind, ist die maximale Schaltspannung an der auszuschaltenden Induktivität gleich dem Scheitelwert der angelegten treibenden Spannung.

Der Grund hierzu liegt darin, daß wegen der bestehenden Parallelresonanz die maximale Energie des magnetischen Feldes in der Induktivität von dem elektrischen Feld in der Parallelkapazität aufgenommen werden kann, ohne daß dabei die Spannung einen höheren Wert als den Scheitelwert der treibenden Spannung erreicht.

In Abb. II/15 zeigt die mit a bezeichnete Kurve die gemessene Abhängigkeit des Stromes im Augenblick der Instabilität („Abkippstrom") von der Größe

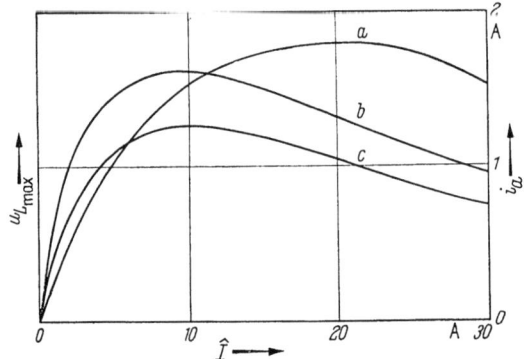

Abb. II/15. Abkippströme und Schaltspannungen
a Abkippströme, gemessen; b Schaltspannungen, gerechnet; c Schaltspannungen, gemessen

des auszuschaltenden stationären Stromes. Jeder einzelne Meßpunkt stellt den Mittelwert von je 30 Ausschaltungen dar. Der Versuchsschalter war ein Druckluft-Leistungsschalter für eine Nennspannung von 10 kV und eine Ausschaltleistung von etwa 200 MVA. Bei allen

---

[1] Das Verhältnis des induktiven zum kapazitiven Strom ließe sich auch durch das quadratische Verhältnis der Kreisfrequenzen ausdrücken

$$\frac{I_L}{I_C} = \left(\frac{\nu}{\omega}\right)^2.$$

92   II. Schalten kleiner induktiver Ströme

Versuchsreihen hatte die resultierende Kapazität an den Klemmen des Transformators die Größe von etwa 2 nF.

Mit Hilfe der experimentell gefundenen Kurve a wurde die Abhängigkeit der Schaltspannungen von den einander zugeordneten Augenblickswerten des Abkippstromes und Scheitelwertes des stationären Ausschaltstromes nach der Gl. (42) berechnet und als Kurve b ebenfalls in die Abb. II/15 eingetragen.

Als dritte, mit c bezeichnete Kurve enthält diese Abb. die experimentell ermittelte Abhängigkeit der Schaltspannungen vom Ausschaltstrom.

Nimmt man an, daß die ohne Berücksichtigung der Dämpfung gerechneten Schaltspannungen um etwa 20% höher liegen als bei Berücksichtigung der Dämpfung, so folgt daraus eine gute Übereinstimmung zwischen Rechnung und Messung.

5 Parallelkapazität der Schaltstrecke und Höhe der Schaltspannung

Die Kapazität der auszuschaltenden Seite wirkt nicht nur als elektrischer Speicher für die magnetische Restenergie, sondern beeinflußt auch als Impedanz, die der Schaltstrecke parallelgeschaltet ist, die Stabilität des Bogens und dadurch die Größe des Abkippstromes. Das wird deutlich, wenn man den einpoligen Ersatzschaltplan in Abb. II/1 betrachtet.

Unter Vernachlässigung der sehr kleinen Induktivität der Zuleitungen zu den Schalterklemmen liegt parallel zur Schaltstrecke eine resultierende Kapazität, die aus einer Reihenschaltung der Kapazität des Netzes und der Kapazität der auszuschaltenden Induktivität besteht.

Wie in einem späteren Abschnitt noch qualitativ hergeleitet werden wird, vermindert eine Kapazität parallel zur Schaltstrecke die Stabilität des Schaltlichtbogens und verursacht dadurch einen vorzeitigen Nulldurchgang des Stromes. Über den quantitativen Zusammenhang geben Schaltversuche Auskunft. Man stellte dabei fest, daß in dem hier interessierenden Bereich kleiner Ströme der Abkippstrom der resultierenden Parallelkapazität der Schaltstrecke etwa proportional ist:

$$(i)_a = p\, C_{\text{res}}^n\,,\quad \text{n} \approx 1\,,\tag{44}$$

mit

$$C_{\text{res}} = \frac{C_N\, C}{C_N + C} = \frac{C_N}{1 + \dfrac{C_N}{C}}\,.\tag{45}$$

Die Größe des Proportionalitätsfaktors hängt von dem angewendeten Löschprinzip ab.

6 Schaltspannungen beim Ausschalten der Transformatoren 93

Mit Hilfe dieses Zusammenhanges zwischen der resultierenden Parallelkapazität zu einer Schaltstrecke und dem Abkippstrom sowie unter Berücksichtigung der Vereinfachung (43) läßt sich dieser Strom in der Gl. (42) eliminieren. Das Ergebnis der Rechnung ist die Gleichung

$$\sqrt{k^2 - 1} = \frac{p\,C^{n-1}}{\hat{U}\,\nu}\,\sqrt{1 - \left(\frac{\omega}{\nu}\right)^2}\;\frac{1}{\left(1 + \dfrac{C}{C_N}\right)^n} \qquad (46)$$

Sie beschreibt die Abhängigkeit der Schaltspannungen von der Kapazität auf der speisenden Seite, wenn eine konstante Induktivität mit einer festen Eigenkapazität von einem Netz mit gleichbleibender Spannung stets durch den gleichen Schalter ausgeschaltet wird. Ihre Aussage wurde in Abb. II/16 für $\left(\dfrac{\omega}{\nu}\right)^2 \ll 1$ dargestellt.

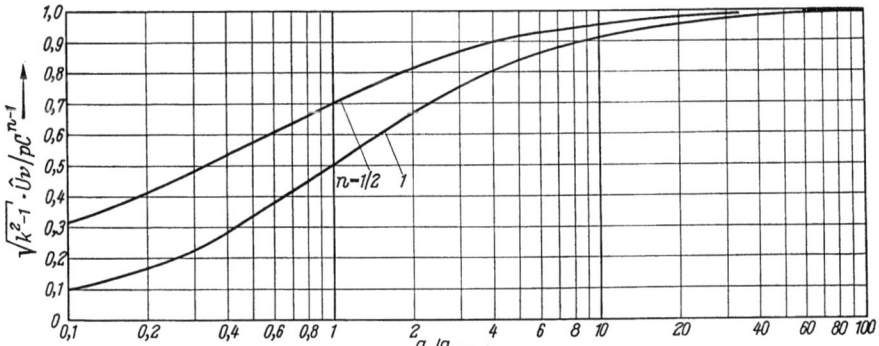

Abb. II/16. Abhängigkeit der Kenngröße für die bezogenen Schaltspannungen von der bezogenen Kapazität der speisenden Seite

Wie daraus zu ersehen ist, hängt die bezogene Schaltspannung in einem bestimmten Bereich stark von der Größe der Kapazität auf der speisenden Seite ab. Außerhalb dieses Bereiches hat eine weitere Vergrößerung der Kapazität auf der speisenden Seite nur noch wenig Einfluß auf die Höhe der Schaltspannungen. Es ist daher empfehlenswert, bei Schaltversuchen die Kapazität der speisenden Seite möglichst groß zu machen; man erhält so eindeutige, vergleichbare Versuchsergebnisse.

6 Schaltspannungen beim Ausschalten unbelasteter Transformatoren auf der Ober- oder Unterspannungsseite

Transformatoren lassen sich sowohl auf der Oberspannungsseite als auch auf der Unterspannungsseite vom speisenden Netz ausschalten.

94 II. Schalten kleiner induktiver Ströme

In betrieblicher Hinsicht ist es oft einfacher, den Transformator auf der Oberspannungsseite, z. B. bei 110 oder 150 kV, auszuschalten, als auf der Unterspannungsseite, z. B. bei 10 oder 20 kV.

Man schaltet in diesem Fall zuerst auf der Unterspannungsseite des Transformators die Last ab, und anschließend trennt man den unbelasteten Transformator vom Netz.

Zuweilen muß jedoch überlegt werden, ob Unterschiede in den bezogenen Schaltspannungen auftreten können, damit gegebenenfalls auf der Seite geschaltet wird, welche die kleinsten bezogenen Schaltspannungen ergibt.

Bei dem Versuch, diese Fragen zu beantworten, gehen wir von dem Übersichtsschaltplan in Abb. II/17 und von den Ersatzschaltplänen in Abb. II/18 aus; damit sind auch die wesentlichsten Vereinfachungen angedeutet, die getroffen werden müssen, um eine Aussage zu finden, die den Bedürfnissen der Praxis nach einer schnellen Abschätzung entspricht.

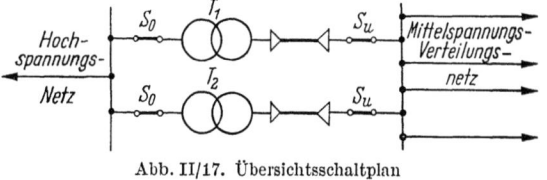

Abb. II/17. Übersichtsschaltplan

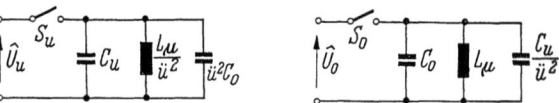

Abb. II/18. Ersatzschaltpläne beim Ausschalten eines Transformators auf der Ober- oder Unterspannungsseite

Der Transformator soll zuerst auf der Oberspannungsseite ausgeschaltet werden und das Löschmittel auf den Schaltlichtbogen so einwirken, daß der kleine induktive Strom in einem bestimmten Augenblick instabil wird und dabei abkippt. Dann gilt für das Gleichgewicht der magnetischen und elektrischen Energie

$$\frac{1}{2}\left(\frac{C_u}{\ddot{u}^2} + C_o\right) u^2_{o\,\text{max}} = \frac{1}{2}\left(\frac{C_u}{\ddot{u}^2} + C_o\right)(u_o^2)_a + \frac{1}{2}L_\mu(i_o^2)_a. \qquad (47)$$

Wir ersetzen in bekannter Weise den Augenblickswert der Spannung an der auszuschaltenden Induktivität entsprechend Gl. (39) und erhalten schließlich für die bezogene maximale Schaltspannung

$$\frac{u_{o\,\text{max}}}{\hat{U}_o} = k_o = \sqrt{1 + \frac{(i_o^2)_a}{I_o^2}\left[\left(\frac{v_\mu}{\omega}\right)^2 - 1\right]}. \qquad (48)$$

Darin stellt

$$\nu_\mu = \sqrt{\frac{1}{\left(\dfrac{C_u}{\ddot{u}^2} + C_o\right) L_\mu}} \qquad (49)$$

die Kreisfrequenz des unbelasteten Transformators dar; sie ist unabhängig vom Schalten auf der Ober- oder Unterspannungsseite.

In analoger Weise ergibt sich für das Schalten auf der Unterspannungsseite des Transformators ein Schaltspannungsfaktor von

$$\frac{u_{u\,\text{max}}}{\hat{U}_u} = k_u = \sqrt{1 + \frac{(i_u^2)_a}{I_u^2} \left[\left(\frac{\nu_\mu}{\omega}\right)^2 - 1\right]}. \qquad (50)$$

Transformatoren mit Nennspannungen von 110 bis 380 kV haben bei Nennerregung durch die Oberspannung Magnetisierungsströme von 2 bis 15 A. Bei diesen Strömen und bei der heftigen Unterbrecherwirkung der zugeordneten Leistungsschalter kann der Bereich, in welchem der Strom völlig instabil wird, nahe an den Scheitelwert heranrücken oder diesen erreichen.

Wir greifen den Grenzfall

$$(i_o)_a = \hat{I}_o \qquad (51)$$

heraus und können damit die Gl. (48) wie folgt vereinfachen:

$$k_{o\,\text{max}} = \frac{\nu_\mu}{\omega}. \qquad (52)$$

Werden dagegen diese unbelasteten Transformatoren von der Unterspannungsseite aus erregt, so haben die zugehörigen Magnetisierungsströme dem Übersetzungsverhältnis entsprechend Scheitelwerte, die z. T. beträchtlich über den Maximalwerten der Abkippströme liegen können.

Bezieht man den vom Abkippverhältnis des Stromes beeinflußten Schaltspannungsfaktor der Unterspannungsseite auf den konstanten maximalen Schaltspannungsfaktor der Oberspannungsseite, so führt dies zu dem Ausdruck

$$\frac{k_u}{k_{o\,\text{max}}} = \sqrt{\left(\frac{\omega}{\nu_\mu}\right)^2 + \frac{(i_u^2)_a}{I_u^2}\left[1 - \left(\frac{\omega}{\nu_\mu}\right)^2\right]}. \qquad (53)$$

Dieses Verhältnis läßt sich als maximale Schaltspannung, die beim Ausschalten auf der Unterspannungsseite auftreten kann, deuten, wobei nun diese Spannung mit dem Übersetzungsverhältnis auf die Ober-

96   II. Schalten kleiner induktiver Ströme

spannungsseite umgerechnet und auf die dort maximal mögliche Schaltspannung bezogen wurde. Eine solche Umrechnung hat nicht nur formalen Charakter.

Die Auswertung zahlreicher Ausschaltversuche im Prüffeld und im
Netz ergab, daß die Schaltspannungen in guter Näherung mit dem Übersetzungsverhältnis übertragen werden. Daraus folgt, daß die Flußände-
rung, die diese Spannungen erzeugt, mit der Ober- und Unterspannungs-
wicklung des Transformators verkettet ist.

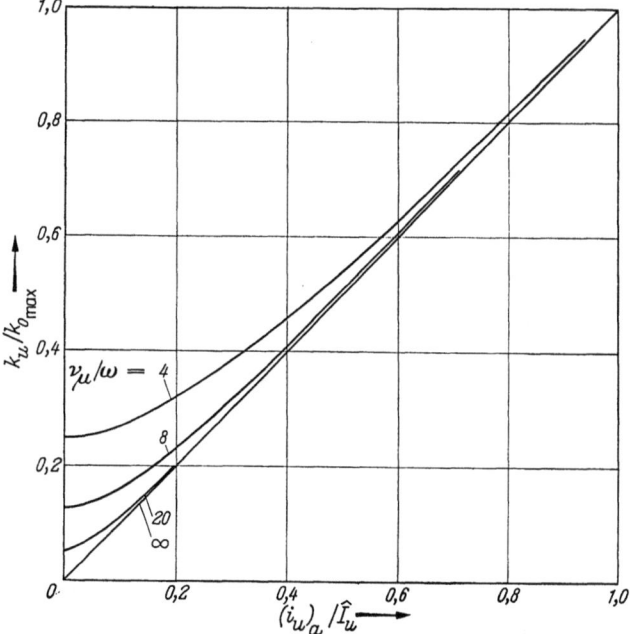

Abb. II/19. Verhältnis der Schaltspannungsfaktoren beim Ausschalten eines unbelasteten Transformators auf der Ober- oder Unterspannungsseite

In Abb. II/19 wurde die Gl. (53) mit verschiedenen Verhältnissen der
Eigenfrequenz des unbelasteten Transformators zur Betriebsfrequenz des
speisenden Netzes als Parameter in Abhängigkeit vom Abkippverhältnis
ausgewertet. Wie das Diagramm zeigt, herrscht in einem weiten Bereich,
insbesondere bei höheren Eigenfrequenzen des unbelasteten Transformators, nahezu direkte Proportionalität. Wenn das Abkippverhältnis auf
der Unterspannungsseite des Transformators den Wert 1 erreicht, verschwindet der Unterschied zwischen den Schaltspannungsfaktoren;
es ist dann gleichgültig, auf welcher Seite der Transformator abgeschaltet
wird. Mit kleiner werdenden Abkippverhältnissen nehmen die bezogenen
Schaltspannungen auf der Unterspannungsseite schnell ab und gehen

7 Magnetisierungskennlinie und Höhe der Schaltspannungen

bei sehr hohen Eigenfrequenzen der Transformatoren auf sehr kleine Werte zurück; anders ausgedrückt heißt dies, daß in einem solchen Fall die Schaltspannungen auf der Oberspannungsseite sehr hoch wären und daher das Schalten auf der Unterspannungsseite besonders zu empfehlen ist.

7 Magnetisierungskennlinie und Höhe der Schaltspannungen

Ausschaltversuche, die an verschiedenen Stellen sowohl in Hochleistungsversuchsfeldern als auch in Hochspannungsnetzen durchgeführt wurden, haben stets einen großen Unterschied zwischen den Schaltspannungen an Induktivitäten mit Luft- oder Eisenpfaden für den magnetischen Fluß ergeben. Im Mittel sind unter gleichen Bedingungen die Schaltspannungen beim Ausschalten von Luftinduktivitäten wesentlich höher als beim Ausschalten von Eiseninduktivitäten.

Der Grund für dieses verschiedenartige Verhalten liegt in der unterschiedlichen Auswirkung der Luft- und Eiseninduktivität auf den Stromverlauf und auf die Ausgleichspannung nach der Stromunterbrechung bei einem instationären Nulldurchgang.

Wegen der vielen, zahlenmäßig schwer zu erfassenden und außerdem auch statistisch streuenden Einflüsse ist eine geschlossene, exakte analytische Darstellung des Verlaufes einer Schaltspannung kaum möglich. Wenn der Wunsch nach genauen Zahlenangaben besteht, führen ausreichende Schaltversuche unter definierten Verhältnissen noch immer am ehesten zum Ziel.

Um die wesentlichsten physikalischen Zusammenhänge zu erkennen, genügen jedoch einfache Überlegungen. Die magnetische Energie pro Volumeneinheit wird von der Gleichung

$$w_\mu = \int_0^B H\,dB \tag{54}$$

beschrieben. Dementsprechend stellt in Abb. II/20 die Fläche 0 1 2 3 unter der mit a bezeichneten Kurve den Energiebetrag dar, der in der Induktivität gespeichert wird, während der erregende Strom langsam von dem Wert Null auf den Scheitelwert ansteigt.

Sobald dieser Strom wieder langsam auf Null zurückgeht, wird ein Energiebetrag frei, der durch die Fläche 2 3 4 gekennzeichnet ist. Im Eisen bleibt eine Restenergie in Form von Wärme zurück, deren Größe der Differenzfläche 0 1 2 4 entspricht.

7   Slamecka, Prüfung

98 II. Schalten kleiner induktiver Ströme

Mit zunehmender Frequenz des Erregerstromes schließt die Magnetisierungskurve eine immer größer werdende Fläche ein. Um davon eine erste Vorstellung zu geben, wurde in die Abb. II/20 auch die Magnetisierungskurve für 60 Hz aufgenommen. Nach dieser mit *b* bezeichneten Kurve wird nur die durch die Fläche 2 3 5 gekennzeichnete Energie wieder frei. Sie ist wesentlich kleiner als die Energie beim langsamen Rückgang des Magnetisierungsstromes.

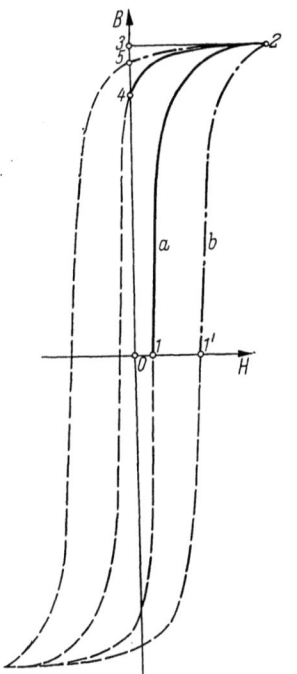

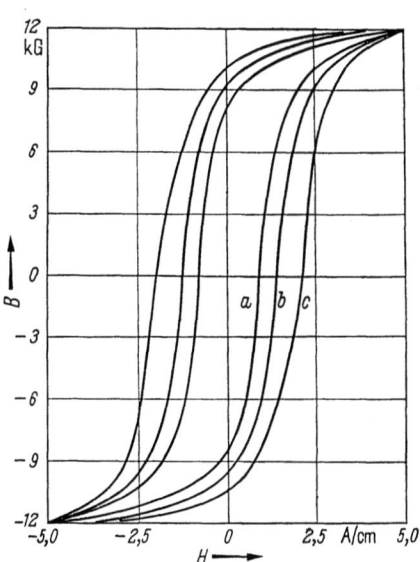

Abb. II/20. Magnetisierungskurven *a* Magnetisierungskurve bei langsam veränderlichem Strom; *b* Magnetisierungskurve bei Wechselstrom 60 Hz

Abb. II/21. Magnetisierungskurven für warmgewalztes Transformatorenblech (0,35 mm, 1,3 W/kg) bei verschiedenen Frequenzen

    a Kurve für 50 Hz
    b   ,,   ,, 250 Hz
    c   ,,   ,, 500 Hz

Wir wollen nun auf die Verhältnisse beim Unterbrechen kleiner induktiver Ströme eingehen und dabei annehmen, daß der Schaltlichtbogen des stationären Magnetisierungsstromes instabil wird. Das Instabilwerden hat zur Folge, daß der Strom instationär, d. h. mit einer Frequenz gegen Null geht, die wesentlich höher ist als die Netzfrequenz. Mit der Erhöhung der Frequenz weitet sich die Magnetisierungskurve noch mehr aus, so daß der Betrag der frei werdenden Energie noch kleiner wird, Abb. II/21.

Nach der Formel (29) sind die Durchzündungen beim Unterbrechen kleiner induktiver Ströme beendet, sobald keine Energie mehr aus dem

Vorrat des magnetischen Energiespeichers in das Netz geliefert wird. Im Verhältnis zu einer verlustlosen Induktivität muß die Rücklieferung magnetischer Energie früher beendet sein, wenn aus dem induktiven Speicher mit vorgegebenem Fassungsvermögen auch noch Energie in Form von Eisenverlusten abfließt. Daraus folgt, daß auch die Stromunterbrechung in einer kürzeren Zeit beendet ist.

Je früher der Strom unterbrochen wird, desto kleiner sind wegen der Zeitabhängigkeit der dielektrischen Festigkeit der Schaltstrecke die Schaltspannungen.

Die Höhe der Schaltspannungen hängt somit stark von der Art des Werkstoffes ab, der für den magnetischen Kreis gewählt wird. Auch der Aufbau des Eisenkernes insbesondere das Zusammenfügen der Bleche hat einen erheblichen Einfluß auf die Höhe der Schaltspannungen.

Es ist zu hoffen, daß die genaue Kenntnis der Energieumwandlung auch die genaue Kenntnis der maximalen Schaltspannungen mit sich bringen wird, ohne daß hierzu umfangreiche Ausschaltversuche notwendig sein werden.

Aufsätze zu Kapitel II

VAN SICKLE, R. C.: Breaker Performance Studied by Cathode Ray Oscillograms. AIEE Trans. 54 (1935) 178—184.

BEWLEY, L. V.: Equivalent Circuits of Transformers and Reactors to Switching Surges. AIEE Trans. 58 (1939) 797—802.

DUNNE, W. F. M., and L. GOSLAND: Calculation and Experiment on Transformer Reactance in Relation to Transients of Restriking Voltage. Journal IEE 87 (1940) 163—177.

BERGER, K., u. R. PICHARD: Die Berechnung der beim Abschalten leerlaufender Transformatoren, insbesondere mit Schnellschaltern, entstehenden Überspannungen. Bull. SEV 35 (1944) Nr. 20, 560—570.

BRESSON, CH.: Particular Stresses in Circuit-Breakers in Networks. CIGRE 1950, Ber. Nr. 104.

BALTENSPERGER, P.: Surtensions lors du déclenchement de faibles courants inductifs. CIGRE 1950, Ber. Nr. 116.

HOCHRAINER, A.: Die Berechnung nichtlinearer Netzwerke mit Hilfe von geknickten Kennlinien. E und M 70 (1953) H. 17, 376—386.

HERBST, W.: Bestimmung der Leerlaufkennlinie an Leistungsschaltern. AEG-Mitt. 43 (1953) H. 9/10, 309—312.

YOUNG, A. F. B.: Some Researches on Current Chopping in High-Voltage Circuit-Breakers. Proceedings IEE 100 (1953) II, Nr. 76, 337—361.

BALTENSPERGER, P., u. P. SCHMIDT: Lichtbogenstrom und Überspannungen beim Abschalten kleiner induktiver Ströme in Hochspannungsnetzen. Bull. SEV 46 (1955) Nr. 1, 1—13.

BAATZ, H.: Überspannungsschutz von Transformatoren. Der Maschinenschaden 29 (1956) H. 3/4, 35—40.

GANTENBEIN, A., u. E. VOGELSANGER: Neue Versuche über das Ausschalten leerlaufender Transformatoren und Leitungen durch ölarme Schalter. Bull. Oerlikon (1956) Nr. 316, 53—61.

100   III. Schalten kapazitiver Ströme

SLAMECKA, E.: Das Schalten kleiner Ströme. AEG-Mitt. 47 (1957) H. 7/8,
    247—264.
MAURY, E., J. RENAUD, Y. BARON and M. POUARD: The Circuit-Breaker Without
    Switching Overvoltages Consequences for the Systems. CIGRE 1958, Ber.
    Nr. 146
MORAVOVÁ, H., u. V. NOVOTNÝ: Indirekte Prüfschaltung für die Nachbildung der
    Schalterbeanspruchung beim Ausschalten leerlaufender Transformatoren. Elek-
    trotechnický Obzor 47 (1958) Nr. 5, 250—258.
BALTENSPERGER, P.: Form und Größe der Überspannungen beim Schalten kleiner
    induktiver sowie kapazitiver Ströme in Hochspannungsnetzen. Brown Boveri
    Mitt. 47 (1960) Nr. 4, 195—224.
BERGER, K.: Schaltüberspannungen und deren Begrenzungsmöglichkeiten. Bull.
    SEV 53 (1962) Nr. 10, 500—509.
LE VERRE, P.: Les surtensions lors de la coupure de faibles courants inductifs en
    haute tension. Rev. Gén. Électr. 72 (1963) Nr. 2, 91—109.
STAUB, B.: Modellversuche zur Ermittlung der maximal möglichen Überspannung
    beim Ausschalten leerlaufender Transformatoren. Bull. SEV 55 (1964) Nr. 2,
    43—51.
DAMSTRA, G. C.: Current Chopping and Overvoltages in Relation to System Para-
    meters. CIGRE 1964, Ber. Nr. 120.

        Elektrische Festigkeit von Isolieranordnungen bei Schaltspannungen

JACOTTET, P.: Durchschlagverhalten von Anordnungen in Luft und unter Öl bei
    Schaltüberspannungen. ETZ-A 79 (1958) H. 10, 337—345.
— Die elektrische Festigkeit von Isolieranordnungen bei Schaltspannungen. ETZ-A
    83 (1962) H. 10, 317—327.
— Über neue Versuche mit Schaltspannungen. ETZ-A 84 (1963) H. 14, 463—466.
BOEHNE, E. W., and G. CARRARA: Switching Surge Insulation Strength of E.H.V.
    Line and Station Insulation Structures. CIGRE 1964, Ber. Nr. 415.
JOHANSEN, O. S., and J. A. BAKKEN: Tests With Long Impulse Waves on Rod
    Gaps and Post Insulators. CIGRE 1964, Ber. Nr. 418, Appendix II.
JACOTTET, P.: Einfluß von Frequenz und Schlagweite auf die Schaltspannungs-
    festigkeit von Stabfunkenstrecken und Isolatoren. ETZ-A 85 (1964) H. 9,
    257—261.

                            Stromumschlag

AMER, D. F., and A. F. B. YOUNG: Researches into the performance of high-voltage
    high breaking capacity oil circuit-breaking devices with lateral venting. CIGRE
    1958, Ber. Nr. 123.

III. Schalten kapazitiver Ströme

Formelzeichen

a	Dämpfung
$\mathfrak{A}$	komplexe Konstante
$\mathfrak{B}$	komplexe Konstante
C	Kapazität

Formelzeichen

C_N	Ersatzkapazität des Netzes
C_L	Ersatzkapazität der Last
C_M	Erdkapazität des Systemmittelpunktes
$\overline{C}$	Kapazitätsbelag (Kapazität je Längeneinheit der Leitung)
C_1	Betriebskapazität eines Leiters einer Drehstromleitung
C_e	Erdkapazität eines Leiters einer Drehstromleitung
C_g	Gegenkapazität zwischen zwei Leitern einer Drehstromleitung
C_1, C_2	Kapazitäten einer Leitungsnachbildung
C_1', C_2'	Kapazitäten einer Leitungsnachbildung bei Elementenprüfung
C_1'', C_2''	Kapazitäten einer Leitungsnachbildung bei synthetischer Prüfung
$\overline{G}$	Ableitungsbelag (Ableitung je Längeneinheit der Leitung)
i	Augenblickswert des Stromes
i, i_R, i_S, i_T	Augenblickswerte der Ströme nach der Schalthandlung
$\overline{i}, \overline{i}_R, \overline{i}_S, \overline{i}_T$	Augenblickswerte der Ströme vor der Schalthandlung
$\tilde{i}, \tilde{i}_R, \tilde{i}_S, \tilde{i}_T$	Augenblickswerte der Ausgleichsströme als Folge der Schalthandlung
i'_{max}, i''_{max}	Maximalwerte der Schwingströme bei Rückzündungen
$\mathfrak{J}$	Zeiger des Stromes in Abhängigkeit von der Leitungslänge
$\mathfrak{J}_a$	Zeiger des Stromes am Leitungsanfang
i_1, i_2, i_3	Wanderwellenströme
I_k	Effektivwert des Stromes im Hochstromkreis
I_h	Effektivwert des Stromes im Hochspannungskreis
I_p	Effektivwert des Stromes im Prüfling
L	Ersatzinduktivität des Netzes
L_L	Ersatzinduktivität der Last
$\overline{L}$	Induktivitätsbelag (Induktivität je Längeneinheit)
L_π	Induktivität einer Leitungsnachbildung
L_π'	Induktivität einer Leitungsnachbildung bei Elementenprüfung
L_π''	Induktivität einer Leitungsnachbildung bei synthetischer Prüfung
l	Leitungslänge
m	Anzahl der Teilschaltstrecken eines Schalterpoles bei Elementenprüfung
n	Anzahl der Teilschaltstrecken eines Schalterpoles
p	Verhältnis der Ströme in den Stromkreisen einer synthetischen Prüfschaltung
P_K	Kurzschlußleistung des Netzes
P_C	Leistung der Lastkapazität
P_N	Leistung der Netzkapazität
P_{res}	Leistung der gesamten Kapazität
R_M	Ableitwiderstand des Systemmittelpunktes
$\overline{R}$	Widerstandsbelag (Widerstand je Längeneinheit der Leitung)
t	Augenblickswert der Zeit
T	Periodendauer
T_M	Zeitkonstante der Spannung des Systemmittelpunktes
T_l	Laufzeit der Wanderwellen, ausgelöst durch den Ferranti-Effekt

T_π	Periodendauer der Spannungsschwingung an den Klemmen einer Leitungsnachbildung
u, u_R, u_S, u_T	Augenblickswerte der Spannungen an den Schaltstrecken nach der Schalthandlung
$\bar{u}, \bar{u}_R, \bar{u}_S, \bar{u}_T$	Augenblickswerte der Spannungen an den Schaltstrecken vor der Schalthandlung
$\tilde{u}, \tilde{u}_R, \tilde{u}_S, \tilde{u}_T$	Augenblickswerte der Ausgleichsspannungen an der Schaltstrecke als Folge der Schalthandlung
u_z	Augenblickswert der Ausgleichsspannung an der Schaltstrecke als Folge des Stromabkippens
u_M	Augenblickswert der Spannung zwischen Systemmittelpunkt und Erde nach der Schalthandlung
$\bar{u}_M$	Augenblickswert der Spannung zwischen Systemmittelpunkt und Erde vor der Schalthandlung
$\tilde{u}_M$	Augenblickswert der Ausgleichsspannung zwischen Systemmittelpunkt und Erde als Folge der Schalthandlung
U	Spannung
$\hat{U}$	Scheitelwert der Netzspannung (Phasenspannung)
U_N	Ladespannung der Kapazität C_N
U_L	Ladespannung der Kapazität C_L
$U_{L1}, U_{L2}, U_{L3}, U_{Ln}$	Schaltspannungen nach der 1., 2., 3., n. Rückzündung
u	Augenblickswert der Leitererdspannung, abhängig von der Leitungslänge
u_{max}	maximale Leitererdspannung, abhängig von der Leitungslänge
u_R	Augenblickswert der Spannung am Widerstandsbelag
u_L	Augenblickswert der Spannung am Induktionsbelag, Augenblickswert der Leitererdspannung auf der Leitungsseite nach der Schalthandlung
u_N	Augenblickswert der Leitererdspannung auf der Netzseite nach der Schalthandlung
$\mathfrak{u}$	Zeiger der Leitererdspannung, abhängig von der Leitungslänge
$\mathfrak{u}_a$	Zeiger der Leitererdspannung am Leitungsanfang
$\mathfrak{u}_e$	Zeiger der Leitererdspannung am Leitungsende
u_1, u_2, u_3	Wanderwellenspannungen
$u_{\pi\,max}$	maximale Spannung an den Klemmen einer Leitungsnachbildung
U_π	treibende Spannung an den Klemmen einer Leitungsnachbildung
U'_π	treibende Spannung an den Klemmen einer Leitungsnachbildung bei Elementenprüfung
U''_π	treibende Spannung an den Klemmen einer Leitungsnachbildung bei synthetischer Prüfung
v	Phasengeschwindigkeit
x	variable Leitungslänge
Z_N	Impedanz oder Impedanzoperator des Netzes
Z_L	Impedanz oder Impedanzoperator der kapazitiven Last
Z_M	Impedanz oder Impedanzoperator zwischen Systemmittelpunkt und Erde
$Z_{res}, Z'_{res}, Z''_{res}$	resultierende Impedanzen oder Impedanzoperatoren bei Schalthandlungen
$\mathfrak{Z}$	komplexer Wellenwiderstand einer Leitung

Z	Betrag des Wellenwiderstandes einer verlustlosen Leitung
Z_{12}, Z_{13}, Z_{23} usw. Z_w	wechselseitige Wellenwiderstände zwischen den Leitern
$Z_{11}, Z_{22}, Z_{33}, Z_L$	Wellenwiderstände der Leiter gegen Erde
$\mathfrak{Z}_a$	komplexe Eingangsimpedanz einer Leitung
Z_a	Betrag der Eingangsimpedanz einer Leitung
Z_π	Betrag der Impedanz einer Leitungsnachbildung
α	Dämpfungskonstante, Dämpfungsbelag
β	Phasenkonstante, Phasenbelag
γ	Fortpflanzungskonstante, Leitungsbelag
δ	Dämpfungsfaktor
ε_0	Verschiebungskonstante
ε_r	relative Dielektrizitätskonstante
ϑ	Augenblickswert der Zeit
μ_0	Induktionskonstante
μ_r	relative Permeabilität
λ	Verhältnis Betriebskapazität zu Erdkapazität
ν	Kreisfrequenz des Schwingkreises aus Netzinduktivität und Lastkapazität
ν_N	Kreisfrequenz des Schwingkreises aus Netzinduktivität und Netzkapazität
ν_{res}	Kreisfrequenz des Schwingkreises aus Netzinduktivität und Netz- und Lastkapazität
ν_M	Kreisfrequenz des Schwingkreises aus Netzinduktivität und Kapazität des Systemmittelpunktes
ν_1	Kreisfrequenz eines Teiles der Einschwingspannung eines kapazitiven Stromkreises bei Berücksichtigung der Kapazität des Systemmittelpunktes
ν', ν''	Kreisfrequenzen des Schwingstromes bei Rückzündungen
ν_π	Kreisfrequenz einer Leitungsnachbildung
τ	Augenblickswert der Zeit
Φ	Augenblickswert des magnetischen Flusses je Leitungselement
χ, ψ	Winkel zwischen den Löschzeitpunkten eines dreipoligen Schalters in einem kapazitiven Drehstromsystem
ω	Kreisfrequenz des Netzes

Einführung

Unmittelbar nach dem Nulldurchgang eines kapazitiven Stromes ist die Spannungsdifferenz über der Schaltstrecke noch gering. Das Unterbrechen des Stromes ist daher zunächst leicht und bereits bei sehr kleinen Schaltstückentfernungen möglich, bei manchen Schaltertypen sogar unmittelbar nach der galvanischen Trennung.

Durch diese Eigenart verursacht, treten bereits relativ kurze Zeit nach der Kontakttrennung über der Schaltstrecke große Feldstärken auf. Um die dielektrischen Beanspruchungen, die sich daraus ergeben, zu beherrschen, ist es vor allem notwendig, den Spannungsverlauf zu kennen.

Das Einschalten kapazitiver Stromkreise bedeutet das Schließen eines meistens nur wenig gedämpften Schwingkreises. Die hohen Stromspitzen, die hierbei auftreten können, beanspruchen je nach Bauart des Schalters das Kontaktmaterial und die mechanische Festigkeit der Löschkammer. Diese Auswirkungen lassen sich um so besser beurteilen und gegebenen-

104 III. Schalten kapazitiver Ströme

falls eliminieren, je genauer Verlauf und Größe der Ausgleichströme bekannt sind.

Einen weiteren Grund, die Schaltvorgänge beim Unterbrechen kapazitiver Ströme kennenzulernen, stellt die Notwendigkeit dar, für die Entwicklung und Prüfung von Leistungsschaltern die betriebsmäßigen Beanspruchungen beim kapazitiven Schalten im Prüffeld nachzubilden. Sobald der Verlauf der Einschwingspannung über der Schaltstrecke vorliegt, können entsprechende Prüfkreise entworfen und damit beweisende Prüfungen durchgeführt werden.

1 Einschwingspannung
beim Ausschalten von Kondensatorbatterien und unbelasteten Kabeln im fehlerfreien Netz

1.1 Sternpunkt des speisenden Netzes und der kapazitiven Last geerdet

Nach der Unterbrechung des Ladestromes durch den Schalter im Leitungszug des Schaltplanes nach Abb. III/1 gilt für die Berechnung der Einschwingspannung über der Schaltstrecke unabhängig von den Vorgängen in den anderen Leitern der Ansatz

$$[Z_N(p) + Z_L(p)]\, \mathfrak{L}\tilde{\imath} + \mathfrak{L}\tilde{u} = 0. \tag{1}$$

Die mit einer Wellenlinie versehenen Symbole bedeuten wieder Ausgleichsgrößen, die durch die Schalthandlung hervorgerufen werden und den Übergang in den neuen Schaltzustand vermitteln. Wenn vor der Ausschaltung der stationäre Strom

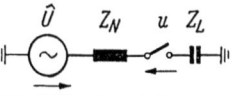

Abb. III/1. Ausschalten einer kapazitiven Last mit geerdetem Sternpunkt vom geerdeten Netz, einpoliger Schaltplan

$$i = \hat{U}\,\frac{\omega C}{1 - \left(\dfrac{\omega}{\nu}\right)^2}\sin\omega t, \tag{2}$$

$$\nu^2 = \frac{1}{LC}, $$

floß, erhält man nach der Ausschaltung entsprechend der Gl. (I/71)

$$\tilde{\imath} = i - \bar{\imath} \tag{3}$$

wegen $i = 0$ den Ausgleichsstrom zu

$$\tilde{\imath} = -\bar{\imath}. \tag{4}$$

1 Einschwingspannung im fehlerfreien Netz

Dieser Ausgleichsstrom wird vorstellungsgemäß der Schaltstrecke im Ausschaltzeitpunkt aufgedrückt.

Der Impedanzoperator des Stromkreises ergibt sich zu

$$Z_N(p) + Z_L(p) = pL + \frac{1}{pC} = \frac{1}{v^2 C} \frac{p^2 + v^2}{p}. \tag{5}$$

Wird die Gl. (2) in die Gl. (4) eingesetzt und diese in Laplace-transformierter Form gemeinsam mit Gl. (5) in die Gl. (1) eingeführt, geht daraus nach der Rücktransformation das Ausgleichsglied der Einschwingspannung zu

$$\tilde{u}(t) = \hat{U}\left[\frac{1}{1 - \left(\dfrac{\omega}{v}\right)^2} - \cos\omega t\right] \tag{6}$$

hervor. Anstelle des quadratischen Frequenzverhältnisses kann auch das Verhältnis der kapazitiven Leistung zur Kurzschlußleistung des Netzes gesetzt werden:

$$\left(\frac{\omega}{v}\right)^2 = \frac{P_C}{P_K}, \tag{7}$$

$$P_C = U^2 \omega C,$$

$$P_K = U^2 \frac{1}{\omega L}.$$

Die Gl. (6) liefert für $t = 0$ bereits einen endlichen Wert. Dieser Sprung in der Einschwingspannung über der Schaltstrecke unmittelbar nach der Stromunterbrechung wird dadurch verursacht, daß der Spannungsabfall an der Induktivität des speisenden Netzes plötzlich verschwindet. Wie sich aus der Gl. (7) schließen läßt, ist seine Höhe wegen der meist verhältnismäßig großen Kurzschlußleistung sehr klein und, wie später noch gezeigt werden wird, stets durch einen Ausgleichsvorgang überdeckt.

Die resultierende Spannung über der öffnenden Schaltstrecke setzt sich ebenfalls aus zwei Anteilen zusammen, nämlich aus der Spannung vor dem Schaltvorgang und aus der Ausgleichsspannung entsprechend Gl. (I/72)

$$u = \tilde{u} + \bar{u}; \tag{8}$$

sie ist in dem vorliegenden einfachen Schaltfall wegen $\bar{u} = 0$ gleich der Ausgleichsspannung nach Gl. (6). Den Spannungsverlauf unter der Annahme $\left(\dfrac{\omega}{v}\right)^2 \ll 1$ zeigt die Abb. III/2.

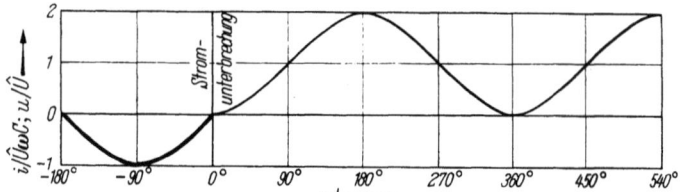

Abb. III/2. Strom und Einschwingspannung, Netz- und Laststernpunkt geerdet

1.2 Sternpunkt des speisenden Netzes geerdet, Sternpunkt der kapazitiven Last frei

Bei dieser Art der Sternpunktbehandlung sind die Einschwingspannungen über den Schaltstrecken der einzelnen Schalterpole nicht mehr voneinander unabhängig.

1.2.1 Einschwingspannung über der Schaltstrecke des erstlöschenden Poles

Für die Berechnung der Einschwingspannung über der Schaltstrecke des erstlöschenden Poles, der sich im Leitungszug R befinden möge, Abb. III/3, steht der Ansatz

$$(Z_N + Z_L)\,\mathfrak{L}\tilde{\imath}_R + \mathfrak{L}\tilde{u}_R + \mathfrak{L}\tilde{u}_M = 0,$$
$$(Z_N + Z_L)\,\mathfrak{L}\tilde{\imath}_S \qquad + \mathfrak{L}\tilde{u}_M = 0, \qquad (9)$$
$$(Z_N + Z_L)\,\mathfrak{L}\tilde{\imath}_T \qquad + \mathfrak{L}\tilde{u}_M = 0$$

zur Verfügung.

Bildet man die Summe aus der zweiten und dritten Zeile des Ansatzes (9) und beachtet man, daß

$$\mathfrak{L}\tilde{\imath}_R + \mathfrak{L}\tilde{\imath}_S + \mathfrak{L}\tilde{\imath}_T = 0, \qquad (10)$$

Abb. III/3. Ausschalten einer kapazitiven Last mit freiem Sternpunkt im geerdeten Netz, dreipoliger Schaltplan

lautet unter Zuhilfenahme der Gln. (2) und (4) die transformierte Form der Spannung des Mittelpunktes

$$\mathfrak{L}\tilde{u}_M = -\frac{\hat{U}}{2}\,\frac{\omega}{v^2 - \omega^2}\,\frac{p^2 + v^2}{p}\,\frac{\omega}{p^2 + \omega^2}\,; \qquad (11)$$

durch Rücktransformation in den Originalbereich wird daraus

$$\tilde{u}_M(t) = u_M(t) = -\frac{\hat{U}}{2}\left(\frac{1}{1 - \dfrac{P_C}{P_K}} - \cos\omega t\right). \qquad (12)$$

1 Einschwingspannung im fehlerfreien Netz

Mit Hilfe dieser Gleichung sowie der ersten Zeile des Ansatzes (9) ergibt sich für die Einschwingspannung über der Schaltstrecke R im Bildbereich

$$\mathfrak{L}\,\tilde{u}_R = -\,\mathfrak{L}\,\tilde{u}_M - (Z_N + Z_L)\,\mathfrak{L}\,\tilde{i}_R; \tag{13}$$

die Rücktransformation liefert

$$\tilde{u}_R(t) = u_R(t) = \frac{3}{2}\,\mathring{U}\left(\frac{1}{1 - \dfrac{P_C}{P_K}} - \cos\omega t\right). \tag{14}$$

Von dieser Gleichung wird der Spannungsverlauf bis zur gleichzeitigen Unterbrechung der Ströme in den Schaltstrecken der S und T 90° el. nach dem Nullwerden des Stromes im Leiter R beschrieben.

1.2.2 Einschwingspannungen nach der allpoligen Stromunterbrechung

Zu den Gleichungen des neuen Schaltzustandes führt der Ansatz

$$\mathfrak{L}\,\tilde{u}_R + \mathfrak{L}\,\tilde{u}_M = 0,$$
$$(Z_N + Z_L)\,\mathfrak{L}\,\tilde{i}_S + \mathfrak{L}\,\tilde{u}_S + \mathfrak{L}\,\tilde{u}_M = 0, \tag{15}$$
$$(Z_N + Z_L)\,\mathfrak{L}\,\tilde{i}_T + \mathfrak{L}\,\tilde{u}_T + \mathfrak{L}\,\tilde{u}_M = 0.$$

Analog zu Gl. (4) sind

$$\tilde{i}_S = -\tilde{i}_S$$

und

$$\tilde{i}_T = -\tilde{i}_T = \tilde{i}_S$$

mit

$$\tilde{i}_S = -\tilde{i}_T = \mathring{U}\,\frac{\sqrt{3}}{2}\,\frac{\omega C}{1 - \dfrac{P_C}{P_K}}\,\sin\omega\tau. \tag{16}$$

Wenn die Zählung der Zeit mit dem Augenblick der Unterbrechung der Ströme i_S und i_T, d. i. t_{ST}, neu beginnt (Abb. III/4), liefert das Überlagerungsprinzip unter Verwendung der Gl. (12) und der Beziehungen

$$\tilde{u}_M(\tau) \equiv u_M(t)$$

mit $\omega\tau \triangleq \omega t - 90°$ sowie

$$u_M(\tau) \equiv u_M\left(t = \frac{90°}{\omega}\right)$$

108   III. Schalten kapazitiver Ströme

für den weiteren Verlauf der Ausgleichsspannung des Sternpunktes

$$\tilde{u}_M(\tau) = u_M(\tau) - \tilde{u}_M(\tau) = \frac{U}{2} \sin \omega \tau.$$ (17)

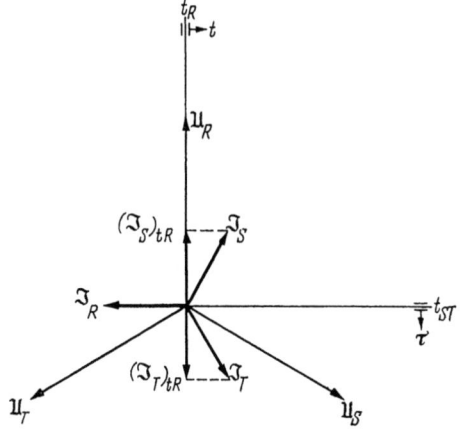

Abb. III/4. Ausschalten kapazitiver Ströme, Löschfolge $R-ST$

Nach der ersten Zeile des Gleichungssystems (15) ist dies auch die Ausgleichsspannung an der Schaltstrecke R. Die resultierende Spannung erhält man durch Verwendung der Gln. (14, 15) und (17) zu

$$u_R(\tau) = u_R(t) - \tilde{u}_M(\tau) = U \left(\frac{3}{2} \frac{1}{1 - \dfrac{P_c}{P_K}} + \sin \omega \tau \right),$$ (18)

wobei $u_R(t) \equiv \tilde{u}_R(\tau)$.

Für die Einschwingspannung über der Schaltstrecke des Poles S ergibt sich zunächst in Laplace-transformierter Form

$$\mathfrak{L}\,\tilde{u}_S = \frac{U}{2} \left[\frac{\sqrt{3}\,\omega C}{1 - \left(\dfrac{\omega}{\nu}\right)^2} \frac{p^2 + \nu^2}{p\nu^2 C} \frac{\omega}{p^2 + \omega^2} - \frac{\omega}{p^2 + \omega^2} \right]$$ (19)

und im Originalbereich

$$\tilde{u}_S(\tau) = u_S(\tau) = U \left[\frac{\sqrt{3}}{2} \frac{1}{1 - \dfrac{P_c}{P_K}} + \sin (\omega \tau - 120°) \right].$$ (20)

1 Einschwingspannung im fehlerfreien Netz   109

In gleicher Weise errechnet sich die Einschwingspannung über dem Schalterpol T zu

$$\tilde{u}_T(\tau) = u_T(\tau) = -\hat{U}\left[\frac{\sqrt{3}}{2}\frac{1}{1 - \dfrac{P_C}{P_K}} - \sin\left(\omega\tau + 120°\right)\right]. \quad (21)$$

Somit sind alle Gleichungen zur Beschreibung der Spannungen, die nach der Unterbrechung der kapazitiven Ströme an den Schaltstrecken einschwingen, hergeleitet; in Abb. III/5 ist der Verlauf dieser Spannungen für $\left(\dfrac{\omega}{\nu}\right)^2 \ll 1$ darstellt.

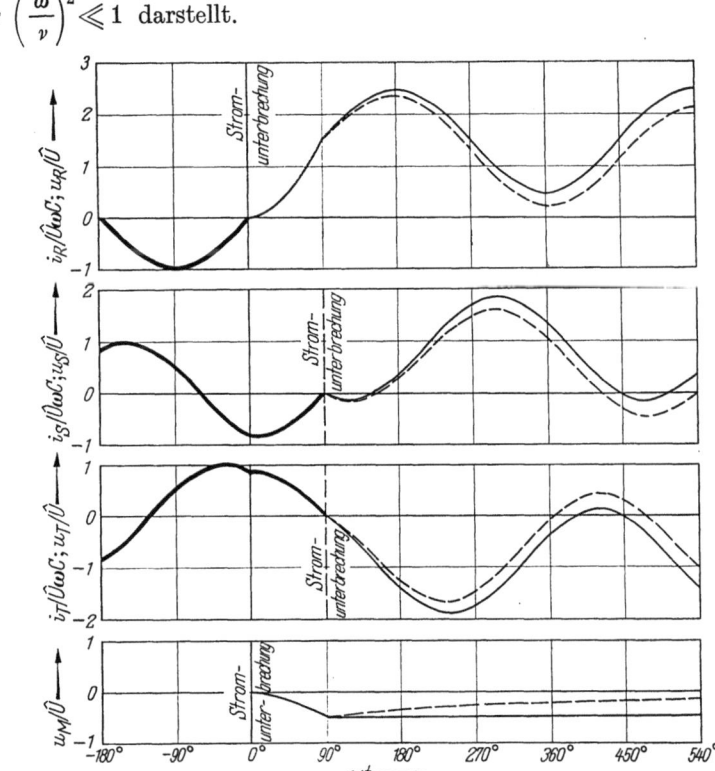

Abb. III/5. Ströme und Einschwingspannungen, Netzsternpunkt geerdet, Laststernpunkt frei, Löschfolge $R-ST$

– – – – Spannungsverlauf unter Berücksichtigung des Ableitwiderstandes des Sternpunktes

1.3 Sternpunkt des speisenden Netzes frei, Sternpunkt der kapazitiven Last geerdet

Für diesen Schaltfall gelten die soeben hergeleiteten Gleichungen des Spannungsverlaufs über den Schalterpolen R, S und T in unveränderter

110   III. Schalten kapazitiver Ströme

Form weiter; es ändert sich lediglich das Vorzeichen der Spannung des freien Sternpunktes.

1.4 Sternpunkt des speisenden Netzes und der kapazitiven Last frei

Auch hier wird die Einschwingspannung über den Schaltstrecken der einzelnen Pole von den Gln. (14, 18, 20) und (21) beschrieben. Entsprechend der Isolation der Mittelpunkte schwankt ihr Potential je nach der kapazitiven Kopplung gegen Erde zwischen Null und dem maximalen Wert.

1.5 Einschwingspannung unter Berücksichtigung der Kapazität des speisenden Netzes, Netz- und Laststernpunkt geerdet

In den Oszillogrammen, die beim Unterbrechen kapazitiver Ströme registriert werden, bemerkt man oft eine höherfrequente Ausgleichsschwingung sowohl in der Einschwingspannung über der Schaltstrecke als auch in der Spannung an der Sammelschiene auf der speisenden Seite des Netzes. Diese Schwingung prägt sich besonders dann aus, wenn bei einer größeren kapazitiven Last die Kurzschlußleistung des speisenden Netzes klein ist. Die Ursache dieser Erscheinung liegt darin, daß der kapazitive Strom an der Streuinduktivität des Netzes einen Spannungs-abfall erzeugt, der sich zur treibenden Spannung addiert und die Spannung an der Kapazität erhöht. Nach der Unterbrechung des Stromes fällt die so erhöhte Spannung der Sammelschiene auf die Spannung des unbelasteten Zustandes ab; der Übergang vollzieht sich in der Form einer Ausgleichsschwingung.

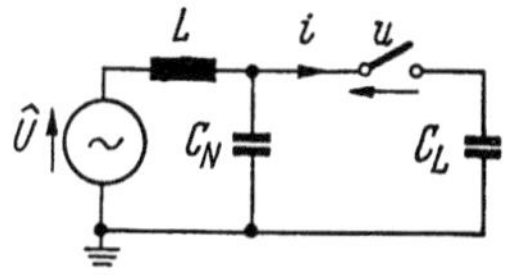

Abb. III/6. Ausschalten einer kapazitiven Last mit geerdetem Sternpunkt im geerdeten Netz, Berücksichtigung der Kapazität des speisenden Netzes

Zur Berechnung der resultierenden Spannung an der Schaltstrecke wird der Stromlaufplan in Abb. III/1 durch eine an der Sammelschiene konzentriert gedachte Kapazität ergänzt, Abb. III/6. Im stationären Zustand fließt über den geschlossenen Schalter der Strom nach der Gleichung

$$i = \hat{U} \frac{\omega C_L}{1 - \omega^2 L(C_N + C_L)} \sin \omega t; \qquad (22)$$

damit ist auch der Ausgleichsstrom gegeben, durch den die Schaltstrecke stromlos gemacht wird: $\tilde{\imath} = -i$. Für diesen Zustand gilt der Ansatz

$$\mathfrak{L}\tilde{u} + (Z_N + Z_L)\mathfrak{L}\tilde{\imath} = 0; \qquad (23)$$

1 Einschwingspannung im fehlerfreien Netz

es bedeuten

$$Z_N = \frac{1}{C_N} \frac{p}{p^2 + v_N^2}, \qquad v_N^2 = \frac{1}{LC_N}, \qquad Z_L = \frac{1}{p\,C_L}.$$

Über die Laplace-transformierte Form

$$\mathfrak{L}\tilde{u} = U \frac{\omega C_L}{1 - \left(\dfrac{\omega}{v_{res}}\right)^2} \frac{\omega}{p^2 + \omega^2} \left(\frac{1}{C_N} \frac{p}{p^2 + v_N^2} + \frac{1}{pC_L}\right), \qquad (24)$$

$$v_{res}^2 = \frac{1}{L(C_L + C_N)},$$

erhält man nach einigen Zwischenrechnungen die Gleichung

$$\tilde{u}(t) = u(t) = U \frac{1}{1 - \dfrac{P_{res}}{P_K}} \left[\frac{\dfrac{P_L}{P_K}}{1 + \dfrac{P_N}{P_K}} (\cos \omega t - \cos v_N t) + (1 - \cos \omega t) \right]. \qquad (25)$$

Von den Abkürzungen bedeutet

$$P_{res} = \omega(C_N + C_L)U^2$$

die resultierende kapazitive Leistung,

$$P_L = \omega C_L U^2$$

die kapazitive Leistung auf der Lastseite und

$$P_N = \omega C_N U^2$$

die kapazitive Leistung auf der Netzseite; P_K ist die Kurzschlußleistung des Netzes.

Wenn die Kapazität an der Sammelschiene sehr klein wird, geht die Gl. (25) in die Gl. (6) über mit der Einschränkung, daß das Ausgleichsglied wegen des allgemeinen Ansatzes bestehen bleibt.

Bei der Herleitung der Gl. (25) wurde so wie bei den früheren Berechnungen angenommen, daß im Zeitpunkt $t = 0$ auch der Strom gleich Null ist. Diese Annahme braucht jedoch nicht immer erfüllt zu sein, z. B. dann nicht, wenn der Bogenstrom instabil wird und bei einem bestimmten Augenblickswert abkippt.

Um derartige Schaltvorgänge zu erfassen, muß im allgemeinen die vollständige Differentialgleichung aufgestellt und unter Berücksichtigung

112   III. Schalten kapazitiver Ströme

der Anfangsbedingungen Laplace-transformiert werden. Das Ergebnis
dieser erweiterten Herleitung ist ein zusätzliches Ausgleichsglied, das der
Größe des Stromes im Augenblick der Instabilität proportional ist.

In dem hier behandelten einfachen Fall läßt sich der Ausdruck für
dieses Ausgleichsglied, welches gegebenenfalls der Gl. (25) hinzuzufügen
ist, unmittelbar anschreiben:

$$u_z = i\,(0)\,\sqrt{\frac{L}{C_N}}\,\sin \nu_N t;\qquad\qquad(26)$$

es muß dabei allerdings noch berücksichtigt werden, daß im Augenblick
einer solchen Stromunterbrechung die Kapazitäten nicht auf den Scheitelwert der stationären Spannung aufgeladen sind.

1.6 Ausschalten einer kapazitiven Last
mit Neuzündungen der Schaltstrecke

1.6.1 Amplituden und Frequenzen der Ausgleichströme

Unter einer Neuzündung soll der Zusammenbruch der instationären
Spannungsfestigkeit der Schaltstrecke nach einer Stromunterbrechung
verstanden werden. Ein solcher Effekt kann zu verschiedenen Zeitpunkten auftreten.

Er kann sehr bald nach der Stromunterbrechung vorkommen in
einem Zeitbereich, in welchem die Schaltstrecke noch einen zeitlich veränderlichen Widerstand darstellt, der durch die Theorie des Schaltlichtbogens beschrieben wird. Wir sprechen in diesem Fall von einer thermischen Neuzündung.

Die Schaltstrecke kann aber ihre soeben erworbene Fähigkeit zu
isolieren auch erst wesentlich später wieder verlieren. Dann handelt es
sich meistens um einen dielektrischen Durchschlag oder um eine sogenannte dielektrische Neuzündung. Sie kann sowohl im Bereich der
Einschwingspannung als auch im Bereich der wiederkehrenden Polspannung, d. h. der stationären Spannung, stattfinden.

Im Zusammenhang mit dem Schalten verhältnismäßig kleiner Ströme,
zu denen die kapazitiven Ströme gehören, hat man es überwiegend mit
dielektrischen Neuzündungen zu tun.

In Abb. III/7 sind die gekoppelten Stromkreise zu sehen, in denen
sich die Ausgleichsvorgänge nach einer solchen dielektrischen Neuzündung beim Unterbrechen eines kapazitiven Stromes abspielen. Dieser
Ersatzschaltplan ist aus dem Ersatzschaltplan nach Abb. III/6 durch
Hinzufügen einer weiteren Induktivität — z. B. Strombegrenzungs-
spule oder Leitungsinduktivität — entstanden. Er gilt in guter Nähe-

1 Einschwingspannung im fehlerfreien Netz   113

Näherung für das Ausschalten einer Kondensatorbatterie mit geerdetem Sternpunkt in einem Netz mit ebenfalls geerdetem Sternpunkt, für das Ausschalten eines unbelasteten Kabels in dem gleichen Netz sowie auch annähernd für das Ausschalten einer kurzen Freileitung von einem starr geerdeten Netz, wenn für die Leitung eine entsprechende Ersatzkapazität unter Berücksichtigung der Koppelkapazität zwischen den Leitern eingeführt wird.

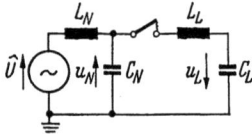

Abb. III/7. Ausschalten einer kapazitiven Last mit Neuzündungen der Schaltstrecke, Berücksichtigung der Kapazität des speisenden Netzes sowie der Induktivität auf der Lastseite

Kreisfrequenzen des zweifrequenten Schwingkreises:

$$\nu_{1,2} = \sqrt{\frac{1}{2}\left(\frac{1}{L_N C_N} + \frac{1}{L_L C_L} + \frac{1}{L_L C_N}\right) \pm \frac{1}{2}\sqrt{\left(\frac{1}{L_N C_N} + \frac{1}{L_L C_L} + \frac{1}{L_L C_N}\right)^2 - \frac{4}{L_N L_L C_N C_L}}}$$

Die Gültigkeit des Ersatzschaltplanes in Abb. III/7 für Ausgleichsvorgänge nach Neuzündungen beim Ausschalten einer Freileitung setzt ferner voraus, daß der betriebsfrequente Strom bereits allpolig unterbrochen worden ist.

Der Ersatzschaltplan bildet einen zweifrequenten Schwingkreis, dessen Schaltelemente einander vielfach so zugeordnet sind, daß bestimmte Vereinfachungen möglich werden. Sie erlauben es, die von einer Neuzündung ausgelösten Schaltvorgänge in erster Näherung Schritt für Schritt in einfrequenten Ersatz-Schwingkreisen zu untersuchen.

In Abb. III/8 sind die Frequenzen der Teilschwingungen in dem Schaltplan nach Abb. III/7 auf die Frequenzen einfrequenter Ersatzschwingkreise, Abb. III/9 und III/10, bezogen und in Abhängigkeit vom Verhältnis Lastkapazität zu Netzkapazität dargestellt worden. Als Parameter fungiert das Verhältnis der beteiligten Induktivitäten.

Läßt man eine Frequenzabweichung bis 20% noch zu, dann geht aus diesem Diagramm hervor, daß für überschlägige Berechnungen stets die Ersatzschwingkreise nach den Abb. III/9 und III/10 verwendet werden dürfen.

Bei dem ersten Schritt wird nur der hochfrequente Ausgleichsvorgang zwischen den Kapazitäten betrachtet, Abb. III/9.

Für die Amplitude des Schwingstromes bei einer Rückzündung 180° el. nach der Stromunterbrechung ergibt sich

$$i'_{max} = \frac{U_L + U_N}{\sqrt{L_L \dfrac{C_N + C_L}{C_N C_L}}} \approx \frac{2\hat{U}}{\sqrt{L_L \dfrac{C_N + C_L}{C_N C_L}}} \qquad (27)$$

8   Slamecka, Prüfung

114 III. Schalten kapazitiver Ströme

und für die Kreisfrequenz

$$v' = \frac{1}{\sqrt{L_L \dfrac{C_L C_N}{C_L + C_N}}} \cdot$$

(28)

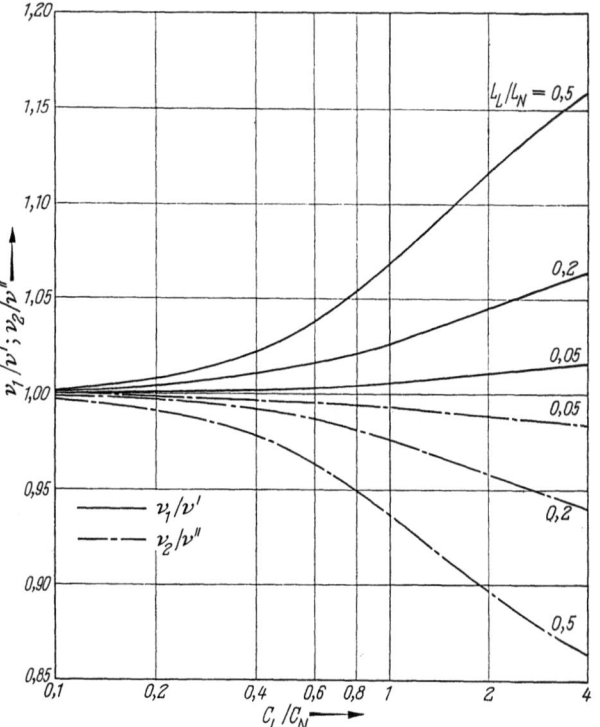

Abb. III/8. Verhältnis der Kreisfrequenzen des zweifrequenten Schwingkreises in Abb. III/7 zu den entsprechenden Kreisfrequenzen der einfrequenten Ersatzschwingkreise in den Abb. III/9 u. III/10, abhängig vom Verhältnis der Kapazitäten

Parameter: Verhältnis der Induktivitäten

$$\underline{\qquad} \ \frac{v_1}{v'} \qquad - \cdot - \ \frac{v_2}{v''}$$

v_1, v_2 Kreisfrequenzen des zweifrequenten Schwingkreises in Abb. III/7
v', v'' Kreisfrequenzen der Ersatzschwingkreise nach den Abb. III/9 u. III/10

Nach Beendigung dieses hochfrequenten Einschwingvorganges stellt sich an den nun parallelgeschalteten Kapazitäten C_N und C_L eine Spannung ein, deren Höhe die Mischungsregel angibt,

$$U = \frac{U_L C_L - U_N C_N}{C_N + C_L} \cdot$$

(29)

Wenn die auszuschaltende Last groß ist, d. h. eine Kondensatorbatterie, ein langes Kabel, eine lange Leitung oder allgemein eine große Kapazität darstellt, die von einer Energiequelle mit relativ kleiner Eigenkapazität, z. B. von einem einzelnen Transformator, gespeist wird, lädt sich diese Kapazität bei einer Rückzündung nahezu auf die volle Höhe des Augenblickswertes der Spannung der Lastseite auf. Der Ladestrom kann nach Gl. (27) insbesondere bei kurzen Verbindungsleitungen und bei Sammelschienenanordnungen, für deren Induktivität als Richtwert etwa 1 μH/m gilt, Amplituden beträchtlicher Höhe erreichen.

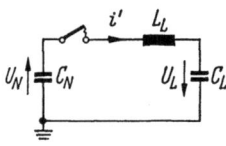

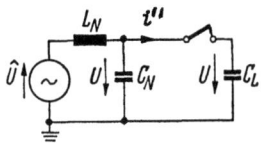

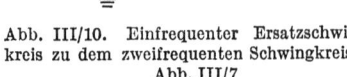

Abb. III/9. Einfrequenter Ersatzschwingkreis zu dem zweifrequenten Schwingkreis in Abb. III/7

Abb. III/10. Einfrequenter Ersatzschwingkreis zu dem zweifrequenten Schwingkreis in Abb. III/7

Wesentlich kleiner sind die Stromamplituden bei dem 2. Ausgleichsvorgang, der sich vorstellungsgemäß in dem Ersatzschwingkreis nach Abb. III/10 abspielt.

Für die Amplitude findet man

$$i''_{max} = \frac{\hat{U} + U}{\sqrt{\dfrac{L_N}{C_N + C_L}}} \frac{C_L}{C_N + C_L} \qquad (30)$$

und für die Kreisfrequenz

$$v'' = \frac{1}{\sqrt{L_N(C_N + C_L)}}. \qquad (31)$$

1.6.2 Beziehungen zwischen der Anzahl der Rückzündungen und der Höhe der Schaltspannungen

Eine Neuzündung der Schaltstrecke erzeugt im allgemeinen eine Schaltspannung. Man versteht darunter die flüchtige Spannung, die beim Schalten zwischen Leiter und Erde oder zwischen Leiter und Leiter auf der ausgeschalteten Seite entstehen kann.

Wie die Abb. III/11 zeigt, ruft eine Neuzündung, die im Zeitintervall zwischen Stromunterbrechung und darauffolgendem Nulldurchgang der betriebsfrequenten Spannung erfolgt, keine höhere Schaltspannung als etwa den Scheitelwert der Wechselspannung hervor.

Für eine solche Neuzündung hat sich die Bezeichnung „Wiederzündung" eingebürgert. Sie ist damit auch sprachlich gegenüber einer

116   III. Schalten kapazitiver Ströme

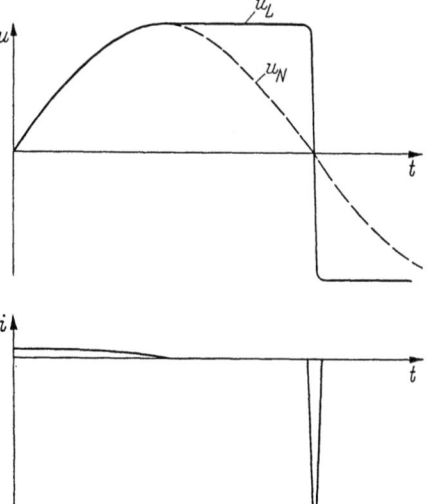

Abb. III/11. Neuzündung im Nulldurchgang der betriebsfrequenten Spannung

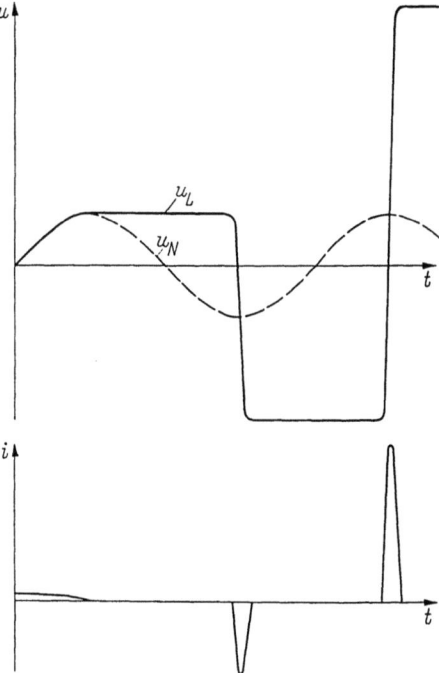

Abb. III/12. Neuzündungen im Scheitelwert der betriebsfrequenten Spannung (ohne Berücksichtigung der Dämpfung)

Neuzündung nach dem Nulldurchgang der Wechselspannung abgegrenzt.

Diese Neuzündung zweiter Art bezeichnet man als Rückzündung.

Im Gegensatz zu Wiederzündungen können Rückzündungen sehr hohe Schaltspannungen verursachen, allerdings nur dann, wenn etwa folgende Begleitumstände zusammentreffen:

Die Kapazität auf der speisenden Seite muß klein sein, die Dämpfung muß klein sein, die Schaltstrecke muß im Bereich des Scheitelwertes der Wechselspannung durchschlagen werden, es darf nur eine Schwingstromhalbwelle nachfließen, so daß die Kapazität gerade umgeladen wird, und schließlich muß sich dieser Vorgang von Halbwelle zu Halbwelle der betriebsfrequenten Spannung wiederholen.

Im Grenzfall, nämlich bei einem regelmäßigen Durchschlag der Schaltstrecke jeweils in den Scheitelwerten der betriebsfrequenten Wechselspannung, stehen Anzahl der Rückzündungen und Höhe der Schaltspannungen in einem mathematisch leicht formulierbaren Zusammenhang.

Wir stellen uns zu diesem Zweck eine Schaltanordnung vor, in der eine aufgeladene Kapazität mit einer Induktivität zu einem Reihenschwingkreis verbunden wird. In dem Schwingkreis befindet sich auch noch eine

1 Einschwingspannung im fehlerfreien Netz

Wechselspannungsquelle. Der Schalter, der diese Verbindung herstellt, habe die Eigenschaft, jeweils nur eine Schwingstromhalbwelle durchzulassen. Bezugspotential für die Spannung an der Kapazität ist der Scheitelwert der betriebsfrequenten Wechselspannung. Unter Berücksichtigung der Dämpfung erreicht die Spannung an der Kapazität nach der ersten Schwingstromhalbwelle, die auf die erste Rückzündung folgt, den Wert $2\hat{U}e^{-\frac{\delta\pi}{\nu}} = 2\hat{U}a$. Wie aus der Abb. III/12 hervorgeht, ist dann die Höhe der Schaltspannung durch

$$U_{L1} = \hat{U}\,(1 + 2a) \tag{32}$$

gegeben.

Nach der 2. Rückzündung lautet der Ausdruck für die Höhe der Schaltspannung

$$U_{L2} = \hat{U}\,[1 + 2(a + a^2)], \tag{33}$$

nach der 3. Rückzündung

$$U_{L3} = \hat{U}\,[1 + 2(a + a^2 + a^3)], \tag{34}$$

und nach der n-ten Rückzündung

$$\boxed{U_{Ln} = \hat{U}\left(1 + 2a\sum_{k=0}^{n-1} a^k\right).} \tag{35}$$

Die Summe in dieser Gl. stellt eine geometrische Reihe dar, die konvergiert, da $a < 1$.

Im Grenzfall läßt sich dafür

$$\lim_{n\to\infty} S_{(n-1)} = \frac{1}{1-a}$$

angeben, so daß wir für die maximal mögliche Schaltspannung den Ausdruck

$$\lim_{n\to\infty} u_{Ln} = \hat{U}\,\frac{1+a}{1-a} \tag{36}$$

erhalten.

In der Abb. III/13 sind diese Verhältnisse zu sehen.

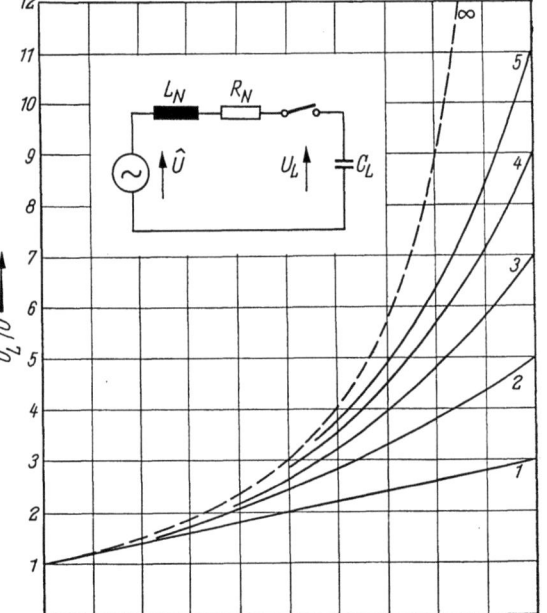

Abb. III/13. Maximale Schaltspannungen an der Kapazität in Abhängigkeit von der Dämpfung (nach H. FLÖTH 1961) Parameter: Anzahl der Rückzündungen

118   III. Schalten kapazitiver Ströme

1.7 Ableitwiderstand und Kapazität des Sternpunktes, Einfluß auf die Einschwingspannung

In den Berechnungen des Verlaufes der Einschwingspannungen beim Ausschalten konzentrierter Kapazitäten blieb bisher die Kapazität des Transformator-Sternpunktes unberücksichtigt. Diese Kapazität kann sich jedoch sowohl bei kleinen als auch bei großen Werten im Spannungsverlauf deutlich bemerkbar machen; ihr Einfluß soll daher genauer untersucht werden.

1.7.1 Hochohmiger Ableitwiderstand und kleine Kapazität

Bei einer kleinen Kapazität des Sternpunktes läßt sich sein Ableitwiderstand auch bei größeren Werten nicht mehr vernachlässigen. Die

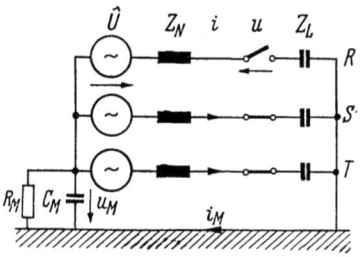

Abb. III/14. Schaltplan zur Berechnung des Spannungsverlaufs an den Schaltstrecken unter Berücksichtigung der Impedanz des Netzsternpunktes

Abb. III/14 zeigt den entsprechenden Schaltplan, in dem der Strom der Phase R bereits unterbrochen worden ist.

Als Voraussetzung gilt, daß der Verlauf der Spannung des Sternpunktes und der Verlauf der Spannung über dem erstlöschenden Schalterpol weiterhin in guter Annäherung von den bereits an früherer Stelle entwickelten Gleichungen beschrieben werden, solange der Bogen in den beiden anderen Schalterpolen noch brennt. In der Rechnung bedeutet dies, daß der Ableitwiderstand erst vom Zeitpunkt $\tau = 0$ an wirksam wird. Dann ist folgende Näherung erlaubt:

Nach der allpoligen Unterbrechung des Stromes fließt die Ladung des Sternpunktes über den Ableitwiderstand ab, so daß der zugehörige Augenblickswert der Spannung nach Gl. (12) vom Zeitpunkt $t = \dfrac{90°}{\omega} \triangleq \tau = 0$ an exponentiell abklingt,

$$u_M(\tau) = -\frac{\hat{U}}{2}\,\frac{1}{1 - \dfrac{P_C}{P_K}}\,\mathrm{e}^{-\frac{\tau}{T_M}},\qquad (37)$$

$$T_M = R_M\,C_M.$$

1 Einschwingspannung im fehlerfreien Netz

Analog zu Gl. (17) ergibt sich damit für die Ausgleichsspannung des Sternpunktes der Ausdruck

$$\tilde{u}_M(\tau) = u_M(\tau) - u_M(t) = \frac{\hat{U}}{2}\left[\frac{1}{1-\dfrac{P_G}{P_K}}\left(1 - e^{-\frac{\tau}{T_M}}\right) + \sin\omega\tau\right]. \quad (38)$$

Dies ist nach Aussage des Ansatzes (15) auch die Ausgleichsspannung über der erstlöschenden Schaltstrecke nach der allpoligen Stromunterbrechung; die Einschwingspannung daran wird von der Gleichung

$$u_R(\tau) = \hat{U}\left\{\frac{1}{2}\left[3 - (1 - e^{-\frac{\tau}{T_M}})\right]\frac{1}{1.-\dfrac{P_G}{P_K}} + \sin\omega\tau\right\} \quad (39)$$

beschrieben. Wir sehen, daß der Ableitwiderstand die Spannungsbeanspruchung der Schaltstrecke verkleinert und dadurch die Unterbrechung des kapazitiven Stromes beträchtlich erleichtern kann.

In ähnlicher Weise wirkt sich der Ableitwiderstand auf die Einschwingspannungen über den letztlöschenden Schaltstrecken aus; es gelten die Gleichungen

$$u_S(\tau) = \hat{U}\left\{\frac{1}{2}\left[\sqrt{3} - \left(1 - e^{-\frac{\tau}{T_M}}\right)\right]\frac{1}{1-\dfrac{P_G}{P_K}} + \sin(\omega\tau - 120°)\right\} \quad (40)$$

und

$$u_T(\tau) = -\hat{U}\left\{\frac{1}{2}\left[\sqrt{3} + \left(1 - e^{-\frac{\tau}{T_M}}\right)\right]\frac{1}{1-\dfrac{P_G}{P_K}} - \sin(\omega\tau + 120°)\right\}. \quad (41)$$

Hat z. B. in einem Hochleistungsprüffeld die resultierende Kapazität des Sternpunktes einen Wert von etwa $C_M = 60\,\text{nF}$ und wird bei der Prüfung des kapazitiven Schaltvermögens die Spannung auf der spei-

120   III. Schalten kapazitiver Ströme

senden Seite über ohmsche Spannungsteiler oder Vorwiderstände mit einem Widerstandswert von z. B. 1 MΩ je Phase gemessen, so beträgt die Ableitzeitkonstante 20 ms.

Der Verlauf der Einschwingspannungen unter dem Einfluß dieser Ableitzeitkonstante kann in der Abb. III/5 mit den unbeeinflußten Spannungen verglichen werden.

1.7.2 Hochohmiger Ableitwiderstand und große Kapazität

Mit zunehmender Kapazität des Sternpunktes wird der Ladungsverlust immer kleiner und braucht schließlich in dem hier interessierenden Zeitbereich von einigen cs nicht mehr berücksichtigt zu werden.

Dafür fällt jetzt der Einfluß dieser Kapazität selbst auf den Spannungsverlauf ins Gewicht.

Um darüber nähere Auskunft zu erhalten, lassen wir im Schaltplan der Abb. III/14 den Wert des Ableitwiderstandes gegen unendlich gehen und ergänzen den Ansatz (9) wie folgt:

$$
\begin{aligned}
(Z_N + Z_L)\,\mathfrak{L}\tilde{\imath}_R + \mathfrak{L}\tilde{u}_R + \mathfrak{L}\tilde{u}_M &= 0, \\
(Z_N + Z_L)\,\mathfrak{L}\tilde{\imath}_S \qquad\quad + \mathfrak{L}\tilde{u}_M &= 0, \\
(Z_N + Z_L)\,\mathfrak{L}\tilde{\imath}_T \qquad\quad + \mathfrak{L}\tilde{u}_M &= 0, \\
-Z_M\,\mathfrak{L}\tilde{\imath}_M \qquad\quad + \mathfrak{L}\tilde{u}_M &= 0, \\
\mathfrak{L}\tilde{\imath}_R + \mathfrak{L}\tilde{\imath}_S + \mathfrak{L}\tilde{\imath}_T - \mathfrak{L}\tilde{\imath}_M &= 0;
\end{aligned}
\tag{42}
$$

$$
Z_M = \frac{1}{p\,C_M}
$$

ist der Impedanzoperator des Sternpunktes.

Daraus ergibt sich für die Ausgleichsspannung des Sternpunktes der Ausdruck

$$
\mathfrak{L}\,\tilde{u}_M = \frac{Z_M\,(Z_N + Z_L)}{2\,Z_M + Z_N + Z_L}\,\mathfrak{L}\tilde{\imath}_R
\tag{43}
$$

und mit $\tilde{\imath}_R$ nach den Gln. (2 und 4) in Laplace-transformierter Form

$$
\mathfrak{L}\,\tilde{u}_M = -\hat{U}\,\frac{\omega^2\,v_M^2}{v^2 - \omega^2}\,\frac{1}{p}\,\frac{1}{p^2 + \omega^2}\,\frac{p^2 + v^2}{p^2 + v_1^2},
\tag{44}
$$

$$
v_1^2 = v^2\,\frac{C_M + 2C}{C_M}, \quad v_M^2 = \frac{1}{L\,C_M}.
$$

1 Einschwingspannung im fehlerfreien Netz

Die Rücktransformation liefert

$$
\tilde{u}_M(t) = -\hat{U}\left(\frac{\nu_M}{\nu_1}\right)^2 \left[\frac{1}{1-\left(\frac{\omega}{\nu}\right)^2} - \frac{1}{1-\left(\frac{\omega}{\nu_1}\right)^2}\cos\omega t - \right.
$$

$$
\left. - \frac{\left(\frac{\omega}{\nu}\right)^2}{1-\left(\frac{\omega}{\nu}\right)^2}\, \frac{1-\left(\frac{\nu_1}{\nu}\right)^2}{\left(\frac{\omega}{\nu}\right)^2-\left(\frac{\nu_1}{\nu}\right)^2}\cos\nu_1 t \right]. \quad (45)
$$

Die Aussage dieser etwas komplizierten Gleichung wird deutlicher, wenn man berücksichtigt, daß meist $\left(\frac{\nu_1}{\nu}\right)^2 \gg 1$ und $\left(\frac{\omega}{\nu_1}\right)^2 \ll 1$. Damit läßt sich die einfachere Form

$$
\tilde{u}_M(t) = u_M(t) \approx -\hat{U}\left(\frac{\nu_M}{\nu_1}\right)^2 \left[\frac{1}{1-\left(\frac{\omega}{\nu}\right)^2} - \cos\omega t - \frac{\left(\frac{\omega}{\nu}\right)^2}{1-\left(\frac{\omega}{\nu}\right)^2}\cos\nu_1 t \right] \quad (46)
$$

finden.

Beim Vergleich mit der Gl. (12) fällt zunächst der Faktor

$$
\left(\frac{\nu_M}{\nu_1}\right)^2 = \frac{C}{C_M + 2C} \quad (47)
$$

auf, der — wie man sieht — die Absenkung des Potentiales des Stern-punktes durch seine Erdkapazität ausdrückt.

Weiter ist in der Klammer ein oszillierendes Glied neu hinzuge-kommen, das nun den Ausgleich der Spannungen unmittelbar nach der Stromunterbrechung ermöglicht.

Zur Ermittlung der Einschwingspannung über dem erstlöschenden Schalterpol dient die erste Gleichung des Ansatzes (42), aus der sich über die Zwischenform

$$
\mathfrak{L}\tilde{u}_R = -\mathfrak{L}\tilde{u}_M + \hat{U}\,\frac{1}{1-\left(\frac{\omega}{\nu}\right)^2}\,\frac{\omega^2}{p^2+\omega^2}\,\frac{p^2+\nu^2}{p\,\nu^2} \quad (48)
$$

122   III. Schalten kapazitiver Ströme

und nach Vereinfachungen analog zu Gl. (46) für den Spannungsverlauf der Ausdruck

$$\tilde{u}_R(t) = u_R(t) \approx \hat{U}\left\{\left[1 + \left(\frac{\nu_M}{\nu_1}\right)^2\right]\left[\frac{1}{1 - \left(\frac{\omega}{\nu}\right)^2} - \cos\omega t\right] - \right.$$

$$\left. - \left(\frac{\nu_M}{\nu_1}\right)^2 \frac{\left(\frac{\omega}{\nu}\right)^2}{1 - \left(\frac{\omega}{\nu}\right)^2}\cos\nu_1 t\right\}$$

(49)

ergibt.

Auch darin macht sich der spannungsabsenkende Einfluß der Kapazität des Sternpunktes bemerkbar. Ähnlich wirkt sich diese Kapazität auf die unschwer herzuleitenden Einschwingspannungen über den beiden anderen Schalterpolen aus.

2 Einschwingspannungen beim Ausschalten von Kondensatorbatterien und unbelasteten Kabeln im erdschlußbehafteten Netz, Sternpunkt des speisenden Netzes frei, Sternpunkt der kapazitiven Last geerdet

Ein Erdschluß kann auf der Netzseite oder auch auf der Lastseite eintreten. Unabhängig von der Lage des Fehlerortes bedeutet im allgemeinen das Schalten in dem mit diesem Fehler behafteten Netz eine erhöhte elektrische Beanspruchung für den Schalter, denn stets ist der auszuschaltende Strom und meist ist die Enschwingspannung wesentlich größer als im fehlerfreien Zustand. Die Unterschiede im Verlauf der Einschwingspannung sind zunächst von der Lage des Fehlerortes abhängig und ferner auch von der Löschfolge der einzelnen Pole des dreipoligen Schalters.

Diese verschiedenen Einflüsse sollen nun untersucht werden.

2.1 Erdschluß auf der Netzseite

Den Erdschluß nehmen wir dauernd zwischen dem Leiter T und Erde an, Abb. III/15. Wie daraus hervorgeht, ist die Schaltstrecke des Poles T kurzgeschlossen und daher nicht beansprucht.

Läßt man nun die Zeitlinie im Zeigerdiagramm der Abb. III/16 willkürlich den Umlauf von der Oppositionsstellung zum Strom im Leiter T beginnen, wird in der zeitlichen Folge zuerst der Strom in der Schaltstrecke des Poles R unterbrochen.

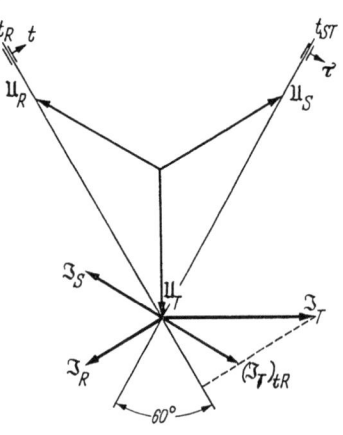

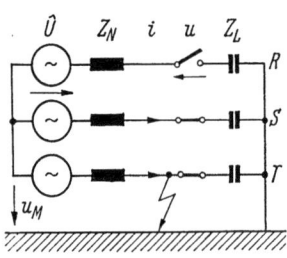

Abb. III/15. Ausschalten einer konzentrierten Kapazität bei Erdschluß auf der Netzseite

Abb. III/16. Ausschalten kapazitiver Ströme im Erdschlußfall, Erdschluß in der Phase T auf der Netz- oder auf der Lastseite, Löschfolge $R-S$ bzw. $R-ST$

Für die daran einschwingende Spannung lautet der Gleichungsansatz

$$
\begin{aligned}
(Z_N + Z_L)\, \mathfrak{L}\, \tilde{\imath}_R + \mathfrak{L}\, \tilde{u}_R + \mathfrak{L}\, \tilde{u}_M &= 0, \\
(Z_N + Z_L)\, \mathfrak{L}\, \tilde{\imath}_S \qquad\quad + \mathfrak{L}\, \tilde{u}_M &= 0, \\
Z_N\, \mathfrak{L}\, \tilde{\imath}_T \qquad\quad + \mathfrak{L}\, \tilde{u}_M &= 0.
\end{aligned}
\tag{50}
$$

Addiert man die zweite und die dritte Zeile des Ansatzes (50) und berücksichtigt man Gl. (10), dann gilt für die Ausgleichsspannung des Mittelpunktes

$$
\mathfrak{L}\, \tilde{u}_M = \frac{Z_N (Z_N + Z_L)}{2 Z_N + Z_L}\, \mathfrak{L}\, \tilde{\imath}_R.
\tag{51}
$$

Wie sich aus Abb. III/15 ergibt, fließt vor der Ausschaltung über die Schaltstrecke R der Strom

$$
\tilde{\imath}_R = \sqrt{3}\, \hat{U}\, \omega\, C\, \frac{\sqrt{1 - 3\left(\dfrac{\omega}{\nu}\right)^2 \left[1 - \left(\dfrac{\omega}{\nu}\right)^2\right]}}{\left[1 - \left(\dfrac{\omega}{\nu}\right)^2\right]\left[1 - 3\left(\dfrac{\omega}{\nu}\right)^2\right]}\, \sin \omega t.
\tag{52}
$$

Der Ausgleichsstrom hat den gleichen Betrag, aber die entgegengesetzte Richtung wie der Ausschaltstrom. Die transformierte Aus-

124 III. Schalten kapazitiver Ströme

gleichsspannung an der Schaltstrecke wird dann nach der ersten Zeile des Ansatzes (50) durch folgende Gleichung beschrieben:

$$\mathfrak{L}\,\tilde{u}_R = \frac{\sqrt{3}}{2}\,U\left(\frac{\omega}{\nu}\right)^2 \frac{\sqrt{1-3\left(\frac{\omega}{\nu}\right)^2\left[1-\left(\frac{\omega}{\nu}\right)^2\right]}}{\left[1-\left(\frac{\omega}{\nu}\right)^2\right]\left[1-3\left(\frac{\omega}{\nu}\right)^2\right]}\,\frac{3p^4+4p^2\nu^2+\nu^4}{p\left(p^2+\frac{\nu^2}{2}\right)(p^2+\omega^2)}. \tag{53}$$

Durch Rücktransformation in den Originalbereich erhält man für die Einschwingspannung

$$\tilde{u}_R(t) = u_R(t) = \sqrt{3}\,U\,\frac{\sqrt{1-3\left(\frac{\omega}{\nu}\right)^2\left[1-\left(\frac{\omega}{\nu}\right)^2\right]}}{\left[1-\left(\frac{\omega}{\nu}\right)^2\right]\left[1-3\left(\frac{\omega}{\nu}\right)^2\right]} \times$$

$$\times\left\{1-\frac{\left[1-\left(\frac{\omega}{\nu}\right)^2\right]\left[1-3\left(\frac{\omega}{\nu}\right)^2\right]}{1-2\left(\frac{\omega}{\nu}\right)^2}\cos\omega t-\frac{\left(\frac{\omega}{\nu}\right)^2}{2\left[1-2\left(\frac{\omega}{\nu}\right)^2\right]}\cos\frac{\nu}{\sqrt{2}}t\right\}. \tag{54}$$

Es ist bemerkenswert, zu welchem relativ komplizierten Zusammenhang die Beschreibung eines Ausgleichsvorganges in diesem verhältnismäßig einfach aufgebauten Stromkreis führt. Die Einschwingspannung ist zweifrequent. Ein Anteil der Spannung schwingt mit der Netzfrequenz, der zweite Anteil schwingt mit dem $\frac{1}{\sqrt{2}}$-fachen der Eigenfrequenz einer Phase. Wir erkennen auch wieder den Spannungssprung im Augenblick der Stromunterbrechung, der durch das Fehlen einer Kapazität auf der Netzseite hervorgerufen wird.

Wenn die Kurzschlußleistung des Netzes sehr groß ist, geht dieser Spannungssprung auf einen bedeutungslosen Wert zurück, und der Teil der Einschwingspannung, der mit der Kreisfrequenz $\nu/\sqrt{2}$ schwingt, kann vernachlässigt werden. Die Gl. (54) nimmt dann die einfache Form

$$\boxed{\tilde{u}_R(t) = u_R(t) = \sqrt{3}\,U\,(1-\cos\omega t)} \tag{55}$$

an. Für die Ausgleichsspannung des Mittelpunktes gilt in diesem Fall:

$$\tilde{u}_M(t) = 0. \tag{56}$$

Um das Wesentliche bei der Stromunterbrechung durch den zweitlöschenden Pol S zu zeigen, wird bei der Berechnung der Einfluß der Netzinduktivität von vornherein vernachlässigt werden. Die Ströme in den Phasen R und S sind dann voneinander unabhängig und im Betrag

2 Einschwingspannungen im erdschlußbehafteten Netz 125

gleich groß. Die Löschung in der Phase R beeinflußt also den Strom in der Phase S nicht. Er erlischt 60° nach der Stromunterbrechung durch die Schaltstrecke des Poles R.

Man kann daher folgenden Ansatz aufstellen:

$$Z_L \mathfrak{L} i_S + \mathfrak{L} \tilde{u}_S = 0, \tag{57}$$

und da für den Strom in der Phase S vor der Unterbrechung gilt

$$i_S = \sqrt{3}\,\hat{U}\,\omega C \sin \omega \tau, \tag{58}$$

mit $\omega \tau = \omega t - 60°$, ergibt sich für die Einschwingspannung an der Schaltstrecke des Poles S

$$\boxed{\tilde{u}_S(\tau) = u_S(\tau) = \sqrt{3}\,\hat{U}\,(1 - \cos \omega \tau).} \tag{59}$$

Für die Einschwingspannung an der Schaltstrecke des erstlöschenden Poles R gilt weiter die Gl. (55). Demnach verschwindet im Grenzfall $\left(\dfrac{\omega}{\nu}\right)^2 \ll 1$ der Unterschied zwischen den Einschwingspannungen an den Schaltstrecken der beiden Schalterpole R und S. Sieht man von der Phasenlage der Spannungsbeanspruchung ab, so sind die Einschwingspannungen auch unabhängig von der Löschfolge der einzelnen Schalterpole.

Häufig ist die Kapazität auf der Netzseite von gleicher oder ähnlicher Größenordnung wie auf der Lastseite, z. B. in einem Kabelnetz, wo von einer Sammelschiene mehrere Kabelabzweige ausgehen. Wenn in einem solchen Fall die Kurzschlußleistung des speisenden Netzes sehr groß ist

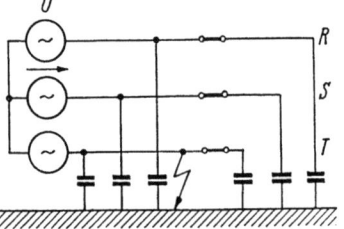

Abb. III/17. Ausschalten kapazitiver Stromkreise unter Erdschlußbedingungen, kapazitive Last vor und hinter dem Schalter, Erdschluß auf der Netzseite

gegenüber der kapazitiven Last, läßt sich aus dem Schaltplan in Abb. III/17 unmittelbar erkennen, daß Verlauf und Höhe der Einschwingspannung von der Kapazität der Netzseite nicht beeinflußt werden.

2.2 Erdschluß auf der Lastseite

Bei einem Erdschluß auf der Lastseite hängen Größe und Verlauf der Einschwingpannungen über den Schaltstrecken der einzelnen Schalterpole stark von der Löschfolge ab.

126　　　　　　　III. Schalten kapazitiver Ströme

Um darüber Genaueres zu erfahren, sollen diese Einschwingspannungen für einige Löschfolgen, die beim Schalten im Drehstromnetz auftreten können, untersucht werden.

Den Erdschluß nehmen wir weiterhin zwischen dem Leiter T und Erde an.

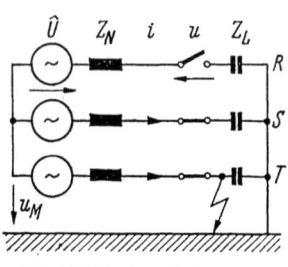

Abb. III/18. Ausschalten einer konzentrierten Kapazität bei Erdschluß auf der Lastseite

2.2.1 Löschfolge $T-RS$

2.2.1.1 Einschwingspannung über der Schaltstrecke des erstlöschenden Poles. Zur Herleitung der Gleichung an der Schaltstrecke des erstlöschenden Poles, der sich in dem erdschlußbehafteten Leitungszug befinden soll, machen wir gemäß dem Schaltplan in Abb. III/18 den Ansatz

$$(Z_N + Z_L)\, \mathfrak{L}\tilde{\imath}_R + \mathfrak{L}\tilde{u}_M = 0,$$

$$(Z_N + Z_L)\, \mathfrak{L}\tilde{\imath}_S + \mathfrak{L}\tilde{u}_M = 0, \qquad (60)$$

$$Z_N \mathfrak{L}\tilde{\imath}_T + \mathfrak{L}\tilde{u}_T + \mathfrak{L}\tilde{u}_M = 0.$$

Für die Summe der Ströme in den drei Leitern gilt die Gl. (10). Der Strom in dem erdschlußbehafteten Leiter T ist vor der Ausschaltung durch die Gleichung

$$i_T = 3\,\hat{U}\, \frac{\omega C}{1 - 3\left(\dfrac{\omega}{\nu}\right)^2}\, \sin \omega t \qquad (61)$$

bestimmt. Setzt man den entsprechenden Ausgleichstrom $\tilde{\imath}_T$ in die aus der zweiten und dritten Gleichung des Ansatzes (60) gebildete Summe ein, erhält man für die Spannung des Mittelpunktes im Bildbereich

$$\mathfrak{L}\tilde{u}_M = -\frac{3}{2}\, \hat{U} \left(\frac{\omega}{\nu}\right)^2 \frac{1}{1 - 3\left(\dfrac{\omega}{\nu}\right)^2}\, \frac{1}{p}\, \frac{p^2 + \nu^2}{p^2 + \omega^2} \qquad (62)$$

und nach der Rücktransformation

$$\tilde{u}_M(t) = -\frac{3}{2}\, \hat{U}\, \frac{1 - \left(\dfrac{\omega}{\nu}\right)^2}{1 - 3\left(\dfrac{\omega}{\nu}\right)^2} \left[\frac{1}{1 - \left(\dfrac{\omega}{\nu}\right)^2} - \cos \omega t\right]. \qquad (63)$$

Für den resultierenden Verlauf der Spannung des Sternpunktes ergibt sich unter Berücksichtigung seiner Spannung vor der Stromunterbrechung

$$\bar{u}_M(t) = -\hat{U}\,\frac{1}{1-3\left(\dfrac{\omega}{\nu}\right)^2}\cos\omega t \tag{64}$$

die Gleichung

$$u_M(t) = \tilde{u}_M(t) + \bar{u}_M(t) = -\frac{1}{2}\,\hat{U}\left[\frac{3}{1-3\left(\dfrac{\omega}{\nu}\right)^2} - \cos\omega t\right]. \tag{65}$$

Nun setzen wir die Gln. (61 und 63) in die dritte Gleichung des Ansatzes (60) ein und erhalten für die Einschwingspannung an der Schaltstrecke T die Gleichung

$$\tilde{u}_T(t) = u_T(t) = \frac{3}{2}\,\hat{U}\left[\frac{1}{1-3\left(\dfrac{\omega}{\nu}\right)^2} - \cos\omega t\right]. \tag{66}$$

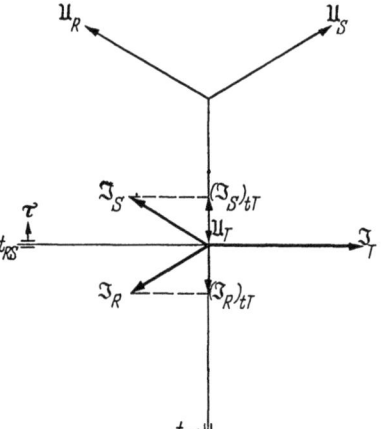

Dieser Spannungsverlauf gilt bis zu der Unterbrechung der Ströme in den Phasen S und R nach Ablauf der Zeit $t = \dfrac{90°}{\omega}$ vom Nullwerden des Stromes i_T an gerechnet, Abb. III/19.

2.2.1.2 Einschwingspannungen nach der allpoligen Stromunterbrechung. Um die Einschwingspannungen nach der gleichzeitigen Unterbrechung des Stromes in den Polen R und S zu erhalten, ist ein neuer Ansatz notwendig,

Abb. III/19. Ausschalten kapazitiver Ströme im Erdschlußfall, Erdschluß im Leiter T auf der Lastseite, Löschfolge $T-RS$,

$$(Z_N + Z_L)\,\mathfrak{L}i_R + \mathfrak{L}\tilde{u}_R + \mathfrak{L}\tilde{u}_M = 0,$$
$$(Z_N + Z_L)\,\mathfrak{L}i_S + \mathfrak{L}\tilde{u}_S + \mathfrak{L}\tilde{u}_M = 0, \tag{67}$$
$$\mathfrak{L}\tilde{u}_T + \mathfrak{L}\tilde{u}_M = 0.$$

128   III. Schalten kapazitiver Ströme

Zu seiner Lösung werden in bereits bekannter Weise zunächst die stationären Spannungen vor dem neuen Schaltvorgang nach den Gln. (65) und (66) unter Berücksichtigung der neuen Zeitzählung verwendet.

Nach der allpoligen Stromunterbrechung führt der Sternpunkt das Potential

$$u_M(\tau) = -\frac{1}{2}\, \hat{U}\, \frac{3}{1 - 3\left(\dfrac{\omega}{\nu}\right)^2};\qquad(68)$$

damit lautet die Gleichung der Ausgleichsspannung daran

$$\tilde{u}_M(\tau) = u_M(\tau) - u_M(t) = \frac{1}{2}\, \hat{U}\, \sin\omega\tau.\qquad(69)$$

Nun erhalten wir mit Hilfe der Gln. (66 und 67) den weiteren Verlauf der Einschwingspannung über der Schaltstrecke des erstlöschenden Poles zu

$$u_T(\tau) = u_T(t) - \tilde{u}_M(\tau) = \hat{U}\left[\frac{\dfrac{3}{2}}{1 - 3\left(\dfrac{\omega}{\nu}\right)^2} + \sin\omega\,\tau\right].\qquad(70)$$

Die Spannung an der Schaltstrecke des erstlöschenden Poles zeigt also im wesentlichen denselben Verlauf wie beim Schalten im fehlerfreien Netz. Lediglich das Gleichspannungsglied ist etwas größer geworden.

Wie man weiter sieht, sind die Gleichungen des Ansatzes (67) zur Ermittlung der Einschwingspannung an den Schaltstrecken der Pole S und R in ihrem Aufbau identisch mit den Gleichungen des Ansatzes (15). Daher gelten die bereits hergeleiteten Gln. (20 und 21) für den Verlauf der Einschwingspannungen über den Schaltstrecken der Pole R und S sinngemäß weiter.

Den Verlauf der Ströme und Einschwingspannungen zeigt die Abb. III/20.

2.2.2 Löschfolge $R-S\,T$

Bei den bisher durchgeführten Berechnungen wurde der Einfluß der Induktivität des Netzes berücksichtigt. Die gleiche Vollständigkeit ergäbe in den beiden letzten noch zu behandelnden Varianten der Schaltfolge im erdschlußbehafteten Netz verhältnismäßig komplizierte Ausdrücke, ohne daß dadurch grundsätzlich neue Erkenntnisse gewonnen würden. Daher wurde der Einfachheit halber die Induktivität als vernachlässigbar klein angenommen.

2 Einschwingspannungen im erdschlußbehafteten Netz 129

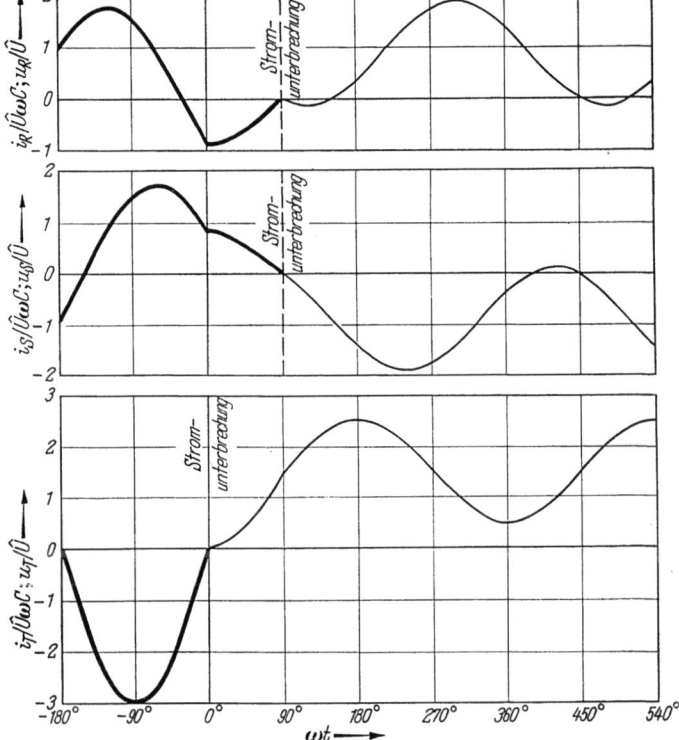

Abb. III/20. Ströme und Einschwingspannungen, Erdschluß auf der Lastseite in der Phase T, Netzsternpunkt frei, Laststernpunkt geerdet, Löschfolge $T-RS$

**2.2.2.1 Einschwingspannung über der Schaltstrecke des erstlöschenden
Poles.** In diesem Fall ist es gleichgültig, ob sich der Erdschluß in der
Phase T auf der Netz- oder auf der Lastseite befindet. Wie das auch hier
gültige Zeigerdiagramm in Abb. III/16 zeigt, wird der Strom, der im
Leiter S fließt, durch die Unterbrechung im Leiter R in seiner augenblick-
lichen Größe nicht verändert. Für die Einschwingspannung an der
Schaltstrecke des Poles R gilt deshalb wieder die Gl. (55).

**2.2.2.2 Einschwingspannungen nach der allpoligen Stromunter-
brechung.** 60° el. nach der Stromunterbrechung in der Schaltstrecke
des Poles R werden die Ströme in den Schaltstrecken der Pole S und T
unterbrochen.

Dadurch wird zunächst der Spannungsverlauf an der Schaltstrecke
des Poles R erneut beeinflußt. Nach dem Schaltplan in Abb. III/18 ist

9 Slamecka, Prüfung

130 III. Schalten kapazitiver Ströme

die Ausgleichsspannung daran entgegengesetzt gleich der Spannung des Mittelpunktes,

$$\mathfrak{L}\,\tilde{u}_R + \mathfrak{L}\,\tilde{u}_M = 0. \tag{71}$$

Mit der Spannung des Mittelpunktes vor der Stromunterbrechung, die gleich der treibenden Spannung der Phase T ist,

$$\tilde{u}_M(\tau) = \hat{U}\,\sin(\omega\tau + 120°) \tag{72}$$

und seiner Spannung nach der Stromunterbrechung

$$u_M(\tau) = \hat{U}\,\frac{\sqrt{3}}{2} \tag{73}$$

lautet der Ausdruck für die Ausgleichsspannung am Sternpunkt

$$\tilde{u}_M(\tau) = u_M(\tau) - \tilde{u}_M(\tau) = \hat{U}\left[\frac{\sqrt{3}}{2} - \sin(\omega\tau + 120°)\right]. \tag{74}$$

Der Verlauf der Einschwingspannung ergibt sich aus der Differenz der Spannungen nach dieser Gleichung und der angepaßten Gl. (55) zu

$$\boxed{u_R(\tau) = u_R(t) - \tilde{u}_M(\tau) = \hat{U}\left(\frac{\sqrt{3}}{2} + \sin\omega\tau\right).} \tag{75}$$

Die Einschwingspannung über der Schaltstrecke des Poles S bringt der Ansatz

$$\mathfrak{L}\,\tilde{u}_S + Z_L\,\mathfrak{L}\,\tilde{\imath}_S + \mathfrak{L}\,\tilde{u}_M = 0; \tag{76}$$

darin ist für den Strom die Gl. (58) und für die Spannung des Sternpunktes die Gl. (74) einzusetzen, so daß

$$\boxed{\tilde{u}_S(\tau) = u_S(\tau) = \hat{U}\left[\frac{\sqrt{3}}{2} + \sin(\omega\tau - 120°)\right].} \tag{77}$$

Die Ausgleichsspannung über der Schaltstrecke des Poles T ist nach dem Ansatz

$$\mathfrak{L}\,\tilde{u}_T + \mathfrak{L}\,\tilde{u}_M = 0 \tag{78}$$

entgegengesetzt gleich der Spannung des Sternpunktes,

$$\boxed{\tilde{u}_T(\tau) = u_T(\tau) = -\hat{U}\left[\frac{\sqrt{3}}{2} - \sin(\omega\tau + 120°)\right].} \tag{79}$$

2 Einschwingspannungen im erdschlußbehafteten Netz 131

Wegen der vorher noch geschlossenen Schaltstrecken der Pole S und T
stellen die Ausgleichsspannungen auch die Einschwingspannungen dar;
sie sind in Abb. III/21 zu sehen.

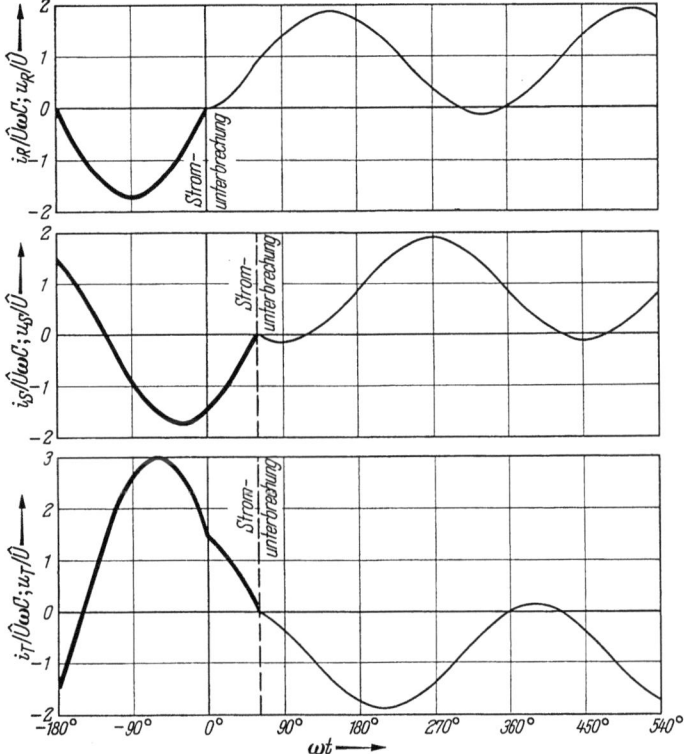

Abb. III/21. Ströme und Einschwingspannungen, Erdschluß auf der Lastseite in der Phase T, Netzsternpunkt frei, Laststernpunkt geerdet, Löschfolge $R-ST$

2.2.3 Löschfolge $S-TR$

**2.2.3.1 Einschwingspannung über der Schaltstrecke des erstlöschenden
Poles.** Die Einschwingspannung an der erstlöschenden Schaltstrecke
wird von der Gl. (55) beschrieben, wobei der Index R gegen S zu ver-
tauschen ist,

$$\tilde{u}_S(t) = u_S(t) = \sqrt{3}\,\hat{U}\,(1 - \cos\omega t). \tag{80}$$

Ein Blick auf das Zeigerdiagramm in Abb. III/22 läßt erkennen, daß
diese Gleichung über den Zeitraum einer **Drittel-Periode** gilt. Nach
120° el. erfolgt die allpolige Stromunterbrechung und damit eine neue
Zeitzählung.

9*

132 III. Schalten kapazitiver Ströme

2.2.3.2 Einschwingspannung nach der allpoligen Stromunterbrechung.
Nach der allpoligen Unterbrechung des Stromes bleibt auf dem Sternpunkt die Spannung nach Gl. (73) nun aber mit negativem Vorzeichen

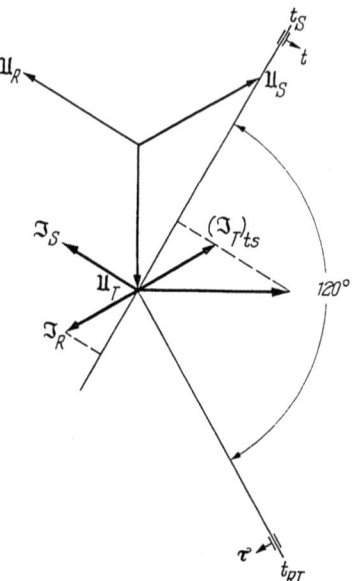

liegen, so daß mit der Spannung des Mittelpunktes vor der Stromunterbrechung, die wieder gleich der treibenden Spannung der Phase T ist,

$$\bar{u}_M(\tau) = \hat{U}\sin(\omega\tau - 120°), \qquad (81)$$

die Ausgleichsspannung den Verlauf

$$\tilde{u}_M(\tau) = u_M(\tau) - \bar{u}_M(\tau) =$$

$$= -\hat{U}\left[\frac{\sqrt{3}}{2} + \sin(\omega\tau - 120°)\right] \quad (82)$$

Abb. III/22. Ausschalten kapazitiver Ströme im Erdschlußfall, Erdschluß im Leiter T auf der Lastseite, Löschfolge $S-TR$

hat. Der Ansatz (71), den wir jetzt analog auf die Phase S anwenden, besagt, daß die Ausgleichsspannung des Mittelpunktes gleichzeitig die negative Ausgleichsspannung über der Schaltstrecke des Poles S ist. Mit der Spannung nach Gl. (80), welche diese Schaltstrecke bis zur allpoligen Stromunterbrechung beansprucht, ergibt sich der weitere Verlauf der Einschwingspannung als Differenz der Gln. (80 und 82) zu

$$u_S(\tau) = \bar{u}_S(t) - \tilde{u}_M(\tau) = \hat{U}\left[\frac{3}{2}\sqrt{3} + \sin\omega\tau\right]. \qquad (83)$$

Analog zu dem Ansatz (78) erhalten wir für die Einschwingspannungen an der Schaltstrecke des Poles T die Gleichung

$$\tilde{u}_T(\tau) = u_T(\tau) = \hat{U}\left[\frac{\sqrt{3}}{2} + \sin(\omega\tau - 120°)\right] \qquad (84)$$

und analog zu dem Ansatz (76) für die Einschwingspannung an der Schaltstrecke des Poles R die Gleichung

$$\tilde{u}_R(\tau) = u_R(\tau) = -\hat{U}\left[\frac{\sqrt{3}}{2} - \sin(\omega\tau + 120°)\right]. \qquad (85)$$

2 Einschwingspannungen im erdschlußbehafteten Netz   133

Den Verlauf dieser Einschwingspannungen an den Schaltstrecken der einzelnen Pole veranschaulicht die Abb. III/23.

Mit den vorstehenden Untersuchungen wurden die wesentlichsten Schaltvorgänge beim Schalten von konzentrierten Kapazitäten in fehlerfreien Netzen und in Netzen mit einem einpoligen Erdschluß behandelt

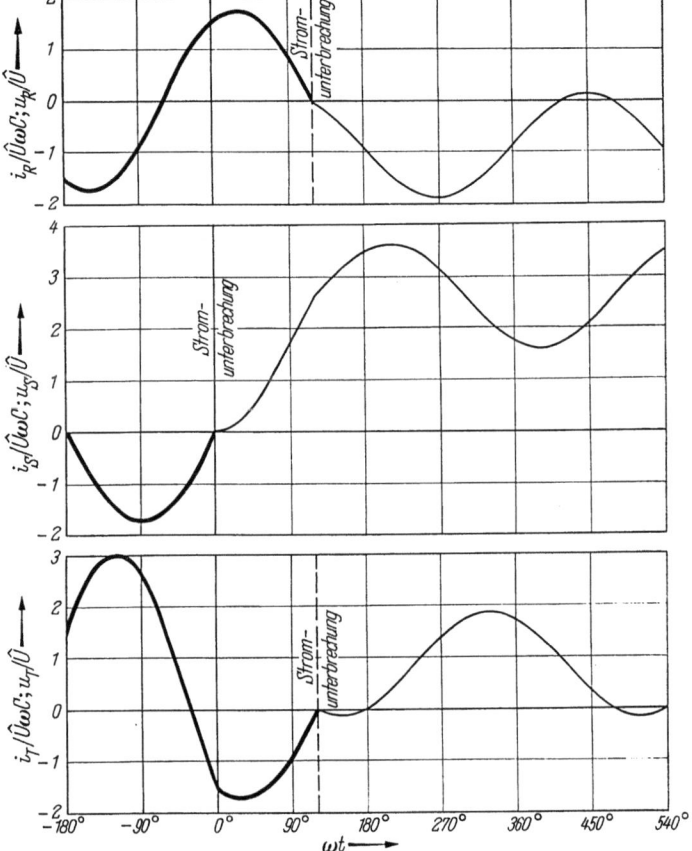

Abb. III/23. Ströme und Einschwingspannungen, Erdschluß auf der Lastseite in der Phase T, Netzsternpunkt frei, Laststernpunkt geerdet, Löschfolge $S-TR$

Aus der bildlichen Darstellung der verschiedenen Spannungsverläufe können die Unterschiede in jedem Zeitpunkt ausgewertet und beurteilt werden.

Um eine gemeinsame Grundlage für den Vergleich zu besitzen, wurde in allen Fällen die Induktivität des Netzes vernachlässigt.

Eine erste, schnelle Abschätzung der Spannungsbeanspruchung der Schaltstrecken ermöglicht die nachfolgende Zusammenstellung bezogener

134 III. Schalten kapazitiver Ströme

Augenblickswerte in jeweils zwei charakteristischen Zeitpunkten, nämlich jeweils eine Viertelperiode nach der Stromunterbrechung und dann im Zeitpunkt des Maximums.

Tabelle III/1. *Kenngrößen der Einschwingspannung beim Ausschalten kapazitiver Stromkreise*

Zustand des Stromkreises	Lösch-folge	Lö-schen-der Schal-terpol	Bezogener Wert der Einschwing-spannung $1/4$ Periode nach der Strom-unter-brechung[1]	Bezogener Maximal-wert der Ein-schwing-spannung[1]	Phasenwinkel zwischen Strom-unterbrechung u. Auftreten des Maximalwertes der Einschwing-spannung	Grenzwert für einen linearen bezogenen Spannungsanstieg bei neuzündungsfreiem Schalten (Tangente an die Einschwing-spannung, ausgehend vom Beginn dieser Spannung[1]) $\dfrac{1}{ms}$
Fehlerfreies Netz, Sternpunkte von Netz und Last ge-erdet	R–T–S	R	1	2	180°	0,225
		T	1	2	180°	0,225
		S	1	2	180°	0,225
Fehlerfreies Netz, ein Sternpunkt geerdet, der an-dere frei oder beide Stern-punkte frei	R—ST	R	1,5	2,5	180°	0,300
		S	0,37	1,87	210°	0,175
		T	1,37	1,87	150°	0,275
Erdschluß in der Phase *T* auf der Netzseite, Stern-punkt des Netzes frei, Sternpunkt der Last geerdet	R—S oder S—R	R	1,73	3,46	180°	0,395
		S	1,73	3,46	180°	0,395
Erdschluß in der Phase *T* auf der Lastseite, Stern-punkt des Netzes frei, Sternpunkt der Last geerdet	T—RS	T	1,5	2,5	180°	0,300
		R	0,37	1,87	210°	0,175
		S	1,37	1,87	150°	0,275
	R—ST	R	1,37	1,87	150°	0,275
		S	0,37	1,87	210°	0,175
		T	1,37	1,87	150°	0,275
	S—TR	S	1,73	3,60	210°	0,390
		T	0,37	1,87	210°	0,175
		R	1,37	1,87	150°	0,275

[1] Bezugsspannung: Scheitelwert der Phasenspannung

3 Einschwingspannung beim Ausschalten von Freileitungen

3 Einschwingspannung
beim Ausschalten von unbelasteten Freileitungen

3.1 Leitungsgleichungen

Eine Freileitung stellt elektrisch in erster Näherung eine Anordnung von homogen verteilter Längsinduktivität und Querkapazität sowie von homogen verteiltem ohmschen Längs- und Querwiderstand dar. Sobald sie an eine elektrische Energiequelle angeschlossen wird, entsteht entlang der Leitung eine veränderliche Strom- und Spannungsverteilung. Den Zusammenhang zwischen den Spannungen am Anfang und am Ende sowie den Ladestrom, der in die am Ende offene Leitung hineinfließt, geben die Leitungsgleichungen an, die für periodische Wellen z. B. aus der Theorie der Vierpole und Kettenleiter hergeleitet werden können. Danach bestehen zwischen den Spannungen am Anfang und Ende der Leitung sowie für den Ladestrom die Beziehungen

und

$$\mathfrak{U}_a = \mathfrak{U}_e \, \mathfrak{Cof} \, \gamma \, l \tag{86}$$

$$\mathfrak{J}_a = \frac{\mathfrak{U}_e}{3} \, \mathfrak{Sin} \, \gamma \, l; \tag{87}$$

den Ausdruck

$$\gamma = \sqrt{(\overline{R} + j\,\omega\,\overline{L})(\overline{G} + j\,\omega\,\overline{C})} \tag{88}$$

nennt man Fortpflanzungskonstante der Leitung oder Leitungsbelag, den Ausdruck

$$3 = \sqrt{\frac{\overline{R} + j\,\omega\,\overline{L}}{\overline{G} + j\,w\,\overline{C}}} \tag{89}$$

Wellenwiderstand der Leitung.

Ohne Berücksichtigung ohmscher Längswiderstände und Querleitfähigkeiten vereinfacht sich die Gl. (99) zu

$$\mathfrak{U}_a = \mathfrak{U}_e \cos \frac{\omega}{v} \, l \tag{90}$$

mit

$$v = \frac{1}{\sqrt{\overline{L}\,\overline{C}}} \tag{91}$$

136   III. Schalten kapazitiver Ströme

und die Gl. (87) zu

$$\mathfrak{I}_a = j\frac{\mathfrak{U}_e}{Z} \sin \frac{\omega}{v} l \qquad (92)$$

mit

$$Z = \sqrt{\frac{\bar{L}}{\bar{C}}}.$$

3.2 Ersatzschaltplan einer unbelasteten kurzen Freileitung

Ist die Länge der Freileitung kurz, lassen sich die Hyperbelfunktionen in den Gln. (86) und (87) durch je eine Reihe darstellen, die bereits nach dem zweiten bzw. ersten Glied abgebrochen werden kann, so daß

$$\mathfrak{Cof}\,\gamma l \approx 1 + \frac{1}{2}\,(\gamma l)^2 \qquad (93)$$

und

$$\mathfrak{Sin}\,\gamma l \approx \gamma l. \qquad (94)$$

Werden auch noch der Längswiderstand und die Querleitfähigkeit vernachlässigt, dann nehmen die Leitungsgleichungen folgende einfache Form an:

$$\mathfrak{U}_a \approx \mathfrak{U}_e + \frac{1}{2}\,j\omega\bar{L}l\,\mathfrak{I}_a, \qquad (95)$$

$$\mathfrak{I}_a \approx \mathfrak{U}_e j\omega\bar{C}l. \qquad (96)$$

Somit ist es näherungsweise zulässig, eine kurze Leitung durch eine konzentrierte Kapazität zu ersetzen, die ebenso groß ist wie die Gesamtkapazität der Leitung. Diese Ersatzkapazität wird über einen induktiven Ersatzwiderstand vom halben Wert des gesamten induktiven Widerstandes der Freileitung aus dem Netz gespeist. Es liegt also ein am Ende offenes symmetrisches T-Glied vor. Eine noch bessere Nachbildung ergibt sich, wenn man bei der Herleitung des T-Gliedes von der Eingangsimpedanz der homogenen Leitung ausgeht. Das erste und zweite Glied der dafür gültigen Reihenentwicklung liefert unter Vernachlässigung des Wirkwiderstandes

$$\mathfrak{Z}_a = \frac{\mathfrak{U}_a}{\mathfrak{I}_a} \approx \frac{1}{j\omega\bar{C}l}\left(1 - \frac{1}{3}\,\omega^2\bar{C}\bar{L}l^2\right). \qquad (97)$$

Um eine Vorstellung davon zu geben, wie sich die Vereinfachungen der Gl. (86) auswirken, wurden in den Abb. III/24 und III/25 für eine

3 Einschwingspannung beim Ausschalten von Freileitungen   137

Freileitung mit Einfachleiter und für eine Freileitung mit Bündelleiter
die nach den Gln. (86, 90 und 95) ermittelten, bezogenen Spannungen
am Leitungsende in Abhängigkeit von der Leitungslänge aufgetragen.
Die Abb. III/26 zeigt die bezogene Stromaufnahme verschieden langer
Leitungen.

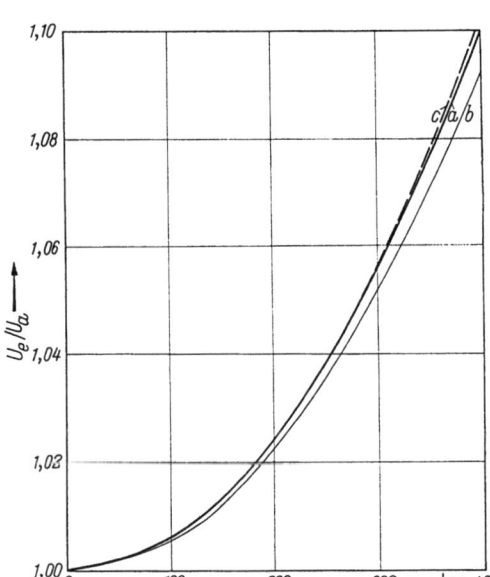

Abb. III/24. Unbelastete Hochspannungs-Freileitung, bezogene Spannungserhöhung durch den
FERRANTI-Effekt

Einfachleiter: $q = 300$ mm²; $\overline{C} = 9{,}2$ nF/km; $\overline{L} = 1{,}25$ mH/km; $\overline{R} = 0{,}1$ Ω/km; $\overline{G} = 0$;

$$\omega = 314\ \frac{1}{s}$$

a ohne Verluste nach Gl. (90); b mit Verlusten nach Gl. (86); c ohne Verluste nach den Gln. (95)
u. (96) (Näherung)

Wie aus den Abb. III/24 und III/25 ersichtlich, machen sich die
Wirkwiderstände nur sehr wenig bemerkbar und können daher praktisch
vernachlässigt werden. Auch der zahlenmäßige Unterschied in den Ergebnissen nach den Gln. (86 und 95) ist nicht groß. Zu beachten ist jedoch der physikalische Unterschied zwischen den von diesen beiden
Gleichungen beschriebenen Anordnungen.

Die von den Gln. (86 und 87) beschriebene Freileitung ist ein in sich
schwingungsfähiges Gebilde. Räumliche Spannungsunterschiede können
sich nach der Ausschaltung oszillierend ausgleichen. Dies trifft für die
einfache, den Gln. (95 und 96) entsprechende Leitungsnachbildung nicht
mehr zu. An der von dieser Gleichung geforderten Ersatzkapazität
bleibt der Wert der Wechselspannung, den sie im Ausschaltaugenblick

138   III. Schalten kapazitiver Ströme

führte, als Gleichspannung liegen. So gesehen ist die Anwendbarkeit eines Ersatzschaltplanes, der nur eine einzige konzentrierte Kapazität enthält, auf kurze Leitungslängen mit geringen Spannungsanhebungen begrenzt.

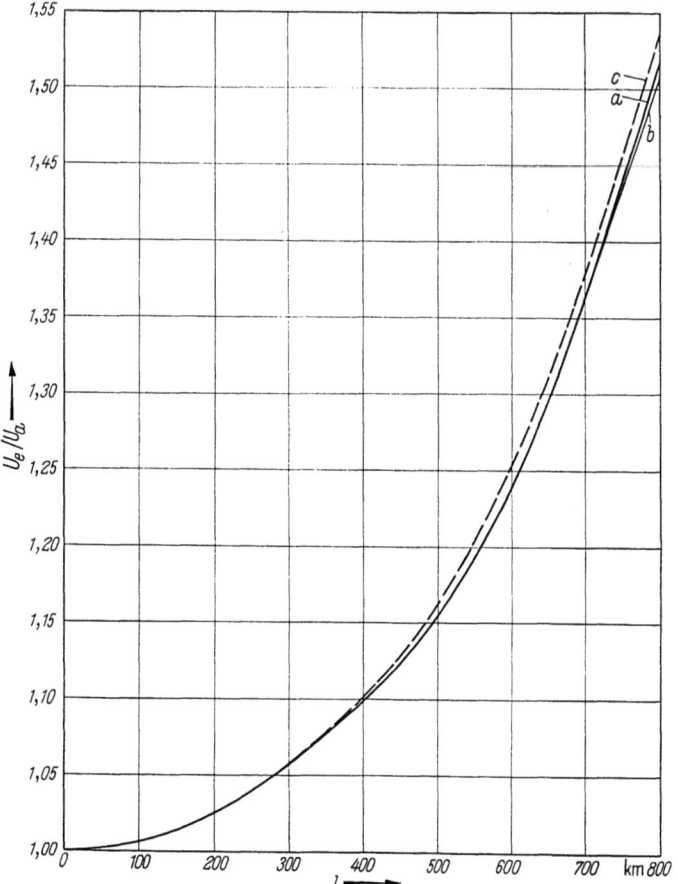

Abb. III/25. Unbelastete Hochspannungs-Freileitung, bezogene Spannungserhöhung durch den FERRANTI-Effekt

Bündelleiter: $q = 2 \times 240$ mm²; $\overline{C} = 11,5$ nF/km; $\overline{L} = 1$ mH/km; $\overline{R} = 0,062$ Ω/km; $\overline{G} = 0$, $\omega = 314 \frac{1}{s}$
a ohne Verluste nach Gl. (90); b mit Verlusten nach Gl. (86); c ohne Verluste nach den Gln. (95) u. (96) (Näherung)

Wird z. B. eine Spannungsanhebung von 5% als noch vernachlässigbar klein angesehen, kann aus den Diagrammen eine zugehörige Leitungslänge von etwa 300 km abgelesen werden. Dann ist es in erster Näherung auch zulässig, die konzentrierte Ersatzinduktivität zu vernachlässigen, so daß sich der Ersatzschaltplan der Abb. III/27 ergibt.

3 Einschwingspannung beim Ausschalten von Freileitungen 139

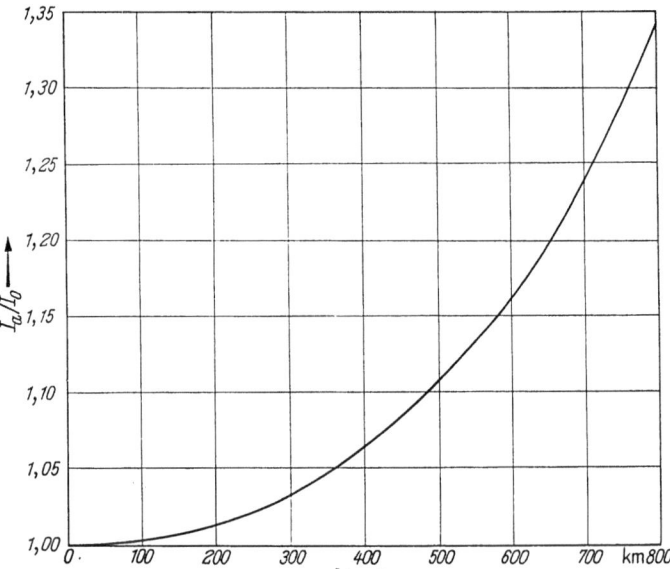

Abb. III/26. Unbelastete Hochspannungs-Freileitung, bezogene Erhöhung des Ladestromes durch den FERRANTI-Effekt

Bündelleiter: $q = 2 \times 240$ mm²; $\overline{C} = 11,5$ nF/km; $\overline{L} = 1$ mH/km; $\omega = 314\,\dfrac{1}{s}$

Einfachleiter: $q = 300$ mm²; $\overline{C} = 9,2$ nF/km; $\overline{L} = 1,25$ mH/km; $\omega = 314\,\dfrac{1}{s}$;

Die Kurve, gerechnet nach den Gln. (90) und (92), gilt für beide Leiteranordnungen; $I_0 = U_a\,\omega\,\overline{C}l$

3.3 Ausschalten einer unbelasteten kurzen Freileitung

3.3.1 Einschwingspannung über der Schaltstrecke des erstlöschenden Poles

Für den erstlöschenden Schalterpol gilt nach Abb. III/28

$$\mathfrak{L}\,\tilde{u}_R = -Z_{\text{res}}\,\mathfrak{L}\,\tilde{i}_R \tag{98}$$

mit dem Ausgleichstrom

$$\tilde{i}_R(t) = -i_R(t) = -\hat{U}\,\omega C_1 \sin \omega t \tag{99}$$

und

$$Z_{\text{res}} = \frac{1}{p\,(2\,C_g + C_e)} \tag{100}$$

als resultierendem von den Klemmen des Poles R zu betrachtendem Impedanzoperator.

140 III. Schalten kapazitiver Ströme

Daraus folgt für die Einschwingspannung über der Schaltstrecke des erstlöschenden Poles die Gleichung

$$\tilde{u}_R(t) = u_R(t) = \hat{U}\,\frac{3\lambda}{1+2\lambda}\,(1 - \cos \omega t),\qquad(101)$$

in der

$$\lambda = \frac{C_1}{C_e} = \frac{3C_g + C_e}{C_e}.\qquad(102)$$

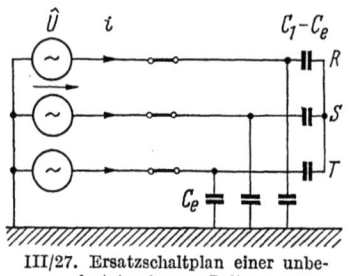

III/27. Ersatzschaltplan einer unbelasteten kurzen Leitung

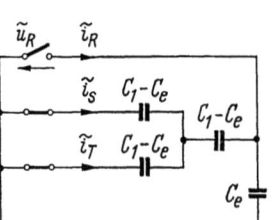

Abb. III/28. Ersatzschaltplan zur
Ermittlung der Ausgleichsspannung nach der Stromunter-
brechung im erstlöschenden Pol R

Über den Schalterpol S fließt nach der Stromunterbrechung in der Phase R der Strom

$$i_S = \tilde{\imath}_S + \tilde{\tilde{\imath}}_S = \hat{U}\,\omega\,C_1\left[\sin(\omega t - 120°) + \frac{C_g}{2C_g + C_e}\,\sin\omega t\right]\quad(103)$$

oder umgeformt

$$i_S = -\sqrt{3}\,\hat{U}\,\omega\,C_1\,\frac{\sqrt{1+\lambda+\lambda^2}}{1+2\lambda}\,\sin(\omega t + \psi),\qquad(104)$$

wobei

$$\text{tg}\,\psi = \frac{1+2\lambda}{\sqrt{3}}.$$

Die Gleichung des Stromes, der nach der Stromunterbrechung in R über den Schalterpol T fließt, lautet

$$i_T = \tilde{\imath}_T + \tilde{\tilde{\imath}}_T = \hat{U}\,\omega\,C_1\left[\sin(\omega t + 120°) + \frac{C_g}{2C_g + C_e}\,\sin\omega t\right].\quad(105)$$

Formt man diese Gleichung ebenfalls um, folgt:

$$i_T = -\sqrt{3}\,\hat{U}\,\omega\,C_1\,\frac{\sqrt{1+\lambda+\lambda^2}}{1+2\lambda}\,\sin(\omega t - \psi).\qquad(106)$$

3 Einschwingspannung beim Ausschalten von Freileitungen　　141

3.3.2 Einschwingspannungen über den Schaltstrecken nach der Stromunterbrechung im zweitlöschenden Pol

Zur Herleitung der Einschwingspannung an der Schaltstrecke des Poles T empfiehlt sich der Ansatz

$$\mathfrak{L}\,\tilde{u}_T = -Z'_{\mathrm{res}}\,\mathfrak{L}\,\tilde{\imath}_T. \tag{107}$$

Zuerst ist der resultierende Impedanzoperator aus dem Ersatzschaltplan der Abb. III/29 zu bestimmen. Von den offenen Klemmen des Schalterpoles T aus gesehen, ergibt sich

$$Z'_{\mathrm{res}} = \frac{2\,C_g + C_e}{p\,(3\,C_g^2 + 4\,C_g C_e + C_e^2)}. \tag{108}$$

Dann ist der Ausgleichsstrom, der durch die Stromunterbrechung in der Phase T hervorgerufen wird, zu berechnen; man erhält dafür

$$\tilde{\imath}_T(\tau) = -i_T(t) = \sqrt{3}\,U\,\omega\,C_1\,\frac{\sqrt{1 + \lambda + \lambda^2}}{1 + 2\lambda}\,\sin\omega\,\tau. \tag{109}$$

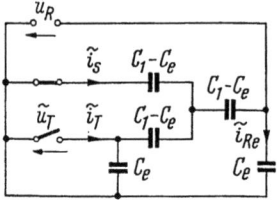

Abb. III/29. Ersatzschaltplan zur Ermittlung der Ausgleichsspannung nach der Stromunterbrechung im zweitlöschenden Pol T

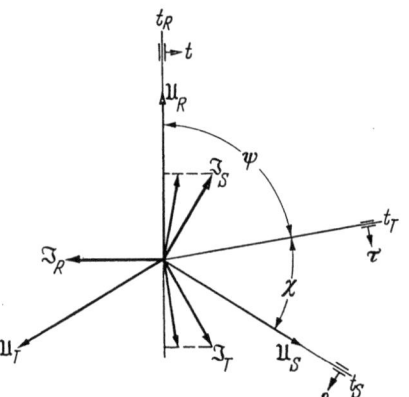

Abb. III/30. Ausschalten einer unbelasteten kurzen Leitung, Löschfolge $R-T-S$

Dieser Strom ist aus der Gl. (106) hervorgegangen, wobei die Zeitzählung mit der Stromunterbrechung im Pol T neu beginnt, Abb. III/30, entsprechend $\omega\,\tau = \omega\,t - \psi$. ψ stellt den Winkel dar, um den die Schaltstrecke des Poles T der Schaltstrecke des Poles R in der Stromunterbrechung nachfolgt. Das Diagramm in Abb. III/31 zeigt, wie dieser Winkel vom Verhältnis C_e/C_1 abhängt.

142   III. Schalten kapazitiver Ströme

Damit liegen alle Beziehungen vor, um aus dem Ansatz (107) die Ausgleichsspannung berechnen zu können.

Wir erhalten für diese Spannung die Gleichung

$$\tilde{u}_T(\tau) = u_T(\tau) = -\sqrt{3}\,U \frac{\sqrt{1 + \lambda + \lambda^2}}{2 + \lambda} (1 - \cos \omega \tau). \qquad (110)$$

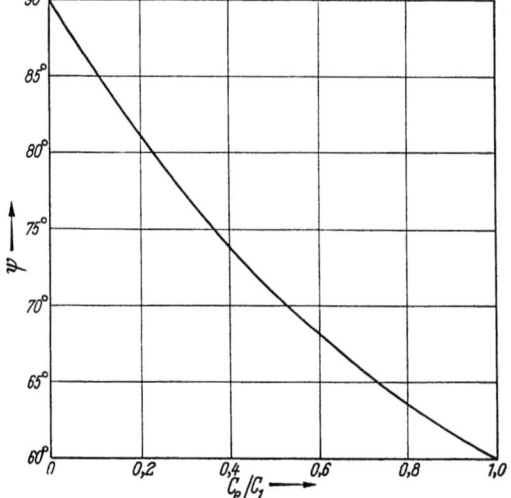

Abb. III/31. Winkeldifferenz zwischen der Stromunterbrechung im erst- und im zweitlöschenden Pol, abhängig vom Verhältnis der Erdkapazität zur Betriebskapazität (Verhältnis der Mitimpedanz zur Nullimpedanz)

Zur Berechnung des weiteren Verlaufes der Einschwingspannung an der Schaltstrecke des erstlöschenden Poles R nach der Stromunterbrechung in der Schaltstrecke des Poles T wird der Anteil des Ausgleichsstromes $\tilde{i}_T$ ermittelt, der durch die Erdkapazität der Phase R fließt, Abb. III/29; er lautet:

$$\tilde{i}_{Re} = \frac{C_g C_e}{(3 C_g + C_e)(C_g + C_e)} \tilde{i}_T. \qquad (111)$$

Die Ausgleichsspannung an der Schaltstrecke R, hervorgerufen durch die Stromunterbrechung im Pol T, wird dann durch folgende Gleichung beschrieben:

$$\mathfrak{L}\,\tilde{u}_R = -\frac{1}{p C_e}\,\mathfrak{L}\,\tilde{i}_{Re} \qquad (112)$$

mit der Lösung im Originalbereich

$$\tilde{u}_R(\tau) = \sqrt{3}\,U \frac{\sqrt{1 + \lambda + \lambda^2}}{(2 + \lambda)(1 + 2\lambda)} (\lambda - 1)(1 - \cos \omega \tau). \qquad (113)$$

3 Einschwingspannung beim Ausschalten von Freileitungen 143

Addiert man zu dieser Ausgleichsspannung die stationäre Spannung vor der Stromunterbrechung im Pol T, deren Verlauf durch die Gl. (101) gegeben ist, so folgt für die Einschwingspannung an der Schaltstrecke des Poles R

$$
u_R(\tau) = \tilde{u}_R(\tau) + u_R(t) = \mathring{U}\left\{\frac{3\lambda}{1+2\lambda}\left[1 - \cos(\omega\tau + \psi)\right] - \right.
$$
$$
\left. - \sqrt{3}\,\frac{\sqrt{1+\lambda+\lambda^2}}{(2+\lambda)(1+2\lambda)}\,(\lambda-1)\,(1-\cos\omega\tau)\right\} \tag{114}
$$

Die Stromunterbrechung im Pol T ruft in der Schaltstrecke des Poles S den Ausgleichsstrom

$$
\tilde{i}_S = -\frac{C_g}{C_g + C_e}\,\tilde{i}_T \tag{115}
$$

hervor, so daß die Gleichung für den gesamten Strom, der über die Schaltstrecke des Poles S fließt, mit den Gln. (104 und 109) lautet:

$$
i_S(\tau) = \tilde{i}_S(\tau) + i_S(t) =
$$
$$
= -\sqrt{3}\,\mathring{U}\,\omega\,C_1\,\frac{\sqrt{1+\lambda+\lambda^2}}{1+2\lambda}\left[\sin(\omega\tau + 2\psi) + \frac{\lambda-1}{\lambda+2}\sin\omega\tau\right]. \tag{116}
$$

Formt man diese Gleichung um, so erhält man

$$
i_S = \mathring{U}\,\omega\,C_1\,\frac{3}{2+\lambda}\,\sin(\omega\tau - \chi) \tag{117}
$$

mit

$$
\operatorname{tg}\chi = \frac{\lambda+2}{\sqrt{3}\lambda}. \tag{}
$$

3.3.3 Einschwingspannungen über den Schaltstrecken nach der allpoligen Stromunterbrechung

Nach einem Winkel von 120°, zählend von der ersten Stromunterbrechung, wird der Strom im Pol S unterbrochen.

Der Ansatz für die Berechnung der Ausgleichsspannung an seiner Schaltstrecke lautet

$$
\mathfrak{L}\tilde{u}_S = -Z''_{\mathrm{res}}\,\mathfrak{L}\tilde{i}_S; \tag{118}
$$

144   III. Schalten kapazitiver Ströme

den Ausgleichsstrom i_S liefert die Gl. (117):

$$\tilde{\imath}_S(\vartheta) = -i_S(\tau) = -\hat{U}\,\omega\,C_1\,\frac{3}{2+\lambda}\,\sin\omega\vartheta. \tag{119}$$

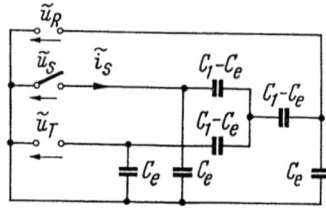

Abb. III/32. Ersatzschaltplan zur Ermittlung der Ausgleichsspannung nach
der allpoligen Stromunterbrechung

Die resultierende Impedanz ist aus
dem Ersatzschaltplan der Abb. III/32
unmittelbar abzulesen:

$$Z''_{\text{res}} = \frac{C_g + C_e}{p\,(3\,C_g + C_e)\,C_e}. \tag{120}$$

So ergibt sich der zu erwartende einfache
Verlauf der Einschwingspannung über
der Schaltstrecke des letztlöschenden
Schalterpoles S:

$$\tilde{u}_S(\vartheta) = u_S(\vartheta) = \hat{U}\,(1 - \cos\omega\vartheta). \tag{121}$$

Das neu gewählte Symbol für die Zeit weist darauf hin, daß nach der allpoligen Stromunterbrechung wieder eine neue Zeitzählung beginnt.

Für den Verlauf der Einschwingspannung an der Schaltstrecke des
Poles R ergibt sich entsprechend dem schon bekannten Rechengang
der Ausdruck:

$$u_R(\vartheta) = \hat{U}\left\{\frac{3\lambda}{1+2\lambda}\,[1 - \cos(\omega\vartheta + 120°)] - \right.$$
$$- \sqrt{3}\,\frac{\sqrt{1+\lambda+\lambda^2}}{(2+\lambda)(1+2\lambda)}\,(\lambda - 1)[1 - \cos(\omega\vartheta + \chi)] + \tag{122}$$
$$\left.+ \frac{\lambda - 1}{2+\lambda}\,(1 - \cos\omega\vartheta)\right\}$$

und für den Spannungsverlauf an der Schaltstrecke des Poles T der
Ausdruck:

$$u_T(\vartheta) = -\hat{U}\,\frac{1}{2+\lambda}\left\{\sqrt{3}\,\sqrt{1+\lambda+\lambda^2}\,[1 - \cos(\omega\vartheta + \chi)] - \right.$$
$$\left.- (\lambda - 1)(1 - \cos\omega\vartheta)\right\}. \tag{123}$$

In Abb. III/33 wurde mit $\lambda = 2$ als Parameter, der in etwa für Hoch-
spannungsfreileitungen zutrifft, der Verlauf der Ströme und Spannungen bei einer dreipoligen Ausschaltung mit natürlicher Löschfolge
gezeichnet.

3 Einschwingspannung beim Ausschalten von Freileitungen   145

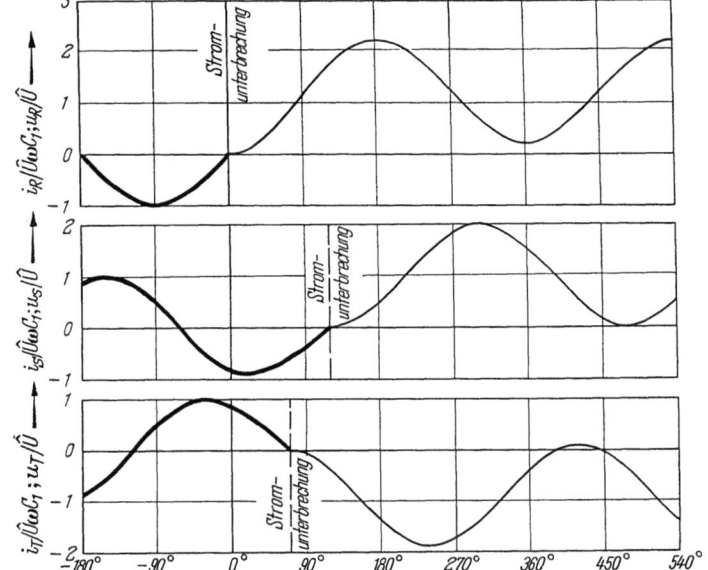

Abb. III/33. Ströme und Spannungen beim Ausschalten einer unbelasteten kurzen Freileitung mit
natürlicher Löschfolge $R - T - S$, $\dfrac{C_1}{C_e} = 2$

Die Abhängigkeit der Scheitelwerte der Einschwingspannungen an
den Schaltstrecken vom Verhältnis der Betriebskapazität zur Erdkapazität zeigt die Abb. III/34.

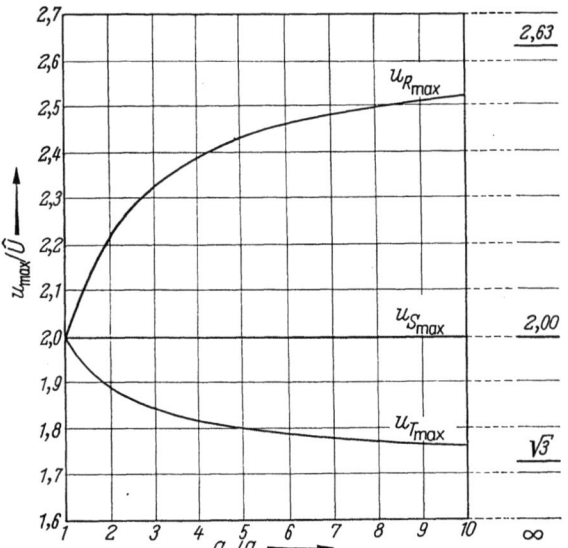

Abb. III/34. Maximalwerte der Spannungen an den Schaltstrecken bei natürlicher Löschfolge $R - T - S$

10 Slamecka, Prüfung

3.4 Nachbildung einer unbelasteten kurzen Leitung

Zwischen den Einschwingspannungen beim Ausschalten einer unbelasteten Leitung von einem starr geerdeten Netz und beim Ausschalten einer Kondensatorbatterie oder eines Kabels von einem Transformator, dessen Sternpunkt über eine Kapazität an Erde angeschlossen ist, bestehen gewisse Beziehungen.

Sie führen zu einer Identität der zugehörigen Gleichungen der Einschwingspannungen an den Schaltstrecken, wenn auch beim Ausschalten der konzentrierten Kapazität die Induktivität des speisenden Netzes vernachlässigt wird.

Der mathematische Zusammenhang ist z. B. für die Einschwingspannung an der Schaltstrecke des erstlöschenden Poles so, daß der Faktor in der Gl. (49), $1 + \left(\dfrac{\nu_M}{\nu_1}\right)^2$, durch Einsetzen des Verhältnisses der zugehörigen Null- zur Mitimpedanz mit dem Faktor vor dem Klammerausdruck in der Gl. (101) identisch wird. Unter diesen Voraussetzungen beschreiben die Gleichungen der Einschwingspannungen beim Ausschalten einer unbelasteten, elektrisch kurzen Leitung auch die Einschwingspannungen beim Ausschalten einer konzentrierten Kapazität in dem Schaltplan nach Abb. III/14 und umgekehrt.

Für die Prüfung von Hochspannungs-Leistungsschaltern ist die Umkehrung interessant; ermöglicht sie es doch, eine unbelastete Leitung im Prüffeld durch einen wesentlich einfacher aufgebauten Stromkreis nachzubilden und damit rück- und wiederzündungsfreie Schalter zu entwickeln und zu prüfen.

3.5 Ausschalten einer unbelasteten langen Leitung

In Hochspannungsnetzen mit Betriebsspannungen gleich oder größer 400 kV wird die elektrische Energie über mitunter sehr lange Freileitungen übertragen. Ohne Kompensationsdrosselspulen erreicht die betriebsfrequente Spannung am Ende dieser Leitungen im unbelasteten Zustand eine beträchtliche Höhe. Zum Beispiel steigt bei einer Leitungslänge von 800 km die Spannung vom Leitungsanfang bis zum Leitungsende auf etwa das 1,5fache des Anfangswertes an, Abb. III/25.

Schaltet man diese Leitung aus, so ruft die Potentialdifferenz zwischen Leitungsanfang und -ende einen Ausgleichsvorgang hervor. Dieser Ausgleichsvorgang soll zunächst ohne Berücksichtigung der Kopplung zwischen den Leitern untersucht werden; den Ausgangspunkt bilden die Differentialgleichungen der homogenen Leitung.

3 Einschwingspannung beim Ausschalten von Freileitungen   147

3.5.1 Differentialgleichungen der homogenen Leitung

Der Abschnitt einer homogenen Leitung in Abb. III/35 führe am Anfang der differentiellen Länge dx die Spannung u und am Ende die Spannung $u + \frac{\partial u}{\partial x} dx$. Entlang der kleinen Strecke entsteht eine ohmsche Spannung

$$u_R = \overline{R}\, i\, dx \qquad (124)$$

mit $\overline{R}\,dx$ als resultierenden Wirkwiderstand der differentiellen Hin- und Rückleitung.

Die so gebildete differentielle Leitungsschleife wird von dem magnetischen Fluß

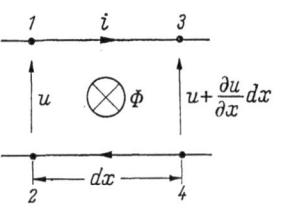

Abb. III/35. Differentieller Abschnitt einer homogenen Leitung

$$\Phi = \overline{L}\, i\, dx \qquad (125)$$

durchsetzt. Seine zeitliche Änderung liefert die Spannung

$$u_L = -\frac{\partial \Phi}{\partial t} = -\overline{L} \frac{\partial i}{\partial t} dx. \qquad (126)$$

Nach dem 2. Kirchhoffschen Satz und bei Beachtung der eingezeichneten Richtungspfeile lautet die differentielle wegabhängige Spannungsänderung:

$$\boxed{-\frac{\partial u}{\partial x} = \overline{R}\, i + \overline{L} \frac{\partial i}{\partial t}} \qquad (127)$$

Dieser Gleichung entspricht der Ersatzschaltplan in Abb. III/36; sie sagt folgendes aus: die Spannungen am Anfang und am Ende des differentiellen Leitungsabschnittes unterscheiden sich voneinander durch den differentiellen Spannungsabfall an den differentiellen ohmschen und induktiven Widerständen.

Nun stellen wir zwischen den Punkten 1 und 2 des Leitungsabschnittes in Abb. III/35 eine Stromableitung in Form einer Kapazität und eines ihr parallelgeschalteten Wirkwiderstandes her, Abb. III/37.

10*

148   III. Schalten kapazitiver Ströme

Dem Punkt 1 fließen die Ströme $i - \dfrac{\partial i}{\partial x}\,dx$ und $\dfrac{\partial i}{\partial x}\,dx$ zu, von dem Punkt 1 fließt der Strom i ab. Die differentielle wegabhängige Stromänderung beträgt demnach:

$$-\frac{\partial i}{\partial x} = \bar{G}u + \bar{C}\,\frac{\partial u}{\partial t}, \tag{128}$$

d. h. der Strom, der in den differentiellen Leitungsabschnitt eintritt, unterscheidet sich von dem Strom, der daraus austritt, durch einen differentiellen Strom, der entlang der differentiellen Strecke dx über die differentielle ohmsche und kapazitive Leitfähigkeit gegen Erde fließt.

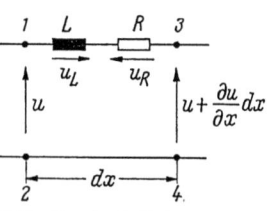

Abb. III/36. Ersatzschaltplan eines differentiellen Abschnittes einer homogenen Leitung

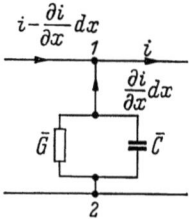

Abb. III/37. Stromableitung auf einem differentiellen Abschnitt einer homogenen Leitung

Werden die Differentialgleichungen der Leitung (127) und (128) abwechselnd nach dem Weg und nach der Zeit abgeleitet, läßt sich einmal der Strom und einmal die Spannung eliminieren.

Das Ergebnis sind zwei neue partielle Differentialgleichungen, die die räumliche und zeitliche Änderung von Strom und Spannung beschreiben

$$\frac{\partial^2 u}{\partial x^2} = \bar{R}\bar{G}u + (\bar{R}\bar{C} + \bar{G}\bar{L})\,\frac{\partial u}{\partial t} + \bar{L}\bar{C}\,\frac{\partial^2 u}{\partial t^2} \tag{129}$$

und

$$\frac{\partial^2 i}{\partial x^2} = \bar{R}\bar{G}i + (\bar{R}\bar{C} + \bar{G}\bar{L})\,\frac{\partial i}{\partial t} + \bar{L}\bar{C}\,\frac{\partial^2 i}{\partial t^2}. \tag{130}$$

3.5.2 Lösung der Differentialgleichungen für periodische Wellen

Diese partiellen Differentialgleichungen lassen sich auf gewöhnliche Differentialgleichungen zurückführen, wenn für die Variablen Strom und Spannung eine zeitliche Abhängigkeit vorgegeben werden kann. Dies trifft im vorliegenden Fall zu; es ist

$$u(x, t) = Re\,[\mathfrak{U}(x)\,e^{j\omega t}] \tag{131}$$

und

$$i(x, t) = Re\,[\mathfrak{J}(x)\,e^{j\omega t}]. \tag{132}$$

3 Einschwingspannung beim Ausschalten von Freileitungen 149

Führt man die Ableitungen dieser zeitlichen Variablen in die Gln. (129) und (130) ein, ergeben sich die Differentialgleichungen der räumlichen Strom- und Spannungsänderung entlang der Leitung

$$\frac{d^2\,\mathfrak{U}}{dx^2} = \gamma^2\,\mathfrak{U},$$
$$\frac{d^2\,\mathfrak{J}}{dx^2} = \gamma^2\,\mathfrak{J} \tag{133}$$

mit γ nach Gl. (88). Zu ihrer Lösung machen wir zunächst den einen Ansatz

$$\mathfrak{U} = \mathfrak{A}\,\mathrm{e}^{-\gamma x} + \mathfrak{B}\,\mathrm{e}^{\gamma x}. \tag{134}$$

Die Ableitung dieses Ansatzes in die für periodische Wellen umgeformte Differentialgleichung der Leitung (127) eingesetzt, liefert den anderen Lösungsansatz

$$\mathfrak{J} = \frac{1}{\mathfrak{Z}}\,(\mathfrak{A}\,\mathrm{e}^{-\gamma x} - \mathfrak{B}\,\mathrm{e}^{\gamma x}), \tag{135}$$

mit $\mathfrak{Z}$ nach Gl. (89). Die beiden Integrationskonstanten $\mathfrak{A}$ und $\mathfrak{B}$ sind aus den Randbedingungen für die unbelastete Leitung: eingeprägte Spannung am Leitungsanfang, stromloses Leitungsende, also

$$\mathfrak{U}_a = \mathfrak{A} + \mathfrak{B}, \tag{136}$$

$$\mathfrak{Z}\,\mathfrak{J}_e = \mathfrak{A}\,\mathrm{e}^{-\gamma l} - \mathfrak{B}\,\mathrm{e}^{\gamma l} = 0$$

erhältlich, so daß

$$\mathfrak{A} = \mathfrak{U}_a\,\frac{\mathrm{e}^{\gamma l}}{\mathrm{e}^{\gamma l} + \mathrm{e}^{-\gamma l}} \tag{137}$$

und

$$\mathfrak{B} = \mathfrak{U}_a\,\frac{\mathrm{e}^{-\gamma l}}{\mathrm{e}^{\gamma l} + \mathrm{e}^{-\gamma l}}. \tag{138}$$

Für das gesteckte Ziel, die Kenntnis der Einschwingspannung an der Schaltstrecke, genügt es an sich, nur die Wegabhängigkeit der Spannung auf der unbelasteten Leitung zu erfahren.

Wir erhalten dafür

$$\mathfrak{U} = \mathfrak{U}_a\,\frac{\mathrm{e}^{\gamma\,(l-x)} + \mathrm{e}^{-\gamma\,(l-x)}}{\mathrm{e}^{\gamma l} + \mathrm{e}^{-\gamma l}} \tag{139}$$

oder

$$\mathfrak{U} = \mathfrak{U}_a\,\frac{\mathfrak{Cof}\,\gamma\,(l-x)}{\mathfrak{Cof}\,\gamma l}. \tag{140}$$

150   III. Schalten kapazitiver Ströme

Um die Wellennatur des Ausgleichsvorganges deutlicher zu machen, erweitern wir beide Seiten der Gl. (140) mit dem vorhin unbeachtet gebliebene Zeitfaktor und schreiben nur den Realteil des neu entstehenden Ausdruckes an

$$u(x, t) = \frac{\hat{U}_a}{(e^{\alpha l} + e^{-\alpha l})^2 \cos^2 \beta\, l + (e^{\alpha l} - e^{-\alpha l})^2 \sin^2 \beta\, l} \Big\{ (e^{\alpha l} + e^{-\alpha l}) \cos \beta l \times$$

$$\times \{ e^{\alpha(l-x)} \cos[\omega t + \beta(l - x)] + e^{-\alpha(l-x)} \cos[\omega t - \beta(l - x)] \} +$$

$$+ (e^{\alpha l} - e^{-\alpha l}) \sin \beta l\, \{ e^{\alpha(l-x)} \sin[\omega t + \beta(l - x)] +$$

$$+ e^{-\alpha(l-x)} \sin[\omega t - \beta(l - x)] \} \Big\} \tag{141}$$

mit

$$\alpha + i\beta = \gamma$$

$$2\alpha^2 = \overline{R}\,\overline{G} - \omega^2 \overline{L}\,\overline{C} + \sqrt{(\overline{R}\,\overline{G} - \omega^2 \overline{L}\,\overline{C})^2 + \omega^2(\overline{R}\,\overline{C} + \overline{G}\,\overline{L})^2}$$

$$2\beta^2 = -(\overline{R}\,\overline{G} - \omega^2 \overline{L}\,\overline{C}) + \sqrt{(\overline{R}\,\overline{G} - \omega^2 \overline{L}\,\overline{C})^2 + \omega^2(\overline{R}\,\overline{C} + \overline{G}\,\overline{L})^2}\,.$$

Diese Gleichung läßt erkennen, daß an dem Vorgang zwei Wellen beteiligt sind, die mit der Geschwindigkeit

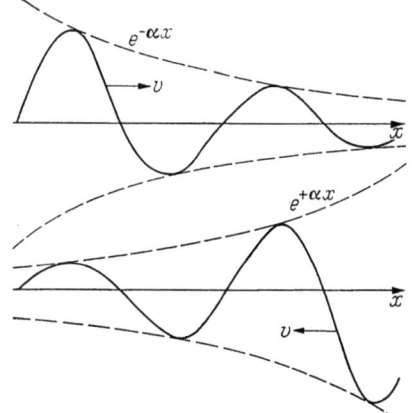

$$v = \frac{\omega}{\beta}$$

in die positive und in die negative x-Richtung einziehen, wie dies im Prinzip die Abb. III/38 zeigt.

Ohmsche Widerstände und Ableitungen sowie die innere Induktivität der Leiter beeinflussen die Ausbreitungsgeschwindigkeit nur wenig, so daß

Abb. III/38. Gedämpft fortschreitende periodische Wellen

$$v \approx \frac{1}{\sqrt{\overline{L}\,\overline{C}}} = \frac{1}{\sqrt{\mu_0 \mu_r \varepsilon_0 \varepsilon_r}}.$$

Auf Freileitungen erreicht die Ausbreitungsgeschwindigkeit nahezu die Lichtgeschwindigkeit

$$v \approx \frac{1}{\sqrt{\mu_0 \varepsilon_0}} = 300\,000 \text{ km/s}\,.$$

In Kabeln geht die Ausbreitungsgeschwindigkeit wegen der größeren relativen Dielektrizitätskonstante auf

$$v \approx \frac{300\,000}{\sqrt{\varepsilon_r}} \text{ km/s}$$

zurück.

Bei Vernachlässigung der Dämpfung, die bei Starkstromleitungen im allgemeinen sehr gering ist, ergibt sich für die Ausgleichsspannung

$$u(x, t) = \frac{\hat{U}_a}{2 \cos \beta l} \left\{ \cos \omega \left[t + \frac{1}{v}(l - x) \right] + \cos \omega \left[t - \frac{1}{v}(l - x) \right] \right\}. \quad (142)$$

Im Scheitelwert der Spannung entsprechend $t = 0$ haben beide Wellen gleiche Form und gleiche Lage; es ist

$$u(x, 0) = \hat{U}_a \frac{\cos \beta(l - x)}{\cos \beta l}. \quad (143)$$

3.5.3 Ausgleichspannung auf der ausgeschalteten Leitung

Zwischen der nach Gl. (143) über die Leitung verteilten Spannung und der Spannung am Leitungsanfang besteht die Differenz

$$\Delta u(x, 0) = \hat{U}_a \left[\frac{\cos \beta(l - x)}{\cos \beta l} - 1 \right] \quad (144)$$

Unterbricht der Schalter den Ladestrom gerade im Scheitelwert der Spannung, wird diese Spannungsverteilung frei.

Sie spaltet sich dann in zwei gleich große, in entgegengesetzte Richtung laufende Wanderwellen auf. Entsprechend den Reflexionsgesetzen für den jetzt sowohl am Ende als auch am Anfang offenen Leiter ergibt sich der Spannungsverlauf am Leitungsanfang.

Dort macht sich zunächst die in die negative x-Richtung laufende und wegen der totalen Reflexion stets mit dem doppelten Augenblickswert auftretende Welle bemerkbar.

Nach der Laufzeit T_l schwindet ihr Einfluß. Dafür ist inzwischen die Welle eingetroffen, die sich zu Beginn des Ausgleichsvorganges in die positive x-Richtung ausgebreitet hat.

Diese Vorgänge wiederholen sich periodisch, so daß eine Folge von abgeschnittenen Halbwellen entsteht; ihre Periodendauer ist

$$T = 2 T_l = 2 \frac{l}{v}. \quad (145)$$

152   III. Schalten kapazitiver Ströme

Werden in der Gl. (144) die Formelzeichen des Weges durch die Formelzeichen der Zeit ausgetauscht, entsprechend

$$\frac{x}{t} = \frac{\omega}{\beta}\,, \tag{146}$$

erhält man für die zeitliche Änderung der Ausgleichsspannung am Leitungsanfang die Gleichung

$$\Delta u(0, t) = \hat{U}_a \left[\frac{\cos \omega (T_l - t)}{\cos \omega T_l} - 1 \right]. \tag{147}$$

Die Spannungsdifferenz nach dieser Gleichung ist stückweise in dem Zeitintervall $0 \leqq t \leqq 2\,T_l$ definiert. Für beliebige Zeiten gilt der Absolutwert der Winkelfunktion.

3.5.4 Einschwingspannung an der Schaltstrecke

An der unterbrechenden Schaltstrecke wird die Differenz zwischen der Spannung auf der Netzseite und der Spannung am Leitungsanfang als Einschwingspannung wirksam,

$$u = u_L - u_N. \tag{148}$$

Für eine kurze Leitung mit vernachlässigbar kleinen Amplituden der Wanderwellen wurde dieser Spannungsverlauf bereits ermittelt, z. B. beschreibt ihn die Gl. (101) für die Schaltstrecke des erstlöschenden Poles. Nun kommt zu der stationären Spannung auf der ausgeschalteten Leitung noch die von den Wanderwellen herrührende Spannung entsprechend der Gl. (147) hinzu.

Die Gleichung der Einschwingspannung lautet daher

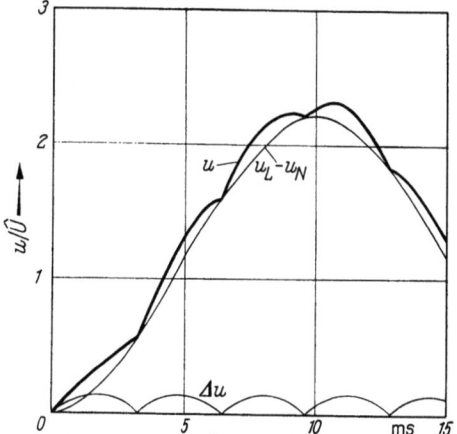

Abb. III/39. Ausschalten einer 245-kV-Freileitung, Einschwingspannung an der Schaltstrecke des erstlöschenden Poles, natürliche Löschfolge, Länge der Freileitung: 480 km, $\frac{C_1}{C_e} = 2$

$$u = (u_L + \Delta u) - u_N. \tag{149}$$

Damit wurde der Verlauf der Einschwingspannung an der Schaltstrecke des erstlöschenden Poles beim Ausschalten einer 245-kV-Leitung mit einer Länge von 480 km gerechnet und in Abb. III/39 dargestellt.

3 Einschwingspannung beim Ausschalten von Freileitungen   153

3.5.5 Beeinflussung durch Wanderwellen auf benachbarten Leitungsseilen

Beim Ausschalten der letztlöschenden Pole S und T treten auf den zugehörigen Seilen einer langen unbelasteten Leitung ebenfalls Wanderwellen auf; sie wirken auf das bereits ausgeschaltete Leitungsseil der Phase R zurück.

Diese Rückwirkung der neu entstandenen Ausgleichsvorgänge läßt sich nach den Gesetzen für die Ausbreitung von Wanderwellen verfolgen.

Allgemein gilt für ein Dreileitersystem mit widerstandslosem, von der Erde dargestellten Nulleiter nach Abb. III/40

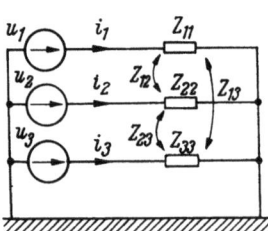

Abb. III/40. Prinzipschaltplan eines Dreileitersystems mit widerstandslosem Nulleiter

$$u_1 = Z_{11} i_1 + Z_{12} i_2 + Z_{13} i_3,$$

$$u_2 = Z_{21} i_1 + Z_{22} i_2 + Z_{23} i_3,$$

$$u_3 = Z_{31} i_1 + Z_{32} i_2 + Z_{33} i_3, \qquad (150)$$

mit $Z_{mn} = Z_{nm}$.

Zwischen den Wellenwiderständen bestehen in einem symmetrischen Drehstromsystem, wie es eine lange verdrillte Freileitung darstellt, folgende Beziehungen:

$$Z_{11} = Z_{22} = Z_{33} = Z_L$$

und

$$Z_{12} = Z_{13} = Z_{23} = Z_W.$$

Man erhält dann aus dem Ansatz (150) folgendes Gleichungssystem

$$u_1 = Z_L i_1 + Z_W i_2 + Z_W i_3,$$
$$u_2 = Z_W i_1 + Z_L i_2 + Z_W i_3,$$
$$u_3 = Z_W i_1 + Z_W i_2 + Z_L i_3. \qquad (151)$$

Um es in dem gewünschten Sinne lösen zu können, müssen von den insgesamt 6 unbekannten Größen 3 gegeben sein. Zu diesem Zweck stehen nach der Unterbrechung des Stromes in der Schaltstrecke des zweitlöschenden Poles folgende Annahmen zur Verfügung:

$i_1 = 0$, da der Leiter 1 bereits vor der Unterbrechung ausgeschaltet war,

u_2 Wanderwellenspannung, die sich auf dem Leiter 2 als Folgeerscheinung der Ausschaltung dieses Leiters ausbreitet,

$u_3 = 0$, da der Leiter noch mit dem Netz verbunden ist und deshalb für den Wanderwellenvorgang als kurzgeschlossen betrachtet werden darf.

154   III. Schalten kapazitiver Ströme

Mit diesen Annahmen liefert das Gleichungssystem (151) das Verhältnis der Wanderwellenspannungen auf dem Leiter 1 und dem Leiter 2 zu

$$\frac{u_1}{u_2} = \frac{Z_W}{Z_L + Z_W}.$$ (152)

Die Beeinflussung zwischen den Leitern 1 und 2 ist also vom Verhältnis des Wellenwiderstandes zwischen den Leitern und zwischen Leiter und Erde abhängig. Es läßt sich weiter zeigen, daß bei Vorhandensein eines Erdseiles die Beeinflussung zwischen den Leitern kleiner ist also ohne Erdseil.

Bei natürlicher Löschfolge ist, wie in Abb. III/33 ersichtlich, die Einschwingspannung über dem zweitlöschenden Pol negativ. Damit ist auch die im Leiter 1 influenzierte Welle negativ. Sie vermindert also die Spannungsbeanspruchung des erstlöschenden Poles.

Nach der Untersuchung des Stromes in der Schaltstrecke des letztlöschenden Poles gilt entsprechend dem neuen Schaltzustand

$i_1 = 0$,

$i_2 = 0$.

u_3 Wanderwellenspannung, die sich auf dem Leiter 3 als Folgeerscheinung der Ausschaltung dieses Leiters ausbreitet.

Tabelle III/2. *Kenngrößen für die Berechnung von Ausgleichsvorgängen beim Ausschalten unbelasteter Freileitungen*

Nennspannung	kV	110		220		380
					Bündel 2×240	Bündel 4×240
Nennquerschnitt (Al)	mm²	120	300	340		
Betriebskapazität $\overline{C}_1$	nF/km	9,3	10	9,5	11,5	14,4
Erdkapazität $\overline{C}_e$	nF/km	4,0	4,2	4,8	6,3	6,5
$\lambda = \dfrac{C_1}{C_e}$		2,3	2,4	2,0	1,8	2,2
Wellenwiderstand eines Leiters gegen Erde Z_l *	Ω	535	505	482	383	337
Wechselseitiger Wellenwiderstand zwischen zwei Leitern Z_w *	Ω	165	159	118	83	97
$\dfrac{Z_w}{Z_l}$	%	31	31	24	22	29

* Mittelwerte, wegen der Verdrillung kann bei langen Leitungen damit gerechnet werden.

$$Z_l = \frac{1}{v\, 3\, \overline{C}_1} \left[\frac{C_1}{C_e} + 2 \right] \qquad Z_w = \frac{1}{v\, 3\, \overline{C}_1} \left[\frac{C_1}{C_e} - 1 \right] \qquad v = 290\,000 \text{ km/s}.$$

3 Einschwingspannung beim Ausschalten von Freileitungen 155

Mit diesen Bedingungen erhält man aus dem Gleichungssystem (151) als Verhältnis der Wanderwellenspannungen auf dem Leiter 1 und dem Leiter 3

$$\frac{u_1}{u_3} = \frac{Z_W}{Z_L}.$$ (153)

Der ausgeschaltete Leiter 1 wird also durch die Unterbrechung des letzt-löschenden Schalterpoles an sich stärker beeinflußt als durch die Unterbrechung des zweitlöschenden Poles. Hinzu kommt noch, daß die influenzierte Spannungswelle positiv ist.

3.6 Nachbildung einer unbelasteten langen Leitung

3.6.1 Ähnlichkeitsgesetze zwischen den Ausgleichvorgängen auf der Leitung und an einem Element der Nachbildung

Die Prüfung des Ausschaltvermögens großer kapazitiver Ströme unter hohen wiederkehrenden Spannungen hat mit der Prüfung des Ausschaltvermögens von Kurzschlußströmen viele gemeinsame Probleme.

Aus ähnlichen Gründen ist es z. B. nicht möglich, einen Schalter für einwandfreies kapazitives Schalten zu entwickeln und dabei nur auf Schaltversuche im Netz mit unbelasteten langen Leitungen angewiesen zu sein. Da aber eine solche Leitung im Prüffeld auf keinen Fall aufgebaut werden kann, ist man gezwungen, die Strom- und Spannungsbeanspruchung insbesondere beim Ausschalten dieser Leitungen nachzubilden.

Wie wir gesehen haben, können auf unbelasteten langen Leitungen durch das Ausschalten Spannungswellen mit beträchtlichen Amplituden entstehen.

Die Nachbildung muß daher bei aller anzustrebender Einfachheit ebenfalls ein schwingungsfähiges Gebilde sein.

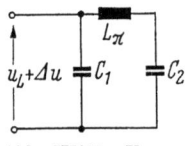

Abb. III/41. Unsymmetrisches π-Glied zur Nachbildung der Eigenschwingung einer ausgeschalteten, unbelasteten langen Leitung

Hierzu kann ein asymmetrisches π-Glied, Abb. III/41, das den gleichen Strom wie die Leitung aufnimmt, dienen.

Der Strom, der in die unbelastete Leitung fließt, ist durch die Spannung am Leitungsanfang und durch den Eingangswiderstand bestimmt.

Dieser Widerstand ergibt sich durch Dividieren der Gl. (90) durch die Gl. (92), sein Absolutwert ist

$$Z_a = \sqrt{\frac{\overline{L}}{\overline{C}}} \cot g \left(\omega \sqrt{\overline{L}\,\overline{C}}\, l\right).$$ (154)

156   III. Schalten kapazitiver Ströme

Der Strom des π-Gliedes ist durch seine Impedanz und durch die
Spannung der speisenden Energiequelle gegeben. Für den Eingangswiderstand errechnet sich

$$Z_\pi = \frac{1}{\omega(C_1 + C_2)} \frac{1 - \omega^2 L_\pi C_2}{1 - \left(\dfrac{\omega}{\nu_\pi}\right)^2}, \qquad (155)$$

$$\nu_\pi^2 = \frac{1}{L_\pi \dfrac{C_1 C_2}{C_1 + C_2}}.$$

Wenn die Spannungen am Leitungsanfang und an den Eingangsklem-
men des π-Gliedes gleich groß und genügend starr sind, liefert das Gleich-
setzen der Widerstände nach Gl. (154) und nach Gl. (155) die erste Gleichung des Ansatzes zur Berechnung der Schaltelemente der Abbildung

$$Z_a = Z_\pi. \qquad (156)$$

Als nächstes wird verlangt, daß die Periodendauer einer Wanderwelle auf
der Leitung nach Gl. (145) gleich sei der Dauer einer Periode der oszil-
lierenden Spannung des π-Gliedes

$$2\,T_l = T_\pi. \qquad (157)$$

Diese Forderung liefert die 2. Gleichung des Ansatzes:

$$l\sqrt{\overline{L}\overline{C}} = \pi\sqrt{L_\pi \frac{C_1 C_2}{C_1 + C_2}}. \qquad (158)$$

Schließlich müssen die maximale Ausgleichsspannung an den Anschlußklemmen des π-Gliedes und die maximale Ausgleichsspannung am Leitungsanfang die gleiche Höhe haben

$$\Delta u_{\max} = \Delta u_{\pi\max}. \qquad (159)$$

Daraus folgt als 3. Gleichung des Ansatzes

$$\frac{1}{\cos \beta l} - 1 = \frac{2\omega^2 L_\pi C_2}{1 - \omega^2 L_\pi C_2} \frac{C_2}{C_1 + C_2}. \qquad (160)$$

Mit diesen 3 Gleichungen lassen sich die 3 Unbekannten L_π, C_1 und C_2
finden.

Nach einigen Zwischenrechnungen ergeben sich dafür die Bestimmungsgleichungen

$$L_\pi = \frac{\overline{L}\overline{C}l^2}{\pi^2}\,\frac{B+1}{C_2},$$

$$C_1 = \frac{1}{Z_a}\,\frac{1}{\omega A}\left[\frac{B}{1+B} - \left(\frac{\omega}{\pi}\right)^2 \overline{L}\overline{C}\,l^2\right],$$

$$C_2 = \frac{1}{Z_a}\,\frac{1}{\omega A B}\left[\frac{B}{1+B} - \left(\frac{\omega}{\pi}\right)^2 \overline{L}\overline{C}\,l^2\right],$$

$$B = \frac{1+\cos\beta l}{1-\cos\beta l}\,\frac{\omega^2 \overline{L}\overline{C}\,l^2}{\pi^2 - \omega^2 \overline{L}\overline{C}\,l^2}; \quad A = 1 - \left(\frac{\omega}{\nu_\pi}\right)^2.$$

(161)

3.6.2 Prüfschaltungen

Die Abb. III/42 zeigt den Einbau des soeben beschriebenen π-Gliedes in einen dreiphasigen Prüfkreis zur Nachbildung der elektrischen Beanspruchungen eines dreipoligen Hochspannungs-Leistungsschalters beim neuzündungsfreien Ausschalten einer unbelasteten sehr langen Leitung für sehr hohe Betriebsspannungen.

Der Aufwand, den dieser Prüfkreis erfordert, ist zwar um Größenordnungen kleiner als der Aufwand für den Bau einer Freileitung, aber an den Maßstäben des Prüffeldes gemessen, immerhin noch sehr beträchtlich.

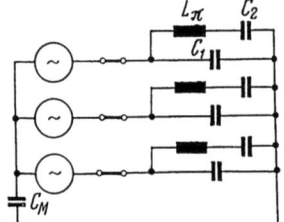

Abb. III/42. Ersatzschaltplan zur Nachbildung der Ausgleichsvorgänge beim dreipoligen Ausschalten einer unbelasteten langen Leitung

Zum Beispiel würde bei der Nachbildung einer 500 km langen 400-kV-Leitung die dafür benötigte Kondensatorbatterie eine Leistung von etwa 350 MVA aufnehmen.

Selbst der Übergang auf einen einphasigen Prüfkreis, der an eine treibende Spannung entsprechend der Gl. (101) mit $\lambda = 2$ gelegt werden müßte, würde noch eine Kondensatorbatterie von etwa 140 MVA erfordern.

Eine Abhilfe ist auf zweierlei Art möglich:

3.6.2.1 Elementenprüfung. Man kann einmal die Spannung der Energiequelle verkleinern. Damit der Strom, der dann durch die Schaltstrecke fließt, unverändert bleibt, muß die Impedanz des π-Gliedes proportional verkleinert werden. Nun lassen sich aber nicht mehr alle Teilschaltstrecken eines Schalters prüfen, sondern — allgemein aus-

158   III. Schalten kapazitiver Ströme

gedrückt — nur noch m von insgesamt n. Die Schaltelemente für diese
dreipolige Elementenprüfung sind dann

$$C_1' = \frac{n}{m}\, C_1,$$

$$C_2' = \frac{n}{m}\, C_2,$$

$$L_\pi' = \frac{m}{n}\, L_\pi. \tag{162}$$

Die Spannung, an die das π-Glied anzuschließen ist, beträgt

$$U_\pi' = \frac{m}{n}\, U_\pi. \tag{163}$$

Als Variante zu der dreiphasigen Elementenprüfung bietet sich auch
die einphasige Elementenprüfung an. Gegenüber der dreiphasigen Prüfung muß allerdings hierbei
eine gewisse Überbeanspru-
chung der Schaltstrecke des
Prüflings im Amplitudenbe-
reich der Einschwingspan-
nung in Kauf genommen
werden, wenn der Anfangs-
verlauf der Einschwing-
spannung den vorgegebenen
Sollverlauf nicht unterschrei-
ten soll.

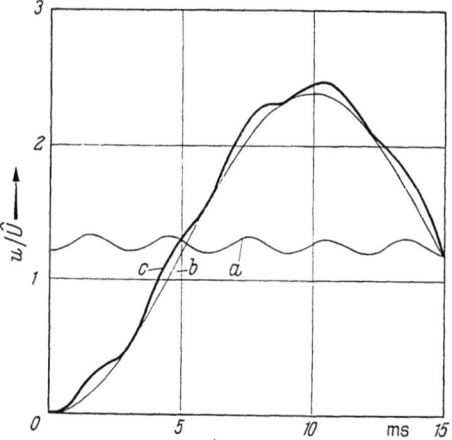

Abb. III/43. Einschwingspannung beim Ausschalten der
einpoligen Nachbildung einer 245-kV-Freileitung, Länge
der Freileitung 480 km, $\dfrac{C_1}{C_e} = 2$

a Spannung an der Kapazität C_1 der Leitungsnachbildung nach Abb. III/41; *b* Einschwingspannung an der
Schaltstrecke beim Ausschalten der Kapazität C_1 allein;
c Einschwingspannung an der Schaltstrecke beim Ausschalten der Leitungsnachbildung nach Abb. III/41.

In Abb. III/43 ist der
gerechnete Spannungsver-
lauf in einem einphasigen
Prüfkreis mit dem vorhin
beschriebenen π-Glied als
Ersatz für die lange Freileitung zu sehen. Nachzu-
bilden war der Verlauf der
Einschwingspannung über
dem erstlöschenden Pol entsprechend der Darstellung
in Abb. III/39. Da es sich
in beiden Fällen um bezogene

Größen handelt, gelten sie für die Prüfung sowohl des vollständigen
Schalters als auch der Teilschaltstrecken.

3.6.2.2 Synthetische Prüfung. Die zweite Möglichkeit, die Beanspruchungen von Hochspannungsschaltern beim Ausschalten sehr langer

unbelasteter Freileitungen für sehr hohe Betriebsspannungen im Prüffeld mit voller Spannung und vollem Strom beweisend und wirtschaftlich nachzubilden, besteht darin, zwei aufeinander abgestimmte Prüfkreise zu verwenden.

Der eine Kreis liefert bei verkleinerter Spannung die volle Strom-, der andere bei verkleinertem Strom die volle Spannungsbeanspruchung (Abb. III/44). Es liegt demnach eine synthetische Prüfschaltung vor.

Im Hochstromkreis fließt der Strom I_k, im Hochspannungskreis der Strom I_h. Beide Ströme sind phasengleich und überlagern sich in der Schaltstrecke des Prüflings zu dem Strom

$$I_p = I_k + I_h. \tag{164}$$

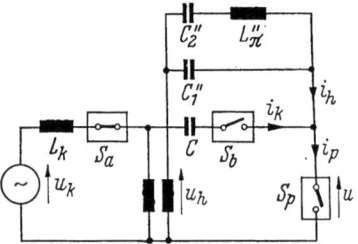

Abb. III/44. Synthetische Prüfschaltung zur Prüfung des Schaltvermögens beim rück- und wiederzündungsfreien Ausschalten unbelasteter sehr langer Leitungen nach
E. SLAMECKA

Wenn die Ströme in den einzelnen Prüfkreisen zueinander in dem Verhältnis

$$\frac{I_h}{I_k} = p \tag{165}$$

stehen, ist das Verhältnis des Stromes im Hochspannungskreis zu dem Strom in der Schaltstrecke des Prüflings

$$\frac{I_h}{I_p} = \frac{p}{1+p}. \tag{166}$$

Dieses Verhältnis kann sehr klein gemacht werden, und damit ist die gestellte Aufgabe grundsätzlich gelöst.

Die Schaltelemente des entsprechenden π-Gliedes sind durch

$$C_1'' = p C_1,$$
$$C_2'' = p C_2, \tag{167}$$
$$L_\pi'' = \frac{1}{p} L$$

gegeben.

Aufsätze zu Kapitel III

BAATZ, H.: Vorgänge beim Abschalten leerlaufender Hochspannungsleitungen. VDE-Fachber. 7 (1935) 35—39.

BOEHNE, E. W., J. W. BUTLER and T. W. SCHROEDER: Tests and Analysis of Circuit-Breaker Performance when Switching Large Capacitor Banks. AIEE Trans. 61 (1942) 821—831.

LANGREHR, H.: Vorgänge beim Abschalten leerlaufender Leitungen. AEG-Mitt. 33 (1943) H. 5/8, 21—25.

LEEDS, W. M., and R. C. VAN SICKLE: The Interruption of Charging Current at High Voltage. AIEE Trans. 66 (1947) 373—382.

VAN SICKLE, R. C., and J. ZABORSZKY: Capacitor Switching Phenomena. AIEE Trans. 70 (1951) I, 151—159.

FISCHER, U.: Analyse und Synthese der Vorgänge beim Abschalten leerlaufender Hochspannungsleitungen. VDE-Fachber. 15 (1951) 36—43.

DILLOW, N. E., I. B. JOHNSON, N. R. SCHULTZ and A. E. WERE: Switching Capacitive Kilovolt-Amperes with Power Circuit Breakers. AIEE Trans. 71 (1952) III, 188—200.

PICHARD, R.: Comparison of the Over-voltages Due to the Disconnection of an Open Line Fed by a Transformer with Isolated or Directly Earthed Neutral. CIGRE 1952, Ber. Nr. 114.

BERGER, K.: Überspannungen beim Schalten leerlaufender Transformatoren und Leitungen. Bull. SEV 44 (1953) Nr. 9, 397—409.

JANKE, O., and V. SANDSTRÖM: Field Testing 400-kV-Circuit-Breakers. Electrical Engineering 72 (1953) 1015—1020.

PRIGENT, H.: Mécanismes de l'enclenchement et de la coupure des batteries de condensateurs raccordées en dérivation dans les réseaux à moyenne tension. Bull. SFE IV/7 (1954) No. 45, 513—526.

BAATZ, H., W. WASTE u. H. ZADUK: Überspannungen beim Abschalten leerlaufender Transformatoren und Leitungen. ETZ-A 76 (1955) H. 7, 241—247.

DARROW, K. G., V. E. PHILIPS, A. J. SCHULTZ and R. B. SHORES: Test Circuits for Capacitance Switching Devices. AIEE Trans. 74 (1955/56) III, 624—635.

JOHNSON, I. B., A. J. SCHULTZ, N. R. SCHULTZ and R. B. SHORES: Some Fundamentals on Capacitance Switching AIEE Trans. 74 (1955/56) III, 727—736.

AIEE Committee Report: Report on the Operation of Switched Capacitors. AIEE Trans. 74 (1955/56) III, 1255—1261.

BALTENPERGER, P.: Ein- und Ausschalten von Hochspannungskondensatoren mit Druckluftschaltern. Brown Boveri-Mitt. 43 (1956) Nr. 8, 287—295.

LOUVET, A., M. MAGNIEN, E. MAURY and J. PERICART: Contribution to the Calculation of the Switching Overvoltages of a Long 380-kV-Line. CIGRE 1956, Ber. Nr. 415.

CUTTINO, W. H., and M. MAXWELL: The Natural Frequency of Parallel Capacitor Banks. AIEE Trans. 75 (1956/57) III, 662—665.

BUTER, J.: Schalten von Blindleistungskondensatoren. ETZ-A 78 (1957) H. 1, 12 bis 19.

KINDLER, H.: Beitrag zur Untersuchung der Vorgänge beim Abschalten leerlaufender Leitungen in Hochspannungsnetzen. ETZ-A 78 (1957) H. 13, 449—457.

FLÖTH, H.: Ausgleichsvorgänge beim Parallelschalten von Kondensatoren. ETZ-A 78 (1957) H. 16, 577—583.

SLAMECKA, E.: Das Schalten kleiner Ströme. AEG-Mitt. 47 (1957) H. 7/8, 247—264.

MAURY, E., et L. ORGERET: L'appareillage de manoeuvre et de protection pour les batteries de condensateurs sur un réseau à moyenne tension. Rev. Gén. Électr. 67 (1958) No. 10, 531—553.

DORSCH, H.: Spannungserhöhungen und Ausgleichsspannungen auf einer 380-kV-Übertragung. Siemens-Z. 32 (1958) H. 7, 476—483.

BALTENSPERGER, P., et F. SCHÄR: Enclenchements et déclenchements de condensateurs à la sous-station de Lachmatt (Suisse) de l'Aar et Tessin, S.A. d'Électricité, Olten (ATEL). CIGRE 1958, Ber. Nr. 138.

IV. Der Schaltlichtbogen

PHILIPS, V. E., J. C. SOFIANEK and A. L. STREATER: Contact Erosion on a Capacitor Switch. AIEE Trans. 78 (1959/60) III, 1692—1697.

HÄTSCHER, W.: Zusammenhang zwischen Netzeigenfrequenzen und Kondensatorausgleichstromfrequenzen. Energietechnik 10 (1960) H. 5, 193—203.

BALTENSPERGER, P.: Form und Größe der Überspannungen beim Schalten kleiner induktiver sowie kapazitiver Ströme in Hochspannungsnetzen. Brown Boveri Mitt. 47 (1960) Nr. 4, 195—224.

FLÖTH, H.: Das Schaltproblem in kapazitiven Stromkreisen. Calor-Emag-Mitt. 1961 H. I/II, 9—22.

WEGESIN, H.: Das Schalten von kapazitiven Strömen in Mittelspannungsnetzen. Calor-Emag-Mitt. 1961 H. I/II, 23—36.

NASKO, H.: Beitrag zur Untersuchung der Vorgänge beim Abschalten leerlaufender homogener Leitungen in Hochspannungsnetzen. ETZ-A 83 (1962) H. 2, 39—45.

KUMMEROW, G., u. E. PFLAUM: Neue Prüfverfahren für Hochleistungsschalter. Siemens-Z. 36 (1962) H. 11, 802—804.

KUHN, H. D., u. G. KUMMEROW: Quantitative Bestimmung der Einschwingspannnungen beim neuzündungsfreien Abschalten unbelasteter Freileitungen. ETZ-A 84 (1963) H. 11, 341—347.

KUHN, H. D.: Schaltspannungen in Hochspannungsnetzen beim Zuschalten unbelasteter Drehstromleitungen und bei Kurzunterbrechung. ETZ-A 85 (1964) H. 19, 593—598.

IV. Der Schaltlichtbogen

Formelzeichen

a, a_1, a_2, a_3	Konstante
b	Konstante
b_e	Elektronenbeweglichkeit
b_i	Ionenbeweglichkeit
c	spezifische Wärme
c_p	spezifische Wärme bei konstantem Druck
C	Kapazität parallel zur Schaltstrecke, Ersatzkapazität an den Klemmen der auszuschaltenden Induktivität
C_{res}	resultierende Kapazität parallel zur Schaltstrecke
C_N	Ersatzkapazität des Netzes
D_1, D_2, D_3, D_n	Hurwitz-Determinanten
e	Elementarladung
f_l	Zahlenfaktor
G	Leitwert des Bogens
G_s	Leitwert des statischen Bogens
G_{sg}	Grenzleitwert des statischen Bogens
G_0	Leitwert des Bogens im Nulldurchgang des Stromes
G_{qi}	quasistationärer Leitwert des Bogens bei eingeprägtem Strom
G_{qu}	quasistationärer Leitwert des Bogens bei eingeprägter Spannung
h	Plancksche Konstante
i	Augenblickswert des Bogenstromes allgemein und einer kleinen Änderung des Bogenstromes
i_b	Augenblickswert des Bogenstromes

11 Slamecka, Prüfung

IV. Der Schaltlichtbogen

I_s	statischer Bogenstrom
Δi	kleiner Sprung des Bogenstromes
$\hat{\imath}$	Scheitelwert der kleinen Änderung des Bogenstromes
i_g	Augenblickswert des Gesamtstromes
i_y	Augenblickswert des bezogenen Gesamtstromes
i_r	Augenblickswert des Stromes durch den Parallelwiderstand
i_p	Augenblickswert des Stromes durch das RC-Glied
i_π	Augenblickswert des bezogenen Stromes durch das RC-Glied
i_c	Augenblickswert des Stromes durch die Parallelkapazität
$\hat{I}$	Scheitelwert des betriebsfrequenten Ausschaltstromes
k	Konstante, Boltzmannsche Konstante
l	Bogenlänge
L	Induktivität, Hauptinduktivität des Transformators
L_N	Ersatzinduktivität des Netzes
L_s, L_{1s}, L_{2s}	Streuinduktivitäten der Verbindungsleitung
L_l	Eigeninduktivität des Bogens
m	Elektronenmasse
M	Ionenmasse
n	Teilchendichte
n_e	Elektronendichte
N_e	Gesamtzahl der Elektronen
P	Wärmeabgabe des Bogens pro Zeiteinheit
P_s	Wärmeabgabe des statischen Bogens pro Zeiteinheit
$P_{\max}$	maximale Lichtbogenleistung
$\hat{P}_a$	Scheitelwert der Ausschaltleistung
p	Gesamtdruck
p_e	Partialdruck der Elektronen
q	Wärmeinhalt des Bogengases pro Volumeneinheit
$\bar{q}$	Wärmeinhalt des Bogengases pro Mengeneinheit
Q	Wärmeinhalt des Bogengases
q_s	charakteristischer Wärmeinhalt des Bogengases pro Volumeneinheit
Q_s	charakteristischer Wärmeinhalt des Bogengases
r	Bogenradius
r^*	charakteristischer Bogenradius
r_a	äußerer Bogenradius (Stabilisierungsradius)
R	Gaskonstante, Ohmscher Widerstand in Reihe mit der Schaltstrecke
R_1, R_2	Ohmsche Leitungswiderstände
r	Ohmscher Widerstand parallel zur Schaltstrecke
S	Steilheit des Anstieges der Einschwingspannung
S_m	mittlere Steilheit des Anstieges der Einschwingspannung
t	Augenblickswert der Zeit
t_l	Zeitpunkt der Löschspitze der Bogenspannung
t_z	Zeitpunkt der Zündspitze der Bogenspannung
T	absolute Temperatur, Temperatur des Bogens
T_a	Umgebungstemperatur des Bogens
T_i	Temperatur der Bogenachse
u	Augenblickswert der Bogenspannung allgemein und Augenblickswert einer kleinen Änderung der Bogenspannung
u_b	Augenblickswert der Bogenspannung
u_β	Augenblickswert der bezogenen Bogenspannung

U_s	statische Bogenspannung
u_l	Löschspitze der Bogenspannung
u_z	Zündspitze der Bogenspannung
u_0	Bogenspannung unmittelbar nach dem Stromnulldurchgang
Δu	Differenz der statischen Bogenspannung bei einem kleinen Sprung des Bogenstromes
Δu_0	Spannungssprung der Bogenspannung im Schaltaugenblick
$\hat{U}$	Scheitelwert der Netzspannung (Phasenspannung)
U_i	Ionisierungsspannung
V	Volumen
x	Grad der Thermoionisierung
y	bezogener Bogenleitwert
z_R	bezogener Widerstand in Reihe mit der Schaltstrecke
z_r	bezogener Widerstand parallel zur Schaltstrecke
α	Wärmeabflußzahl
γ	Überschwingfaktor
ϑ	thermische Bogenzeitkonstante
$\varkappa$	spezifische Leitfähigkeit des Bogens
$\varkappa_i$	spezifische Leitfähigkeit in der Bogenachse
ζ	Augenblickswert der bezogenen Zeit
ζ_l	bezogener Zeitpunkt der Löschspitze der Bogenspannung
λ	freie Weglänge
λ_i	freie Weglänge der Ionen
λ_e	freie Weglänge der Elektronen
Λ	spez. Wärmeleitfähigkeit
ν	Kreisfrequenz der Einschwingspannung
ν_0	Kreisfrequenz der ungedämpften Einschwingspannung
ν_l	Kreisfrequenz der Bogenschwingung
ξ	Verhältnis der spez. Wärmen
ϱ	Dichte des Bogengases bei der Temperatur T
Σ	Wirkungsquerschnitt
Σ_{ae}	Wirkungsquerschnitt der Atome gegenüber Elektronenstoß (Ramsauer-Querschnitt)
ω	Kreisfrequenz des Netzes

1 Einführung

Sowohl beim Schließen als auch beim Öffnen eines Stromkreises, der eine ergiebige Quelle elektrischer Energie enthält, wird der Strom im allgemeinen durch einen Bogen zwischen den Schaltstücken des hierzu verwendeten Schalters eingeleitet oder noch kurze Zeit weitergeführt.

Die erste Erscheinungsform des Einschaltlichtbogens ist ein elektrischer Funke, der nach dem Durchschlag der inneren Isolation der Schaltstrecke kurz vor der Kontaktgabe entsteht. Dieser Funke ist eine kurzzeitige Bogenentladung mit einer verhältnismäßig niedrigen Temperatur im Inneren des Entladungskanals und mit einer noch unausgeglichenen Bilanz zwischen der zugeführten und der abgeführten

164   IV. Der Schaltlichtbogen

Wärme. Erst in der Gestalt des Bogens mit großer Stromstärke wird die Entladung stationär. Dieser Zustand ist durch sehr hohe Temperaturen, verhältnismäßig hohe Ionisierungsgrade und durch eine ausgeglichene Wärmebilanz gekennzeichnet.

Läßt man nun beim Ausschalten in einer Löschanordnung auf den zunächst stationär brennenden Schaltlichtbogen ein schnell strömendes Löschmittel einwirken, geht der Bogen kurz vor dem Erlöschen wieder in den instabilen, funkenähnlichen Zustand über.

Der Schaltlichtbogen hat verschiedene Eigenschaften: solche, die für den Ingenieur, der sich mit der Entwicklung von Leistungsschaltern befaßt, sehr erwünscht sind und solche, die große Anstrengungen erfordern, um die damit verbundenen Schwierigkeiten zu überwinden.

Zu den guten Eigenschaften zählt, daß man den Schaltlichtbogen als einen elektrischen Leiter auffassen kann, dessen Leitfähigkeit im stationären Zustand diejenige von Metallen in der gleichen Anordnung bei weitem übertrifft und der sich außerdem sehr schnell um viele Größenordnungen verändern läßt. Diese Eigenschaften ermöglichen es, mit Erfolg Wechselstrom-Leistungsschalter zu bauen; denn eine der Voraussetzungen für das Unterbrechen eines Wechselstromes ist das Öffnen des Stromkreises im Nulldurchgang des Stromes; und es gibt bis heute noch keinen Mechanismus, der dieses synchronisierte Schalten sicherer und einfacher besorgt als der Schaltlichtbogen.

Zu den unangenehmen Eigenschaften des Schaltlichtbogens gehört, daß er für seine Existenz eine hohe Temperatur benötigt, die er sich selbst aus der Bogenleistung erzeugt. Hohe Temperaturen, die dem Stromverlauf nicht trägheitslos folgen, erschweren aber die Entionisierung des Bogenpfades im Nulldurchgang des Stromes und den Wiederaufbau der elektrischen Festigkeit der Schaltstrecke nach dem Nulldurchgang. Ferner erzeugen große Bogenleistungen hohe Drücke in der Schaltkammer und beeinflussen dadurch die Löschmittelströmung im ungünstigen Sinne. Nachteilig ist auch der Abbrand, den der Bogen an den ihm ausgesetzten Stellen der Schaltstücke verursacht.

So liegt generell die Aufgabe vor, die im Bogen in Wärme umgesetzte elektrische Energie so klein wie möglich zu machen, um damit möglichst gute Voraussetzungen für die Stromunterbrechung zu schaffen.

Die Wechselwirkung zwischen der vom Bogen erzeugten und der vom Kühlmittel abgeführten Wärme hinsichtlich des Abbaues der Leitfähigkeit der Schaltstrecke versucht die Bogentheorie zu klären. Sie ist eine verhältnismäßig junge Theorie und zu einer Zeit entstanden, als es bereits ohne weiteres möglich war, Leistungsschalter mit sehr großen Ausschaltleistungen zu bauen.

Bei diesem praktischen Umgang mit dem Schaltlichtbogen führten Beobachtung, Erfahrung und überschlägige Berechnung, nicht zuletzt aber auch Intuition und glücklicher Zufall, immer wieder auf die richtige Spur. Besser erkennbar wird der Weg erst durch die Theorie, die das erworbene Erfahrungsgut zugleich sieht und festigt und stets neue Hinweise und Regeln für die Bewältigung des Schaltproblems der Hochspannungstechnik gibt.

Wir sollten uns aber dabei bewußt sein, daß noch geraume Zeit vergehen wird, bis das Ausschaltvermögen einer Löschanordnung auf Grund der Elementarvorgänge im Schaltlichtbogen und in seiner unmittelbaren Nähe berechnet werden kann. Dazu liegen heute die Einflußgrößen, die diese Vorgänge bestimmen, mit einer zu geringen Genauigkeit vor.

Hinzu kommt, daß die Beschreibung des Schaltlichtbogens bis zu dem Zustand, da seine Leitfähigkeit praktisch auf Null abgesunken ist, nur das erste Stadium der Stromunterbrechung erfaßt und daß wir noch vor der ebenso wichtigen wie umfangreichen Aufgabe stehen, den verwickelten Mechanismus des Wiederaufbaues der elektrischen Festigkeit der Schaltstrecke zu klären. Auf diesem Gebiet liegen zur Zeit nur erste Hinweise vor; insbesondere befindet sich die dazugehörende Meßtechnik und die Ermittlung der Lastschaltkennlinie einer Schaltstrecke noch in den Anfängen.

2 Energiebilanz des Bogens

Für das Gelingen der Stromunterbrechung ist es zuerst notwendig, im Nulldurchgang des Stromes einen entscheidenden Abschnitt des Bogenpfades auf Temperaturen abzukühlen, bei denen die Leitfähigkeit verschwindet. Der Erfolg der eingeleiteten Maßnahmen hängt von der Bilanz der durch den Schaltlichtbogen erzeugten, vom Kühlmittel abgeführten und im Bogen selbst gespeicherten Wärme ab, oder kurz ausgedrückt:

$$\boxed{\frac{dQ}{dt} = u\,i - P}\,.\tag{1}$$

Von dieser Grundgleichung gehen alle Untersuchungen des dynamischen Bogens aus. Sie wurde wohl zum ersten Mal 1905 von H. Th. Simon aufgestellt.

3 Beschreibung des dynamischen Bogens nach A. M. Cassie

Um mit der Gl. (1) arbeiten zu können, muß eine Beziehung zwischen den gasdynamischen und den elektrischen Größen gefunden werden.

166   IV. Der Schaltlichtbogen

3.1 Grundlegende Versuche mit Hochstrombögen

1937 hatten B. KIRSCHSTEIN und F. KOPPELMANN untersucht, wie
sich stromstarke Bögen verhalten, wenn auf sie aus einer düsen-
förmigen Löschanordnung Preßluft einwirkt. Diese Arbeiten regten offenbar an, den stationären Bogen näherungsweise als „ein über den Querschnitt homogenes Gebilde von wohldefiniertem Durchmesser" auf-
zufassen und sich die wirkliche Verteilung der für den Bogen charakteristischen Größen durch eine Rechteckverteilung ersetzt zu denken.
Eine Änderung des Energieinhaltes beeinflußt bei dieser Annahme nur
den Querschnitt des Bogens. Für seine Leitfähigkeit pro Längeneinheit läßt sich auf Grund der in Abb. VI/1 mitgeteilten Versuchsergebnisse in erster Näherung

$$\frac{G}{l} = r^2 \pi \varkappa \qquad (2)$$

herleiten.

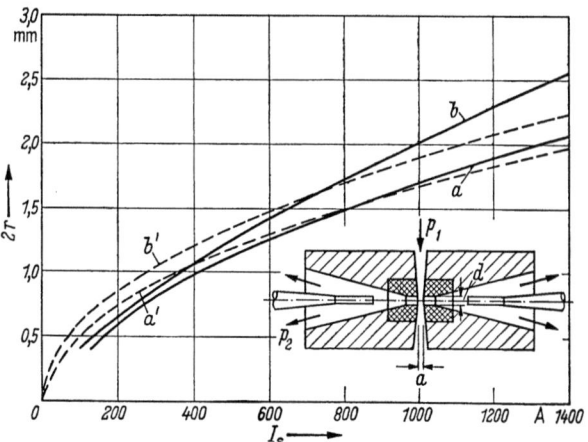

Abb. IV/1. Abhängigkeit des Bogendurchmessers vom Strom
a   Gemessener Verlauf bei Luft
$p_1 = 11$ ata, $p_2 = 1$ ata
$a = 2$ mm, $d = 4$ mm
a'   Näherungskurve zu a
$2r = 0{,}053 \sqrt{I_S}$
b   Gemessener Verlauf bei Luft
$p_1 = 3$ ata, $p_2 = 1$ ata
$a = 2$ mm, $d = 4$ mm
b'   Näherungskurve zu b
$2r = 0{,}060 \sqrt{I_S}$
nach B. KIRSCHSTEIN und F. KOPPELMANN (1937)

Bereits 1934 waren KIRSCHSTEIN und KOPPELMANN bei der Beobachtung der Strömungsgeschwindigkeit von Metalltröpfchen im Licht-
bogenplasma zu dem Schluß gekommen, daß ein Bogen in einer axialen

3 Beschreibung des dynamischen Bogens nach A. M. Cassie   167

Gasströmung vorwiegend durch Abströmen des Bogenplasmas gekühlt wird. Man kann daher für die Kühlleistung pro Längeneinheit angenähert schreiben:

$$\frac{P}{l} = r^2\,\pi\,\alpha\,, \tag{3}$$

und für die im Bogen pro Längeneinheit gespeicherte Wärme:

$$\frac{Q}{l} = r^2\,\pi\,c\,. \tag{4}$$

3.2 Gleichung des dynamischen Bogens

Aus den Gln. (2) u. (4) entsteht folgender Zusammenhang zwischen der im Plasma gespeicherten Wärme und dem Leitwert:

$$\frac{dQ}{dt} = \frac{c}{\varkappa}\,\frac{dG}{dt}\,. \tag{5}$$

Setzt man diese Gleichung sowie die Gl. (3) in die Gl. (1) ein, ergibt sich ein Ausdruck, der in etwas anderer Form 1939 von A. M. Cassie mitgeteilt wurde:

$$\boxed{\frac{1}{G}\,\frac{dG}{dt} = \frac{1}{\vartheta}\left(\frac{ui}{P} - 1\right).} \tag{6}$$

Die Abkürzung

$$\vartheta = \frac{c}{\alpha} \tag{7}$$

hat die Dimension einer Zeit und wird Zeitkonstante des Bogens genannt.

Wenn sich der Bogenstrom in der Zeiteinheit in seiner Größe nur wenig ändert, bleibt auch sein Leitwert nahezu konstant:

$$\frac{dG}{dt} \approx 0\,. \tag{8}$$

In diesem Fall nimmt die Gl. (6) die Form

$$0 = \frac{1}{\vartheta}\left(\frac{U_s\,I_s\,\varkappa}{G_s\,\alpha} - 1\right),\ G_s = \frac{I_s}{U_s}\,. \tag{9}$$

168   IV. Der Schaltlichtbogen

an, und wir erhalten daraus eine Beziehung zwischen der spezifischen Leitfähigkeit und der Wärmeabflußzahl

$$\frac{\alpha}{\varkappa} = U_s^2 .$$

(10)

Damit läßt sich die Gl. (6) zu dem nachstehenden Ausdruck entwickeln:

$$\frac{1}{G} \frac{dG}{dt} = \frac{1}{\vartheta} \left[\left(\frac{u}{U_s} \right)^2 - 1 \right].$$

(11)

Setzt man in diese Gleichung die Gl. (8) ein, so folgt

$$u = U_s = \text{const}.$$

(12)

Experimentell wurde diese Aussage bereits von KIRSCHSTEIN und KOPPELMANN bis zu Stromstärken von 2,4 kA bestätigt. Nach den Oszillogrammen, die uns heute von Ausschaltversuchen zur Verfügung stehen, gilt sie auch noch für wesentlich größere Ströme, praktisch unabhängig von dem angewendeten Löschmittel.

Neben der stationären Spannung des Bogens interessieren in der Schaltertechnik insbesondere die instationäre Bogenspannung im Bereich des Nulldurchganges des Stromes, der Verlauf des Stromes in diesem kritischen Zeitbereich und der Verlauf des Leitwertes des erlöschenden Bogens.

3.3 Bogenspannung bei vorgegebenem Verlauf des Ausschaltstromes

Um als erstes Auskunft über den zeitlichen Verlauf des Leitwertes zu erhalten, eliminieren wir in der Gl. (6) die Bogenspannung mit Hilfe der Beziehung

$$u = \frac{i}{G} ,$$

(13)

woraus folgt:

$$\frac{d(G^2)}{dt} + \frac{2}{\vartheta} G^2 = \frac{2}{\vartheta} \frac{i^2(t)}{U_s^2} .$$

(14)

Die allgemeine Lösung dieser Differentialgleichung vom Typus

$$\frac{d(G^2)}{dt} + a G^2 = b \, i^2(t)$$

(15)

mit

$$a = \frac{2}{\vartheta} , \qquad b = \frac{2}{\vartheta U_s^2} ,$$

lautet:

$$G^2 = \left[b \int_0^t e^{at}\, i^2(t)\, dt + G_0^2 \right] e^{-at}. \qquad (16)$$

Eine spezielle Lösung erhält man, wenn ein bestimmter Stromverlauf vorgegeben wird. Wir nehmen hierzu einen sinusförmigen Strom an. Da nur der Verlauf kurz vor dem Nulldurchgang interessiert, ist es zulässig, diesen Stromverlauf zu linearisieren:

$$i = \hat{I}\,\omega\, t. \qquad (17)$$

Diese Gleichung in die Gl. (16) eingesetzt, liefert:

$$\left(\frac{G}{G_{qi}}\right)^2 = 2\left(\frac{t}{\vartheta}\right)^2 - 2\,\frac{t}{\vartheta} + 1 + \left[\left(\frac{G_0}{G_{qi}}\right)^2 - 1\right] e^{-2\frac{t}{\vartheta}} \qquad (18)$$

mit der Abkürzung

$$G_{qi} = \frac{\hat{I}\,\omega\,\vartheta}{\sqrt{2}\,U_s}, \qquad (19)$$

die als quasistationärer Leitwert des Bogens gedeutet werden kann. G_0 ist eine Integrationskonstante und stellt den Leitwert zur Zeit $t = 0$ dar.

In Abb. IV/2 ist der Verlauf des bezogenen Leitwertes für drei verschiedene Werte des Verhältnisses $\dfrac{G_0}{G_{qi}}$ als Parameter dargestellt.

Nach Gl. (13) ist mit dem Leitwert nach Gl. (18) und dem Strom nach Gl. (17) auch der Verlauf der bezogenen Bogenspannung gegeben zu

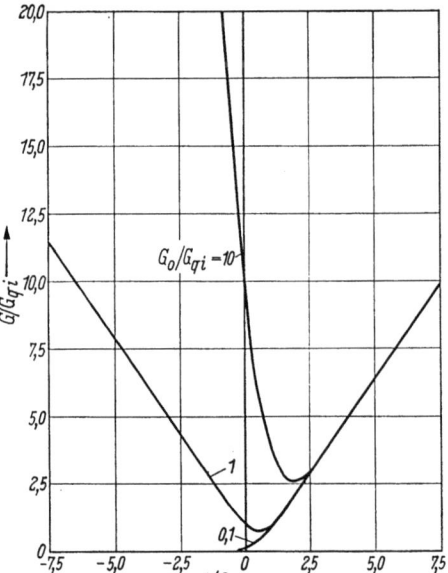

Abb. IV/2. Bezogene Leitwerte des dynamischen Bogens bei eingeprägtem, linearisiertem Strom

$$\left(\frac{u}{\sqrt{2}\,U_s}\right)^2 = \frac{\left(\dfrac{t}{\vartheta}\right)^2}{2\left(\dfrac{t}{\vartheta}\right)^2 - 2\dfrac{t}{\vartheta} + 1 + \left[\left(\dfrac{G_0}{G_{qi}}\right)^2 - 1\right] e^{-2\frac{t}{\vartheta}}}. \qquad (20)$$

170 IV. Der Schaltlichtbogen

Den Verlauf dieser bezogenen Spannung zeigt die Abb. IV/3 für die gleichen Parameter wie in Abb. IV/2.

Für einen Verlauf der Bogenspannung ohne Ausgleichsglied, d. h. für $\dfrac{G_0}{G_{qi}} = 1$, läßt sich ihr Maximum, das auch „Zündspitze" genannt wird, leicht ermitteln. Es tritt auf bei

$$\frac{t_z}{\vartheta} = 1 \qquad (21)$$

und hat die Größe

$$u_z = \sqrt{2}\, U_s. \qquad (22)$$

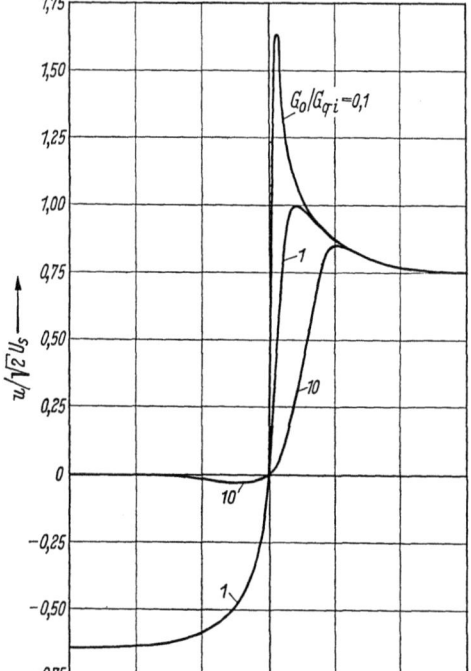

Abb. IV/3. Bezogene Spannung des dynamischen Bogens bei eingeprägtem, linearisiertem Strom

Diese Beziehungen ermöglichen es, die Bogenzeitkonstante aus Oszillogrammen auszuwerten, wenn der Strom die Voraussetzungen nach Gl. (17) erfüllt.

3.4 Bogenstrom bei vorgegebenem Verlauf der Einschwingspannung

Interessiert die Abhängigkeit des Lichtbogenstromes von der Zeit bei eingeprägter Spannung, bietet sich die Gl. (11) an, um damit den Zusammenhang zwischen Leitwert und Einschwingspannung herzuleiten. Ihre Integration liefert den allgemeinen Ausdruck

$$\ln G = \frac{1}{\vartheta} \int\limits_0^t \left\{ \left[\frac{u(t)}{U_s} \right]^2 - 1 \right\} dt + \ln G_0 \qquad (23)$$

und für den Fall, daß die eingeprägte Spannung linear ansteigt,

$$u = S\,t, \qquad (24)$$

die spezielle Form

$$\frac{G}{G_0} = \mathrm{e}^{\left[\left(\frac{S}{U_s}\vartheta \right)^2 \frac{1}{3} \left(\frac{t}{\vartheta} \right)^3 - \frac{t}{\vartheta} \right]}. \qquad (25)$$

3 Beschreibung des dynamischen Bogens nach A. M. Cassie 171

Diese Leitfähigkeit klingt nur dann sicher ab, wenn das erste Glied im Exponenten verschwindet. Sieht man bei dieser Betrachtung von den Verhältnissen $\hat{U}_s \to \infty$ ab, so bleibt noch die Möglichkeit übrig, einen sehr flachen Anfangsverlauf der Einschwingspannung anzunehmen und dafür in erster Näherung

$$u = u_0 = \text{const},\tag{26}$$

d. h. $S = 0$ zu setzen. Die Skizze in Abb. IV/4 veranschaulicht, wie sich eine einfrequente Einschwingspannung durch eine geknickte Kennlinie für eine begrenzte Zeit in der angestrebten Form angenähert darstellen läßt. Ist die Periodendauer der Einschwingspannung und dementsprechend die Zeit, die bis zum linearen Anstieg der Ersatzspannung vergeht, groß gegenüber der Zeitkonstante des Lichtbogens, so sind die Voraussetzungen sowohl für die Anwendbarkeit dieser Näherungsmethode als auch für die sichere Löschung des Bogens gegeben. Die Gl. (26),

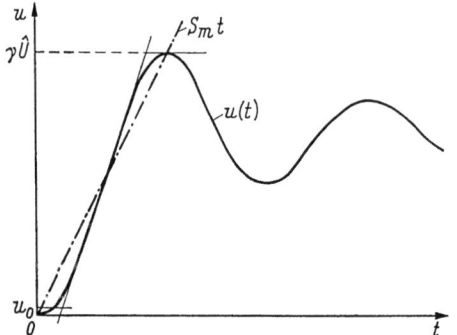

Abb. IV/4. Nachbildung einer einfrequenten Einschwingspannung durch einen geknickten Verlauf

in die Gl. (23) eingesetzt, liefert für den bezogenen Leitwert die Gleichung

$$\frac{G}{G_0} = e^{-\frac{t}{\vartheta}\left(1-\frac{u_0}{U_s}\right)^2}\tag{27}$$

und in Verbindung mit der Gl. (13) für den Stromverlauf die Gleichung

$$\boxed{\frac{i}{u_0\,G_0} = e^{-\frac{t}{\vartheta}\left(1-\frac{u_0}{U_s}\right)^2}}\;.\tag{28}$$

Man bezeichnet einen kleinen Strom dieser Art, der nach dem Nulldurchgang des Kurzschlußstromes noch über eine sehr kurze Zeit fließen kann, als „Nachstrom".

Vor dem Nulldurchgang des Stromes ist in der Bogenspannung mitunter ein stärker ausgeprägtes Maximum zu beobachten. Eine solche „Löschspitze" vermag jedoch die Gl. (20) nicht zu liefern. Der Grund dafür liegt im wesentlichen in den Voraussetzungen für die analytische Behandlung der Gl. (1). Sehr kleinen Strömen sind sehr kleine Licht-

172 IV. Der Schaltlichtbogen

bogendurchmesser zugeordnet. Die Annahme, daß auch in diesem Bereich eine gleichmäßige Temperaturverteilung über den gesamten Bogenquerschnitt vorhanden ist, und daß die Kühlung vorwiegend durch Abströmen des Bogenplasmas erfolgt, dürfte bei einer stärkeren Löschmitteleinwirkung zu stark von der Wirklichkeit abweichen. Wir wenden uns daher einer Theorie zu, die mehr den Verhältnissen im Nulldurchgang des Stromes angepaßt ist und dementsprechend auch mehr aussagen kann.

4 Beschreibung des dynamischen Bogens nach O. Mayr

Diese Theorie beruht im wesentlichen auf der Elenbaas-Hellerschen Gleichung für einen statischen zylindrischen Bogen, dessen Energie allein durch Wärmeleitung abgeführt wird,

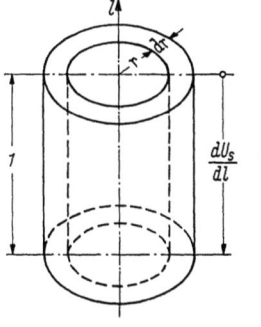

$$\frac{1}{r}\frac{d\left(r\Lambda\frac{dT}{dr}\right)}{dr} = \varkappa\left(\frac{dU_s}{dl}\right)^2,$$

(29)

(ihre Herleitung ist in Abb. IV/5 skizziert) und auf der Verknüpfung der Theorie der Gasentladung mit der Theorie der Gase. Es gelang O. Mayr 1943, diese Differentialgleichung unter Vereinfachungen zu lösen und auf Grund dieser Lösung eine Ersatzfunktion

$$\varkappa = \varkappa_i\, e^{-\left(\frac{r}{r^*}\right)^2}$$

(30)

Abb. IV/5. Zur Herleitung der Wärmeleitungsgleichung

Temperatur der inneren Zylinderwand: T

Temperatur der äußeren Zylinderwand: $T - \frac{\partial T}{\partial r}\, dr$

Wärmemenge, die durch die innere Zylinderwand fließt:

$$Q_i = \Lambda\frac{\partial T}{\partial r}\, 2\pi r\, 1$$

Wärmemenge, die durch die äußere Zylinderwand fließt:

$$Q_a = \left[\Lambda\frac{\partial T}{\partial r} - \frac{\partial}{\partial r}\left(\Lambda\frac{\partial T}{\partial r}\right)dr\right]2\pi\,(r+dr)\,1$$

Zunahme des Wärmeinhaltes pro Volumeneinheit:

$$\frac{Q_i - Q_a}{2\pi r\, dr} = \frac{1}{r}\Lambda\frac{\partial T}{\partial r} + \frac{\partial}{\partial r}\left(\Lambda\frac{\partial T}{\partial r}\right) = \frac{1}{r}\frac{\partial}{\partial r}\left(r\Lambda\frac{\partial T}{\partial r}\right)$$

für die räumliche Verteilung der elektrischen Leitfähigkeit einzuführen, Abb. IV/6. Damit wurde die Gl. (29) der weiteren analytischen Behandlung zugänglich.[1]

Das Ergebnis der Rechnung besteht in der theoretisch hergeleiteten Kennlinie des statischen, stabilisierten Bogens, Abb. IV/7.

---

[1] Eine genauere Lösung dieser Differentialgleichung gelang 1959 H. Maecker, indem er für $\int_0^T \Lambda\, dT$ die Wärmeleitfunktion S einführte.

4 Beschreibung des dynamischen Bogens nach O. MAYR   173

Nach dieser Kennlinie wurde die Abhängigkeit der Bogenleistung vom Strom berechnet und in das gleiche Bild eingetragen.

Empirisch läßt sich dafür der Zusammenhang

$$P_s \approx k I_s^{\frac{1}{2}} \tag{31}$$

angeben; er besagt, daß sich die Bogenleistung, die mit der Kühlleistung identisch ist, in einem weiten Strombereich nur wenig ändert.

Ähnliches fanden auf experimentellem Wege A. v. ENGEL, M. STEENBECK und andere.

Diese Erkenntnisse verwertete nun O. MAYR bei der Untersuchung des dynamischen Bogens und setzte in erster Näherung

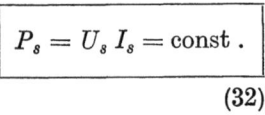

$$P_s = U_s I_s = \text{const} . \tag{32}$$

O. MAYR glückte es ferner, über die Temperatur des Bogens nähe-

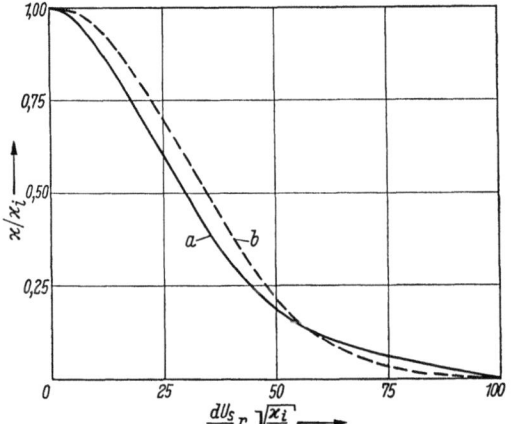

Abb. IV/6. Räumliche Verteilung der elektrischen Leitfähigkeit der Bogensäule (nach O. MAYR 1943)

a Rechenergebnis; b Ersatzfunktion $\varkappa = \varkappa_i \, e^{-\left(\frac{r}{r^*}\right)^2}$

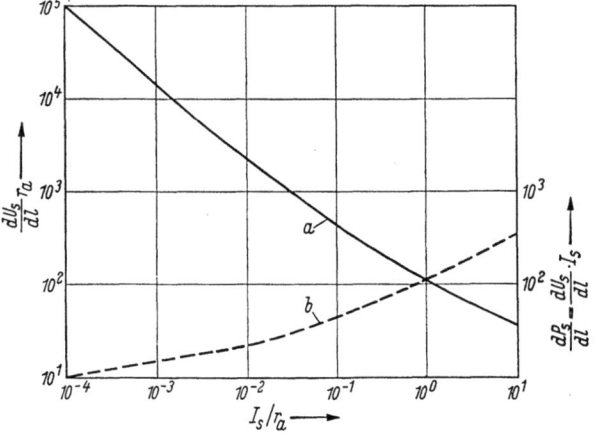

Abb. IV/7

a Theoretisch hergeleitete Kennlinie des statischen Bogens in Stickstoff bei 1 ata (nach O. MAYR 1943)
b Leistung des statischen Bogens in dem untersuchten Strombereich

174   IV. Der Schaltlichtbogen

rungsweise die nachstehend erläuterte Verbindung zwischen seiner
Leitfähigkeit und der in ihm gespeicherten Wärme herzustellen.

4.1 Thermoionisierung und Leitfähigkeit des Bogens

Den Ausgangspunkt bildet der Grad der Thermoionisierung des Gases,
d. h. das Verhältnis der Zahl der Elektronen zu der Zahl der elektrisch
neutralen Atome, die in einem bestimmten Volumen ursprünglich vorhanden waren. Dieses Verhältnis wird von der Saha-Gleichung beschrieben:

$$\frac{x^2}{1-x^2} = \frac{(kT)^{\frac{5}{2}}\,(2\,\pi\,m)^{\frac{3}{2}}}{h^3\,p}\,\mathrm{e}^{-\frac{e\,U_i}{kT}}. \tag{33}$$

In ihr ist als relativ geringfügige Vereinfachung die innere Energie der
Atome nicht berücksichtigt, da die quantitative Genauigkeit durch die
Unsicherheit, mit welcher die im Exponenten vorkommende Ionisierungs-
spannung angegeben werden kann, viel mehr beeinträchtigt wird. Die
vereinfachte Saha-Gleichung besitzt demnach nur qualitative Gültigkeit, die allerdings den Vorteil bietet, komplizierte Zusammenhänge noch
übersehen und relativ einfach darstellen zu können.

Für die Konzentration der Elektronen in einem Raum gilt allgemein

$$n_e = \frac{N_e}{V}. \tag{34}$$

Darin üben sie einen Partialdruck entsprechend der Gleichung

$$p_e = \frac{N_e kT}{V} \tag{35}$$

aus. Eliminiert man mit Hilfe dieser Gleichung N_e und V in der Gl. (34)
und setzt man für p_e aus der Beziehung, die zwischen dem Gesamtdruck
aller Teilchen und dem Druck einer Teilchenart besteht,

$$p_e = \frac{x}{1+x}\,p\,, \tag{36}$$

ein, so ergibt sich mit x nach Gl. (33) bei kleinen Ionisierungsgraden für
die Elektronendichte

$$n_e \approx \frac{p^{\frac{1}{2}}\,(kT)^{\frac{1}{4}}\,(2\pi m)^{\frac{3}{4}}}{h^{\frac{3}{2}}}\,\mathrm{e}^{-\frac{e\,U_i}{2\,kT}}. \tag{37}$$

Ebenso groß wie die Elektronendichte ist auch die Ionendichte.

4 Beschreibung des dynamischen Bogens nach O. MAYR   175

In einem Gasentladungsplasma, wie man das temperaturabhängige Gemisch aus Molekülen, Atomen, Ionen und freien Elektronen nennt, hängt die Leitfähigkeit von der Konzentration der Ladungsträger und von deren Beweglichkeit ab:

$$\varkappa = e(n_e\, b_e + n_i b_i). \tag{38}$$

Die Beweglichkeit stellt die Geschwindigkeit dar, welche die Ladungsträger in einem elektrischen Feld mit der Feldstärke 1 V/cm erreichen; sie ist eine Funktion der Temperatur, der Masse und der freien Weglänge und lautet für eine eindimensionale Maxwell-Verteilung der Teilchengeschwindigkeiten

$$b_e = \frac{e\,\lambda_e\,\sqrt{2}}{\sqrt{\pi\,k\,T\,m}} \tag{39}$$

und

$$b_i = \frac{e\,\lambda_i\,\sqrt{2}}{\sqrt{\pi\,k\,T\,M}}. \tag{40}$$

Die freien Weglängen sind der Teilchendichte und dem Wirkungsquerschnitt umgekehrt proportional:

$$\lambda = \frac{1}{n\,\Sigma}\,; \tag{41}$$

wird die Teilchendichte der für Gase allgemein gültigen Beziehung (35) entnommen, ergibt sich, daß die freie Weglänge mit steigender Temperatur zu- und mit steigendem Druck abnimmt:

$$\lambda = \frac{k\,T}{\Sigma\,p}. \tag{42}$$

Die freien Weglängen der Ionen verhalten sich zu den freien Weglängen der Elektronen wie

$$\frac{\lambda_i}{\lambda_e} \approx \frac{1}{4}. \tag{43}$$

Mit dieser Zahl sowie mit dem Verhältnis der Massen von Elektronen und Ionen sind wir in der Lage, das Verhältnis der entsprechenden Beweglichkeiten

$$\frac{b_i}{b_e} = \frac{\lambda_i}{\lambda_e}\,\sqrt{\frac{m}{M}} \tag{44}$$

auch zahlenmäßig beurteilen zu können. Da sich die Masse eines Elektrons zu der Masse eines Stickstoffatoms etwa wie 1:1840 × 14 verhält, besitzt nach Gl. (44) ein Elektron in einem Luftplasma eine etwa 650mal größere Beweglichkeit als ein Stickstoffion. Daraus geht hervor, daß der

176 IV. Der Schaltlichtbogen

Ladungstransport hauptsächlich von Elektronen bewältigt wird und daß
der Anteil, den die Ionen daran haben, vernachlässigbar klein ist.

Die Gl. (38) der Leitfähigkeit kann daher vereinfacht werden und
lautet dann, wenn für n_e nach Gl. (37) und für b_e nach Gln. (39 und 42)
eingesetzt wird:

$$\varkappa = \frac{2\,e^2}{\Sigma_{ae}} \frac{(2\,\pi m)^{\frac{1}{4}} (k T)^{\frac{3}{4}}}{p^{\frac{1}{2}}\, h^{\frac{3}{2}}}\, \mathrm{e}^{-\frac{e\,U_i}{2\,k\,T}}. \tag{45}$$

Bei konstanter Temperatur wächst die Leitfähigkeit mit der Wurzel aus
dem fallenden Druck, bei konstantem Druck wird der maßgebende Einfluß von der Temperatur im Exponenten ausgeübt.

Nachdem die Kombination der einzelnen Einflußgrößen im Hinblick
auf die Leitfähigkeit bekannt ist, könnte diese theoretisch berechnet
werden. Hinderlich ist jedoch, daß man die Einflußgrößen zahlenmäßig
noch wenig kennt; insbesondere trifft dies für stromstarke und einer
intensiven Löschmitteleinwirkung ausgesetzte Bögen zu.

Unter diesen Umständen beschränken wir uns auf den wesentlichsten
qualitativen Zusammenhang und betrachten nur den Einfluß der Temperatur im Exponenten der Gl. (45) als maßgebend, so daß sich bei
konstantem Druck folgende Ausgangsgleichung für die Verknüpfung
der Leitfähigkeit mit dem Wärmeinhalt des Schaltlichtbogens ergibt:

$$\boxed{\varkappa = \mathrm{const}\; \mathrm{e}^{-\frac{e\,U_i}{2\,k\,T}}}. \tag{46}$$

4.2 Leitfähigkeit und Wärmeinhalt des Bogens

Aus der Theorie der vollkommenen Gase ist nachstehender Zusammenhang zwischen der bei konstantem Druck pro Mengeneinheit
zugeführten Wärme und der Temperaturänderung bekannt:

$$\bar{q} = c_p(T - T_a). \tag{47}$$

Hierbei wird vorausgesetzt, daß das Gas bei der Bogentemperatur nicht
wesentlich dissoziiert und die Energie, die für die Thermoionisierung auf-
gewendet wird, klein ist gegenüber der kinetischen Energie der Gas-
moleküle.

Bezieht man die Wärmemenge nicht auf die Mengen-, sondern auf
die Volumeneinheit des Bogengases bei der Temperatur T, ergibt sich

$$\varrho\,\bar{q} = q = \varrho\,c_p\,(T - T_a). \tag{48}$$

4 Beschreibung des dynamischen Bogens nach O. Mayr

Zieht man noch die thermische Zustandsgleichung für vollkommene Gase

$$p = \varrho\, R\, T \tag{49}$$

und die Beziehung für das Verhältnis der spezifischen Wärmen ξ heran:

$$\frac{\xi}{\xi - 1} = \frac{c_p}{R}, \tag{50}$$

erhält die Gl. (48) nach dem Eliminieren der spezifischen Wärme c_p und der Dichte ϱ die Form

$$q = \frac{\xi}{\xi - 1}\, p \left(1 - \frac{T_a}{T}\right), \tag{51}$$

aus der sich der Kehrwert der variablen Temperatur zu

$$\frac{1}{T} = \frac{1}{T_a} \left(1 - \frac{\xi - 1}{\xi}\, \frac{q}{p}\right) \tag{52}$$

errechnet. Die Anfangstemperatur T_a, das Verhältnis ξ und der Druck p sind dabei als Konstante anzusehen.

Nun können wir in der Gl. (46) für die Temperatur einsetzen und erhalten:

$$\varkappa = \mathrm{const}\ \mathrm{e}^{-\frac{e\, U_i}{2\, k\, T_a} \left(1 - \frac{\xi - 1}{\xi}\, \frac{q}{p}\right)} =$$

$$= \mathrm{const}\ \mathrm{e}^{-\frac{e\, U_i}{2\, k\, T_a}}\, \mathrm{e}^{\frac{e\, U_i}{2\, k\, T_a}\, \frac{\xi - 1}{\xi}\, \frac{q}{p}} = \tag{53}$$

$$= \mathrm{const}\ \mathrm{e}^{\frac{q}{q_s}}$$

mit

$$q_s = p\, \frac{\xi}{\xi - 1}\, \frac{2\, k\, T_a}{e\, U_i}. $$

O. Mayr konnte zeigen, daß für die Leitfähigkeit des gesamten Bogenraumes je Längeneinheit mit dem Wärmeinhalt

$$\frac{Q}{l} = 2\,\pi \int_0^{r_a} q\, r\, dr \tag{54}$$

der gleiche funktionelle Zusammenhang besteht, so daß auch

$$\boxed{G = \mathrm{const}\ \mathrm{e}^{\frac{Q}{Q_s}}} \tag{55}$$

gilt. Q_s stellt eine charakteristische Wärmemenge dar, die den Leitwert im Verhältnis $1 : e$ ändert.

12 Slamecka, Prüfung

178 IV. Der Schaltlichtbogen

4.3 Gleichung des dynamischen Bogens

Die Ableitung der Gl. (55) nach der Zeit liefert die Beziehung

$$\frac{dQ}{dt} = -Q_s G \frac{d\left(\frac{1}{G}\right)}{dt}. \tag{56}$$

Damit und mit den Gln. (1) u. (32) ergibt sich die Mayersche Gleichung des dynamischen Bogens,

$$\frac{1}{G}\frac{dG}{dt} = \frac{1}{\vartheta}\left(\frac{u\,i}{P_s} - 1\right), \tag{57}$$

in welcher der Quotient

$$\vartheta = \frac{Q_s}{P_s} \tag{58}$$

die Zeitkonstante des Bogens darstellt. Die Formel (57) stimmt formal mit der Gl. (6) überein und unterscheidet sich von ihr physikalisch dadurch, daß nun, wie bereits dargelegt, die Kühlleistung als konstant angenommen wurde.

4.4 Bogenspannung bei vorgegebenem Verlauf des Ausschaltstromes

Die Ausgangsgleichung für die Ermittlung des zuerst benötigten, zeitlich veränderlichen Leitwertes bei eingeprägtem Strom lautet hier:

$$\frac{dG}{dt} + \frac{1}{\vartheta}\,G = \frac{1}{\vartheta P_s}\,i^2(t). \tag{59}$$

Diese Gleichung wurde analog zu der Gl. (14) hergeleitet. Es handelt sich um eine Differentialgleichung vom Typus

$$\frac{dG}{dt} + a\,G = b\,i^2(t) \tag{60}$$

mit

$$a = \frac{1}{\vartheta}, \quad b = \frac{1}{\vartheta P_s}$$

und der allgemeinen Lösung

$$G = e^{-at}\left[b\int_0^t e^{at}\,i^2(t)\,dt + G_0\right]. \tag{61}$$

4 Beschreibung des dynamischen Bogens nach O. Mayr 179

Wenn für den Stromverlauf weiterhin die Gl. (17) gilt, wird somit der Verlauf des bezogenen Leitwertes durch die nachstehende Gl. (62) beschrieben.

$$\frac{G}{G_{qi}} = \frac{1}{2}\left(\frac{t}{\vartheta}\right)^2 - \frac{t}{\vartheta} + 1 + \left(\frac{G_0}{G_{qi}} - 1\right)e^{-\frac{t}{\vartheta}} ; \qquad (62)$$

$$G_{qi} = \frac{\hat{I}^2\,(\omega\vartheta)^2}{P_s}\,2 \qquad (63)$$

bedeutet den Leitwert im Nulldurchgang des Stromes für den Sonderfall, daß der Leitwert nach Gl. (62) quasistationär, d. h. ohne exponentiell abklingende Komponente verläuft.

Der bezogene Leitwert nach Gl. (62) wurde für drei verschiedene Werte des Verhältnisses $\frac{G_0}{G_{qi}}$ berechnet und in Abb. IV/8 dargestellt.

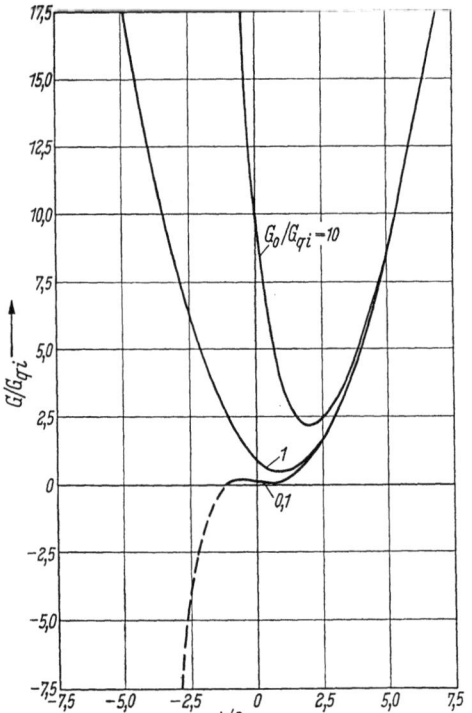

Abb. IV/8. Bezogene Leitwerte des dynamischen Bogens bei eingeprägtem, linearisiertem Strom

12*

180   IV. Der Schaltlichtbogen

Die zugehörige bezogene Bogenspannung ist nach den Gln. (13, 17)
und (62) durch den Ausdruck

$$u\frac{\omega\vartheta I}{P_s} = \frac{\dfrac{t}{\vartheta}}{\left(\dfrac{t}{\vartheta}\right)^2 - 2\,\dfrac{t}{\vartheta} + 2 + 2\left(\dfrac{G_0}{G_{qi}} - 1\right)\mathrm{e}^{-\frac{t}{\vartheta}}} \qquad (64)$$

gegeben.

Als eines der wesentlichsten Merkmale zeigt die graphische Darstel-
lung dieser Gleichung in Abb. IV/9 im Bereich $\dfrac{G_0}{G_{qi}} \lessgtr 1$ kurz vor dem
Nulldurchgang des Stromes ein Maximum, das um so deutlicher hervor-
tritt, je kleiner der Leitwert des Bogens im Nulldurchgang des
Stromes ist; auf den Oszillogrammen von Schaltversuchen kann es in
vielen Varianten beobachtet werden. Eine erste Auswahl davon zeigt
zunächst die Abb. IV/10.

Für ein Verhältnis von $\dfrac{G_0}{G_{qi}} = 1$ läßt sich die zeitliche Lage der
Extremwerte wieder leicht
ermitteln. Die entsprechenden, auf die Bogenzeitkonstante bezogenen Zeiten

$$\frac{t_l}{\vartheta} = -\sqrt{2} \qquad (65)$$

und

$$\frac{t_z}{\vartheta} = +\sqrt{2} \qquad (66)$$

besagen, daß zwei Extrem-
werte, nämlich eine Lösch-
und eine Zündspitze auf-
treten, die symmetrisch zum
Nulldurchgang des Stromes
liegen:

$$u_l = -\frac{P_s}{\omega\vartheta I}\frac{1}{\sqrt{2}+1}\frac{1}{2} \qquad (67)$$

und

$$u_z = \frac{P_s}{\omega\vartheta I}\frac{1}{\sqrt{2}-1}\frac{1}{2}. \qquad (68)$$

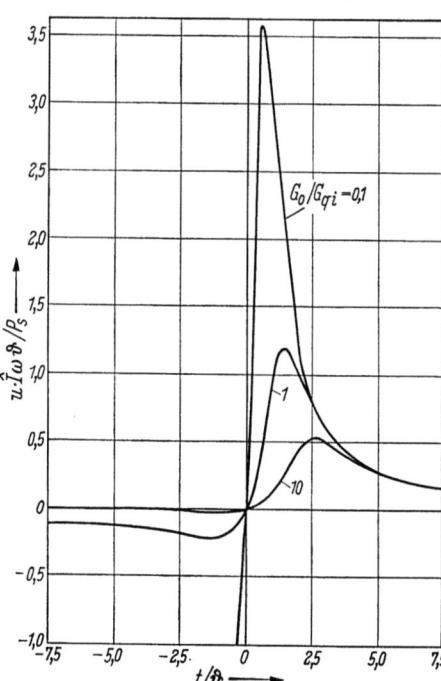

Abb. IV/9. Bezogene Spannung des dynamischen Bogens
bei eingeprägtem linearisiertem Strom

Aus der Zeitdifferenz zwischen der Löschspitze und
dem Nulldurchgang der

4 Beschreibung des dynamischen Bogens nach O. MAYR   181

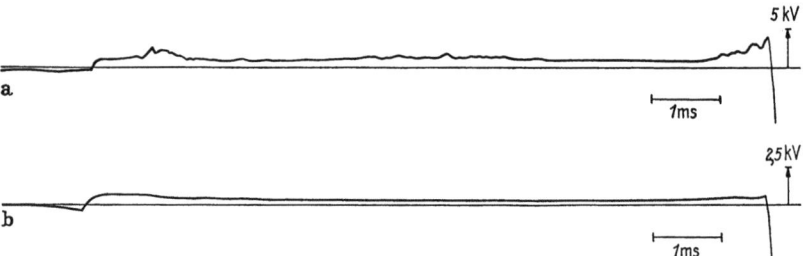

Abb. IV/10 a u. b. Kathodenstrahl-Oszillogramme der Bogenspannung bei der Unterbrechung eines Kurzschlußstromes von

a) 31 kA mit einem ölarmen Leistungsschalter mit Ölinjektion, Nennspannung 220 kV, Nennausschaltleistung 10 GVA, 4 Unterbrechereinheiten pro Pol,

b) 31 kA mit einem Leistungsschalter mit SF_6 als Löschmittel, Nennspannung 220 kV, Nennausschaltleistung 15 GVA, 4 Unterbrechereinheiten pro Pol,

jeweils an einer Unterbrechereinheit gemessen

Bogenspannung oder, falls noch eine weitere Stromhalbwelle folgt, aus der Zeitdifferenz zwischen der Lösch- und der Zündspitze kann die Bogenzeitkonstante ermittelt werden. Nach wie vor ist dies jedoch nur dann zulässig, wenn der Strom ohne stärkere Verformung gegen Null geht.

4.5 Bogenstrom bei vorgegebenem Verlauf der Einschwingspannung

Wir kommen nun dazu, den Verlauf des Bogenstromes im Bereich des Nulldurchgangs bei einer vorgegebenen Einschwingspannung zu berechnen. Zu diesem Zweck eliminieren wir in der Gl. (57) den Strom und erhalten

$$\frac{d\left(\dfrac{1}{G}\right)}{dt} - \frac{1}{\vartheta G} = -\frac{1}{\vartheta P_s} u^2(t). \tag{69}$$

Die allgemeine Lösung dieser Differentialgleichung lautet

$$\frac{1}{G} = \left[\frac{1}{G_0} - b \int_0^t e^{-at} u^2(t)\, dt\right] e^{at}, \tag{70}$$

$$a = \frac{1}{\vartheta}, \qquad b = \frac{1}{\vartheta P_s}.$$

182 IV. Der Schaltlichtbogen

Eine Spannung, die nach Gl. (24) linear ansteigt, ergibt als spezielle Lösung den Verlauf des bezogenen Bogen-Leitwertes zu

$$\frac{G}{G_{qu}} = \frac{1}{\frac{1}{2}\left(\frac{t}{\vartheta}\right)^2 + \frac{t}{\vartheta} + 1 + \left(\frac{G_{qu}}{G_0} - 1\right)e^{\frac{t}{\vartheta}}} \cdot \qquad (71)$$

Im Nulldurchgang des Stromes ist der Leitwert durch den Ausdruck

$$G_{qu} = \frac{P_s}{2\,(S\vartheta)^2} \qquad (72)$$

definiert, wenn die Leitwertsänderung des dynamischen Bogens ohne exponentielles Ausgleichsglied verläuft.

Die Abb. IV/11 enthält die zahlenmäßige Auswertung der Gl. (71). Den zugehörigen bezogenen Stromverlauf beschreibt die Gleichung

$$i\,\frac{S\,\vartheta}{P_s} = \frac{\frac{t}{\vartheta}}{\left(\frac{t}{\vartheta}\right)^2 + 2\,\frac{t}{\vartheta} + 2 + 2\left(\frac{G_{qu}}{G_0} - 1\right)e^{\frac{t}{\vartheta}}} \qquad (73)$$

die aus den Gln. (13, 26 und 71) hervorgegangen ist. In Abb. IV/12 wurde der bezogene Stromverlauf in dem hier interessanten ersten Quadranten für verschiedene Leitwertverhältnisse berechnet und eingezeichnet. Man erkennt in der Kurvenschar im wesentlichen zwei charakteristische Bereiche. Bei Leitwertverhältnissen $\frac{G_0}{G_{qu}} > 1$ schlägt der Nachstrom stets in den stationären Kurzschlußstrom um; bei Leitwertverhältnissen $\frac{G_0}{G_{qu}} < 1$ durcheilt der Nachstrom ein Maximum und klingt dann ab. Oft interessiert der Einfluß von Spannungsanstieg und Bogenzeitkonstante auf die Größe des Nachstromes. Da die Gl. (73) in dieser Zusammensetzung darüber explizit wenig aussagt, wurde sie in der Form

$$i = S\,\vartheta\,\frac{\frac{t}{\vartheta}}{\frac{1}{G_0}e^{\frac{t}{\vartheta}} + \frac{1}{G_{qu}}\left[\frac{1}{2}\left(\frac{t}{\vartheta}\right)^2 + \frac{t}{\vartheta} + 1 - e^{-\frac{t}{\vartheta}}\right]} \qquad (74)$$

gebracht. Man erfährt daraus, daß der Nachstrom um so größere Werte erreicht, je steiler die Einschwingspannung ansteigt, je größer die Bogenzeitkonstante und je größer die Leitfähigkeit des Bogenpfades im Nulldurchgang des Stromes ist. Das Maximum liegt für $\dfrac{G_0}{G_{qu}} = 1$ bei $\dfrac{t}{\vartheta} = \sqrt{2}$ und nähert sich mit abnehmendem Leitwertverhältnis stark $\dfrac{t}{\vartheta} = 1$.

Die Leistung, die der instationäre Bogen nach dem Nulldurchgang des Stromes durch Nachstrom und Einschwingspannung aufnimmt, ist durch das Produkt der Gln. (24 und 73) bestimmt. An der Grenze zwischen Gelingen und Mißlingen der Löschung des Bogens ist die vom Bogen aufgenommene elektrische Leistung gleich der vom Kühlmittel in der Zeiteinheit abgeführten Wärme. Die Gl. (1) liefert dann unter Berücksichtigung der Gl. (13) die Aussage

$$u(t) = \sqrt{\frac{P_s}{G(t)}}. \qquad (75)$$

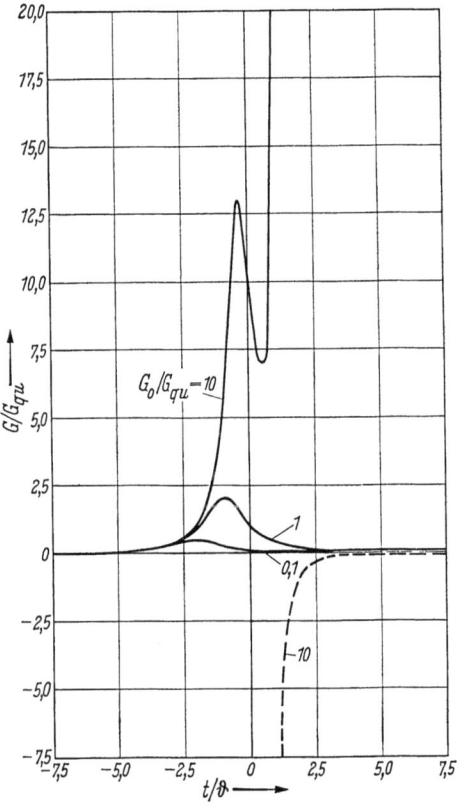

Abb. IV/11. Bezogene Leitwerte des dynamischen Bogens bei linearisierter, eingeprägter Spannung

Setzt man darin für den Leitwert des Bogens den nach Gl. (71) unter Vernachlässigung des exponentiellen Gliedes ein, so nimmt die bezogene elektrische Wiederverfestigung der Schaltstrecke den Verlauf

$$u\,\sqrt{\frac{G_{qu}}{P_s}} = \sqrt{\frac{1}{2}\left(\frac{t}{\vartheta}\right)^2 + \frac{t}{\vartheta} + 1}. \qquad (76)$$

Da der Ausdruck unter der Wurzel in erster Näherung das Quadrat eines Binoms darstellt, können wir den Verlauf der Spannung des verlöschen-

184   IV. Der Schaltlichtbogen

den Bogens in erster Näherung als linear betrachten. Nach einer Umformung ergibt sich dafür

$$u = \sqrt{2}\, S\, \vartheta + \frac{S\, t}{\sqrt{2}}.\tag{77}$$

Diese Spannung liegt über eine Zeit von $t \approx 5\vartheta$ stets oberhalb der auf-
gedrückten Einschwingspannung.

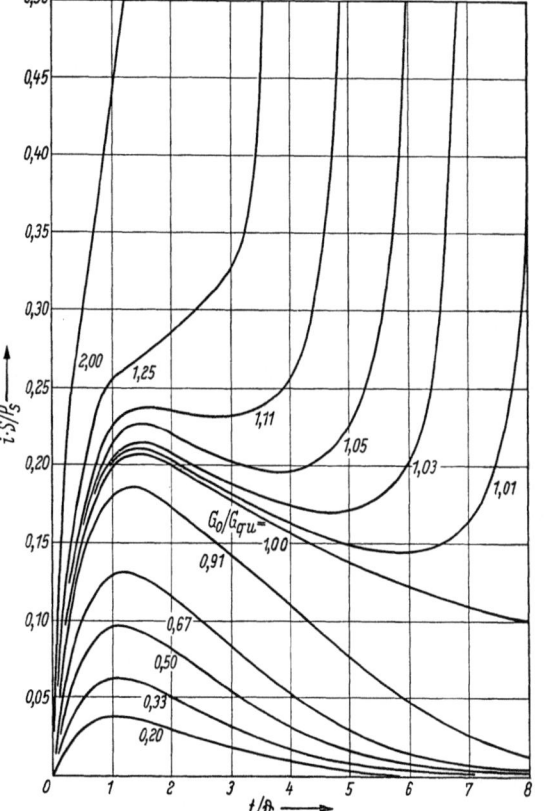

Abb. IV/12. Bezogener Nachstrom des dynamischen Bogens bei eingeprägter, linearisierter Spannung
(nach H. KOPPLIN und E. SCHMIDT 1959)

5 Leitfähigkeit des Schaltlichtbogens und Grenzausschaltleistung

Die Stromunterbrechung gelingt, wenn nach dem Nulldurchgang
des Stromes die Nachleitfähigkeit der Schaltstrecke trotz ihrer Beanspruchung durch die Einschwingspannung dem Wert Null zustrebt.

5 Leitfähigkeit des Schaltlichtbogens und Grenzausschaltleistung   185

Für den Fall, daß diese Nachleitfähigkeit in erster Näherung keinen Einfluß auf den Verlauf der Einschwingspannung hat, können wir bei dem Versuch, eine Löschbedingung allgemein zu formulieren, von der Gl. (70) ausgehen; sie nimmt dann die Form

$$\lim_{t \to \infty} \left[\frac{1}{G(t)} \right] = \lim_{t \to \infty} \left[\frac{1}{G_0} - \frac{1}{\vartheta P_s} \int_0^t e^{-\frac{t}{\vartheta}} u^2(t)\, dt \right] e^{\frac{t}{\vartheta}} \to \infty \qquad (78)$$

an.

5.1 Löschbedingung

Die soeben erläuterte Voraussetzung der Stromunterbrechung ist erfüllt, wenn der Klammerausdruck auf der rechten Seite der Gl. (78) stets größer als Null ist. Im Grenzfall gilt:

$$\frac{1}{G_0} = \lim_{t \to \infty} \left[\frac{1}{P_s \vartheta} \int_0^t e^{-\frac{t}{\vartheta}} u^2(t)\, dt \right]. \qquad (79)$$

Den Leitwert des Bogens im Augenblick des Stromnulldurchganges liefert nach O. Mayr die Gl. (63). Ebensogut könnte man es mit dem Leitwert nach Gl. (19) probieren, was zu einer Verknüpfung der Theorien nach A. M. Cassie und O. Mayr führt.

5.2 Grenzausschaltleistung
im Bereich der Nachleitfähigkeit der Schaltstrecke

Wenn wir die Einschwingspannung durch die Gleichung

$$u(t) = \hat{U}\, k\, f(t), \qquad (80)$$

die Ausschaltleistung durch die Gleichung

$$\hat{P}_a = \hat{U}\, \hat{I} \qquad (81)$$

definieren und den Leitwert im Nulldurchgang des Stromes nach Gl. (63) annehmen, ergibt eine Zwischenrechnung folgenden allgemeinen Ausdruck für den kritischen Zustand des Schalters:

$$\hat{P}_a = \sqrt{\frac{P_s^2\, \vartheta}{2(\omega\vartheta)^2} \cdot \frac{1}{k^2 \displaystyle\int_0^\infty e^{-\frac{t}{\vartheta}} f^2(t)\, dt}}. \qquad (82)$$

Wird dagegen für den Leitwert des Bogens im Nulldurchgang des Stromes der Ausdruck nach Gl. (19) gewählt und in die Gleichung des kritischen Zustandes der Schaltstrecke eingesetzt, so folgt

$$\hat{P}_a = \sqrt{\frac{\dfrac{\sqrt{2}\,P_{\max} P_s}{\omega \vartheta}}{k^2 \displaystyle\int_0^\infty e^{-\frac{t}{\vartheta}} f^2(t)\, dt}}\; \vartheta\,, \tag{83}$$

mit

$$P_{\max} = U_s \hat{I}\,. \tag{84}$$

Diese neue Beziehung ist deshalb interessant, weil damit die maximale Bogenleistung in die Schaltleistungsformel Eingang gefunden hat. Bedenkt man, daß die Bogenleistung eng mit der Löschmitteleinwirkung und diese wieder mit der Ausschaltleistung zusammenhängt, erscheint diese Aussage durchaus sinnvoll.

Wir wollen nun zwei Beispiele mit zwei verschiedenen vorgegebenen Einschwingspannungen rechnen.

5.3 Linear ansteigende Einschwingspannung

Diese Einschwingspannung möge mit einer Steilheit ansteigen, die durch den Ausdruck

$$S_m = \hat{U}\, k\,, \tag{85}$$

mit

$$k = \gamma\, \frac{\nu}{\pi}\,,$$

bestimmt ist und der mittleren Steilheit einer einfrequenten Einschwingspannung entspricht.

Geht man damit in die Gl. (82), so folgt für die bezogene Grenzausschaltleistung

$$\boxed{\; \frac{\hat{P}_a}{P_s}\, \omega \vartheta = \frac{\pi}{2\gamma}\, \frac{1}{\nu \vartheta} \;}\,. \tag{86}$$

Der Kurvenverlauf, den diese Gleichung beschreibt, ist in Abb. VI/20 für $\gamma = 2$, $\nu = \nu_0$ zu sehen.

Demnach wird die Ausschaltleistung, die ein Schalter bei vorgegebener Einschwingspannung gerade noch beherrscht, um so größer, je besser der Schaltlichtbogen gekühlt, d. h. auf die Löschung vorbereitet und nach dem Nulldurchgang entionisiert wird, und je kleiner seine Zeitkonstante ist.

5 Leitfähigkeit des Schaltlichtbogens und Grenzausschaltleistung

Liegt bereits eine bestimmte Löschanordnung konstruktiv vor und wurde dafür auch schon ein bestimmtes Löschmittel gewählt, dann kann der Schalter damit einen um so größeren Strom unterbrechen, je langsamer die Einschwingspannung ansteigt. Ferner ist die Ausschaltleistung der Frequenz des auszuschaltenden Stromes umgekehrt proportional.

Hinsichtlich der Übereinstimmung dieser analytisch hergeleiteten Erkenntnisse mit den Ergebnissen der Versuche muß allerdings bemerkt werden, daß es sich dabei entsprechend den vereinfachten Annahmen nur um richtungsweisende Aussagen für den Bereich der Nachleitfähigkeit der Schaltstrecke handelt. Die quantitative Gültigkeit wird durch zusätzliche Einflüsse wie z. B. Elektrodeneffekte, Gasrückstau in der Schaltdüse und Vorgänge beim Wiederaufbau der dielektrischen Festigkeit der Schaltstrecke stark beeinflußt.

5.4 Ungedämpft oszillierende Einschwingspannung

Für das zweite Beispiel geben wir eine Einschwingspannung nach der Gleichung

$$u = \hat{U}\,(1 - \cos \nu_0 t) \tag{87}$$

vor.

Diese Funktion liefert in Verbindung mit der Gl. (82) nach einer Zwischenrechnung als bezogene Grenzausschaltleistung

$$\frac{\hat{P}_a}{P_s}\,\omega\,\vartheta = \frac{\sqrt{[1 + (\nu_0\vartheta)^2]\,[1 + 4\,(\nu_0\vartheta)^2]}}{2\,\sqrt{3}\,(\nu_0\vartheta)^2}. \tag{88}$$

Im Vergleich zur Grenzausschaltleistung bei linear ansteigender Einschwingspannung sind keine grundsätzlich neuen Aussagen hinzugekommen. In den bereits mitgeteilten Grenzen blieb die Abhängigkeit von der Kühlleistung, von der Bogenzeitkonstante und von der Frequenz des auszuschaltenden Stromes bestehen; lediglich die Abhängigkeit von der Frequenz der Einschwingspannung hat eine etwas andere Form angenommen entsprechend dem geänderten Verlauf dieser Spannung.

Der ebenfalls in die Abb. IV/20 eingetragene Kurvenverlauf nach Gl. (88) weicht bei kleinen Abszissenwerten, d. h. hohen Einschwingfrequenzen, nur wenig von dem Kurvenverlauf nach Gl. (86) ab; erst mit abnehmenden Einschwingfrequenzen trennen sich die beiden Kurven.

Bemerkenswert ist die gute Übereinstimmung mit der dritten Grenzkurve in diesem Bild; sie stellt die Frequenzabhängigkeit der Ausschaltleistung dar, die von O. MAYR (1958) unter Berücksichtigung der an späterer Stelle noch zu behandelnden Wechselwirkung zwischen dem

188 IV. Der Schaltlichtbogen

Schaltlichtbogen und einem Stromkreis nach Abb. IV/18, jedoch ohne
Dämpfung, numerisch berechnet wurde.

6 Wechselwirkungen zwischen Schaltlichtbogen und Stromkreis

Die bisherigen Aussagen über das Verhalten des instationären Schaltlichtbogens in Grenzfällen seiner Existenz sind im wesentlichen durch
Linearisieren der Gleichung des dynamischen Bogens ermöglicht worden.
Um dies zu erreichen, mußten für den Verlauf verschiedener Einflußgrößen wie z. B. Bogenstrom und Einschwingspannung, bis zu einem
gewissen Grad willkürliche Annahmen gemacht werden. So konnten
zwar wertvolle Erkenntnisse und Erläuterungen für viele Erscheinungen,
die in der Schaltertechnik zu beobachten sind, gewonnen werden, ver-
wehrt blieb jedoch noch der Einblick in die Wechselwirkung, die zwischen
dem Bogen und den Schaltelementen des Stromkreises besteht. Damit
ein solcher Einblick möglich wird, ist es unerläßlich, auch die Gleichung
dieser Stromkreise zu berücksichtigen.

6.1 Untersuchung nach der Methode der kleinen Schwingungen

Für die analytische Untersuchung bietet sich die Methode der kleinen
Schwingungen an. Hierbei wird vorausgesetzt, daß sich die stationären
Größen relativ nur wenig ändern und daher in ihrem Einfluß auf den
entstehenden Ausgleichsvorgang vernachlässigbar sind. Man interessiert
sich für den Ursprungsbereich dieses Vorganges, gelangt dadurch wieder
zu linearen Differentialgleichungen und kann auf diese Weise die Stabilität der Erscheinungen qualitativ beurteilen.

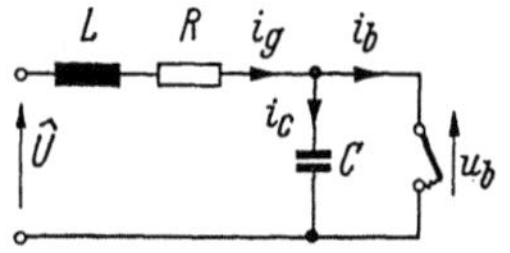

Abb. IV/13. Ausschalten eines
Kurzschlusses mit einem
Schalter, dessen Schaltstrecke
eine Kapazität parallel-
geschaltet ist

6.1.1. Bogen mit Parallelkapazität

Als erstes wird die Wechselwirkung des
Schaltlichtbogens mit dem in Abb. IV/13 dargestellten Stromkreis untersucht. An Gleichungen
stehen die Gl. (57) und die Gleichung des ge
zeigten Schwingkreises

$$\hat{U} - L\frac{di_g}{dt} - Ri_g - u_b = 0, \qquad (89)$$

mit den Beziehungen

$$i_g = i_c + i_b,$$
$$i_b = I_s + i,$$
$$i_c = C\,\frac{du_b}{dt},$$
$$u_b = U_s + u$$

6 Wechselwirkungen zwischen Schaltlichtbogen und Stromkreis   189

zur Verfügung. Wie bereits allgemein erläutert, kann man sich den Strom und die Spannung des Bogens aus zwei Teilen zusammengesetzt denken; der eine Teil ändert sich im betrachteten Zeitintervall mit Betriebsfrequenz und läßt sich daher in erster Näherung als konstant annehmen, der andere Teil beinhaltet die höherfrequenten Schwingungen mit im Anfang kleiner Amplitude. Da

$$\hat{U} - RI_s - U_s \approx 0 \tag{90}$$

wegen

$$L\,\frac{dI_s}{dt} \ll L\,\frac{d(i_c + i)}{dt} \,,\, \mathrm{C}\frac{dU_s}{dt} \ll \mathrm{C}\frac{du}{dt}$$

geht die Gl. (89) in den Ausdruck

$$\frac{d^2u}{dt^2} + \frac{R}{L}\frac{du}{dt} + \frac{1}{LC}u + \frac{1}{C}\frac{di}{dt} + \frac{R}{LC}i = 0 \tag{91}$$

über. Zu diesem Ausdruck führt auch die Vorstellung, die stationäre Spannungsquelle sei leitend überbrückt und der Stromkreis nur an die schnell veränderliche Bogenspannung angeschlossen.

Spaltet man auch in der Gl. (57) unter Verwendung der Gl. (13) Strom und Spannung des Bogens in einen langsam veränderlichen großen und in einen schnell veränderlichen kleinen Bestandteil auf und vernachlässigt man im Produkt von Bogenspannung und Bogenstrom die Teilprodukte der kleinen Größen, ergibt sich

$$\frac{du}{dt} + \frac{1}{\vartheta}u - \frac{1}{G_s}\frac{di}{dt} + \frac{1}{G_s\vartheta}i = 0, \tag{92}$$

$$G_s = \frac{I_s}{U_s}.$$

Diese Gleichung ermöglicht es, den Bogen als eine Kombination von Ohmschen und induktiven Widerständen zu deuten, wie sie die Abb. IV/14 zeigt. Nach der Laplace-Transformation der Gln. (91 und 92) in den Bildbereich und nach dem Eliminieren des Stromes in der Gl. (91) mit Hilfe der Gl. (92) folgt als charakteristische Gleichung

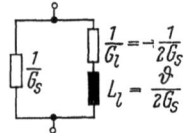

Abb. IV/14. Darstellung des Bogens als konstante Impedanz

$$p^3 + p^2 a_2 + p a_1 + a_0 = 0; \tag{93}$$

die Koeffizienten kürzen folgende Ausdrücke ab:

$$a_2 = \frac{R}{L} + \frac{G_s}{C} - \frac{1}{\vartheta},$$

$$a_1 = \frac{1}{LC} + \frac{1}{\vartheta}\frac{G_s}{C} + \frac{RG_s}{LC} - \frac{R}{\vartheta L},$$

$$a_0 = \frac{1}{\vartheta}\frac{1}{LC}(RG_s - 1).$$

190   IV. Der Schaltlichtbogen

Anhand dieser Gleichung läßt sich der Einfluß der Schaltelemente des Stromkreises auf die Stabilität des Bogens abschätzen. Sein Zustand ist stabil, wenn nach HURWITZ die einzelnen Koeffizienten positiv sind:

$$a_0 > 0, \quad a_1 > 0, \quad a_2 > 0 \tag{94}$$

und wenn dies auch für alle Determinanten (Hurwitz-Determinanten) zutrifft:

$$D_n > 0. \tag{95}$$

Im einzelnen lauten diese Determinanten:

$$D_1 = a_1, \tag{96}$$

$$D_2 = \begin{vmatrix} a_1 & a_0 \\ 1 & a_2 \end{vmatrix} \tag{97}$$

und

$$D_3 = \begin{vmatrix} a_1 & a_0 & 0 \\ 1 & a_2 & a_1 \\ 0 & 0 & 1 \end{vmatrix} \tag{98}$$

wobei man schon sieht, daß $D_3 \equiv D_2$. Die Bedingung $a_0 > 0$ liefert

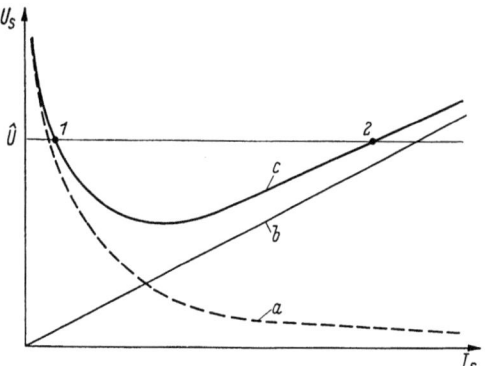

Abb. IV/15. Kennlinien des statischen Bogens und des Stromkreises

a Kennlinie des statischen Bogens; b Widerstandsgerade; c Kennlinie von Bogen und Vorwiderstand
$$c(I_s) = a(I_s) + b(I_s)$$

$$\boxed{R > \frac{1}{G_s}} \tag{99}$$

was besagt, daß der Bogen so lange stabil brennt, wie der Ohmsche Widerstand des Stromkreises größer ist als der Widerstand des Bogens. Die Abb. IV/15 veranschaulicht, wie diese Stabilitätsbedingung aus dem labilen, im Diagramm mit 1 bezeichneten Zustand in den stabilen, mit 2 bezeichneten Zustand des Bogens führt.

Über die Wechselwirkung zwischen dem Bogen und der Parallelkapazität gibt die Stabilitätsbedingung $a_2 > 0$ Auskunft. Bei einem induktiven Widerstand des Stromkreises, der so groß ist, daß die höherfrequente Bogenspannung den Gesamtstrom nicht mehr beeinflußt, folgt daraus:

$$\frac{C}{G_s} < \vartheta. \tag{100}$$

Mit Hilfe der Gl. (58) und der Beziehung $P_s = G_s U_s^2$ läßt sich diese Ungleichung zu dem Ausdruck

$$\frac{U_s^2 C}{2} < \frac{Q_s}{2} \tag{101}$$

umformen. Demnach darf die in der Parallelkapazität gespeicherte Energie nicht größer sein als die Hälfte derjenigen Energie, welche die Leitfähigkeit des Bogens nach Gl. (55) im Verhältnis $1:e$ erhöht.

Wenn die Instabilität des Bogens zu Schwingungen führt, sind die Amplituden dieser Schwingungen anfänglich sehr klein. Die charakteristische Gl. (93) degeneriert in diesem Falle zu einer quadratischen Gleichung, und man erhält unter Vernachlässigung des Ohmschen Schwingkreis-Widerstandes als Anfangsfrequenz der Bogenschwingung

$$\nu_l = \sqrt{\frac{1}{LC} + \frac{G_s}{C\vartheta} - \frac{1}{4}\left(\frac{G_s}{C} - \frac{1}{\vartheta}\right)^2}; \tag{102}$$

bei gegebener Induktivität und Kapazität des Stromkreises ist diese Frequenz um so größer, je kleiner die elektrische und die thermische Zeitkonstante des Bogens werden, vorausgesetzt, daß $G_s \vartheta = C$.

6.1.2 Bogen mit Parallelwiderstand

Als nächstes Beispiel untersuchen wir den Einfluß, den ein Parallelwiderstand zur Schaltstrecke auf den Schaltlichtbogen ausübt (Abb. IV/16). In der Praxis entspricht dies etwa dem Ausschalten eines Kurzschlußstromes durch einen Leistungsschalter, wobei auf der speisenden Seite des Netzes noch eine Wirklast vorhanden ist. Die Gleichung dieses Bogenstromkreises lautet

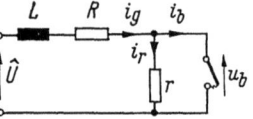

Abb. IV/16. Ausschalten eines Kurzschlusses mit einem Schalter, dessen Schaltstrecke ein Ohmscher Widerstand parallel geschaltet ist

$$\hat{U} - L\frac{di_g}{dt} - R i_g - u_b = 0 \tag{103}$$

mit den Teilgleichungen

$$i_g = i_r + i_b,$$

$$i_b = I_s + i,$$

$$i_r = \frac{u_b}{r}$$

$$u_b = U_s + u.$$

192   IV. Der Schaltlichtbogen

Analog zu dem Rechenverfahren, das für den Stromkreis nach Abb. IV/13 angewendet worden ist, ergibt die Gl. (103) im Verein mit der Gl. (93) die charakteristische Gleichung

$$p^2 + p a_1 + a_0 = 0; \tag{104}$$

für die Koeffizienten gilt

$$a_1 = \frac{\dfrac{r}{L\,\vartheta}}{1 + r G_s} \left[\vartheta \left(R G_s + 1 + \frac{R}{r} \right) - \frac{L}{r}\,(1 - r G_s) \right]$$

$$a_0 = \frac{\dfrac{r}{L\,\vartheta}}{1 + r G_s} \left[R G_s - \left(1 + \frac{R}{r} \right) \right].$$

Die Stabilitätsbedingung $a_0 > 0$ erstreckt sich auf den statischen Lichtbogen und wird für $\dfrac{R}{r} \ll 1$ identisch mit dem Ausdruck (99).

Die Stabilitätsbedingung $a_1 > 0$ liefert die Ungleichung

$$\vartheta > \frac{L}{R G_s + 1 + \dfrac{R}{r}} \left(\frac{1}{r} - G_s \right). \tag{105}$$

Sie beschreibt die aus der Erfahrung bekannte Tatsache, daß ein Schaltlichtbogen um so labiler brennt, je kleiner der Parallelwiderstand zur Schaltstrecke ist. Aus diesem Grund findet man auch Leistungsschalter, die mit verhältnismäßig niedrigohmigen Widerständen parallel zu den Schaltstrecken ausgerüstet sind. Diese Widerstände sollen vor allem das Kurzschluß-Ausschaltvermögen erhöhen; sie können jedoch mit höheren Werten auch noch andere Funktionen haben. Einen Überblick über die mannigfaltigen Anwendungsmöglichkeiten für solche Widerstände gibt die Tab. IV/1.

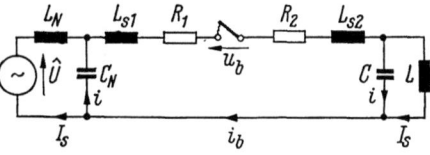

Abb. IV/17. Ausschalten eines unbelasteten Transformators, einpoliger Ersatzschaltplan

6.1.3 Bogen mit Reihenschwingkreis

Diese Kombination kommt beim Ausschalten kleiner induktiver Ströme vor. In Abb. IV/17 ist der vereinfachte Ersatzschaltplan zu sehen, der genügt, um daraus die wesentlichen physikalischen Zusammenhänge herzuleiten. Der Transformator, dargestellt durch seine Leerlaufinduktivität, wird aus dem Netz erregt und dann durch den Schalter aus-

6 Wechselwirkungen zwischen Schaltlichtbogen und Stromkreis   193

Tabelle IV/1. *Übersicht über Verwendung und Größe von Schaltwiderständen*
Die angegebenen Zahlenwerte beziehen sich auf 220-kV-Schalter

Zweck	Schaltplan	Ohmwert je Pol in kΩ
Verteilung der wieder-kehrenden Polspannung[1]		100 ··· 500[2]
Dämpfung von Schaltspan-nungen beim Schalten kleiner induktiver Ströme		10 ··· 30
Entladung von Freileitungen, Kabeln und Kondensator-batterien nach dem Aus-schalten[3] (Schalten kleiner induktiver Ströme im Hinblick auf sehr kleine Schaltspan-nungen)		2 ··· 5[4]
Erhöhung des Kurzschluß-Ausschaltvermögens bei Fern- und Nahkurzschlüssen		0,1 ··· 1,0

[1] Hierzu werden auch spannungsabhängige ohmsche sowie kapazitive und gemischt ohmsch-kapazitive Widerstände verwendet.

[2] IEC-Publication 56-1-A: "When the units are shunted by resistors which carry, at the voltage specified for the pole, a current of 0.25 ampere or more, the distri-bution of the voltage is then independent of the proximity of adjacent objects".

[3] Auch spannungsabhängige Widerstände sind gebräuchlich.

[4] Die Größe des Widerstandes ist abhängig von der Größe der auszuschaltenden Kapazität.

geschaltet. In solchen Stromkreisen wurden Bogenschwingungen mit Frequenzen bis weit über 100 kHz gemessen. Es ist daher zulässig, den induktiven Widerstand der Transformatoren als groß anzunehmen gegenüber dem kapazitiven: $\nu L \gg \dfrac{1}{\nu C}$. Für die Streuinduktivität und Kapazität auf der speisenden Seite gelte die gleiche Beziehung:

$$\nu L_N \gg \frac{1}{\nu C_N}.$$

Gegebenenfalls können jedoch auch ein Teil der Streuinduktivität des Netzes und die entsprechenden Kapazitäten in den Kreis der Strom-schwingungen mit einbezogen werden.

13 Slamecka, Prüfung

194IV. Der Schaltlichtbogen

Zieht man bei der Untersuchung der Ausgleichvorgänge wieder nur die Veränderungen kleiner Größen in Betracht, ergibt sich für den Schwingkreis zwischen den Klemmen des speisenden und des gespeisten Transformators eine Differentialgleichung, die in Laplace-transformierter Form

$$\left(pL_s + R + \frac{1}{pC_{res}}\right)\mathfrak{L}i + \mathfrak{L}u = 0 \tag{106}$$

lautet.

Für die einzelnen Konstanten des Schwingkreises stehen die Abkürzungen

$$R = R_1 + R_2,$$

$$L_s = L_{1_s} + L_{2_s},$$

$$\frac{1}{C_{res}} = \frac{1}{C_N} + \frac{1}{C}.$$

In dieser Gleichung läßt sich der Strom ebenfalls mit Hilfe der Gl. (92) eliminieren. Wir wollen jedoch diesen Rechenschritt übergehen und sofort das Ergebnis, die charakteristische Gleichung, anschreiben:

$$p^3 + p^2 a_2 + p a_1 + a_0 = 0; \tag{107}$$

ihre Koeffizienten kürzen folgende Ausdrücke ab:

$$a_2 = \frac{1}{L_s}\left(R + \frac{1}{G_s}\right) + \frac{1}{\vartheta},$$

$$a_1 = \frac{1}{L_s\vartheta}\left(R - \frac{1}{G_s}\right) + \frac{1}{L_s C_{res}},$$

$$a_0 = \frac{1}{L_s C_{res}\vartheta}.$$

Das Stabilitätskriterium nach Gl. (97) liefert hier die Ungleichung

$$\vartheta^2 > \frac{1 - G_s R}{1 + G_s R}\, C_{res}\left[L_s + \vartheta\left(R + \frac{1}{G_s}\right)\right]. \tag{108}$$

In Schwingkreisen, die aus der Induktivität von Sammelschienenanordnungen und aus der Eigenkapazität elektrischer Anlagen und Geräte bestehen, ist die Dämpfung im allgemeinen sehr klein. Wenn daher in der Ungleichung (108) der Ohmsche Widerstand in erster Näherung vernachlässigt wird, ergibt sich der einfachere Ausdruck

$$\vartheta^2 - \vartheta\,\frac{C_{res}}{G_s} - L_s C_{res} > 0. \tag{109}$$

6 Wechselwirkungen zwischen Schaltlichtbogen und Stromkreis   195

Dieser Ungleichung entnimmt man die Aussage, daß eine Induktivität, die mit einer Kapazität und einem Bogen in Reihe geschaltet ist, die Stabilität des Bogens verschlechtert. Zu dem gleichen Ergebnis kam bereits W. DUDELL bei der experimentellen Untersuchung des „Phänomens des selbsttönenden Bogens" im Jahre 1901.

Als weiteres Stabilitätskriterium steht zur Verfügung: $a_1 > 0$ oder nach der Entwicklung

$$\vartheta > \left(\frac{1}{G_s} - R\right) C_{\text{res}}. \tag{110}$$

Für sehr kleine Ohmsche Widerstände des Schwingkreises geht diese Ungleichung in die Ungleichung (100) über. Sie läßt sich in die Form

$$I_s^2 > \frac{C_{\text{res}} \cdot P_s}{\vartheta} \tag{111}$$

bringen und folgendermaßen deuten: Der Bogenstrom muß bei einer Zunahme der Parallelkapazität ebenfalls anwachsen, wenn bei einem konstanten Verhältnis $\frac{P_s}{\vartheta}$ die Stabilität gewahrt bleiben soll. Unterhalb dieses größer gewordenen Stromes ist kein stabiler Zustand möglich, oder mit anderen Worten: der Strom kann abkippen. Demnach steht die Kapazität, die dem Bogen parallelgeschaltet ist, in einem unmittelbaren Zusammenhang mit der Größe des Abkippstromes.

Über die Frequenz der Bogenschwingung gibt folgende Überlegung Auskunft:

An der Stabilitätsgrenze werden die Bogenschwingungen weder gedämpft noch angefacht. Damit dies möglich wird, darf in der Produktform der charakteristischen Gleichung der Faktor, der das Schwingungsverhalten bestimmt, kein Dämpfungsglied enthalten.

Es gilt also:

$$(p + \alpha)(p^2 + \nu_l^2) = 0 \tag{112}$$

oder in entwickelter Form

$$p^3 + p^2\alpha + p\nu_l^2 + \alpha\nu_l^2 = 0. \tag{113}$$

Der Vergleich der Koeffizienten dieser charakteristischen Gleichung des labilen Bogens mit denen der Gl. (107) liefert für die Kreisfrequenz den Ausdruck

$$\nu_l^2 = \frac{1}{L_s C_{\text{res}} + \vartheta C_{\text{res}}\left(R + \frac{1}{G_{sg}}\right)}. \tag{114}$$

13*

196   IV. Der Schaltlichtbogen

Dabei ist der allgemeine Leitwert G_s in den Grenzleitwert G_{sg} des labilen Bogens übergegangen.

Aus dem Koeffizientenvergleich folgt weiter, daß der labile Zustand des Bogens erreicht ist, wenn

$$a_1 = \frac{a_0}{a_2}, \tag{115}$$

was nur eine andere Form der Stabilitätsbetrachtung nach der Ungleichung (108) darstellt. Durch die Gl. (115) ist auch der Grenzleitwert bestimmt.

6.2 Wechselwirkung zwischen Bogen und Stromkreis unter Berücksichtigung der vollen Größe des Ausschaltstromes und der wiederkehrenden Polspannung

Bei diesem Schritt, den wir ebenfalls noch im Zeitbereich der abklingenden Nachleitfähigkeit tun, handelt es sich darum, von den kleinen Größen auf den Ausschaltstrom und auf die wiederkehrende Polspannung in voller Höhe überzugehen. Der Aufwand an Rechenzeit, der sich bei diesem Verfahren dadurch ergibt, daß die nicht mehr zu vermeidenden nichtlinearen Differentialgleichungen nur noch numerisch integriert werden können, läßt sich heute durch den Einsatz von Rechenmaschinen beträchtlich vermindern. Die weitere Aufgabe besteht darin, die so mit ausgewählten Parametern gefundene Abhängigkeit der Ausschaltleistung z. B. vom Verlauf der Einschwingspannung mit den Ergebnissen der Versuche zu vergleichen und danach die getroffenen Annahmen zu überprüfen. Für diese Arbeiten stellt die Schaltertechnik bereits Schaltstrecken zur Verfügung, die in der Löschmittelführung relativ wenig streuen und daher überschaubare und reproduzierbare Versuchsergebnisse liefern können.

Als Einführung sollen für zwei Stromkreise, denen in der Praxis eine größere Bedeutung zukommt, die Ansatzgleichungen aufgestellt werden. Die Lösung dieser Gleichungen ermöglicht es, den Zusammenhang zwischen der Ausschaltleistung oder einer dafür maßgebenden Kenngröße und dem Aufbau des Stromkreises besser zu erkennen.

6.2.1 Reihenschaltung aus ohmschem Widerstand und Kapazität parallel zum Bogen

In Abb. IV/18 wurde der Ersatzschaltplan der Abb. IV/13 durch einen Widerstand in Reihe mit der Parallelkapazität zur Schaltstrecke ergänzt. Damit ist eine weitere Anpassung an die wirklichen Verhältnisse erreicht worden. Dieser erweiterte Schaltplan entspricht insbesondere dem

6 Wechselwirkungen zwischen Schaltlichtbogen und Stromkreis   197

Ersatzschaltplan eines Stromkreises, der häufig in den Hochleistungsprüffeldern angewendet wird. Daneben ist noch ein zweiter Ersatzschaltplan eingezeichnet, der sich elektrisch völlig gleichartig verhält, so daß
zwei äquivalente Stromkreise vorliegen. Manchmal kann es nützlich sein,
die Wahl zwischen solchen Stromkreisen zu haben.

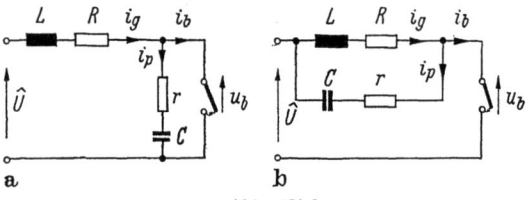

Abb. IV/18

a Ausschalten eines Kurzschlusses mit einem Schalter, dessen Schaltstrecke ein *RC*-Glied parallelgeschaltet ist; *b* Äquivalenter Stromkreis

Den elektrischen Zustand dieser Stromkreise beschreiben die drei
Gleichungen

$$\hat{U} - L\frac{di_g}{dt} - Ri_g - u_b = 0,\tag{116}$$

$$i_g - i_p - i_b = i_g - i_p - u_b\,G = 0\tag{117}$$

und

$$\frac{du_b}{dt} - r\frac{di_p}{dt} - \frac{1}{C}\,i_p = 0.\tag{118}$$

Als weitere Gleichung kommt die etwas umgeformte Gl. (57) des dynamischen Bogens hinzu:

$$\frac{d\left(\dfrac{1}{G}\right)}{dt} = \frac{1}{\vartheta}\left(\frac{1}{G} - \frac{u_b^2}{P_s}\right).\tag{119}$$

Es empfiehlt sich nun, die Gln. (116 bis 119) dimensionslos zu machen,
denn das Einführen bezogener Größen reduziert die Anzahl der Parameter.
Dadurch lassen sich mit einem einzigen Rechenbeispiel alle Fälle behandeln, die von den gleichen bezogenen Parametern bestimmt werden. Diese Zwischenrechnung, die aus einem Erweitern der Gleichungen
und zum Teil auch der darin vorkommenden Brüche besteht, ergibt
folgende dimensionslose Gleichungen:

$$u_\beta = 1 - z_R i_\gamma - \frac{di_\gamma}{d\zeta},\tag{120}$$

$$i_\gamma = i_\pi + u_\beta y,\tag{121}$$

$$\frac{du_\beta}{d\zeta} = z_r\frac{di_\pi}{d\zeta} + i_\pi,\tag{122}$$

$$\frac{d\left(\dfrac{1}{y}\right)}{d\zeta} = \frac{a}{y} - b\,u_\beta^2,\tag{123}$$

198   IV Der Schaltlichtbogen

mit den dimensionslosen Variablen

$$u_\beta = \frac{u_b}{\hat{U}}, \qquad i_\gamma = \frac{i_g}{\hat{U}} \sqrt{\frac{L}{C}}, \tag{124}$$

$$i_\pi = \frac{i_p}{\hat{U}} \sqrt{\frac{L}{C}}, \qquad y = G \sqrt{\frac{L}{C}}, \qquad \zeta = \frac{t}{\sqrt{LC}}.$$

Die ebenfalls dimensionslosen Koeffizienten in den Gln. (120 bis 123) sind die Abkürzungen der nachstehenden Parameter

$$z_R = \frac{R}{\sqrt{\frac{L}{C}}}, \qquad z_r = \frac{r}{\sqrt{\frac{L}{C}}}, \tag{125}$$

$$a = \frac{\sqrt{LC}}{\vartheta} = \frac{1}{v_0 \vartheta}, \qquad b = \frac{\hat{P}_a}{P_s} \frac{\omega}{v_0} a = \frac{\hat{P}_a}{P_s} \omega \vartheta a^2.$$

Mit diesen vier Gleichungen läßt sich bei vorgegebenen Parametern z_R, z_r, a und b der Verlauf der vier Unbekannten i_γ, i_π, u_β und y numerisch berechnen.

6.2.2 Bogen mit Parallelwiderstand und Parallelkapazität

Der zugehörige Ersatzschaltplan nach Abb. IV/19 stellt eine Erweiterung des Ersatzschaltplanes nach Abb. IV/16 durch eine zusätzliche Parallelkapazität zur Schaltstrecke dar. Auch diesem Stromkreis wurde der ihm äquivalente Stromkreis gegenübergestellt.

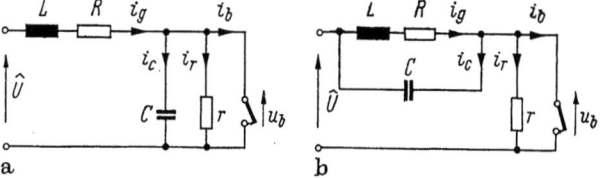

Abb. IV/19 a u. b. *a* Ausschalten eines Kurzschlusses mit einem Schalter, dessen Schaltstrecke ein ohmscher Widerstand und eine Kapazität parallelgeschaltet sind; *b* Äquivalenter Stromkreis

Die Zahl der Zustandsgleichungen ermäßigt sich jetzt auf drei, nämlich: die Gl. (120), die Gleichung

$$i_g - i_c - i_r - i_b = i_g - C \frac{d u_b}{dt} - \frac{u_b}{r} - u_b G = 0, \tag{126}$$

6 Wechselwirkungen zwischen Schaltlichtbogen und Stromkreis   199

deren normierte Form

$$i_\gamma = \frac{d u_\beta}{d\zeta} + \frac{u_\beta}{z_r} +. u_\beta y \qquad (127)$$

lautet und die Gl. (123). Dementsprechend ist die Zahl der Variablen auf i_γ, u_β und y zurückgegangen. Die Zahl der Parameter ist gleich geblieben.

6.2.3 Bogen in einem Stromkreis ohne dämpfende Schaltelemente

Wenn in dem Schaltplan nach Abb. IV/18 die Ohmschen Widerstände des Schwingkreises gegen Null gehen, vereinfachen sich die Gl. (120) zu der Gleichung

$$u_\beta = 1 - \frac{d i_\gamma}{d\zeta} \qquad (128)$$

und die Gln. (121 und 122) zu der Gleichung

$$i_\gamma = \frac{d u_\beta}{d\zeta} + u_\beta y. \qquad (129)$$

Hinzu kommt noch die Gl. (123).

O. Mayr löste dieses Gleichungssystem mit den Variablen i_γ, u_β und y sowie den Parametern a und b numerisch unter Anwendung der Differenzenrechnung, insbesondere des Verfahrens nach Runge-Kutta. Eine digitale Rechenmaschine hat die Rechenarbeit übernommen. In den einzelnen durchgerechneten Beispielen wurden die Parameter a und b so gewählt, daß sich Bereiche der Löschung und Bereiche des Weiter-

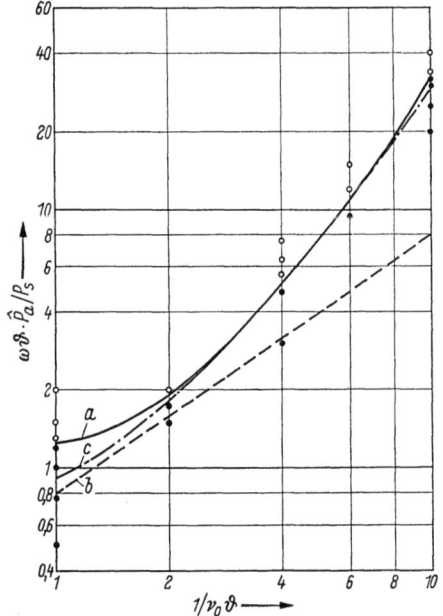

Abb. IV/20. Bezogene Leistungs-Frequenz-Kennlinien für den Bereich der Nachleitfähigkeit der Schaltstrecke *a* numerisch berechnet (nach O. Mayr 1958); *b* nach Gl. (86) (linear ansteigende Einschwingspannung); *c* nach Gl. (88) (oszillierende Einschwingspannung)

brennen des Bogens ergaben. Das Diagramm in Abb. IV/20 enthält die Auswertung der Rechenbeispiele.

Darin ist das Versagen des Schalters jeweils als Kreis, die gelungene Stromunterbrechung als Punkt dargestellt. Die Grenze zwischen diesen beiden Bereichen bildet die bezogene Leistungs-Frequenz-Kennlinie des Schalters.

200　　　　　　　　　IV. Der Schaltlichtbogen

Die Abb. IV/20 zeigt ferner, daß die Technik der rechnerischen Ermittlung einer Kennlinie des Schalters der Versuchstechnik im Prüffeld durchaus ähnlich ist. Auch dort werden bei der Entwicklung einer Schaltstrecke ihre Parameter systematisch geändert und die Auswirkungen dieser Änderung in einer geeigneten Prüfschaltung ermittelt. Das Versuchsergebnis stellt dann zunächst ebenfalls nur eine Vielzahl von Ja-Nein-Aussagen dar, die zu einer Kennlinie des Prüflings zusammengestellt werden.

7 Ermittlung der Zeitkonstante des Schaltlichtbogens

Die Zeitkonstante eines Bogens zu finden, ist auf verschiedene Weise möglich. Sie läßt sich aus den Oszillogrammen von Schaltversuchen auswerten, und sie kann im Laborversuch mit Hilfe von Modell-Löschanordnungen ermittelt werden. Wir wollen beide Möglichkeiten auf der Basis Bogentheorie nach MAYR in ihren Grundzügen erläutern.

7.1 Ermittlung der Bogenzeitkonstante aus Oszillogrammen der Bogenspannung und des Bogenstromes im Bereich des Nulldurchganges

Wirkt in einer Schaltstrecke das Löschmittel nur wenig auf den Schaltlichtbogen ein, dann verläuft der auszuschaltende Wechselstrom im Nulldurchgang annähernd linear. Für diesen Grenzfall gibt die Gl. (65)

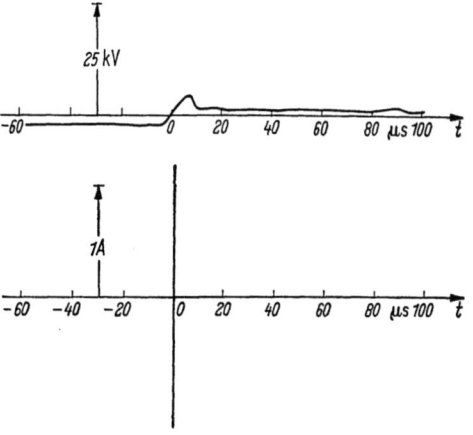

Abb. IV/21. Bogenstrom und Bogenspannung bei der Unterbrechung eines Kurzschlußstromes durch einen ölarmen Hochspannungs-Leistungsschalter

Treibende Spannung: 65 kV

Kurzschlußstrom:　　12 kA

kleine Schaltstückentfernung, sehr geringe Einwirkung des Löschmittels auf den Bogenstrom

7 Ermittlung der Zeitkonstante des Schaltlichtbogens   201

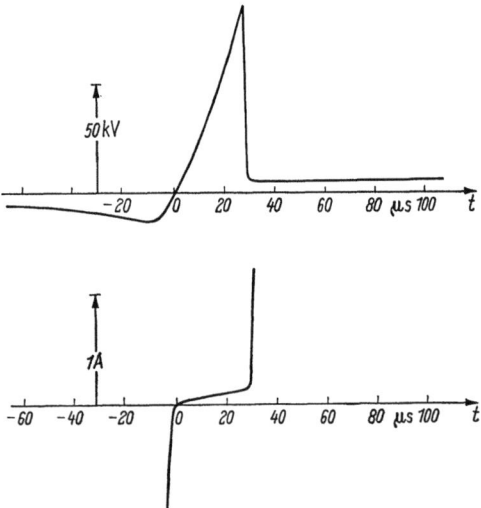

Abb. IV/22. Bogenstrom und Bogenspannung bei der Unterbrechung eines Kurzschlußstromes durch
einen ölarmen Hochspannungs-Leistungsschalter

Treibende Spannung: 70 kV

Kurzschlußstrom: 6 kA

mittlere Schaltstückentfernung, starke Einwirkung des Löschmittels auf den Bogenstrom

den Zusammenhang zwischen dem Zeitpunkt des Auftretens der Löschspitze der Bogenspannung und der Bogenzeitkonstante an.

Nimmt die Löschmitteleinwirkung zu, so macht sich die Anhebung der Bogenspannung im Bereich

Abb. IV/23. Bogenstrom und Bogenspannung bei der Unterbrechung eines Kurzschlußstromes durch einen ölarmen Hochspannungs-Leistungsschalter

Treibende Spannung: 70 kV
Kurzschlußstrom: 6 kA

große Schaltstückentfernung, sehr starke Einwirkung des Löschmittels auf den Bogenstrom (Abkippen des Stromes)

IV. Der Schaltlichtbogen

des Stromnulldurchganges stärker bemerkbar. Dadurch werden folgende Vorgänge ausgelöst:

Während des Anstieges der Bogenspannung auf den Maximalwert vor der Löschung wird die Kapazität, die der Schaltstrecke parallelgeschaltet ist, aufgeladen. Der Strom, der dazu notwendig ist, wird dem Bogenstrom in der Schaltstrecke entzogen.

Wenn die Bogenspannung nach dem Erreichen des Maximalwertes wieder abfällt, fließt aus der Parallelkapazität ein Entladestrom, der sich dem Bogenstrom in der Schaltstrecke überlagert.

Diese Vorgänge vergrößern den zeitlichen Abstand des Nulldurchganges von der Löschspitze. In den Abb. IV/21, IV/22, IV/23 sind drei ausgewählte Oszillogramme solcher charakteristischer Strom- und Spannungsverläufe zu sehen.

Das Ausmaß der Vergrößerung des Zahlenfaktors in der Gl.(66) läßt sich nach H. KOPPLIN (1961) wie folgt abschätzen: Anstelle der Gl. (65) kann unter der Annahme eines stetigen Überganges allgemein geschrieben werden:

$$t_l = f_l \, \vartheta \tag{130}$$

oder auf die Periodendauer der Einschwingfrequenz bezogen

$$\zeta_l = \frac{f_l}{a}. \tag{131}$$

Darin bedeutet ζ_l das bezogene Zeitintervall zwischen der bezogenen Löschspitze und dem Nulldurchgang des bezogenen Stromes und a den Parameter, der bereits in dem dimensionslosen Koeffizientensystem nach Gl. (125) definiert worden ist.

Nimmt man aus diesem System noch den Parameter b hinzu, so läßt sich — wie bereits mitgeteilt — entsprechend dem vereinfachten Schaltplan nach Abb. IV/18 der Verlauf von Strom und Spannung numerisch berechnen.

Sobald diese Kurven vorliegen, ist auch das bezogene Zeitintervall bekannt, und damit nach Gl. (131) der Korrekturfaktor f_l berechenbar. Das Resultat der Berechnung, die für verschiedene Wertepaare der Parameter a und b durchgeführt wurde, zeigt die Abb. IV/24.

Die darin eingezeichnete Kurvenschar verläuft zwischen zwei Grenzen. Die eine ist dem linearen Nulldurchgang des Stromes zugeordnet und durch den Faktor $\sqrt{2}$ in der Gl. (65) bestimmt; die andere wird durch das Abkippen des Stromes gesteckt.

Abkippen bedeutet, daß ein wesentlicher Teil des Bogenstromes infolge der intensiven Löschmitteleinwirkung in einer sehr kurzen Zeit in die parallelgeschaltete Kapazität gedrängt wird. Strom und Bogenspannung gehen dann nicht mehr gleichzeitig durch Null, Abb. IV/23.

7 Ermittlung der Zeitkonstante des Schaltlichtbogens 203

Die Zeitdifferenz zwischen der Löschspitze und dem Nulldurchgang der nachfolgenden Einschwingspannung ist nur noch durch die Schaltelemente des Schwingkreises bestimmt; eine Beziehung zur Bogenzeitkonstante ist nicht mehr vorhanden.

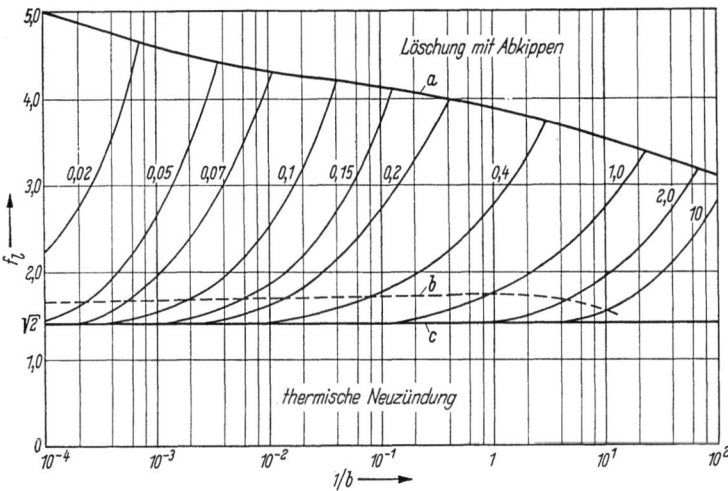

Abb. IV/24. Korrekturfaktor f_l zur genaueren Bestimmung der Bogenzeitkonstante aus der Zeitdifferenz zwischen Löschspitze und Nulldurchgang der Bogenspannung (nach H. KOPPLIN 1961)

$$\text{Parameter:} \frac{1}{a}$$

a Grenzkurve für den Bereich der Löschung mit Abkippen; b Grenzkurve für den Bereich der thermischen Neuzündung; c Grenzkurve für den Bereich der thermischen Neuzündung bei einem linearisierten Stromverlauf

In das Diagramm der Abb. IV/24 ist gestrichelt noch eine dritte Kurve eingezeichnet worden, welche die Grenze zwischen der thermischen Neuzündung des Schaltlichtbogens und der Löschung ohne Abkippen des Stromes angibt. Diese Grenzkurve geht aus der bezogenen Leistungs-Frequenzkennlinie der Abb. IV/20 hervor.

Liegen nun als Ergebnis von Schaltversuchen Nachstrom-Oszillogramme vor, die darüber Aufschluß geben, ob die Löschungen des Schaltlichtbogens in der Nähe der thermischen Neuzündung oder im Bereich des Abkippens des Bogenstromes erfolgten, ermöglichen die zugeordneten Korrekturfaktoren aus Abb. IV/24 eine genauere, die Löschintensität berücksichtigende Bestimmung der Bogenzeitkonstante.

Wegen des flachen Verlaufs der Grenzkurven ist es nicht notwendig, daß bei der Auswertung der Oszillogramme die Werte der Parameter a und b bekannt sind. Zum Beispiel hat der Korrekturfaktor überall entlang der Grenzkurve für die thermische Neuzündung annähernd den

204   IV. Der Schaltlichtbogen

Wert 1,7 und liegt kurz vor der Löschung mit Abkippen des Stromes zwischen den Grenzwerten 3,5 und 4,5.

Sollten die Ausschaltoszillogramme Stromverläufe zeigen, die zwischen den genannten Extremen liegen, kann durch Vergleichen mit einer Skala von gerechneten Strom- und Spannungsverläufen ein für diesen Fall passender Korrekturfaktor abgeschätzt werden.

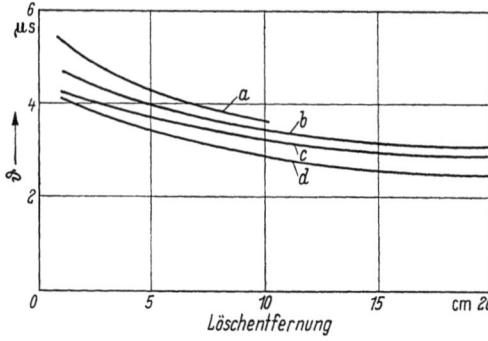

Abb. IV/25. Zeitkonstante des Bogens in der Umgebung des Stromnulldurchganges, ermittelt an einem ölarmen 110-kV-Leistungsschalter

$a\ \hat{I} = 2{,}8\ \mathrm{kA};\ b\ \hat{I} = 8{,}5\ \mathrm{kA};\ c\ \hat{I} = 17{,}0\ \mathrm{kA};\ d\ \hat{I} = 33{,}9\ \mathrm{kA}$

Das Ergebnis einer solchen Auswertung der Bogenzeitkonstanten aus Oszillogrammen, die bei der Prüfung eines ölarmen Hochspannungs-Leistungsschalters mit Ölinjektion in die Schaltstrecke (Nennspannung 110 kV, Nennausschaltleistung 4000 MVA) aufgenommen wurden, zeigt die Abb. IV/25.

7.2 Ermittlung der Bogenzeitkonstante nach dem Verfahren der Überlagerung mit einem höherfrequenten Wechselstrom

Setzt man in die Gl. (61) als einzuprägenden Strom einen Gleichstrom oder einen langsam veränderlichen Wechselstrom ein, dem ein höherfrequenter Wechselstrom mit relativ sehr kleiner Amplitude überlagert ist,

$$i_b = I_s + \hat{i} \sin \nu_l t, \tag{132}$$

ergibt sich unter Vernachlässigung der Glieder, die das Quadrat des Verhältnisses der Ströme $\left(\dfrac{\hat{i}}{I_s}\right)^2$ enthalten, für den Verlauf des quasistationären Leitwertes

$$G = G_s \left[1 + \frac{\hat{i}}{I_s} \frac{2}{1 + (\nu_l \vartheta)^2}\ (\sin \nu_l t - \nu_l \vartheta \cos \nu_l t) \right], \tag{133}$$

$$G_s = \frac{I_s}{U_s}.$$

7 Ermittlung der Zeitkonstante des Schaltlichtbogens   205

Wird ferner anstelle des Leitwertes das Verhältnis von Strom zu Spannung eingeführt,

$$G = \frac{i_b}{u_b},$$

mit i_b nach Gl. (132) und $u_b = U_s + u$, so folgt nach einer Umformung für den schnell veränderlichen Teil der Bogenspannung

$$u = \hat{\imath}\,\frac{\dfrac{1}{G_s}}{(\nu_l\vartheta)^2 + 1}\,\{[(\nu_l\vartheta)^2 - 1]\sin\nu_l t + 2\nu_l\vartheta\cos\nu_l t\}; \qquad (134)$$

dabei wurde noch vorausgesetzt, daß auch das einfache Verhältnis der Ströme klein gegen Eins ist. Der Koeffizient des Stromes kann als Scheinwiderstand gedeutet werden, der sich aus dem fiktiven Wirkwiderstand

$$\frac{1}{G_w} = \frac{1}{G_s}\frac{(\nu_l\vartheta)^2 - 1}{(\nu_l\vartheta)^2 + 1} \qquad (135)$$

und aus dem fiktiven Blindwiderstand

$$\nu_l L_l = \frac{1}{G_s}\frac{2\nu_l\vartheta}{(\nu_l\vartheta)^2 + 1} \qquad (136)$$

zusammensetzt. Bei

$$\nu_l\vartheta = 1 \qquad (137)$$

verschwindet der Wirkanteil des komplexen Bogenwiderstandes, der nun dem Widerstand einer verlustfreien Induktivität entspricht[1].

Eine Kapazität, die einem Bogen in diesem Grenzzustand parallelgeschaltet ist, läßt ungedämpfte Schwingungen mit einer Frequenz

$$\nu_l = \frac{1}{\sqrt{C\,L_l}} = \frac{1}{G_s L_l} \qquad (138)$$

entstehen.

Der Begriff ungedämpft ist in diesem Fall so eng zu fassen, daß Wirkwiderstände mit sowohl positiver als auch negativer Charakteristik ausgeschlossen sind. Die Ausgleichsschwingungen des Bogen klingen dann weder ab noch werden sie angefacht. Gelingt es im Experiment, einen intermittierenden Bogen aus dem stabilen Bereich so in den Bereich der selbsterregten Schwingungen zu überführen, daß die Gl. (137) erfüllt ist, kann danach die Zeitkonstante bestimmt werden.

---

[1] Hinweis: Die Beziehung nach Gl. (137) erhält man auch, indem bei vernachlässigtem R der nach Gl. (115) ermittelte Grenzleitwert in die Gl. (114) eingesetzt wird.

206   IV. Der Schaltlichtbogen

Die Abb. IV/26 und IV/27 zeigen Löschanordnung und Schaltplan, in denen O. Mayr 1955 einen intermittierenden Bogen, der die soeben behandelten Schwingungen aufwies, bei einer Spannung von 10 kV mit einem Strom von 2 A erzeugt hat.

Die Abb. IV/28 enthält die Versuchsergebnisse. Darin ist die Bogenzeitkonstante in Abhängigkeit von der Geschwindigkeit der Luft, mit welcher der Bogen beblasen wurde, eingetragen.

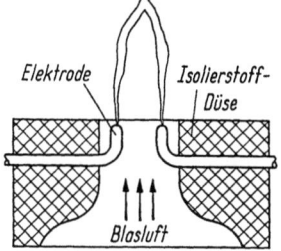

Abb. IV/26. Löschanordnung zur Erzeugung eines intermittierenden Bogens (nach O. Mayr 1955)

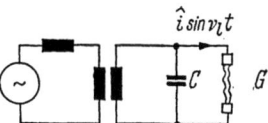

Abb. IV/27. Versuchs-Schaltplan zur Ermittlung der Bogenzeitkonstante nach dem Verfahren der Überlagerung eines höherfrequenten Wechselstromes (nach O. Mayr 1955)

Als Parameter tritt die Parallelkapazität zur Schaltstrecke auf. Bemerkenswert ist die geringe Abhängigkeit der Bogenzeitkonstante von

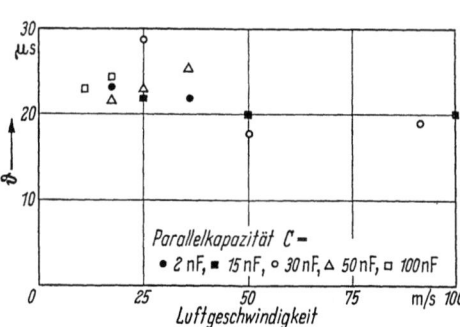

Abb. IV/28. Bogen in bewegter Luft, gemessene Bogenzeitkonstanten (nach O. Mayr 1955)

der Luftgeschwindigkeit, die in dem untersuchten Bereich der Löschintensität etwa proportional ist. Wenn man bei einem Leistungsschalter mit selbsterzeugtem, d. h. von dem zu unterbrechenden Strom erzeugten Löschmittel in erster Näherung die Löschintensität der Größe des Ausschaltstromes und der Löschentfernung gleichsetzt, läßt sich auch in Abb. IV/25 im Bereich der größeren Löschentfernungen nur eine geringe Abhängigkeit der Bogenzeitkonstante von der Löschmitteleinwirkung beobachten.

Wir ersehen des weiteren aus der Abb. IV/28, daß selbst sehr große Änderungen der Parallelkapazität die Bogenzeitkonstante kaum beeinflussen. Dies kann als Beweis dafür angesehen werden, daß es sich nicht um Eigenschwingungen handelt, die von der Stromquelle angeregt wurden, sondern um Schwingungen zwischen der Induktivität des Bogens und der Parallelkapazität entsprechend Gl. (138).

7.3 Ermittlung der Bogenzeitkonstante nach dem Verfahren der Überlagerung eines Gleichstromimpulses

Dieses Verfahren besteht im Prinzip darin, dem Strom des stationär brennenden Bogens einen kleinen und für kurze Zeit annähernd konstant gehaltenen Strom plötzlich einzuprägen und aus der Reaktion der Bogenspannung auf die kleine Stromänderung die Zeitkonstante des Bogens zu bestimmen. Setzt man zu diesem Zweck den zu überlagernden Strom, der zunächst entsprechend der Berechnung nach der Methode der kleinen Schwingungen sehr klein sein möge,

$$\varDelta i \approx \text{const} \tag{139}$$

in die Gl. (92) ein und berücksichtigt dabei, daß wegen der Annahme

$$P_s = U_s I_s = (U_s - \varDelta u)(I_s + \varDelta i)$$

in erster Näherung

$$U_s \varDelta i = I_s \varDelta u \tag{140}$$

ist, ergibt sich die nachstehende Ausgangsgleichung für die Berechnung des Verlaufs der kleinen Änderung der Bogenspannung:

$$-\frac{du}{dt} - \frac{1}{\vartheta} u = \frac{1}{\vartheta} \varDelta u. \tag{141}$$

Die Lösung dieser Differentialgleichung lautet:

$$u = -\varDelta u \left(1 - e^{-\frac{t}{\vartheta}}\right) + \varDelta u_0 e^{-\frac{t}{\vartheta}}. \tag{142}$$

Neu tritt darin die Differenzspannung $\varDelta u_0$ auf; sie geht aus der Anfangsbedingung hervor und besagt, daß sich der Bogenpfad im Schaltaugenblick wie ein Wirkwiderstand verhält, so daß z. B. eine Vergrößerung des Stromes um $\varDelta i$ zunächst mit einer proportionalen Vergrößerung der Bogenspannung um $\varDelta u_0$ verbunden ist. Diese Sprungspannung klingt unmittelbar nach dem Schaltaugenblick exponentiell ab. Gleichzeitig steigt eine Ausgleichsspannung, welche nach genügend langer Zeit die statische Bogenspannung um die Differenzspannung $\varDelta u$ entsprechend dem vergrößerten Gesamtstrom verkleinert, exponentiell an.

208   IV. Der Schaltlichtbogen

Der Ausgleichsvorgang ist in Abb. IV/29 schematisch dargestellt. Nach
der Mayrschen Bogentheorie gilt:

$$\Delta u_0 = \frac{\Delta i}{G_s} = \Delta u. \qquad (143)$$

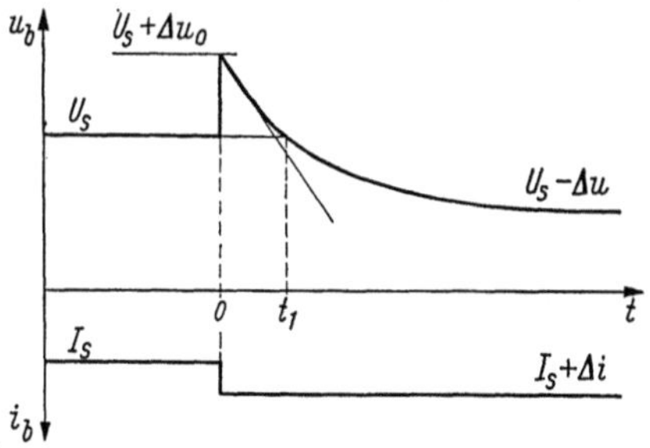

Versuche zeigen aber, daß im allgemeinen:

$$\Delta u \neq \Delta u_0. \qquad (144)$$

Führt man zur Klärung dieses Unterschiedes zunächst

$$-\Delta u = \frac{\Delta i}{G_d} \qquad (145)$$

und

$$\Delta u_0 = \frac{\Delta i}{G_s} \qquad (146)$$

Abb. IV/29. Ermittlung der Bogenzeitkonstante nach dem Verfahren der Überlagerung eines Gleichstromimpulses

in Gl. (142) ein, folgt

$$u = \Delta i \left[\frac{1}{G_d} \left(1 - e^{-\frac{t}{\vartheta}} \right) + \frac{1}{G_s} e^{-\frac{t}{\vartheta}} \right]. \qquad (147)$$

Zwischen den beiden charakteristischen Leitwerten des Bogens besteht
ein bestimmter Zusammenhang. Um darüber Näheres zu erfahren,
greifen wir auf die Gl. (32) zurück und schreiben aber allgemein

$$U_s I_s^{\alpha} = \text{const} \qquad (148)$$

oder

$$U_s = I_s^{-\alpha} \, \text{const}.$$

Die Änderung der Spannung des statischen Bogens bei einer kleinen
Änderung des Bogenstromes,

$$\frac{dU_s}{dI_s} = - \alpha \, \frac{U_s}{I_s} \qquad (149)$$

kann offenbar auch als Widerstand $\frac{1}{G_d}$ des Bogens bei dieser Änderung
aufgefaßt werden.

Demgegenüber stellt $\frac{U_s}{I_s} = \frac{1}{G_s}$ den Widerstand des Bogens in dem
betrachteten Punkt der Bogenkennlinie dar. Es ist dies der Bogen-
widerstand, der zu Beginn einer sehr schnellen Änderung des Bogens
wirksam ist.

Damit nimmt die Gl. (149) die Form

$$\frac{1}{G_d} = - \frac{\alpha}{G_s} \qquad (150)$$

7 Ermittlung der Zeitkonstante des Schaltlichtbogens

an. Der Koeffizient α, der zwischen den Grenzen

$$0 < \alpha < 1$$

liegt, bestimmt die Abweichung der Bogencharakteristik von der Gl. (32).

Im Ersatzschaltplan entspricht dieser Auffassung die gleiche Kombination von Widerständen, wie sie schon in Abb. IV/14 zu sehen war.

Nur die Ausdrücke für die Teilwiderstände ändern sich; sie lauten jetzt

$$L_l' = \frac{\vartheta G_d}{G_s (G_s + G_d)}$$

und

$$\frac{1}{G_l'} = - \frac{1}{G_s + G_d}.$$

Mit Hilfe der so erweiterten Gültigkeit des Ersatzschaltplanes läßt sich bei der Untersuchung der Stabilität des Bogens in den verschiedenen Stromkreisen auch die statische Kennlinie nach Gl. (148) berücksichtigen. F. RIZK hat dies 1963 in einer Studie über das Ausschalten kleiner Ströme getan.

Für die Aenderung der Ausgleichsspannung nach Gl. (142) im Schaltaugenblick gilt

$$\left(\frac{du}{dt}\right)_{t=0} = - \frac{1}{\vartheta} \left(\Delta u + \Delta u_0\right). \tag{151}$$

Wenn hierzu $\left(\dfrac{du}{dt}\right)_{t=0}$, Δu und Δu_0 durch die Oszillogramm-Auswertung bekannt sind, kann auf Grund dieser Unterlagen die Zeitkonstante des Bogens berechnet werden.

Als Versuchsschaltung, die es ermöglicht, dem betriebsfrequenten Ausschaltstrom eines Leistungsschalters in einer bestimmten Phasenlage einen Gleichstromimpuls einzuprägen, eignen sich z. B. in abgewandelter Form die an späterer Stelle noch zu behandelnden synthetischen Prüfschaltungen mit gesteuerter Stromüberlagerung.

Das Verfahren der plötzlichen Änderung eines Gleichstromes läßt sich auch bei größeren Stromstufen anwenden. Es handelt sich dann um einen einzuprägenden Strom von der Form

$$i_b = I_s + i \approx \mathrm{const}, \tag{152}$$

den wir in die Gl. (92) einsetzen, um nach einer Zwischenrechnung und mit Hilfe der Beziehungen

$$G = \frac{I_s + i}{u_b} \tag{153}$$

und

$$(U_s - u)(I_s + i) = P_s \tag{154}$$

14 Slamecka, Prüfung

210 IV. Der Schaltlichtbogen

für den Spannungsverlauf den Ausdruck

$$u_b = \cfrac{U_s - u}{1 + \left[\left(\cfrac{I_s}{I_s + i}\right)^2 - 1\right] e^{-\frac{t}{\vartheta}}} \tag{155}$$

zu erhalten.

Unmittelbar nach dem Schaltaugenblick ändert sich diese Spannung mit einer Steilheit

$$\left(\frac{du_b}{dt}\right)_{t=0} = \frac{1}{\vartheta} \frac{P_s(I_s + i)[I_s^2 - (I_s + i)^2]}{I_s^4}. \tag{156}$$

Aus Gl. (155) ergibt sich für $t = 0$

$$u_b(0) = U_s + u_0 = \frac{P_s(I_s + i)}{I_s^2} \tag{157}$$

und für $t \to \infty$

$$u_b(\infty) = U_s - u = \frac{P_s}{I_s + i}. \tag{158}$$

Führt man die Differenz der Spannungen nach diesen beiden Gleichungen in die Gl. (156) ein, entsteht daraus

$$\left(\frac{du_b}{dt}\right)_{t=0} = -\frac{1}{\vartheta}(u + u_0)\left(1 + \frac{i}{I_s}\right)^2, \tag{159}$$

was sich von der Gl. (151) nur durch ein stromabhängiges Korrekturglied unterscheidet.

In einem Oszillogramm im Ursprung des Schaltvorganges die Tangente an die Bogenspannung zu legen, ist nicht einfach. Diese Schwierigkeit ist jedoch vermeidbar, wenn das Zeitintervall vom Beginn des Schaltvorganges bis zu jenem Zeitpunkt, an dem die instationäre Bogenspannung die Höhe der Spannung vor der Schalthandlung wieder erreicht, für die Ermittlung der Bogenzeitkonstante herangezogen wird, Abb. IV/29.

Von der Gl. (155) ausgehend, erhalten wir nach einigen Umformungen folgende Bestimmungsgleichung zur Ermittlung der Bogenzeitkonstante

$$\vartheta = \cfrac{t_1}{\ln\left(\cfrac{U_s - u}{U_s} + 1\right)} \tag{160}$$

oder

$$\vartheta = \cfrac{t_1}{\ln\left(\cfrac{I_s}{I_s + i} + 1\right)}.$$

7 Ermittlung der Zeitkonstante des Schaltlichtbogens   211

K. H. YOON und H. E. SPINDLE haben 1958 mit Hilfe dieser Gesetzmäßigkeit die Größe der Bogenzeitkonstante in ruhenden Gasen bei
verschiedenen Drücken und bei verschiedenen Elektrodenanordnungen
bestimmt.

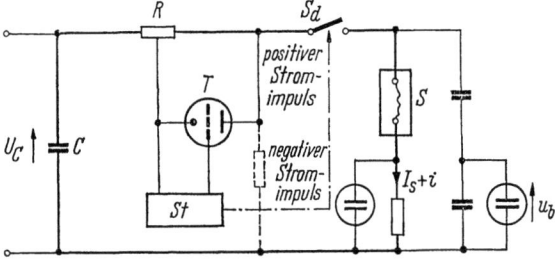

Abb. IV/30. Versuchs-Schaltplan zur Ermittlung von Bogenzeitkonstanten (nach K. H. YOON u.
H. E. SPINDLE 1958)

U_C Ladespannung der Kondensatorbatterie; C Kondensatorbatterie; R anzapfbarer Widerstand;
S_d Draufschalter; S Bogenkammer; T Thyratron; St Steuerungseinrichtung

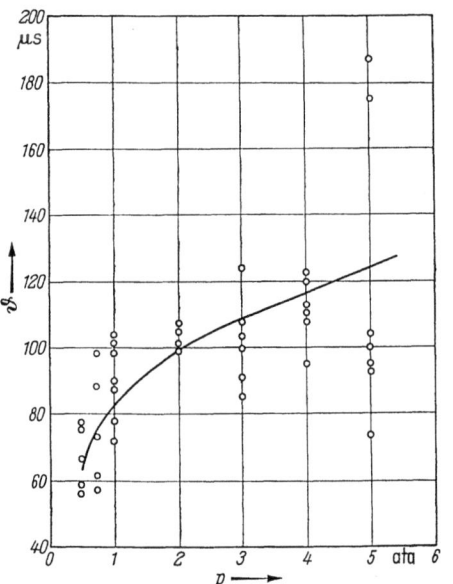

Abb. IV/31. Bogen in ruhender Luft, gemessene Bogenzeitkonstanten (nach K. H. YOON und
H. E. SPINDLE 1958)

Die Versuchsschaltung, in welcher der Strom plötzlich geändert
worden ist, zeigt die Abb. IV/30.

Als Ausschnitt aus den Versuchsergebnissen zeigen die Abb. IV/31
und IV/32 für eine konstante Elektrodenanordnung die Abhängigkeit

14*

212   IV. Der Schaltlichtbogen

der Zeitkonstante vom Druck des Gases. Die beträchtlichen Unterschiede zwischen den Bogenzeitkonstanten in Luft nach den Abb. IV/31 und IV/28 können zum Teil durch das strömende bzw. ruhende Gas erklärt werden.

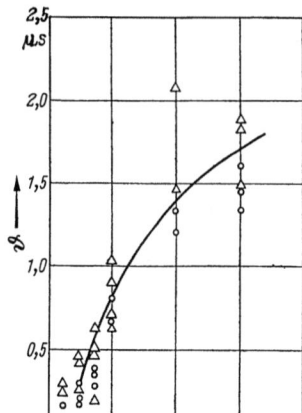

Abb. IV/32. Bogen in ruhendem SF₆, gemessene Bogenzeitkonstanten (nach K. H. YOON und H. E. SPINDLE 1958)

o positiver Stromimpuls; △ negativer Stromimpuls

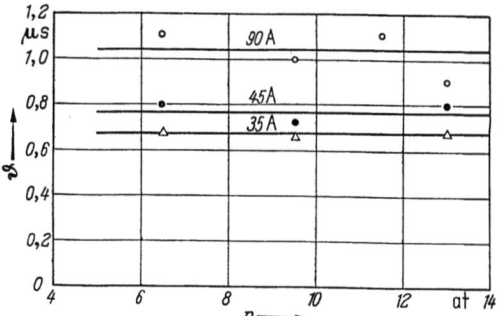

Abb. IV/33. Einfluß des Druckes strömender Preßluft auf die Bogenzeitkonstante (nach F. RIZK 1963)

△, •, o Mittelwerte von 20 Messungen

So fand F. RIZK auf Grund umfangreicher Schaltversuche, bei denen ebenfalls die Methode der Stromüberlagerung mit einem Gleichstromimpuls angewendet wurde, daß bei strömender Preßluft die Bogenzeitkonstante wesentlich kleinere Werte annimmt und kaum vom Druck der Preßluft beeinflußt wird, Abb. IV/33.

Diese Versuche ergaben ferner, daß die Größe der Bogenzeitkonstante auch etwas von der Größe des stationären Stromes im Augenblick der Impulsüberlagerung abhängt, Abb. IV/34.

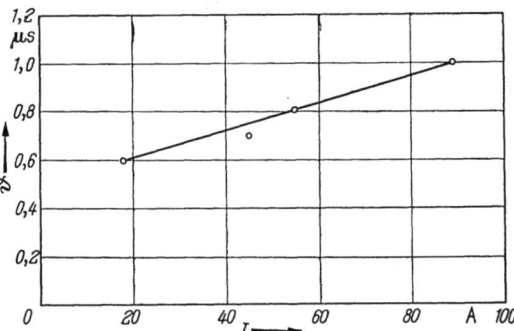

Abb. IV/34. Einfluß des Stromes auf die Bogenzeitkonstante in strömender Preßluft (nach F. RIZK 1963)

o Mittelwerte von 20 Messungen; Druck 9,5 at

Aufsätze zu Kapitel IV

SIMON, H. TH.: Über die Dynamik der Lichtbogenvorgänge und über Lichtbogen-hysteresis. Physikalische Zeitschrift 6 (1905) Nr. 10, 297—319.
— Zur Theorie des selbsttönenden Lichtbogens. Physikalische Zeitschrift 7 (1906) Nr. 13, 433—445.
SLEPIAN, J.: Extinction of an A—C Arc. AIEE Trans. 47 (1928) 1398—1408.
KESSELRING, F.: Das Schalten großer Leistungen. ETZ 50 (1929) H. 28, 1005—1013.
ALEXANDER, P. P.: The Calorimetric Study of the Arc. AIEE Trans. 49 (1930) 519 bis 523.
MAYR, O.: Hochleistungsschalter ohne Öl. ETZ 53 (1932) H. 4, 75—81, H. 6, 121—123.
— III. Referat in: Die Resultate neuerer Forschungen über den Abschaltvorgang im Wechselstromlichtbogen und ihre Anwendung im Schalterbau (Ölschalter, Druckluftschalter, Expansionsschalter). Bull. SEV 23 (1932) Nr. 23, 605—609.
KIRSCHSTEIN, B., u. F. KOPPELMANN: Photographische Aufnahmen elektrischer Lichtbögen großer Stromstärke. Wiss. Veröff. Siemens-Konzern 13 (1934) H. 3, 52—62.
LOTZ, A.: Untersuchungen an Lichtbögen. Zeitschrift f. techn. Physik 15 (1934) Nr. 5, 187—191.
KESSELRING, F., u. F. KOPPELMANN: Das Schaltproblem in der Hochspannungs-technik. Archiv f. Elektrotechnik 29 (1935) H. 1, 1—33, 30 (1936) H. 2, 71—108.
KIRSCHSTEIN, B., u. F. KOPPELMANN: Der elektrische Lichtbogen in schnell-strömendem Gas. Wiss. Veröff. Siemens-Werken 16 (1937) H. 1, 51—71, H. 3, 26—55.
— Beitrag zur Minimumtheorie der Lichtbogensäule, Vergleich zwischen Theorie und Erfahrung. Wiss. Veröff. Siemens-Werken 16 (1937) H. 3, 56—68.
CASSIE, A. M.: Théorie nouvelle des arcs de rupture et de la rigidité des circuits. CIGRE 1939, Ber. Nr. 102.

214   IV. Der Schaltlichtbogen

KESSELRING, F.: Das Schaltproblem in der Hochspannungstechnik. Archiv f.
    Elektrotechnik 34 (1941) H. 3, 155—184.
MAYR, O.: Beiträge zur Theorie des statischen und des dynamischen Lichtbogens.
    Archiv f. Elektrotechnik 37 (1943) H. 12, 588—608.
— Über die Theorie des Lichtbogens und seiner Löschung. ETZ 64 (1943) H. 49/50,
    645—652.
BROWNE, T. E., jr.: Dielectric Recovery by an A—C Arc in an Air Blast. AIEE
    Trans. 65 (1946) 169—176.
LABOURET, J.: Le phénomène du refoulement de l'arc électrique et la limité thermo-
    dynamique du pouvoir de coupure des interrupteurs pneumatiques. CIGRE 1946,
    Ber. Nr. 128.
LEWIS, L. J.: Circuit-Breaker Current Measurements During Reignitions and Re-
    covery. AIEE Trans. 66 (1947) 1253—1257.
BROWNE, T. E., jr.: A Study of A—C Arc Behaviour Near Current Zero by Means
    of Mathematical Models. AIEE Trans. 67 (1948) I, 141—153.
BROWNE, T. E., jr., and A. P. STORM: A Study of Conduction Phenomena Near
    Current Zero for an A—C Arc Adjacent to Refractory Surfaces. AIEE Trans.
    70 (1951) I, 398—409.
BLASE, J., P. FOURMARIER, S. G. TESZNER and P. WALCH: Contribution to the
    Study of Post Arc Current in High Voltage Circuit-Breakers. CIGRE 1952,
    Ber. Nr. 130.
HOCHRAINER, A.: Der Nachstrom in Leistungsschaltern. ETZ-A 73 (1953) H. 19,
    627—629.
RIEDER, W., u. H. SCHNEIDER: Ein Beitrag zur Physik des Gleichstromlichtbogens.
    ELIN-Zeitschrift 5 (1953) H. 4, 174—187.
HOCHRAINER, A.: Spannungskennlinien des Leistungsschalters. VDE-Fachber. 17
    (1953) II, 27—31.
MAYR, O.: Schaltleistung und wiederkehrende Spannung. ETZ-A 75 (1954) H. 13,
    447—451.
BISHOP, D. O.: A Method of Determining the Dynamic Characteristics of Electric
    Arcs. Proceedings IEE 101 (1954) Nr. 6, IV, 18—26.
BLASE, J., et S. TESZNER: Nouvelle contribution à l'étude des courants post arc
    dans les interrupteurs à haute tension. CIGRE 1954, Ber. Nr. 145.
SKEATS, W. F., and C. L. SCHLUCK: Measurement of Current Density in the High-
    Current Arc. AIEE Trans. (1954/55) III, 848—856.
HOCHRAINER, A.: Investigation of the Recovery of Dielectric Strength in Alter-
    nating Current Breakers. CIGRE 1954, Ber. Nr. 112.
MAYR, O.: Über die Stabilitätsgrenze des Schaltlichtbogens. Appl. sci. Res. B 5
    (1955) 241—247.
CASSIE, A. M., and F. O. MASON: Post Arc Conductivity in Gas Blast Circuit-
    Breakers. CIGRE 1956, Ber. Nr. 103.
TER HORST, D. TH., and C. A. W. RUTGERS: Current Zero Phenomena in A.—C. Arc
    in Air Blast Circuit-Breakers. CIGRE 1956, Ber. Nr. 122.
USHIO, T.: Post Arc Current in Circuit-Breakers. Mitsutishi Denki 2, Vol. 30 (1956)
    11—15.
CIHELKA, J., u. V. HUSA: Neue Methoden der Nachstrommessungen bei Hoch-
    spannungs- und Höchstspannungsschaltern. E und M 74 (1957) H. 8, 172—175.
EIDINGER, A., u. W. RIEDER: Das Verhalten des Lichtbogens im transversalen
    Magnetfeld. Archiv f. Elektrotechnik 43 (1957/58) H. 2, 94—114.
NÖSKE, H.: Zum Stabilitätsproblem beim Abschalten kleiner induktiver Ströme
    mit Hochspannungsschaltern. Archiv f. Elektrotechnik 43 (1957/58) H. 2,
    114—133.

Aufsätze zu Kapitel IV

DELEVOY, V., P. DUFOUR, A. GUILLEAUME and S. TESZNER: Post-Arc Current and
Its Interpretation as a Function of the Characteristics of the Circuit Breaker
and of the Circuit. CIGRE 1958, Ber. Nr. 148.

MÜLLER, L.: Wanderungsvorgänge von kurzen Lichtbögen hoher Stromstärke im
eigenerregten Magnetfeld. Elektrizitätswirtschaft 57 (1958) H. 8, 196—200.

BRON, O. B., u. L. A. RODSTEIN: Elektrischer Lichtbogen in Längsspalten. Elektritschestwo 78 (1958) H. 12, 14—18.

SCHMIDT, E.: Ein Beitrag zum dynamischen Lichtbogenverhalten im Stromnull-
durchgang von Wechselstromschaltern. VDE-Buchreihe Bd. 3: Anwendung
elektrischer Rechenanlagen in der Starkstromtechnik. Berlin: VDE-Verlag 1958,
64—76.

MAYR, O.: Aufgaben und Lösungen aus der Theorie der Gasentladungen, vor allem
des Lichtbogens. VDE-Buchreihe Bd. 3: Anwendung elektrischer Rechenanlagen in der Starkstromtechnik. Berlin: VDE-Verlag 1958, 77—90.

BROWNE, T. E., jr.: An Approach to Mathematical Analysis of A—C Arc Extinction
in Circuit-Breakers. AIEE Trans. 77 (1958/59) III, 1508—1517.

SPINDLE, H. E., and K. H. YOON: A Study of the Dynamic Response of Arcs in
Various Gases. AIEE Trans. 77 (1958/59) III, 1634—1642.

MAYR, O.: Die Theorie des Schaltlichtbogens. VDE-Fachber. 20 (1958) 72—76.

SPRUTH, W.: Messungen des Nachstromes an Hochleistungsschaltern. Archiv f.
Elektrotechnik 43 (1957/58) H. 7, 427—449.

KOPPLIN, H., u. E. SCHMIDT: Beitrag zum dynamischen Verhalten des Lichtbogens
in ölarmen Hochspannungs-Leistungsschaltern. ETZ-A 80 (1959) H. 23, 805
bis 811.

MAECKER, H.: Über die Charakteristiken zylindrischer Bögen. Zeitschrift f. Physik 157 (1959) H. 1, 1—29.

RIEDER, W., u. P. SOKOB: Probleme der Lichtbogendynamik: Rasche Strom- und
Längenänderungen von Lichtbögen. Scientia Elektrica 5 (1959) H. 3, 93—112.

EIDEL, L. Z.: Vorrichtung zur Messung des Reststromes in Schaltern. Elektritschestwo 80 (1960) H. 10, 48—52.

RIEDER, W., and J. PASSAQUIN: On the Decrease of the Current to Zero and the
Residual Current in Circuit-Breakers. CIGRE 1960, Ber. Nr. 105.

TER HORST, D. TH. J., G. A. W. RUTGERS and V. K. BISHT: High-Current Arc
Interruption and Post-Arc Conductivity. CIGRE 1960, Ber. Nr. 106.

KOPPLIN, H., and E. SCHMIDT: Post-Arc Currents, Their Measurement and Their
Importance for the Interpretation of Interruptions in High Voltage Low Oil
Content Circuit Breakers. CIGRE 1960, Ber. Nr. 107.

ZÜCKLER, K.: Über die Beeinflussung der Gasströmung durch einen in der Düse
brennenden Lichtbogen. Zeitschrift f. angew. Physik 12 (1960), H. 12, 567
bis 575.

RIEDER, W.: Zur Physik des Niederstromschaltlichtbogens. Bull. SEV 51 (1960)
Nr. 1, 15—25.

LIASCHENKO: Messung großer Stromstärken bei Übergangsvorgängen. Elektritschestwo 81 (1961) H. 8, 46—50.

CASSIE, A. M.: Some Theoretical Aspects of Arcs in Nozzles under Forced Con-
vection. Electrical Research Association Report Ref. G/XT 175 (1962).

KOPPLIN, H.: Das dynamische Verhalten von Lichtbögen im Wechselstrom.
Archiv f. Elektrotechnik 47 (1962/63) H. 1, 47—60.

RIZK, F.: Arc Response to a Small Unit-Step Current Pulse. Elteknik 7 (1964)
Nr. 2, 15—18.

BEHMANN, U., u. J. SIEBERT: Die Grenzfrequenz von Nachstrom-Meßeinrichtungen.
ETZ-A 85 (1964) H. 5, 139—147.

V. Verfahren und Stromkreise für die Prüfung von Hochspannungs-Leistungsschaltern

Formelzeichen

C	Kapazität, Vergleichskapazität, Ladekapazität des Hochspannungskreises in synthetischen Prüfschaltungen
C_1, C_2, C_3, C_4	Steuerkapazitäten der Teilschaltstrecken
c, c_1, c_2, c_3, c_4	Abgriffkapazitäten zur Messung der Teilspannungen
C_p, C'_p, C_{p1}	Parallelkapazität zum Prüfling in synthetischen Prüfschaltungen (in Reihe mit R_p, R_{p1})
C_{p2}	Parallelkapazität zur Induktivität des Hochspannungskreises in synthetischen Prüfschaltungen (in Reihe mit R_{p2})
C_b	Parallelkapazität zum Blockierschalter in synthetischen Prüfschaltungen (in Reihe mit R_b)
C_z	Zusatzkapazität zur Frequenzbeeinflussung einer Einkreisschaltung
C_{zk}	Zusatzkapazität zur Frequenzbeeinflussung des Hochstromkreises in synthetischen Prüfschaltungen
C_e	Eigenkapazität des Hochstromkreises in synthetischen Prüfschaltungen
C_G	Eigenkapazität des Stoßleistungsgenerators
C_T	Eigenkapazität des Stoßleistungstransformators
i_k	Augenblickswert des Stromes im Kurzschlußkreis
I_k	Effektivwert des Stromes im Kurzschlußkreis
i_p	Augenblickswert des Stromes im Prüfling
i_b	Augenblickswert des Stromes im Blockierschalter
i_s, i_{s1}, i_{s2}	Augenblickswert von Schwingströmen in synthetischen Prüfschaltungen mit Stromüberlagerung
i_h	Augenblickswert des Stromes im Hochspannungskreis während des Einschwingvorganges der Spannung
k, k_2, k_3, k_n	kapazitive Teilerverhältnisse
L	Ersatzinduktivität einer Einkreisschaltung, Gesamtinduktivität der Kaplan-Naschatyr-Schaltung
L_h, L'_h	Induktivität des Hochspannungskreises in synthetischen Prüfschaltungen
L_k	Ersatzinduktivität des Hochstromkreises in synthetischen Prüfschaltungen
L_G	Ersatzinduktivität des Stoßleistungsgenerators
L_T	Ersatzinduktivität des Stoßleistungstransformators
m	Proportionalitätsfaktor
n	Anzahl der Teilschaltstrecken eines Schalterpoles
P_1	einpolige Ausschaltleistung
P_3	dreipolige Ausschaltleistung
R	Ohmscher Widerstand einer Einkreisschaltung
R_h	Ohmscher Widerstand im Hochspannungskreis in synthetischen Prüfschaltungen
R_p, R_{p1}	Ohmsche Widerstände parallel zum Prüfling in synthetischen Prüfschaltungen (in Reihe mit C_p, C_{p1})

V. Verfahren und Stromkreise

R_{p2}	Ohmscher Widerstand parallel zur Induktivität des Hochspannungskreises in synthetischen Prüfschaltungen (in Reihe mit C_{p2})
R_b	Ohmscher Widerstand parallel zum Blockierschalter in synthetischen Prüfschaltungen (in Reihe mit C_b)
R_z, R_1, R_2	Ohmsche Zusatzwiderstände zur Frequenzbeeinflussung einer Einkreisschaltung
R_{zk}, R_{1k}, R_{2k}	Ohmsche Widerstände zur Frequenzbeeinflussung des Hochstromkreises in synthetischen Prüfschaltungen
R_e, R_{ep}	Ohmsche Eigenwiderstände des Hochstromkreises
R_G, R_{Gp}	Ohmsche Eigenwiderstände des Stoßleistungsgenerators
R_T, R_{Tp}	Ohmsche Eigenwiderstände des Stoßleistungstransformators
t_0	Zeitpunkt der Zuschaltung des Draufschalters
t_1	Zeitpunkt der Schaltstücktrennung im Prüfling
t_2	Zeitpunkt der Stromunterbrechung im Prüfling
Δt	Zeitpunkt der Stromkommutierung im Prüfling in der Kaplan-Naschatyr-Schaltung
t_z, t_z'	Zeitpunkt der Zuschaltung des Hochspannungskreises
t_{max}	Zeitpunkt des 1. Maximums der Einschwingspannung u_{ps}
U	Effektivwert der Phasenspannung
U_Δ	Effektivwert der verketteten Spannung
U_p	Effektivwert der Spannung am Schalter, Prüfspannung
$U_1, U_2, U_3, U_4, U_\varepsilon, U_n$	Istwerte der Spannung an den Teilschaltstrecken 1, 2, 3, 4, ε, n
$U_{\varepsilon s}, U_{ns}$	Sollwerte der Spannung an den Teilschaltstrecken ε, n
U_{2d}	Differenz zwischen dem Soll- und dem Istwert der Spannung an der Teilschaltstrecke 2
u_1, u_2, u_3, u_4	Istwerte der Abbildspannungen an den Teilschaltstrecken 1, 2, 3, 4
u_{2s}	Sollwert der Abbildspannung an der Teilschaltstrecke 2
u_{2d}, u_{3d}, u_{nd}	Differenzen zwischen den Soll- und den Istwerten der Abbildspannungen an den Teilschaltstrecken 2, 3, n
u_{12}, u_{23}, u_{34}	Differenzen zwischen den Abbildspannungen an den Teilschaltstrecken
u_k	Augenblickswert der treibenden Spannung des Hochstromkreises in synthetischen Prüfschaltungen
$\hat{U}_k$	Scheitelwert der treibenden Spannung des Hochstromkreises in synthetischen Prüfschaltungen
U_b	konstante Bogenspannung
u_w	Augenblickswert der wiederkehrenden Polspannung (der treibenden Spannung in einer Einkreisschaltung)
U_w	Effektivwert der wiederkehrenden Polspannung
u_h	Augenblickswert der treibenden Spannung des Hochspannungskreises (der Spannung an der Ladekapazität des Hochspannungskreises) in synthetischen Prüfschaltungen
U_h, U_h', U_h''	Spannung der Speicherbatterie des Hochspannungskreises
u_p	Augenblickswert der Einschwingspannung an den Klemmen des Prüflings
u_{ps}	Augenblickswert des Sollverlaufes der Einschwingspannung an den Klemmen des Prüflings (des Verlaufes der Einschwingspannung in einer Einkreisschaltung)
u_{pk}	Augenblickswert des Anteils der Einschwingspannung an den Klemmen des Prüflings, der vom Hochstromkreis geliefert wird

u_{ph}	Augenblickswert des Anteils der Einschwingspannung an den Klemmen des Prüflings, der vom Hochspannungskreis geliefert wird
$U_p,\ U'_p,\ U''_p$	Ausgangsspannung für den Einschwingvorgang an den Klemmen des Prüflings in der Kaplan-Naschatyr-Schaltung
u_b	Augenblickswert der Einschwingspannung an den Klemmen des Blockierschalters in synthetischen Prüfschaltungen
$v,\ v'$	Verstärkungsfaktor in synthetischen Prüfschaltungen
Z_b	Impedanz parallel zum Blockierschalter
Z_p	Impedanz parallel zum Prüfling
α	Proportionalitätsfaktor
α_k	Dämpfungsfaktor des Kurzschlußstromes in der Einkreisschaltung
γ	Überschwingfaktor
$\delta,\ \delta_b$	Dämpfungsfaktoren der Einschwingspannung des Hochspannungskreises in synthetischen Prüfschaltungen
δ_k	Dämpfungsfaktor der Einschwingspannung des Hochstromkreises in synthetischen Prüfschaltungen
δ_s	Dämpfungsfaktor des Schwingstromes in synthetischen Prüfschaltungen mit Stromüberlagerung
$\delta_s,\ \delta_L,\ \delta_C$	Dämpfungsfaktoren der Einschwingspannung in einer Einkreisschaltungen
η	Erdungsfaktor
ν	Kreisfrequenz der Einschwingspannung des Hochspannungskreises
ν_0	Kreisfrequenz der ungedämpften Einschwingspannung des Hochspannungskreises bzw. der ungedämpften Einschwingspannung in der Kaplan-Naschatyr-Schaltung
ν_k	Kreisfrequenz der Einschwingspannung des Hochstromkreises in synthetischen Prüfschaltungen
$\nu_{s0},\ \nu_{10},\ \nu_{20}$	Kreisfrequenzen ungedämpfter Schwingströme in synthetischen Prüfschaltungen mit Stromüberlagerung
ν_s	Kreisfrequenz des Schwingstromes in synthetischen Prüfschaltungen mit Stromüberlagerung, Kreisfrequenz der Einschwingspannung in einer Einkreisschaltung
$\Delta\tau$	Zeitpunkt der Stromunterbrechung im Prüfling in der Kaplan-Naschatyr-Schaltung
τ_{max}	Zeitpunkt des 1. Maximums der Einschwingspannung u_{ph}
φ	Phasenlage des Kurzschlußstromes
ω	Kreisfrequenz des Netzes

1 Einführung

Unter dem Begriff Schaltvermögen eines Leistungsschalters versteht man seine Fähigkeit, Betriebsmittel und Anlagenteile sowohl im ungestörten als auch im gestörten Zustand insbesondere bei Kurzschluß aus- und einzuschalten, d. h. die Strom- und Spannungsbeanspruchungen, die damit verbunden sind, zu beherrschen.

Das Wort „Prüfen" bezeichnet im Sprachgebrauch verschiedene Tätigkeiten. Einmal hat „Prüfen" die Bedeutung zu erforschen, ob Ge-

1 Einführung

danken und Theorien oder technische Kombinationen von Vorgängen, die entweder in der Natur selbst vorkommen oder in analoger Form nutzbar gemacht werden sollen, den von der schöpferischen Phantasie erwarteten Effekt ergeben. Um dies zu ergründen, muß das Neue meist bis an die Grenze seiner Leistungsfähigkeit beansprucht und dabei beobachtet und beurteilt oder, mit dem hier zur Diskussion stehenden Wort ausgedrückt, geprüft werden. Sobald durch diese Prüfung das erstrebte Zusammenspiel der verschiedenen Bauelemente in den entscheidenden Punkten bestätigt und bei der entstehenden Konstruktion — z. B. dem Leistungsschalter — auch die Wirtschaftlichkeit gewahrt ist, wird gewöhnlich mit der Fertigung begonnen.

Von dem Fabrikat möchte der Käufer wissen, ob es den vorausschaubaren betrieblichen Beanspruchungen sicher gewachsen sein wird und so dem vereinbarten Preis entspricht. Darüber hinaus besteht bei wichtigen Geräten, zu denen die Hochspannungs-Leistungsschalter an hervorragender Stelle zählen, ein öffentliches Interesse an einem sicheren Funktionieren.

Man überlegt sich deshalb in nationalen und internationalen Kommissionen, in denen Hersteller, Benutzer, Berufsgenossenschaften und Behörden vertreten sind, bestimmte Kombinationen von Beanspruchungen, die den Betrieb des Gerätes kennzeichnen, und versucht damit seine Leistungsfähigkeit zu kontrollieren. Hierbei interessiert weniger, wo die Beanspruchungsgrenze liegt, als vielmehr der definierte formelle Nachweis, daß das Gerät die vom Hersteller genannten Eigenschaften den Abmachungen entsprechend besitzt. Auch zu dieser wichtigen Tätigkeit sagt man kurz „prüfen".

Bei der Beschreibung der Verfahren für die Prüfung von Hochspannungs-Leistungsschaltern soll das Wort „Prüfen" überwiegend in dem zuerst definierten Sinn, d. h. als wesentlicher Teil der Forschungsarbeit bei der Entwicklung von Leistungsschaltern verstanden sein. Es soll gezeigt werden, welche Möglichkeiten es gibt, um die Leistungsfähigkeit einer Schaltstrecke als eine der wesentlichen Voraussetzungen für den Bau von Leistungsschaltern sicher kennenzulernen. Das bedeutet keineswegs eine Abschwächung der Bedeutung der zweiten Art von Prüfen. Denn was heute als verbindliche Methode für die Prüfung des vom Hersteller genannten Schaltvermögens anerkannt ist, war oft schon lange Zeit vorher während der Entwicklung der Schalter ein erfolgreiches Prüfverfahren in dem zuerst genannten Sinn.

Die Grundlage der verschiedenen Prüfungen und Prüfverfahren bilden die Schaltanforderungen, die der Betrieb von Hochspannungsnetzen an die Leistungsschalter stellt oder stellen kann. Darin haben Schalter allgemein die Aufgabe, bei der Verteilung und Steuerung des elektrischen Energieflusses mitzuwirken; den Leistungsschaltern kommt

220   V. Verfahren und Stromkreise

es insbesondere zu, Bogenkurzschlüsse im Netz entweder zu unterbrechen oder, wo dies z. B. bei einem satten Kurzschluß nicht möglich ist,
die Dauer des Kurzschlußstromes und damit häufig auch den Umfang des
Schadens zu begrenzen. Es bestehen daher im wesentlichen zwei Gruppen
von Schaltaufgaben, nämlich

Schalten von Betriebsströmen:

   Lastströme (cos $\varphi \approx 0{,}7$);

   kleine induktive Ströme (cos $\varphi \approx 0{,}15$)

      d. i. Schalten von Transformatoren, entweder unbelastet oder
      belastet mit Drosselspulen oder anlaufenden Motoren;

   kapazitive Ströme (cos $\varphi \approx 0{,}15$ kapazitiv)

      d. i. Schalten von
      unbelasteten Freileitungen,
      unbelasteten Kabeln,
      Kondensatoren

und

Schalten von Kurzschlußströmen (cos $\varphi \approx 0{,}15$)

      d. i. Ausschalten von Strömen bei

      dreipoligen ⎫
      zweipoligen ⎬ *Fern- und Nahkurzschlüssen*
      einpoligen ⎭

und gegebenenfalls Einschalten auf einen dieser Fehler.

   In beiden Strombereichen muß untersucht — geprüft — werden, ob
der Schalter die ihm gestellten Schaltaufgaben beherrscht, und in beiden
Strombereichen ergeben sich bei der Entwicklung geeigneter Prüfverfahren sowohl von der Seite der Schalter, als auch von der Seite der
Prüftechnik interessante Probleme.

2 Direkte und indirekte Prüfverfahren

   Beim Überlegen, wie und wo das Schaltvermögen eines Schalters am
besten geprüft werden könnte, wäre es verständlich, zuerst an das Netz
zu denken, denn dort treten die natürlichen Beanspruchungen auf.
Es zeigt sich jedoch bald, daß eine Versuchstätigkeit im Netz starken,
ebenfalls natürlichen Einschränkungen unterliegen würde, da an das
Netz auf der einen und an das Prüffeld auf der anderen Seite Forderungen
gestellt werden, die nur wenig harmonieren.

   Das Elektrizitäts-Versorgungsunternehmen möchte den Betrieb
möglichst ungestört wissen und die elektrische Energie möglichst ohne

2 Direkte und indirekte Prüfverfahren

Unterbrechung darbieten. Derjenige, der an der Entwicklung von Schaltern interessiert ist, möchte dagegen möglichst ungehindert Versuche durchführen; das heißt aber, vom Standpunkt des EVUs betrachtet, den Netzbetrieb stören. Außerdem wünscht sich der Hersteller, die Schalter mit möglichst großen Betriebs- und Kurzschlußströmen bei möglichst hohen wiederkehrenden Polspannungen beanspruchen zu dürfen, und dafür sind in einem Netz nur wenige Stellen geeignet. Auf keinen Fall ist es dort möglich, das Schaltvermögen zu prüfen, das von einem Höchstspannungs-Schalter nach einigen Jahren, wenn sowohl das Netz als auch seine Kurzschlußleistung größer geworden sind — vielfach sogar sehr beträchtlich — verlangt werden wird.

So ergibt sich die Notwendigkeit, diese Beanspruchungen an anderer Stelle möglichst wirklichkeitsnahe, zumindest aber nicht schwächer, als sie im Netz zu erwarten sind, nachzubilden. Damit eine wirklichkeitsgetreue Beanspruchung bis in alle Einzelheiten gewährleistet ist, sollten folgende Voraussetzungen erfüllt sein:

1. Die für die Prüfung vorgesehene Energiequelle soll, von den Klemmen des Prüflings aus betrachtet, ebenso viele Phasen aufweisen, wie Pole des Schalters beim Schalten von Betriebs- und Kurzschlußströmen im Netz elektrisch beansprucht werden.

2. Die Zahl der zu prüfenden Schaltstrecken pro Pol soll so groß sein wie die Zahl der Schaltstrecken pro Pol des vollständigen Schalters im Netzbetrieb.

3. Die Ströme und Spannungen, welche die Energiequelle liefert, sollen gleich groß sein und die gleiche Phasenlage zueinander haben wie die Ströme und Spannungen, die der Schalter im Netz zu schalten hat.

4. Der Stromkreis, in dem im Prüffeld nach der Unterbrechung von Betriebs- und Kurzschlußströmen eine Ausgleichsspannung den Übergang in den stationären Zustand einleitet, soll völlig gleichartig wie der entsprechende Stromkreis im Netz zusammengesetzt sein.

5. Die Betätigung des Schalters und die Versorgung der Schaltstrecken mit Löschmittel soll im Prüffeld genau so erfolgen, wie später im Netzbetrieb.

Aus dieser Aufzählung geht vor allem hervor, daß ein Prüffeld bei der Erfüllung aller Anforderungen doch wieder zu einer großen Schaltstation in einem ausgedehnten Netz anwachsen und dann immer noch in mancher Hinsicht einen Sonderfall darstellen würde. So bleibt nichts anderes übrig, als es bei der Prüfung von Schaltern mit definierten und vereinbarten Konzessionen zu versuchen, in der Erkenntnis, daß dies immerhin wesentlich besser ist, als gar nichts zu tun.

222   V. Verfahren und Stromkreise

Man findet deshalb im Prüffeld vielfach mit einem einfrequenten
Stromkreis, der sich aus wenigen, z. T. konzentrierten Schaltelementen
zusammensetzt, das Auslangen, während im Netz meist mehrfrequente
Stromkreise mit unterteilten Schaltelementen den Verlauf der Einschwingspannung bestimmen. Im Rahmen des Möglichen wird eine
Prüfung, welche die Punkte 1, 2, 3 und 5 genau und den Punkt 4 nur
annähernd erfüllt, noch als direkte Prüfung bezeichnet.

In einem erweiterten und mit einiger Tradition behafteten Sinn
spricht man sogar noch von einer direkten Prüfung, wenn nur der Punkt 5
genau und die Punkte 3, 4 nur teilweise erfüllt sind, während hinsichtlich der Punkt 1 und 2 keinerlei Übereinstimmung zwischen Wirklichkeit und Nachbildung verlangt wird. Nach dieser Version wäre z. B. eine
einpolige oder eine Elementenprüfung ebenfalls eine direkte Prüfung.
Diese Auffassung ist offenbar aus der Gegebenheit entstanden, daß auch
hier die Prüfleistung einem einzigen Stromkreis entnommen wird, was
vermutlich mit der Kurzform „direkt" ausgedrückt werden sollte. Genau
betrachtet sind jedoch alle Prüfungen, für welche die in der vorstehenden
Zusammenfassung mitgeteilte Koordinierung zwischen Prüfstromkreis
und Prüfling entweder überhaupt nicht oder nur zum Teil erfüllt ist,
indirekte Prüfungen.

Dabei kann der Schalter auch so geprüft werden, daß sich zwei oder
mehr Energiequellen und Stromkreise an seiner Beanspruchung beteiligen. Es handelt sich dann um Zwei- oder Mehrkreis-Prüfschaltungen,
für die sich die Bezeichnung „synthetische Prüfschaltung" eingebürgert
hat.

2.1 Direkte Prüfung

Den Strom und die Spannung für diese Prüfung liefert eine leistungs-
starke Energiequelle, die Stoßleistungs- oder Kurzschlußgenerator genannt wird. Hierzu werden meist Drehstromgeneratoren verwendet, die
sich von den Generatoren für die Energieversorgung erheblich unterscheiden. Ihre Hauptmerkmale sind die niedrige substransiente und transiente
Reaktanz, hohe Kurzschlußfestigkeit der Ständerwicklung sowie kräftige
Erregung im Zeitintervall der Leistungsabgabe.

Als Energiequelle kann auch eine Kondensatorbatterie herangezogen
werden. Durch Reihenschaltung mit einer Induktivität sowie mit einer
weiteren Kapazität nach der Stromunterbrechung entstehen nach-
einander Schwingkreise, die auf die Betriebs- und Einschwingfrequenz
des nachzubildenden Netzes abgestimmt sind. Im allgemeinen reicht
jedoch die in einer Kondensatorbatterie von wirtschaftlich vertretbarer
Größe speicherbare Energie für die Prüfung des Ausschaltvermögens
eines Schalters, insbesondere bei längerer Stromflußdauer, nicht aus.

2 Direkte und indirekte Prüfverfahren   223

In der Abb. V/1 ist der Aufbau des Prüfstromkreises zu sehen. Damit sollen verschiedene Netze mit verschiedenen Kurzschlußströmen und wiederkehrenden Spannungen nachgebildet werden.

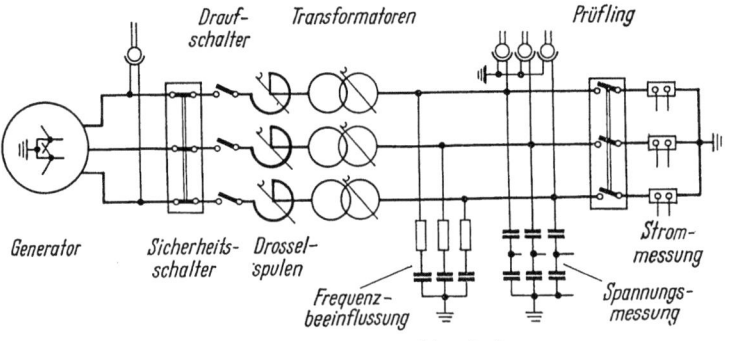

Abb. V/1. Dreiphasiger Prüfstromkreis

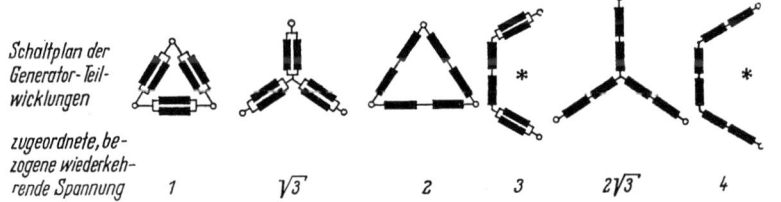

Abb. V/2. Gebräuchliche Schaltanordnungen für Stoßleistungsgeneratoren mit 2 umschaltbaren Wicklungen je Strang

* Nur bei einpoliger Prüfung möglich

Betrachtet man zunächst nur den Drehstromgenerator allein, so ist eine solche Anpassung durch Umschalten seiner Ständerwicklungen möglich.

Mit zwei umschaltbaren Wicklungen je Strang sind bei konstanter Stoßleistung wiederkehrende Spannungen erhältlich, deren Zahlenverhältnisse die Schaltanordnungen in der Abb. V/2 ergänzen.

Die in den Hochleistungsprüffeldern anzutreffenden Wicklungsspannungen für Stoßleistungsgeneratoren mit zwei Wicklungen je Strang zeigt die Abb. V/3.

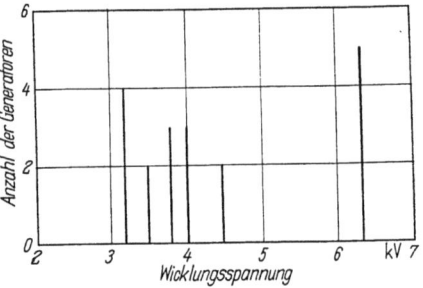

Abb. V/3. Übersicht über ausgeführte Stoßleistungsgeneratoren mit zwei umschaltbaren Wicklungen je Strang, nach der Spannung der Einzelwicklungen geordnet

Um die Leistung des Generators in größeren Spannungsbereichen darbieten zu können, nimmt man Stoßleistungsgeneratoren mit nur einer

224 V. Verfahren und Stromkreise

umschaltbaren Wicklung je Strang — die Abb. V/4 gibt eine Übersicht über ausgeführte Maschinen dieser Gattung — und verwendet zusätzlich Transformatoren. Diese nachgeschalteten Transformatoren haben eben-

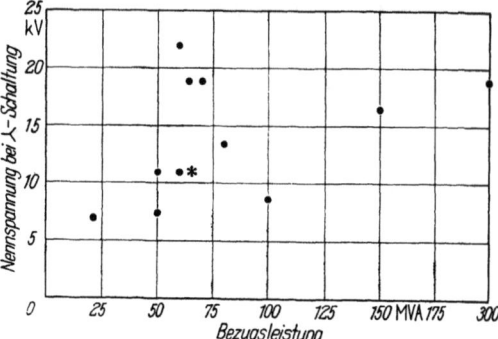

Abb. V/4. Nennspannungen von ausgeführten Stoßleistungsgeneratoren mit einer umschaltbaren Wicklung je Strang

Bezugsleistung ist die Nenn-Scheinleistung eines Generators mit gleichen Hauptabmessungen bei Auslegung für die Energieerzeugung

* 2 Prüffelder, das eine mit 2 das andere mit 4 Generatoren gleicher Spannung und Leistung

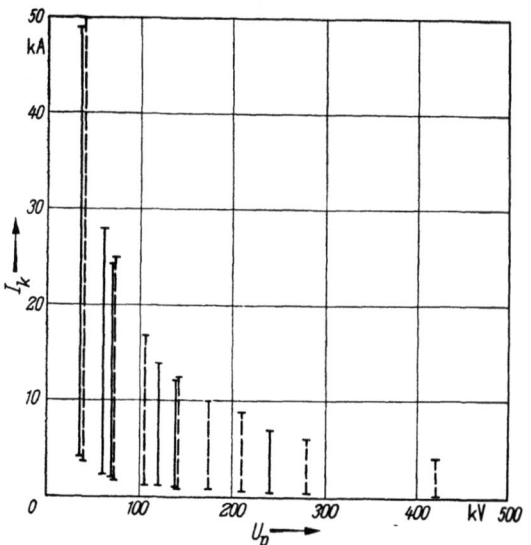

Abb. V/5. Strom- und Spannungsbereiche in einer Einkreis-Schaltung
——— dreipolige Schaltung; – – – einpolige Schaltung

falls eine sehr kleine Kurzschlußreaktanz. Auf der Oberspannungsseite sind sie mit mehreren Wicklungen und Umschalteinrichtungen ausgerüstet. An Zahl, Schaltbarkeit und Spannung werden sie so gewählt,

2 Direkte und indirekte Prüfverfahren   225

daß sich die damit verfügbaren Prüfspannungen den Betriebsspannungen, für welche die Schalter geprüft werden sollen, möglichst gut anpassen.

Meist gelingt es mit wenigen Teilwicklungen einen weiten Strom- und Spannungsbereich zu überstreichen. Als Beispiel zeigt die Abb. V/5 den

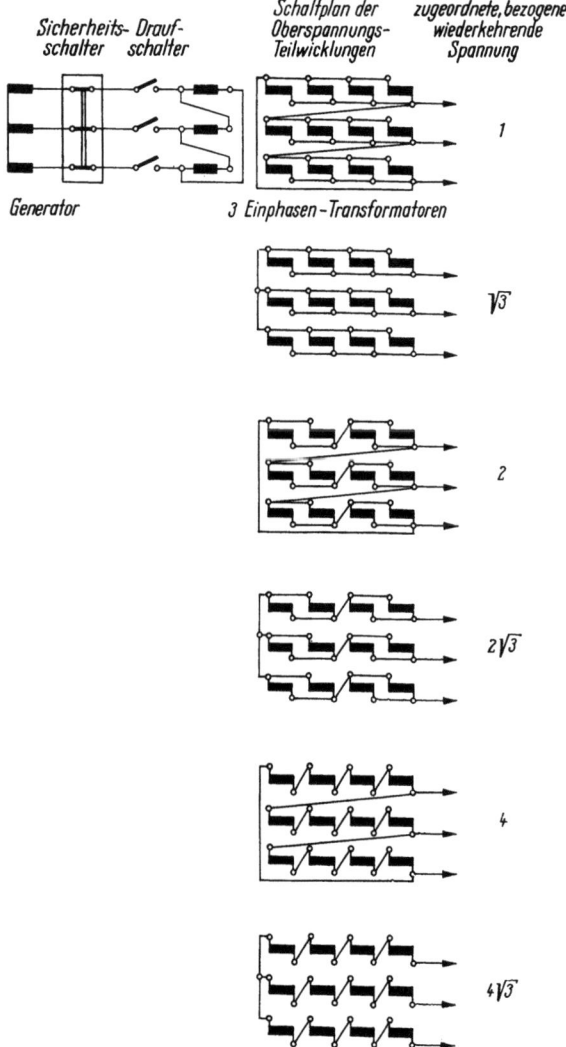

Abb. V/6. Schaltkombinationen in einer Einkreis-Schaltung für dreipolige Prüfungen

gesamten Bereich der Ströme und Spannungen, die in einem großen Hochleistungsprüffeld mit einem Stoßleistungsgenerator und mit einem Satz von drei Einphasen-Transformatoren, die auf der Oberspannungs-

15 Slamecka, Prüfung

226   V. Verfahren und Stromkreise

seite je vier Teilwicklungen haben, eingestellt werden können. Hüllkurve der einzelnen Stromstufen ist eine gleichseitige Hyperbel. In den Abb. V/6 und V/7 sind die verschiedenen Schaltkombinationen, die

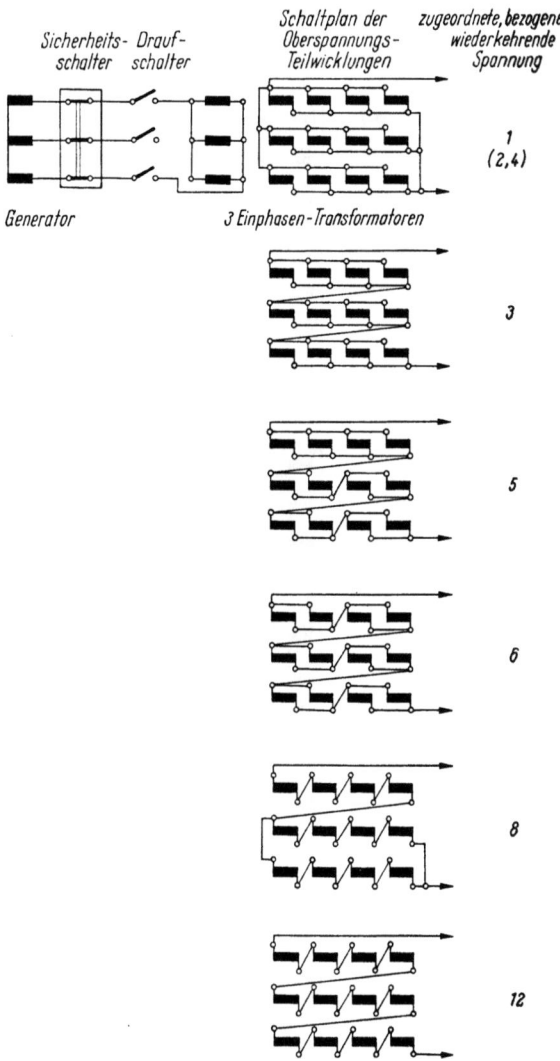

Abb. V/7. Schaltkombinationen in einer Einkreis-Schaltung für einpolige Prüfungen

dieser Kurve zugrunde liegen, angegeben. Eine repräsentative Übersicht über die heute üblichen Teilwicklungen und Teilspannungen der Stoßleistungstransformatoren vermittelt das Diagramm in Abb. V/8.

2 Direkte und indirekte Prüfverfahren 227

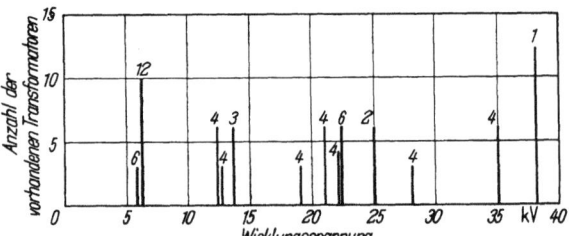

Abb. V/8. Übersicht über ausgeführte umschaltbare Einphasen-Stoßleistungstransformatoren nach der Spannung je Einzelwicklung geordnet

Die Zahlen neben den Säulen geben die Anzahl der Wicklungen je Einheit an

2.2 Indirekte Prüfung

Bei der indirekten Prüfung will man den Schalter zwar möglichst wirklichkeitsgetreu, aber doch auch mit wesentlich geringerem Aufwand, als ihn die direkte Prüfung erfordert, beanspruchen. Entsprechend den verschiedenen Schalterkonstruktionen und den vielen Kombinationsmöglichkeiten beim Aufbau des Prüfkreises gibt es zahlreiche indirekte Prüfverfahren, von denen alle nennenswerten in der Tab. V/1 zusammengestellt sind.

Aber auch nach dieser Begrenzung ist ihre Zahl noch zu groß, um hier jedes einzelne dieser Prüfverfahren näher erläutern zu können. Wir müssen deshalb eine Auswahl treffen und wollen uns auf die Prüfverfahren konzentrieren, die im Lauf der Zeit eine größere Bedeutung erlangt haben.

2.2.1 Einpolige Prüfung

Bei der einpoligen Prüfung wird ein einzelner, kompletter Schalterpol eines dreipoligen Schalters in einem von den Klemmen des Prüflings aus gesehen einphasigen Stromkreis geprüft. Diese Prüfung geht aus der Überlegung hervor, daß es bei einem mehrpoligen Schalter unter bestimmten, durch die Schalterkonstruktion gegebenen Bedingungen genügt, den Pol, der bei der Unterbrechung eines mehrphasigen Betriebs- oder Kurzschlußstromes am stärksten beansprucht wird, für sich allein zu prüfen.

Maßgebend für die unterschiedliche elektrische Beanspruchung der einzelnen Schalterpole ist die verschiedenartige Behandlung des Netzsternpunktes; im allgemeinen hat der erstlöschende Pol die größte Beanspruchung zu übernehmen, weil an seinen Klemmen im Verlauf der Stromunterbrechung die Einschwingspannung den höchsten Wert erreicht. Diesen Verhältnissen soll die Prüfspannung angepaßt werden.

15*

228 V. Verfahren und Stromkreise

Tabelle V/1. *Indirekte Prüfungen mit Einkreis- und Zweikreisschaltungen*

Einkreisschaltung		Zweikreisschaltung	
einpolige Prüfung	dreipolige Prüfung	einpolige synthet. Prüfung	dreipolige synthet. Prüfung
des vollständigen Schalterpoles	—	des vollständigen Schalterpoles	des vollständigen dreipoligen Schalters
der Schaltelemente eines Schalterpoles (einpolige Elementenprüfung)	der Schaltelemente eines dreipoligen Schalters (dreipolige Elementenprüfung)	der Schaltelemente eines Schalterpoles (einpolige synthetische Elementenprüfung)	der Schaltelemente eines dreipoligen Schalters (dreipolige synthetische Elementenprüfung)
des vollständigen Schalterpoles mit korrespondierenden Strömen und Spannungen	des vollständigen dreipoligen Schalters mit korrespondierenden Strömen und Spannungen	—	—
der Schaltelemente eines Schalterpoles mit korrespondierenden Strömen und Spannungen	der Schaltelemente eines dreipoligen Schalters mit korrespondierenden Strömen und Spannungen		

Der Strom, der dabei unterbrochen wird, soll so groß sein wie der dreiphasige Kurzschlußstrom.

Eine derartige Folge von Strom und Spannung beansprucht aber den einzelnen Schalterpol in mancher Hinsicht etwas anders als dies bei der dreipoligen Prüfung des Schalters der Fall ist. In der Gegenüberstellung dieser Unterschiede sollen die kennzeichnenden Merkmale der einpoligen Prüfung gezeigt werden.

Nachdem der einpolige Prüfling in dem einphasigen Prüfkreis den Kurzschlußstrom unterbrochen hat, möge z. B. als wiederkehrende Polspannung der 1,5fache Wert der Phasenspannung an der Schaltstrecke auftreten. Diese Spannung beansprucht auch die Erdisolation der Schaltstrecke über viele Halbwellen.

Im Netz kommt eine solche Beanspruchung der Erdisolation bei der Ausschaltung eines dreipoligen Kurzschlusses nur dann vor, wenn der Sternpunkt frei und die Kurzschlußstelle geerdet ist.

2 Direkte und indirekte Prüfverfahren 229

Ist dagegen der Sternpunkt geerdet und der Kurzschluß erdfrei, wird die eine Anschlußklemme des Schalterpoles nur mit der Phasenspannung und die andere Anschlußklemme sogar nur mit der halben Phasenspannung gegen Erde beansprucht, Abb. V/9.

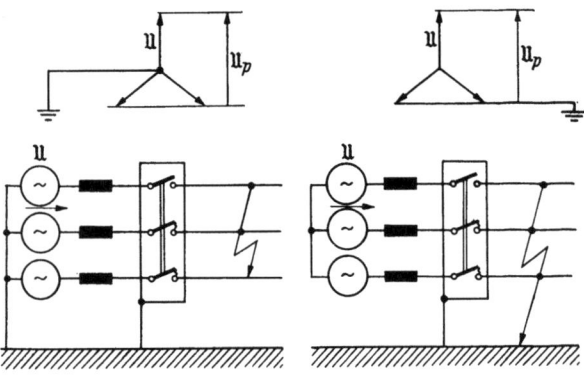

Abb. V/9. Spannungsbeanspruchung der Anschlußklemmen des erstlöschenden Poles eines dreipoligen Leistungsschalters beim Unterbrechen von dreipoligen Kurzschlußströmen

Bei einem Schalter, dessen Stromunterbrechung mit einem starken Ausstoß von Gasen, Dämpfen oder Löschflüssigkeit verbunden ist, kann diese unterschiedliche Beanspruchung der äußeren Isolation unter Umständen einen großen Einfluß auf das Schaltverhalten haben. Wie die Abb. V/10 zeigt, bestehen die Möglichkeiten, gegebenenfalls den Prüfstromkreis diesen Verhältnissen im Netz anzupassen, darin, entweder den Transformator mit einer Anzapfung zu versehen oder mit Hilfe eines Spannungsteilers die gewünschte Spannungsverteilung einzustellen. Allein nach dem Schaltplan beurteilt sieht dies ganz einfach aus. Die Durchführung dieser Maßnahmen ist jedoch mit einem nicht

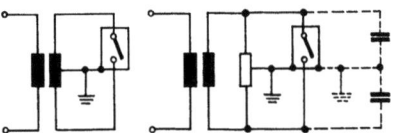

Abb. V/10. Einpolige Prüfung. Nachbildung der Spannungsbeanspruchung der Anschlußklemmen des erstlöschenden Poles eines dreipoligen Leistungsschalters beim Unterbrechen eines dreipoligen erdfreien Kurzschlusses in einem Netz mit geerdetem Sternpunkt

unerheblichen zusätzlichen Aufwand verbunden, so daß man meist auf eine genaue Anpassung verzichtet und damit ein Prüfergebnis erhält, das in jedem Fall auf der sicheren Seite liegt.

Wenn ein dreipoliger Schalter auf einen dreipoligen Kurzschluß einschaltet, wird der Zeitpunkt des ersten Vorüberschlages in einem der drei Schalterpole i. a. durch die Phasenspannung bestimmt, unabhängig davon, ob der Sternpunkt frei und der Kurzschluß geerdet oder der Kurz-

230   V. Verfahren und Stromkreise

schluß erdfrei und der Sternpunkt an Erde angeschlossen ist. Den nachfolgenden Kurzschlußstrom treibt in allen drei Leitern bis zum Beginn
der Unterbrechung durch den erstlöschenden Schalterpol die Phasenspannung. Nach der Stromunterbrechung durch diesen Schalterpol steht
an seinen Klemmen die 1,5fache Phasenspannung nur über eine Zeit
von etwa 5 ms an und geht anschließend auf die Phasenspannung über.
In den Abb. V/11 und V/12 sind die Oszillogramme des Stromes und der
Spannung bei der einpoligen und zum Vergleich bei der dreipoligen
Prüfung zu sehen.

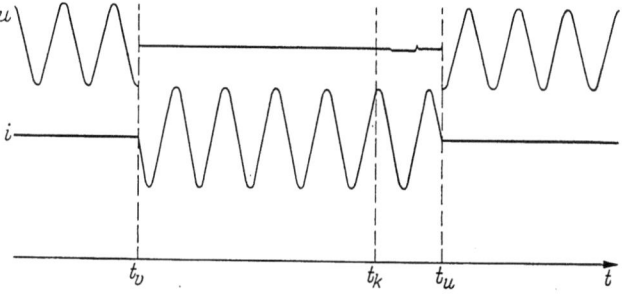

Abb. V/11. Verlauf von Spannung und Strom bei einer einpoligen Ein-Aus-Schaltung
t_v Zeitpunkt der Vorzündung; t_k Zeitpunkt der Kontakttrennung; t_u Zeitpunkt der Stromunter-
brechung; u Augenblickswert der Einschaltspannung, Bogenspannung und wiederkehrenden
Polspannung über der Schaltstrecke; i Augenblickswert des Ausschaltstromes in der Schaltstrecke

Wird bei der einpoligen Prüfung der Schwerpunkt auf die Nachbildung der wiederkehrenden Polspannung gelegt, dann hat der Schalterpol
den Einschalt-Vorüberschlag bei einer gegenüber dem dreiphasigen Prüfkreis um 50% höheren Spannung zu beherrschen; um den gleichen Anteil
ist auch die Induktivität des Kurzschlußkreises größer.

Bei der einpoligen Prüfung treten gegenüber der dreipoligen auch in
der Schaltarbeit Unterschiede auf, die wir an Hand eines weiteren
Beispiels erläutern wollen. Die Abb. V/13 zeigt den Verlauf des auszuschaltenden Stromes, der Bogenspannung, der Bogenleistung
und der Schaltarbeit sowohl bei einer dreipoligen als auch bei einer einpoligen Prüfung.

Da es nur auf das Grundsätzliche ankommt, wurde die Bogenspannung in erster Näherung linear ansteigend angenommen. Ferner
wurde eine so hohe treibende Spannung vorausgesetzt, daß die strom-
verzerrende Wirkung der Bogenspannung nicht berücksichtigt zu werden braucht. Wir stellen uns weiter einen Leistungsschalter mit selbsterzeugtem Löschmittel, von dem nur wenig aus der Schaltkammer ab-
strömt, vor, so daß der Druck darin und somit auch die mechanische Beanspruchung annähernd der Schaltarbeit proportional sind. Die Lösch-

2 Direkte und indirekte Prüfverfahren   231

wirkung der einzelnen Schaltstrecken, die Schaltgeschwindigkeit und die
mechanische Beanspruchung des Schalters sollen bei der dreipoligen und
einpoligen Prüfung gleich groß, d. h. es sollen im wesentlichen die Voraussetzungen für die Zulässigkeit einer einpoligen Prüfung erfüllt sein.

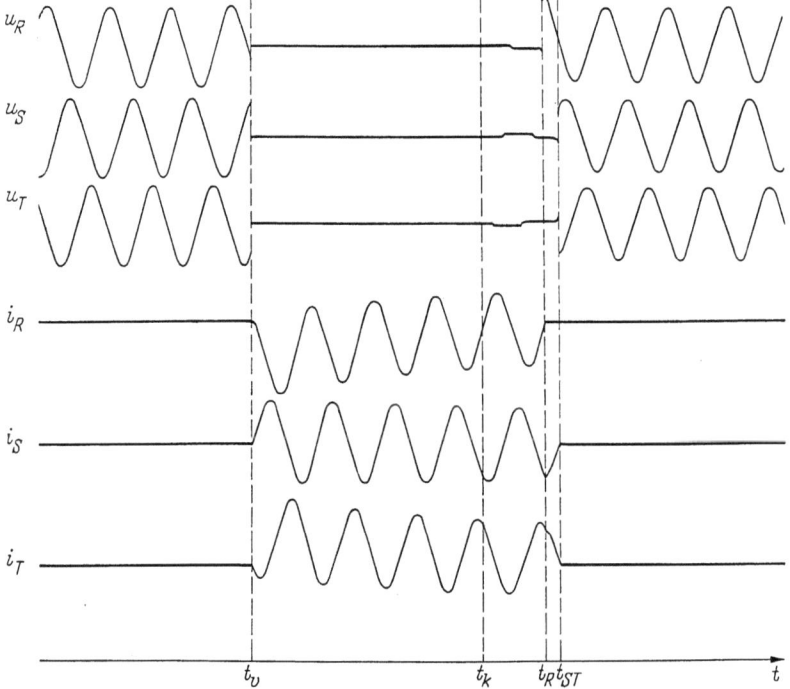

Abb. V/12. Verlauf der Spannungen und Ströme bei einer dreipoligen Ein-Aus-Schaltung in einem
Prüfkreis nach Abb. V/1

t_v Zeitpunkt der Vorzündung; t_k Zeitpunkt der Kontakttrennung; t_R Zeitpunkt der Stromunterbrechung in der Schaltstrecke des Poles R; t_{ST} Zeitpunkt der Stromunterbrechung in den Schaltstrecken der Pole S und T; u_R, u_S, u_T Augenblickswerte der Einschaltspannungen, Bogenspannungen und wiederkehrenden Polspannungen an den Schaltstrecken der Pole R, S, T; i_R, i_S, i_T
Augenblickswerte der Ausschaltströme in den Schaltstrecken der Pole R, S, T

Den Schalter lösen wir zuerst dreipolig so aus, daß der Strom im
Schalterpol S gerade vor der sogenannten sicheren Löschentfernung das
letztemal durch Null geht. Unter dieser Löschentfernung versteht man
denjenigen Abstand des Schaltstiftes von dem feststehenden Schalt-
stück, von dem ab nach dem Nullwerden des Stromes die Schaltstrecke
stets die Beanspruchung durch die Einschwing- und durch die wiederkehrende Polspannung aushält. Bei dieser Lage des Strom-Nullwerdens
erreicht die Schaltarbeit, deren Verlauf in Abb. V/13 mit vollem Linien-
zug eingezeichnet ist, den größtmöglichen Wert.

232 V. Verfahren und Stromkreise

Bei dem zweiten Versuch lösen wir den Pol S allein aus, aber wieder so, daß auch jetzt der Strom gerade vor der sicheren Löschentfernung durch Null geht und noch eine Halbwelle weiterfließen kann. Der Verlauf der Einflußgrößen, die diesem Versuch zugeordnet sind, wurde in Abb. V/13 gestrichelt gezeichnet. Deutlich ist zu erkennen, daß bei der einpoligen Prüfung eine wesentlich größere Bogenleistung und dementsprechend eine größere Schaltarbeit erzeugt wird als bei der dreipoligen Prüfung.

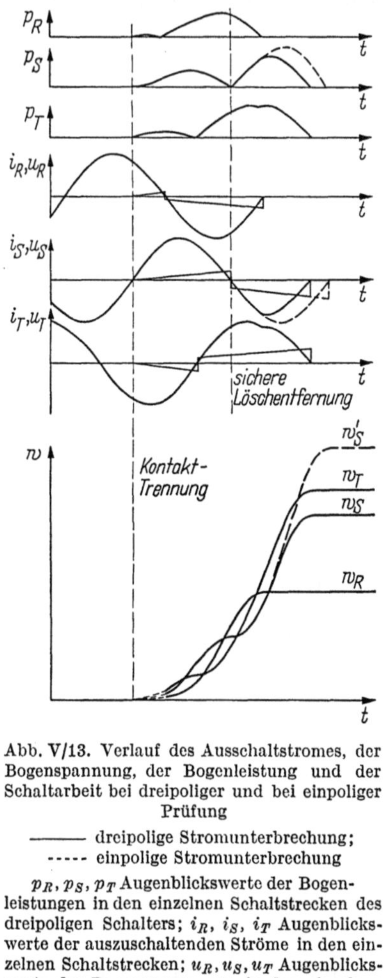

Demnach beansprucht die einpolige Prüfung den Schalter im Grenzfall härter als eine dreipolige Prüfung. Man kann also vom Ergebnis der einpoligen Prüfung mit Sicherheit auf das Verhalten bei einer dreipoligen Ausschaltung schließen, wenn einige Konstruktionsbedingungen erfüllt sind, über die nationale und internationale Bestimmungen bis in alle Einzelheiten Auskunft geben.

Wir möchten an dieser Stelle noch auf einen formalen und häufig zitierten Zusammenhang zwischen der ein- und dreipoligen Ausschaltleistung hinweisen. Die dreipolige Ausschaltleistung ist als das Produkt aus Kurzschlußstrom und wiederkehrender Spannung, multipliziert mit der Verkettungszahl, definiert

$$P_3 = I_K \, U_\triangle \sqrt{3}. \qquad (1)$$

Bei der einpoligen Prüfung ist die Verkettungszahl Eins und es gilt

$$P_1 = I_K \, U \, \eta = I_K \, U_W. \qquad (2)$$

Abb. V/13. Verlauf des Ausschaltstromes, der Bogenspannung, der Bogenleistung und der Schaltarbeit bei dreipoliger und bei einpoliger Prüfung

—————— dreipolige Stromunterbrechung;
----- einpolige Stromunterbrechung

p_R, p_S, p_T Augenblickswerte der Bogenleistungen in den einzelnen Schaltstrecken des dreipoligen Schalters; i_R, i_S, i_T Augenblickswerte der auszuschaltenden Ströme in den einzelnen Schaltstrecken; u_R, u_S, u_T Augenblickswerte der Bogenspannungen in den einzelnen Schaltstrecken; w_R, w_S, w_T Augenblickswerte der Schaltarbeiten bei der dreipoligen Stromunterbrechung; w_S' Augenblickswert der Schaltarbeit des Schalterpoles S bei der einpoligen Stromunterbrechung

η stellt den sogenannten Erdungsfaktor dar, dessen Größe von den Erdungsverhältnissen im Netz abhängt. Mit $\eta = 1,5$, entsprechend einem isolierten Sternpunkt, wird

$$2P_1 = P_3, \qquad (3)$$

wofür sich die Bezeichnung äquivalente dreipolige Ausschalt- oder Prüfleistung eingebürgert hat.

2.2.2 Elementenprüfung

Die Elementenprüfung hat auf die Entwicklung von Leistungsschaltern für sehr hohe Betriebsspannungen und sehr große Ausschaltströme einen maßgebenden Einfluß genommen. Sie gehört in Verbindung mit der synthetischen Prüfung zu den grundlegenden Prüfverfahren.

Um diese hohen Ströme und Spannungen zu beherrschen, war man gezwungen, die Stromunterbrechung auf mehrere Teilschaltstrecken aufzuteilen. Bei einem derart aufgebauten Schalter kann unter bestimmten durch die Konstruktion des Schalters festgelegten und vielfach in Vorschriften definierten Bedingungen eine einzelne Teilschaltstrecke oder eine Gruppe von Teilschaltstrecken geprüft werden. Die elektrischen Beanspruchungsgrößen sind durch den Einschalt- und den Ausschaltstrom sowie durch die entsprechenden Anteile sowohl der transienten als auch der stationären am vollständigen Schalterpol wirksamen Spannungen gegeben. Von dem Verhalten der Teilschaltstrecken wird auf das Verhalten des gesamten Schalterpoles geschlossen.

Die transienten und die stationären Teilspannungen, die den einzelnen Teilschaltstrecken zugeordnet sind, können untereinander gleich groß oder auch verschieden sein. Aber selbst bei gleichmäßiger Verteilung der transienten und der stationären Spannung über die einzelnen Unterbrechereinheiten, d. h. bei Unabhängigkeit der Spannungsverteilung von der Frequenz der Spannung, können noch konstruktiv bedingte Spannungsunterschiede von Unterbrechereinheit zu Unterbrechereinheit bestehen. Das hängt von der Konzeption des gesamten Schalters ab.

Daher stellt die sichere und auch im Betrieb unveränderliche Verteilung der Spannung besonders bei der Unterbrechung großer Kurzschlußströme eines der Hauptprobleme der Konstruktion eines Schalters mit Mehrfachunterbrechung und der zuverlässige Nachweis dieser Spannungsverteilung eine der Hauptaufgaben der Elementenprüfung dar.

Bei einem Schalterpol mit idealen Teilschaltstrecken, die keine Nachleitfähigkeit aufweisen, ist die Ausschaltleistung des gesamten Schalterpoles gleich der Summe der Ausschaltleistungen der n Teilschaltstrecken

$$P_1 = I_K \sum_{\varepsilon=1}^{\varepsilon=n} U_\varepsilon. \tag{4}$$

Bei einem Schalterpol mit nicht-idealen Teilschaltstrecken können durch die Nachwirkungen des Schaltlichtbogens die Ist-Werte der Teil-

234   V. Verfahren und Stromkreise

spannungen von den Soll-Werten abweichen. In diesem Fall kann die
Überlastung einer Teilschaltstrecke das Weiterbrennen des Bogens
in den übrigen Teilschaltstrecken einleiten und zum Versagen des
Schalters führen.

So gesehen ist die Elementenprüfung vorzugsweise meßtechnisch
interessant, und wir wollen nun ein Verfahren zur Ermittlung der Spannungsverteilung über kapazitiv ge-
steuerte Teilschaltstrecken beschreiben.

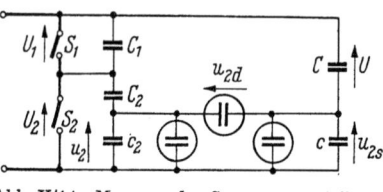

Abb. V/14. Messung der Spannungsverteilung
bei Zweifachunterbrechung

Die Abb. V/14 zeigt die Ver-
suchs- und Meßanordnung. Der
Schalterpol bestehe zunächst aus
2 Teilschaltstrecken S_1 und S_2,
denen zwei Kapazitäten C_1 und
C_2 parallelgeschaltet sind. Gegen-
über den Eigen- und Erdkapazitäten der Schaltstrecken sollen diese
Steuerkapazitäten so groß sein, daß sie allein die Spannungsverteilung
bestimmen.

Die Steuerkapazität C_2 der Schaltstrecke S_2 dient gleichzeitig als
Hochspannungskapazität eines kapazitiven Spannungsteilers und ist daher über eine Abgriffkapazität c_2 an Erde angeschlossen. c_2 ist demnach
sehr groß gegenüber C_2, so daß der Einfluß auf die konstruktiv vorgesehene Spannungssteuerung vernachlässigbar bleibt. An diesem Spannungsteiler wird der Istverlauf des Potentials der Teilschaltstrecke S_2
gegen Erde abgegriffen.

Zu der Meßschaltung gehört noch ein zweiter kapazitativer Spannungsteiler. Dieser Spannungsteiler ist so geschaltet und bemessen, daß
an seiner Abgriffkapazität stets der Sollverlauf des Potentials der Schaltstrecke S_2 abgenommen wird. Ein Oszillograph, der zwischen den beiden
Abgriffkondensatoren liegt, registriert somit die Differenz zwischen dem
Soll- und Istwert.

Nach dem 2. Kirchhoffschen Satz gilt für den Meßkreis die Gleichung

$$u_2 - u_{2d} - u_{2s} = 0. \tag{5}$$

Die Indizes 2 und $2s$ deuten an, daß es sich um die Ist- und Soll-
Abbildspannungen an der Schaltstrecke S_2 handelt, die um die Teiler-
verhältnisse

$$k_2 = \frac{C_2}{C_2 + c_2} \approx \frac{C_2}{c_2} \tag{6}$$

und

$$k = \frac{C}{C + c} \approx \frac{C}{c} \tag{7}$$

kleiner sind als die Originalspannungen. Mit diesen Teilerverhältnissen erhalten wir aus der Gl. (5) für die Differenzspannung folgenden Ausdruck:

$$u_{2d} = U_2 (k_2 - k) - k U_1. \tag{8}$$

Darin soll nun als nächster Schritt das Teilverhältnis k eliminiert werden. Wir nehmen hierzu für die Steuerkapazitäten

$$C_2 = m C_1 \tag{9}$$

an.

Wegen der Gleichheit der vom Schalter unbeeinflußten Sollspannungen, die von beiden Teilern anzuzeigen sind,

$$u_2 = u_{2s}, \tag{10}$$

erhalten wir bei gleich großen Abgriffkapazitäten

$$c_2 = c \tag{11}$$

durch Einsetzen der entwickelten Ausdrücke in die Gl. (10) für die Hochspannungskapazität des als Sollwertgebers verwendeten Spannungsteilers die Beziehung

$$C = C_2 \frac{1}{1 + m}. \tag{12}$$

Die Abbildungsmaßstäbe verhalten sich dann zueinander wie

$$\frac{k}{k_2} = \frac{1}{1 + m} \tag{13}$$

und die Gl. (8) nimmt die Form

$$u_{2d} = \frac{k_2}{1 + m} (m U_2 - U_1) \tag{14}$$

oder wegen

$$U_1 = U - U_2, \tag{15}$$

$$u_{2d} = k_2 \left(U_2 - \frac{U}{1 + m} \right) \tag{16}$$

an. Danach ist die Originalgröße der Differenzspannung durch

$$U_{2d} = \frac{u_{2d}}{k_2} \tag{17}$$

gegeben. Wenn die Differenzspannung bekannt ist, lassen sich die Ist-Werte der Spannungen an den Teilschaltstrecken S_1 und S_2 aus den Gln. (15, 16 und 17) berechnen.

V. Verfahren und Stromkreise

Macht man z. B. $m = 1$ und wird bei einer Gesamtspannung von $U = 100\,\text{kV}$ als Differenzspannung $U_{2d} = 10\,\text{kV}$ ermittelt, so sind die Ist-Werte der Teilspannungen $U_2 = U_{2d} + \dfrac{U}{1+m} = 60\,\text{kV}$ und $U_1 = U - U_2 = 40\,\text{kV}$.

Die Gl. (14) kann von der Zweifach-Unterbrechung leicht auf n-fach-Unterbrechung erweitert werden. Sie lautet z. B. für Dreifach-Unterbrechung, bei untereinander gleichen Sollwerten der Teilspannungen, entsprechend $m = 2$,

$$u_{3d} = \frac{k_3}{3}\left[2\,U_3 - (U_1 + U_2)\right] \tag{18}$$

und allgemein, also bei $m = n - 1$,

$$u_{nd} = \frac{k_n}{n}\left[(n-1)\,U_n - \sum_{\varepsilon=1}^{\varepsilon=n-1} U_\varepsilon\right] \tag{19}$$

oder einfacher

$$u_{nd} = k_n\left(U_n - \frac{U}{n}\right). \tag{20}$$

Die Gl. (19) läßt die Grenzen des soeben erläuterten Verfahrens deutlich werden. Wird danach die Messung der Differenzspannung auf einen Schalter mit mehr als zwei Teilschaltstrecken pro Pol ausgedehnt, und stellt C_1 die resultierende Kapazität der Steuerkapazitäten der $(n-1)$-Teilschaltstrecken dar, erscheint nur noch eine einzige Teilspannung explizit, während alle anderen in einer Summenspannung aufgehen.

Innerhalb dieser Summe können die Soll- und die Ist-Werte der einzelnen Teilspannungen gleich groß sein. Die $(n-1)$-Ist-Werte können aber auch von den Sollwerten so abweichen, daß sich dies in der Summe nicht bemerkbar macht,

$$\sum_{\varepsilon=1}^{\varepsilon=n-1} U_\varepsilon = \sum_{\varepsilon=1}^{\varepsilon=n-1} U_{\varepsilon s}. \tag{21}$$

Wegen dieser Unsicherheit läßt sich bei $n > 2$ in der gezeigten Anordnung die Güte der Spannungsverteilung nur noch abschätzen. Voraussetzung dafür ist eine in statistischem Sinne hinreichende Zahl von Versuchen, so daß sich, wenn unterschiedliche Spannungsverteilungen möglich sind, auch jene einstellen kann, bei der $U_n \neq U_{ns}$.

Um sämtliche Teil- und Differenzspannungen erfassen zu können, muß die Meßanordnung erweitert werden. Hierzu gibt es verschiedene Möglichkeiten. Man kann etwa für jede neue Schaltstrecke eine weitere

Meßstelle mit einem zusätzlichen Hochspannungsteiler vorsehen. Die Spannungsverteilung bei Mehrfachunterbrechung läßt sich aber auch ohne spezielle Hochspannungsteiler einfach durch Selbstvergleich der Teil-
spannungen kontrollieren. Zu diesem Zweck wird der Spannungsverlauf an jeweils zwei unmittelbar hintereinander liegenden Teilschaltstrecken verglichen.

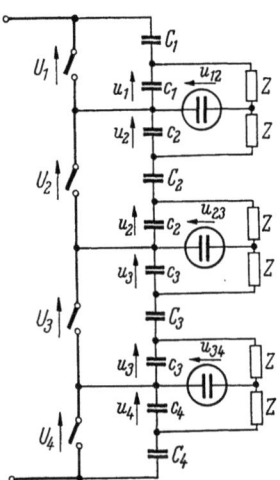

Als Beispiel enthält die Abb. V/15 den Prinzipschaltplan für die Kontrolle der Spannungsverteilung an einem Schalterpol mit Vierfachunterbrechung. Die so erhaltenen Differenzspannungen werden entweder einem Kathodenstrahl-Oszillographen, der auf Hochspannungs-potential betrieben wird, zugeführt oder aber von einem UKW-Sender drahtlos auf Erdpotential übertragen. Beides ist ohne grundsätzliche Schwierigkeiten möglich.

Abb. V/15. Messung der Span-nungsverteilung bei Vierfachunter-brechung durch Selbstvergleich der Teilspannungen

3 Synthetische Prüfschaltungen

Die Ausschaltleistung eines Leistungsschalters ist keine Wirk- oder Blindleistung im Sinne bestehender Definitionen, sondern nur eine ver-einbarte Bezeichnung für das Produkt aus Ausschaltstrom und wieder-kehrender Spannung. Diese beiden Beanspruchungsgrößen treten nicht gleichzeitig auf, Abb. V/16. Wir haben es also mit einer zwar vieler-orts eingeführten und in mancher Hinsicht auch praktischen, aber physikalisch nur indirekt be-
deutsamen Größe zu tun.

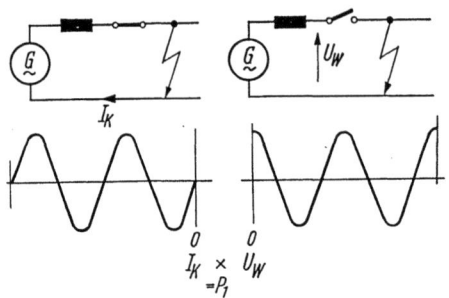

Der Begriff „Ausschalt-leistung" bot daher seit langem schon den Anreiz, selbst größte Prüfleistungen mit einem verhältnismäßig bescheidenen Aufwand im Hochleistungsprüffeld in-direkt zu verwirklichen. Man beschäftigte sich intensiv mit

Abb. V/16. Ausschalten eines Wechselstromes

238   V. Verfahren und Stromkreise

dem Gedanken, die Strom- und die Spannungsbeanspruchung, die für
die Prüfung eines Schalters benötigt wird, zwei verschiedenen Prüfkreisen
zu entnehmen und in geeigneter Weise zu einer resultierenden Beanspruchung zusammen-
zusetzen.

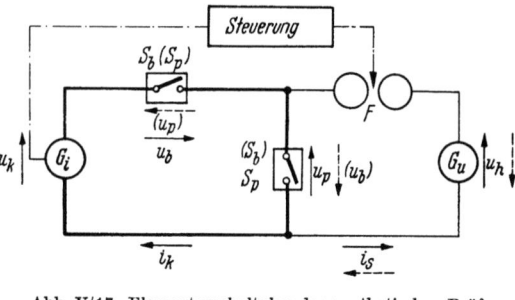

Abb. V/17. Elementarschaltplan der synthetischen Prüfschaltungen (Zweikreisschaltungen)

Die Abb. V/17 zeigt
den auf die Grund-
elemente reduzierten
Schaltplan, der die
Bezeichnung Zwei-
kreis-Prüfschaltung
oder synthetische Prüf-
schaltung nahelegt.
Wir erkennen darin
zwei Energiequellen,
die des Hochstrom-

und die des Hochspannungskreises, zwei Leistungsschalter, eine
Schaltfunkenstrecke und — hier nur symbolisch angedeutet — die
Steuerung.

Der Hochstromkreis liefert überwiegend den Strom und bei bestimmten synthetischen Prüfschaltungen auch einen Teil der Einschwingspannung sowie der wiederkehrenden Polspannung.

Der Hochspannungskreis liefert die Einschwingspannung und die
wiederkehrende Polspannung entweder in voller Höhe oder in über-
wiegendem Ausmaß und bei bestimmten synthetischen Prüfschaltungen
auch noch einen Teil des Stromes.

Mit den beiden Schaltern im Elementarschaltplan hat es folgende
Bewandtnis:

An den Klemmen des einen Schalters erscheint nach der Stromunterbrechung die Differenz zwischen der Spannung des Hochspannungskreises und der Spannung des Hochstromkreises oder auch nur die Spannung des Hochspannungskreises allein. Diesem Schalter, dem Blockier-
oder Hilfsschalter, fällt insbesondere die Aufgabe zu, den Hochstromkreis gegen die Spannung des Hochspannungskreises zu isolieren.

An den Klemmen des anderen Schalters tritt nach der Stromunterbrechung entweder die Spannung des Hochspannungskreises allein oder
die Summe der Spannungen des Hochstrom- und des Hochspannungskreises auf. Jener Schalter wird also durch die maximale Spannung, die
in der Zweikreis-Schaltung möglich ist, beansprucht: er ist somit der
Prüfling.

Wie die verschiedenen einander zugeordneten Spannungspfeile des
Elementarschaltplanes in Abb. V/17 zeigen, legt die Wahl der Polarität
der Anfangsspannungen im Hochstrom- und Hochspannungskreis die

3 Synthetische Prüfschaltungen   239

Funktion der beiden Schalter, Prüfling oder Blockierschalter zu sein,
fest.

In einem genau definierten und die einzelnen synthetischen Prüfschaltungen kennzeichnenden Zeitpunkt gibt die Steuerung ein aus dem
Hochstromkreis ankommendes Signal als Zündimpuls an die Schaltfunkenstrecke weiter. Diese Funkenstrecke stellt einen extrem schnellen
und außerordentlich genauen, elektronisch gesteuerten Draufschalter dar,
der das Zusammenwirken von Hochstrom- und Hochspannungskreis einleitet. Die Zuschaltung des Hochspannungskreises vor dem Nulldurchgang des betriebsfrequenten Stromes führt zu den synthetischen Prüfschaltungen nach dem Prinzip der gesteuerten Stromüberlagerung. Die
Zuschaltung nach dem Nulldurchgang dieses Stromes ergibt die synthetischen Prüfschaltungen nach dem Prinzip der gesteuerten Spannungsüberlagerung.

Eine Zweikreisschaltung liefert eine wesentlich größere Prüfleistung
als eine Einkreisschaltung. Beide Prüfleistungen stehen zueinander
in einem Verhältnis, für das die Bezeichnung Verstärkungsfaktor der
Zweikreisschaltung vorgeschlagen wird. Bei
gleichem Ausschaltstrom ist dieser Verstärkungsfaktor durch das Verhältnis der wiederkehrenden Polspannung in der Zweikreisschaltung zu der wiederkehrenden Polspannung in der Einkreisschaltung definiert.

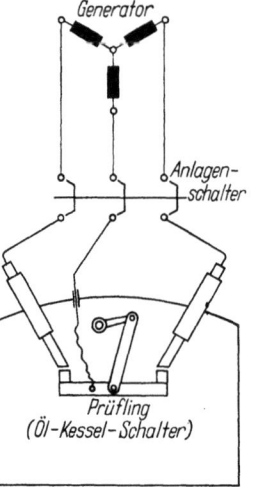

Abb. V/18. „Kunstschaltung"
nach J. Biermanns

3.1 Entwicklungsformen

Die erste Schaltanordnung, in der sich
ein Ansatz zu einer synthetischen Prüfschaltung in Kombination mit einer Elementenprüfung erkennen läßt, hat 1925 J. Biermanns vorgeschlagen. Diese „Kunstschaltung", die wir aus historischen Gründen in
Abb. V/18 originalgetreu wiedergeben, war
in erster Linie für Schalter mit zwei Schaltstrecken pro Pol gedacht.

In dem gezeigten Beispiel ist der Prüfling ein Ölkesselschalter. Ein
Pol dieses Schalters wird dreiphasig mit dem Prüfstromkreis verbunden.
Sobald nach dem Schließen des Prüfstromkreises eine der beiden Teilschaltstrecken den Kurzschlußstrom unterbricht, entsteht daran eine
Sprungspannung vom 1,5fachen Wert der Phasenspannung. Wenn etwa
5 ms später die zweite Teischaltstrecke den nun einphasigen Kurzschlußstrom unterbricht, tritt daran die verkettete Spannung auf. Bei einer

240 V. Verfahren und Stromkreise

direkten Prüfung werden die Teilschaltstrecken nur mit einem Teil dieser Spannungen beansprucht.

1931 ergänzte BIERMANNS diese Kunstschaltung durch einen besonders geschalteten Transformator, der nach der Unterbrechung des Kurzschlußstromes durch Blockierschalter und Prüfling selbsttätig vom Hochstromkreis erregt wird.

So war eine Möglichkeit gezeigt worden, die wiederkehrende Polspannung gegenüber der Spannung, die den Kurzschlußstrom treibt, wesentlich zu erhöhen und damit zu einer echten synthetischen Prüfschaltung zu gelangen.

3.2 Skeats-Schaltung

1936 führte W. F. SKEATS in den von BIERMANNS entworfenen Hochspannungskreis eine Funkenstrecke ein, Abb. V/19, die den Kurzschluß des Hochspannungstransformators während der Stromflußdauer verhindern soll. In dieser Prüfschaltung läuft die Prüfung folgendermaßen ab:

Zu Beginn sind Prüfling und Blockierschalter geschlossen. Bei schon erregtem Stoßleistungsgenerator ist im Hochstromkreis nur noch der in der Abbildung mit dem Sicherheitsschalter zu einem Anlagenschalter

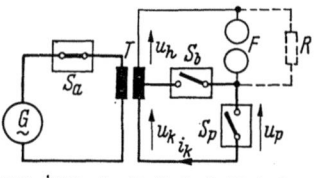

Abb. V/19. Synthetische Prüfschaltung nach W. F. SKEATS

vereinigte Draufschalter offen. Sobald dieser synchron gesteuerte Schalter z. B. im Scheitelwert der Einschaltspannung schließt, beginnt ein symmetrischer Kurzschlußstrom zu fließen. In dem gleichen Zeitbereich erhalten Blockierschalter und Prüfling das „Aus"-Kommando. Nach der Unterbrechung des Kurzschlußstromes schwingen auf der Oberspannungsseite des Hochstromkreises zwei Spannungen ein. Die eine kleinere Einschwingspannung liefert der Hochstromkreis, die andere wesentlich höhere Einschwingspannung der Hochspannungskreis.

Zunächst werden beide Schalter von der Einschwingspannung des Hochstromkreises beansprucht. Die Beanspruchung hängt von der hier noch nicht definierten Verteilung der Einschwingspannung über die Schaltstrecken ab. Maßnahmen zur Abstimmung des Hochstromkreises und Anpassung seiner Einschwingspannung an einen vorgegebenen Spannungsverlauf sind noch nicht erkennbar.

Nach Ablauf einer gewissen Zeit erreicht die Einschwingspannung an den Klemmen des Hochspannungstransformators die Höhe, bei der die Funkenstrecke durchschlagen und damit eine Verbindung zu den Klemmen des Prüflings hergestellt wird.

3 Synthetische Prüfschaltungen   241

Eine ungesteuerte Funkenstrecke hat jedoch vor allem bei kleinen
Elektrodenentfernungen einen weiten Streubereich. Dadurch kann der
Verlauf der resultierenden Einschwingspannung von Versuch zu Ver-
such sehr unterschiedlich sein.

In der Absicht, diesen Nachteil zu beseitigen, wurde im Zuge der
Weiterentwicklung die Funkenstrecke durch einen verhältnismäßig
hohen Ohmschen Widerstand ersetzt. Zu einer Zeit, als noch wenig
bekannt war über die instationäre Leitfähigkeit einer Schaltstrecke unmittelbar nach dem Erlöschen des Schaltlichtbogens, konnte dieser zusätzliche Widerstand als Lösung des Problems gelten, während der
Dauer des Kurzschlußstromes den Strom im Hochspannungskreis stark
zu drosseln und anschließend das Intervall der nicht näher definierten
Einschwingspannung zu verkürzen.

Als jedoch in den folgenden Jahren die Vorgänge im Bereich des
Nulldurchganges des Stromes immer sorgfältiger untersucht wurden,
fand man, daß die Nachleitfähigkeit der Schaltstrecke über einen Zeitbereich von einigen Bogenzeitkonstanten durchaus in der Größenordnung
des Leitwertes dieses Strombegrenzungswiderstanes (10 bis 30 kΩ) liegen
kann. Der Prüfling wird dann nur durch einen Bruchteil der Einschwingspannung beansprucht.

Eine Verkleinerung des Widerstandes ließe im Hochspannungskreis
einen erhöhten zusätzlichen Strom fließen, der sich im resultierenden
Verlauf des Stromes in der Schaltstrecke des Prüflings noch stärker
bemerkbar machen würde, als dies bereits bei dem hohen Strombegren-
zungswiderstand der Fall ist.

3.3 Marx-Schaltung

Gleichfalls im Jahre 1931 hatte E. MARX den Gedanken, eine Kondensatorbatterie als Energiequelle des Hochspannungskreises zu verwenden. Dieser Kondensator war zu-
nächst ebenfalls über einen hohen
Ohmschen Widerstand fest mit dem
Prüfling verbunden. Kurz darauf, 1932,
wurde als entscheidende Verbesserung
diese Schaltanordnung zugunsten einer
gesteuerten Zuschaltung des Hochspan-
nungsprüfkreises — jetzt allerdings mit
induktiver Energiequelle — geändert.
1936 trat wieder ein aufgeladener, ge-

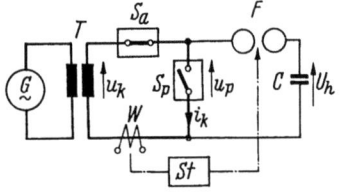

Abb. V/20. Synthetische Prüfschaltung
nach E. MARX

steuert zuschaltbarer Kondensator an die Stelle der induktiven Hoch-
spannungs-Energiequelle. Die Abb. V/20 zeigt dieses Prinzip nach einer
Veröffentlichung von E. MARX aus dem Jahre 1952. Die Steuerung

242   V. Verfahren und Stromkreise

war stromabhängig. Sie sollte die Prüfspannung im Augenblick des
Strom-Nulldurchganges stoßartig an die Klemmen des Prüflings legen.
Wegen der hohen Impedanz, die der Hochstromkreis gegenüber dieser
Stoßspannung darstellt, erübrigt sich dabei ein Blockierschalter.

Die Untersuchung der Einschwingspannung in den Netzen ergab jedoch, daß eine stoßartige Spannungsbeanspruchung bei der Prüfung des
Schaltvermögens nicht der Wirklichkeit entsprechen und eine viel zu
harte Beanspruchung darstellen würde. Darüber hinaus erwies sich
offenbar als eine der Hauptschwierigkeiten, in einem Zeitbereich von
wenigen Mikrosekunden mit einer stromabhängigen Steuerung das
Zusammenspiel der Prüfstromkreise zu beherrschen.

Neben diesen grundlegenden und deshalb namentlich angeführten
Schaltungen gibt es noch viele andere, z. T. recht interessante Vorschläge
zu dem gleichen Thema. Alle synthetischen Prüfschaltungen dieser Früh-
zeit befanden sich zwar meist auf dem richtigen Weg, doch wurde das
angestrebte Ziel einer möglichst wirklichkeitsgetreuen und daher be-
weisenden Prüfung noch nicht ganz erreicht. Die ungelöste Aufgabe
bestand vor allem darin, bei der Prüfung eines Leistungsschalters den
Hochspannungskreis so zuzuschalten, daß keine Pause zwischen der
Strom- und Spannungsbeanspruchung entsteht oder — mit anderen
Worten — einen vorgegebenen Stromverlauf und eine vorgegebene Einschwingspannung möglichst genau nachzubilden.

Diese Schwierigkeiten konnten erst durch neue Gedanken und durch
die Erfindung entsprechender Steuerungen für das Zusammenwirken des
Hochstromkreises mit dem Hochspannungskreis überwunden werden.
Unter diesen neuen synthetischen Prüfschaltungen lassen sich im
wesentlichen zwei Gruppen erkennen, nämlich synthetische Prüfschaltungen, die nach dem Prinzip der gesteuerten Stromüberlagerung und
synthetische Prüfschaltungen, die nach dem Prinzip der gesteuerten
Spannungsüberlagerung arbeiten.

3.4 Synthetische Prüfschaltungen nach dem Prinzip
der gesteuerten Stromüberlagerung
(Zweifrequenz-Prüfschaltungen)

Nach diesem Prinzip wird dem betriebsfrequenten Strom in der
Schaltstrecke entweder des Prüflings oder des Blockierschalters aus
einem zweiten Kreis ein Strom wesentlich kleinerer Amplitude und
wesentlich höherer Frequenz mit positivem bzw. mit negativem Vorzeichen überlagert. In der Schaltstrecke des Prüflings soll der unbeeinflußte Verlauf des resultierenden Stromes, der sich aus zwei Strömen
verschiedener Größe und Frequenz zusammensetzt, mit dem unbeein-

3 Synthetische Prüfschaltungen   243

flußten Verlauf desjenigen Stromes, den der Schalter bei der vollen
treibenden Spannung, z. B. im Netz oder in einem leistungsstarken
Prüffeld auszuschalten hätte, möglichst gut übereinstimmen.

Dieser Hinweis beinhaltet, daß der Strom des Hochspannungskreises,
den wir im folgenden stets mit „Schwingstrom" bezeichnen, noch vor
Beginn der Löschspitze der Bogenspannung einsetzen und möglichst kurze
Zeit nach dem betriebsfrequenten Strom mit der gleichen Steilheit wie
dieser gegen Null gehen soll.

Gleichzeitig wird dadurch erreicht, daß sich der Prüfling nach dem
Erlöschen des Stromes im Blockierschalter selbsttätig vom Hochstromkreis ab- und in den Hochspannungskreis einschaltet; eine Pause
zwischen der Strom- und Spannungsbeanspruchung ist so ausgeschlossen.

3.4.1 Addition der Ströme in der Schaltstrecke des Prüflings

Eine synthetische Prüfschaltung mit diesem Merkmal zeigt die
Abb. V/21; sie wurde in den Grundzügen 1942 von F. WEIL erdacht und

später von G. DOBKE,
K. BLÖMECKE, und dem
Verfasser weiterentwik-
kelt. J. BIERMANNS, und
A. HOCHRAINER förder-
ten diese Entwicklung.
Unabhängig von den
Arbeiten auf dem Kon-
tinent wurde diese Schal-
tung 1949 in England

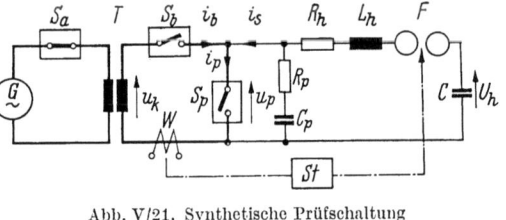

Abb. V/21. Synthetische Prüfschaltung
nach F. WEIL und G. DOBKE

von F. O. MASON angegeben. Wie sie arbeitet, werden wir an Hand ihrer
charakteristischen Betriebszustände sehen.

3.4.1.1 Anfangszustand. Vor Beginn der Prüfung sind der Sicher-
heitsschalter, der Blockierschalter und der Prüfling eingeschaltet. Der
Stoßleistungsgenerator wird erregt, und der Draufschalter ist bereit,
den Hochstromkreis z. B. im Scheitelwert der treibenden Spannung zu
schließen, falls ein symmetrischer Ausschaltstrom fließen soll. Während
der Erregung des Stoßleistungsgenerators wird auch die Energiequelle
des Hochspannungskreises, eine große Kondensatorbatterie, aufgeladen.
Das Steuergerät ist vorbereitet, in einer bestimmten Phasenlage des
auszuschaltenden Stromes einen Zündfunken an der Schaltfunkenstrecke
auszulösen und dadurch den Durchschlag einzuleiten.

3.4.1.2 Hochstromintervall. Der Draufschalter schließt den Hoch-
stromkreis. Daraufhin gibt der Generator Energie ab. Im gleichen Zeitraum erhalten Blockierschalter und Prüfling entweder gleichzeitig oder

16*

244   V. Verfahren und Stromkreise

zeitlich etwas gestaffelt das Ausschaltkommando. Blockierschalter und
Prüfling sind nun den Beanspruchungen durch die Kräfte des Kurzschlußstromes und durch die Energie des Bogens ausgesetzt. Dem Gas-
druck, den sie erzeugt, muß die Schaltkammer standhalten. Der Bogen-
erosion müssen sowohl die Schaltkammer als auch die Schaltstücke gewachsen sein. Das Löschmittel muß so zugeführt werden, daß es trotz
der Rückwirkung des Bogens auf die Löschmittelströmung im Bereich
des Stromnulldurchganges bereits wieder ausreichend für die Entionisierung und Isolation der Schaltstrecke zur Verfügung steht.

Die Impedanz des Hochstromkreises ist so gewählt worden, daß der
unbeeinflußte Kurzschlußstrom im Augenblick der Kontakttrennung die
gleiche Größe wie der nachzuweisende Ausschaltstrom hat. Dabei braucht
die treibende Spannung im Hochstromkreis nur so groß zu sein, daß die
Stromkurve durch das Einwirken der Bogenspannung keine Verzerrun-
gen erleidet, die das Ergebnis der Prüfung fälschen
könnten.

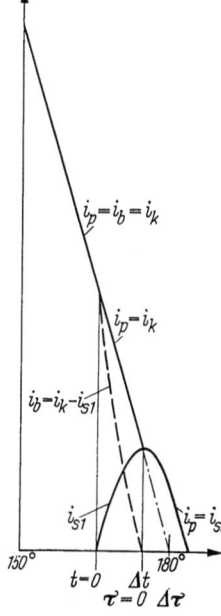

Abb. V/22. Stromverlauf
in der synthetischen Prüfschaltung nach Abb. V/21

3.4.1.3 Überlagerungsintervall. Kurz vor dem
Nulldurchgang des Kurzschlußstromes gibt die
Steuerung einen Zündimpuls an die Schaltfunken-
strecke. Diese schlägt durch und schließt den
Hochspannungs-Schwingkreis über den Prüfling.
Als Folgeerscheinung überlagert sich in seiner
Schaltstrecke dem betriebsfrequenten Kurzschluß-
strom ein höherfrequenter Schwingstrom mit posi-
tivem Vorzeichen.

In Abb. V/22 ist der Verlauf des Stromes sowohl
in der Schaltstrecke des Prüflings als auch in der
Schaltstrecke des Blockierschalters dargestellt. Damit sich die Stromüberlagerung in den Grundzügen gut hervorhebt, haben wir beide Schalter
als ideale Schalter angenommen, d. h. mit Schaltstrecken ohne Bogenspannung und ohne Nachleitfähigkeit, und ferner die geringe Dämpfung des
Schwingstromes außer acht gelassen.

In diesem Fall ist der Hochstromkreis für den
Hochspannungskreis kurzgeschlossen. Der Schwingstrom kann nur über die Schaltstrecke des Prüflings
fließen. Aber selbst dann, wenn eine Bogenspannung auftritt, fließt
der Schwingstrom nur über die Schaltstrecke des Prüflings, da auf
dem Weg über den Hochstromkreis eine viel größere Impedanz vorhanden und die Bogenspannung der Schaltstrecken einem solchen
Stromfluß an sich hinderlich ist.

Typisch für den Verlauf des resultierenden Stromes sind die beiden Knickstellen. Die erste zeigt den Beginn der Überlagerung des Schwingstromes, die zweite, kurz darauf folgende, den Nulldurchgang des Kurzschlußstromes in der Schaltstrecke des Blockierschalters an.

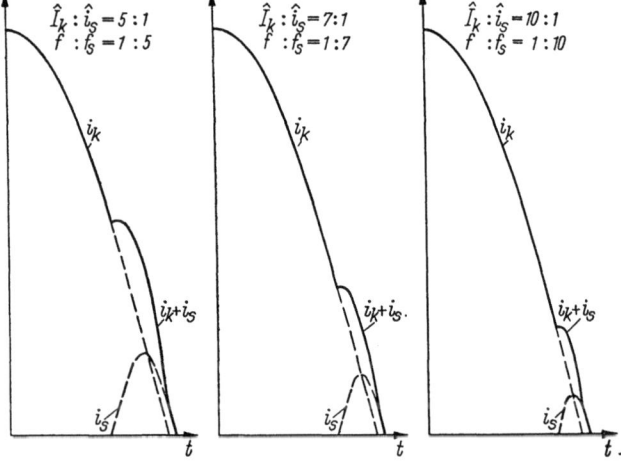

Abb. V/23. Stromverläufe in der synthetischen Prüfschaltung nach Abb. V/21

Die Güte der Stromüberlagerung hängt stark von der Größe und Frequenz des Schwingstromes ab. Um dies darzulegen, haben wir in Abb. V/23 unter den schon mitgeteilten vereinfachenden Annahmen die Stromüberlagerung bei konstantem Kurzschlußstrom für Schwingstrom-Halbwellen unterschiedlicher Frequenz und Größe konstruiert. Offensichtlich paßt sich die Ist-Stromkurve dem vorgegebenen und nachzubildenden sinusförmigen Stromverlauf um so besser an, je größer die Frequenz und je kleiner der Scheitelwert des Schwingstromes sind. Grenzen setzen jedoch die Forderung, daß die Kommutierung des Prüflings in den Hochspannungskreis noch vor der Löschspitze der Bogenspannung erfolgen soll, und die Technik der Steuerung der Schaltfunkenstrecke.

Bevor wir uns dem nächsten Betriebszustand zuwenden, sei noch bemerkt, daß nach dem Erlöschen des Bogens in der Schaltstrecke des Blockierschalters die Spannung an den Klemmen des Transformators im Hochstromkreis in den stationären Zustand einschwingt.

Im allgemeinen erfolgt dies mit der beeinflußten Eigenfrequenz der Blockschaltung Generator—Transformator. Manchmal kann es jedoch notwendig werden, im Verlauf der Prüfung von der verhältnismäßig hohen Eigenfrequenz dieses Stromkreises Gebrauch zu machen, um in

246 V. Verfahren und Stromkreise

der Schaltstrecke des Prüflings den Stromfluß trotz der reduzierten treibenden Spannung so lange aufrechtzuerhalten, bis der Schaltstift die sichere Löschentfernung erreicht hat.

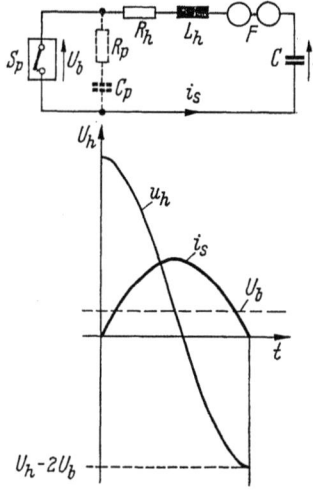

Abb. V/24. Hochspannungskreis, Schaltplan und Ausgleichsvorgänge im Schwingstromintervall (gezeichnet für $R_h = 0$)

3.4.1.4 Schwingstromintervall. Bisher blieben die Bogenspannung der Schaltstrecke und die Dämpfung im Hochspannungskreis in erster Näherung unberücksichtigt.

Bei der Bemessung des Prüfkreises müssen jedoch diese Einflüsse beachtet werden; dies soll anhand des Schaltplanes in Abb. V/24 geschehen.

Die Kapazität C sei aufgeladen. Nach dem Durchzünden der Schaltfunkenstrecke beschreibt die Gleichung

$$U_h - L_h \frac{d\,i_s}{dt} - R_h i_s -$$

$$- \frac{1}{C} \int i_s\,dt - U_b = 0 \qquad (22)$$

den elektrischen Zustand des Schwingkreises für die erste Schwingstromhalbwelle.

In dieser Differentialgleichung schlagen wir die im Zeitabschnitt des Schwingstromes in erster Näherung als konstant angenommene Bogenspannung der Gleichspannung des Kondensators zu und erhalten mit den Anfangsbedingungen $i_s(0) = 0$ sowie

$$\left(\frac{d\,i_s}{dt}\right)_0 = \frac{U_h - U_b}{L_h}$$

für den Verlauf des Schwingstromes die Gleichung

$$i_s = \frac{U_h - U_b}{\nu_s L_h}\ \mathrm{e}^{-\delta_s t} \sin \nu_s t\,, \qquad (23)$$

$$\nu_s^2 = \nu_{s0}^2 - \delta_s^2\,, \qquad \nu_{s0}^2 = \frac{1}{L_h C}\,, \qquad \delta_s = \frac{R_h}{2\,L_h}\,.$$

Nach einer Halbwelle geht der Schwingstrom mit der Steilheit

$$\left(\frac{d\,i_s}{dt}\right)_{\frac{\pi}{\nu_s}} = - \frac{U_h}{L_h}\left(1 - \frac{U_b}{U_h}\right)\mathrm{e}^{-\delta_s \frac{\pi}{\nu_s}} \qquad (24)$$

durch Null.

3 Synthetische Prüfschaltungen

Zum Vergleich ermitteln wir nun den Verlauf desjenigen Stromes, der von einer starren betriebsfrequenten Wechselspannung, die gleich der wiederkehrenden Polspannung ist, in einem Stromkreis mit gleicher Induktivität und Bogenspannung getrieben wird. Vom Auftreten einer ausgeprägten Bogenspannung U_b bis zum darauffolgenden Nulldurchgang des Stromes gilt für seinen Verlauf:

$$i_k = \frac{\hat{U}_w}{\sqrt{R^2 + (\omega L)^2}} \{\cos\left[(\omega t_0 - \varphi) + \omega(t - t_0)\right] - \cos(\omega t_0 - \varphi)\} e^{-\alpha_k(t-t_0)} \mp$$

$$\mp \frac{U_b}{\alpha_k L}[1 - e^{-\alpha_k(t-t_1)}], \tag{25}$$

mit

$t = t_0$ als Einschaltzeitpunkt des Draufschalters,

$t = t_1$ als Zeitpunkt der Schaltstücktrennung oder des ersten Auftretens einer ausgeprägten Bogenspannung,

$$\alpha_k = \frac{R}{L}, \qquad \text{tg}\,\varphi = \frac{\omega L}{R}, \qquad R = R_h, \qquad L = L_h.$$

Der Prüfling soll mit einem symmetrischen Ausschaltstrom beansprucht werden. Dann muß der Draufschalter in dem Zeitpunkt

$$\omega t_0 = -\left(\frac{\pi}{2} - \varphi\right)$$

einschalten und die Gl. (25) vereinfacht sich zu

$$i_k = \frac{\hat{U}_w}{\sqrt{R^2 + (\omega L)^2}} \sin \omega(t - t_0) - \frac{U_b}{\alpha_k L}[1 - e^{-\alpha_k(t-t_1)}]. \tag{26}$$

Diese Gleichung läßt sich bei einem sehr kleinen Leistungsfaktor, wie er in den Hochleistungsprüffeldern gegeben ist, folgendermaßen darstellen:

$$i_k = \frac{\hat{U}_w}{\omega L} \left\{\sin \omega(t - t_0) - \frac{U_b}{\hat{U}_w \cos \varphi}[1 - e^{-\omega(t-t_1)\cos\varphi}]\right\}. \tag{27}$$

Bei vielen Leistungsschaltern, insbesondere bei solchen für große Ausschaltleistungen, ist die Löschmittelwirkung so stark, daß der Schaltlichtbogen bereits wenige ms nach der Kontakttrennung gelöscht wird und daher maximal nur etwa eine Halbwelle lang brennt. Diese längste Bogendauer tritt ein, wenn sich die Schaltstücke unmittelbar vor einem Nulldurchgang des Stromes trennen. Brennt also der Bogen maximal eine Halbwelle und wird dabei der Kurzschlußstrom durch die Stoßerregung des Generators konstant gehalten, können wir die Gl. (27)

248   V. Verfahren und Stromkreise

direkt verwenden. Danach hat der Strom im löschenden Nulldurchgang in dem graphisch zu ermittelnden Zeitpunkt $t = t_2$ die Neigung

$$\left(\frac{di_k}{dt}\right)_{t_2} = -\frac{\hat{U}_w}{L}\left[\cos\,\omega\,(t_2 - t_0) - \frac{U_b}{\hat{U}_w}\,\mathrm{e}^{-\omega\,(t_2-t_1)\,\cos\varphi}\right]. \qquad (28)$$

Im Hinblick auf eine gleichartige Beanspruchung des Prüflings in Ein- und Zweikreisschaltungen soll der Schwingstrom schon im Bereich der stationären Bogenspannung mit der gleichen Steilheit gegen Null gehen wie der betriebsfrequente Ausschaltstrom:

$$\left(\frac{di_k}{dt}\right)_{t_2} = \left(\frac{di_s}{dt}\right)_{\frac{\pi}{\nu_s}}. \qquad (29)$$

Aus dieser Beziehung folgt durch Einsetzen der Gln. (28) und (24) der Ausdruck für die Anfangsspannung, auf welche die kapazitive Energiequelle des Hochspannungskreises aufgeladen werden muß:

$$\boxed{U_h = -\hat{U}_w \cos\,\omega\,(t_2 - t_0)\,\mathrm{e}^{\delta_s\frac{\pi}{\nu_s}} + U_b\left\{1 + \mathrm{e}^{\left[\delta_s\frac{\pi}{\nu_s} - \omega\,(t_2-t_1)\,\cos\varphi\right]}\right\}}. \qquad (30)$$

Demnach ist die Anfangsspannung im Hochspannungskreis etwas höher als die betriebsfrequente treibende Spannung in einem einphasigen Prüfkreis, der die gesamte Leistung für die einpolige Prüfung generatorisch erzeugt. Der Schwingstrom setzt dann mit einer Steilheit ein, die auch etwas größer ist als die verlangte Endsteilheit, auf die er nach einer Halbwelle übergeht.

Nach dem Erlöschen des Schwingstrom-Bogens in der Schaltstrecke des Prüflings verteilt sich die Spannung des Hochstromkreises über die Schaltstrecken sowohl des Blockierschalters als auch das Prüflings im Verhältnis der Impedanzen, die beiden Schaltstrecken parallelgeschaltet sind. Da in der hier zu beschreibenden synthetischen Prüfschaltung an den Klemmen des Prüflings eine Impedanz liegt, die wesentlich kleiner ist als die Impedanz an den Klemmen des Blockierschalters, steht an diesem bis zur Unterbrechung des Schwingstromes in der Schaltstrecke des Prüflings nahezu die gesamte Spannung des Hochstromkreises an.

3.4.1.5 Hochspannungsintervall. *Wiederkehrende Polspannung.* Im Verlauf der Schwingstromhalbwelle wechselt die Spannung der Kondensatorbatterie des Hochspannungskreises ihre Polarität und erreicht am Ende dieser Halbwelle die Ausgangshöhe für die Erregung des Schwingkreises. Solange sich die Batterie umlädt, wird ihre Spannung durch die Dämpfung und durch die Bogenspannung beeinflußt. Nach dem Schaltplan in Abb. V/24 läßt sich dafür die Gleichung

$$u_h = (U_h - U_b)\, \mathrm{e}^{-\delta_s t} \left(\cos \nu_s t + \frac{\delta_s}{\nu_s} \sin \nu_s t\right) + U_b \tag{31}$$

herleiten. Am Ende der Schwingstromhalbwelle ist die Spannung auf den Wert

$$(u_h)_{\frac{\pi}{\nu_s}} = -(U_h - U_b)\, \mathrm{e}^{-\delta_s \frac{\pi}{\nu_s}} + U_b \tag{32}$$

abgesunken, und bei Vernachlässigung der Dämpfung durch den Ohmschen Widerstand gilt:

$$(u_h)_{\frac{\pi}{\nu_{s0}}} = -U_h + 2U_b.$$

Nach Aussage dieser Gleichung würden die Amplituden von Spannung und Schwingstrom linear abfallen, vorausgesetzt, die Kondensatorbatterie könnte z. B. bei einem Versagen des Prüflings frei ausschwingen.

Als Sollwert gegeben und nachzubilden ist der Augenblickswert der wiederkehrenden Polspannung im Nulldurchgang des Kurzschlußstromes in einem Prüfkreis mit einem Stoßleistungsgenerator. Gesucht ist die Ausgangsspannung, auf welche die Kondensatorbatterie des Hochspannungskreises aufgeladen werden muß, damit sich an ihr unter Berücksichtigung der Dämpfung und der Bogenspannung am Ende der Schwingstromhalbwelle diese vorgegebene wiederkehrende Polspannung einstellt:

$$(u_h)_{\frac{\pi}{\nu_s}} = (u_w)_{t_2}. \tag{33}$$

Mit den Gln. (32) und (33) ergibt sich dafür

$$\boxed{U_h = -(u_w)_{t_2}\, \mathrm{e}^{\delta_s \frac{\pi}{\nu_s}} + U_b \left(1 + \mathrm{e}^{\delta_s \frac{\pi}{\nu_s}}\right).} \tag{34}$$

Gegenüber der Gl. (30) besteht ein Unterschied im wesentlichen nur hinsichtlich des Faktors, mit welchem die Bogenspannung behaftet ist. Dieser Unterschied, der sich im Exponenten bemerkbar macht, ist jedoch wegen der anzustrebenden möglichst kleinen Dämpfung gering. Daher enthält die notwendige Erhöhung der Anfangsspannung der Kondensatorbatterie, um trotz der Bogenspannung und des abklingenden Schwingstromes eine vorgegebene Steilheit im Nulldurchgang

250   V. Verfahren und Stromkreise

zu erreichen, in guter Näherung auch diejenige Spannungserhöhung, die aus den gleichen Gründen erfolgen muß, um eine ebenfalls vorgegebene Ausgangsspannung für das Intervall der Einschwingspannung sicherzustellen.

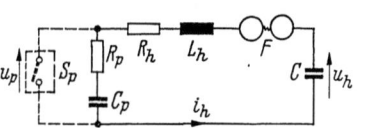

Einschwingspannung. Bei der Berechnung der Einschwingspannung gehen wir zuerst von dem Schwingkreis aus, in welchem die gesamte Einschwingkapazität den Klemmen des Prüflings parallelgeschaltet ist,

Abb. V/25. Hochspannungskreis im Intervall der Einschwingspannung und der wiederkehrenden Polspannung

Abb. V/25. Die zugehörige Gleichung des instationären Stromes unter Berücksichtigung der Anfangsspannung der Parallelkapazität zur Schaltstrecke des Prüflings lautet für den Fall, daß der Hochstrom ohne abzukippen gegen Null geht:

$$i_h = -\frac{\hat{U}_w + U_b}{\nu L_h}\, e^{-\delta \tau}\sin \nu \tau, \tag{35}$$

$$\delta = \frac{R_h + R_p}{2 L_h}, \qquad \nu^2 = \nu_0^2 - \delta^2, \qquad \nu_0^2 = \frac{C + C_p}{L_h C C_p},$$

$$\tau = 0 \equiv t = \frac{\pi}{\nu_s}.$$

Mit diesem Strom, der sich dem Schwingstrom unmittelbar anschließt, berechnen wir die Spannung, die an der Reihenschaltung von Ohmschem Widerstand und Kapazität, d. h. an den Klemmen des Prüflings einschwingt. Es gilt der Ansatz

$$u_p = U_b + \frac{1}{C_p}\int_0^\tau i_h\, d\tau + i_h R_p, \tag{36}$$

der nach Einsetzen der Gl. (35) den gesuchten Spannungsverlauf zu

$$\boxed{\begin{aligned} u_p = U_b - k(\hat{U}_w + U_b)\Big\{1 - \\ - e^{-\delta\tau}\Big[\cos\nu\tau + \frac{\delta}{\nu}\Big(1 - \frac{2}{k}\,\frac{R_p}{R_h + R_p}\Big)\sin\nu\tau\Big]\Big\} \end{aligned}} \tag{37}$$

mit

$$k = \frac{C}{C + C_p} \tag{38}$$

liefert. An diese Spannung werden verschiedene Anforderungen gestellt. Sie soll als erstes in ihrem Verlauf bis zum Maximalwert etwa so groß sein wie eine vorgegebene Einschwingspannung. Das Überschwingen

3 Synthetische Prüfschaltungen 251

soll über einen ebenfalls vorgegebenen Scheitelwert, den eine generatorisch erzeugte wiederkehrende Polspannung haben würde, erfolgen, damit nach dem Abklingen des Einschwingvorganges die Schaltstrecke des Prüflings auch noch durch diese stationäre Spannung beansprucht wird. Den Verhältnissen in der Praxis entsprechend darf dabei eine relativ hohe Frequenz der Einschwingspannung vorausgesetzt werden. Dann ändert sich in der ersten Schwingungsperiode der Augenblickswert der betriebsfrequenten Spannung nur unwesentlich; eine Gleichspannung bildet sie in diesem Zeitintervall gut nach.

Wegen der begrenzten Ladung der Kapazität C des Hochspannungsschwingkreises verkleinert sich aber bei der Aufladung der Kapazität C_p an den Klemmen des Prüflings die Endspannung an den beiden nun parallelgeschalteten Kapazitäten.

Man erhält diese Endspannung, die als langsam absinkende Gleichspannung die elektrische Festigkeit der Schaltstrecke des Prüflings kontrolliert, indem man in der Gl. (37) die Zeit gegen Unendlich gehen läßt zu

$$(u_p)_{\tau \to \infty} = U_b - k(\hat{U}_w + U_b). \tag{39}$$

Maßgebend für den Spannungsverlust ist der Faktor k, für den nach einer Umformung auch

$$k = 1 - \left(\frac{\nu_{s0}}{\nu_0}\right)^2 \tag{40}$$

geschrieben werden kann.

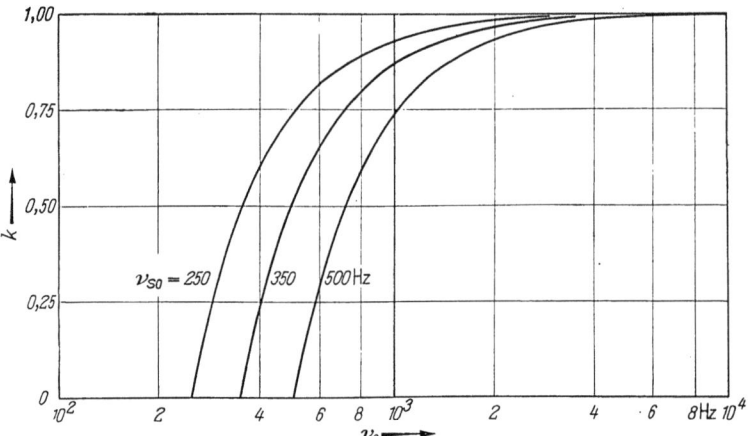

Abb. V/26. Frequenzabhängigkeit der bezogenen wiederkehrenden Polspannung bei synthetischen Prüfschaltungen mit Überlagerung des Stromes in der Schaltstrecke des Prüflings
Hochspannungskreis nach Abb. V/25

252 V. Verfahren und Stromkreise

Dieses Ergebnis besagt, daß zwischen der als Gleichspannung wiederkehrenden Polspannung und dem Verhältnis der Frequenz des Schwingstromes zur Frequenz des Ausgleichsgliedes in der Einschwingspannung eine feste Zuordnung besteht, die das Diagramm in Abb. V/26 veranschaulicht.

Durch eine entsprechend angehobene Ausgangsspannung an der Kapazität C läßt sich das Absinken der Gleichspannung kompensieren. Hierzu gibt es verschiedene Ausführungsmöglichkeiten. Um dabei das Wesentliche übersichtlich zeigen zu können, werden Bogenspannung und Dämpfung vernachlässigt.

Kompensation des Aufladungsverlustes in der wiederkehrenden Polspannung durch Erhöhung der Anfangsspannung und Vergrößerung der Induktivität. Die Steilheit des Schwingstromes im Nulldurchgang soll durch diese Maßnahmen nicht beeinflußt werden, die Frequenz der Einschwingspannung soll von der Erhöhung der Induktivität unberührt bleiben, und ferner soll die Gleichspannung an den parallelgeschalteten Kapazitäten C_p und C gleich dem Scheitelwert der wiederkehrenden Polspannung sein. Diese drei Bedingungen sind durch die drei Gleichungen

$$\left(\frac{di_k}{dt}\right)_{\frac{\pi}{\omega}} = \frac{\hat{U}_w}{L_h} = \frac{U_h}{L'_h}, \tag{41}$$

$$v_0^2 = \frac{1}{\dfrac{C\,C_p}{C + C_p}\,L_h} = \frac{1}{\dfrac{C\,C'_p}{C + C'_p}\,L'_h} \tag{42}$$

und

$$\hat{U}_w = U_h \frac{C}{C + C'_p} \tag{43}$$

definiert.

Die Gl. (43) in die Gl. (41) eingesetzt, gibt

$$L'_h = L_h \frac{C + C'_p}{C}\,; \tag{44}$$

damit erhält man nach Einsetzen in die Gl. (42)

$$C'_p = \frac{1}{v_0^2\,L_h} \tag{45}$$

als neue angepaßte Kapazität im Hochspannungs-Schwingkreis bei konstanter Frequenz der Einschwingspannung. Für die zu erhöhende Induktivität liefern die Gln. (44) und (45) den Ausdruck

$$L'_h = \left[1 + \left(\frac{v_{s0}}{v_0}\right)^2\right] L_h \tag{46}$$

und für die zu erhöhende Anfangsspannung die Gln. (43) und (45).

$$U_h = \hat{U}_w \left[1 + \left(\frac{\nu_{s0}}{\nu_0} \right)^2 \right]. \qquad (47)$$

Kompensation durch Erhöhung der Anfangsspannung und Parallelkapazität zur Induktivität. Die zweite Möglichkeit, die gestellte Aufgabe zu lösen, besteht darin, der Induktivität des Hochspannungskreises eine Kapazität bestimmter Größe parallelzuschalten. Dann geht trotz der erhöhten Anfangsspannung an der Kapazität C der Teil des Schwingstromes, der die Schaltstrecke des Prüflings beansprucht, bei nun unveränderter Induktivität im Hochspannungskreis wieder mit der gewünschten Steilheit gegen Null. In dem Schaltplan des Hochspannungskreises nach Abb. V/27 ist diese Maßnahme dargestellt. Die Quadrate der Kreisfrequenzen des Schwingstromes und der Einschwingspannung werden durch die Gleichungen

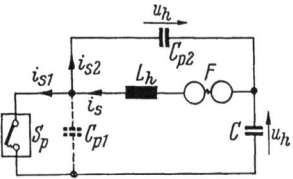

Abb. V/27. Hochspannungskreis mit einer Kapazität parallel zu der Induktivität und der Schaltfunkenstrecke

$$\nu_{s0}^2 = \frac{1}{L_h (C + C_{p2})} \qquad (48)$$

und

$$\nu_0^2 = \frac{1}{L_h \left(\dfrac{C C_{p1}}{C + C_{p1}} + C_{p2} \right)} \qquad (49)$$

beschrieben. Für den Scheitelwert des Schwingstromanteils, der durch die Schaltstrecke fließt, gilt

$$\hat{\imath}_{s1} = U_h \nu_{s0} C. \qquad (50)$$

Aus der Forderung, daß dieser Strom im Nulldurchgang die gleiche Steilheit haben soll wie der unbeeinflußte, betriebsfrequente Strom:

$$\hat{\imath}_{s1} \nu_{s0} = \hat{I}_k \omega, \qquad (51)$$

ergibt sich mit den Gln. (48, 50) und (51)

$$\hat{I}_k \omega = \frac{U_h}{L_h} \frac{C}{C + C_{p2}}. \qquad (52)$$

Nach der Stromunterbrechung tritt an den Klemmen des Prüflings eine wiederkehrende Polspannung von der Größe

$$\hat{U}_w = U_h \frac{C}{C + C_{p1}} \qquad (53)$$

254 V. Verfahren und Stromkreise

auf. Die wiederkehrende Polspannung soll in der Einkreisschaltung gleich der in der Zweikreisschaltung sein und ebenso die Induktivität der Einkreisschaltung gleich der des Hochspannungskreises der Zweikreisschaltung; das heißt

$$\hat{I}_k\,\omega = \frac{\hat{U}_w}{L_h}. \tag{54}$$

Diese Beziehung in die Gl. (52) ein- und diese so umgeformte Gleichung mit der Gl. (53) gleichgesetzt, liefert die Aussage, daß zur Erfüllung der gestellten Forderung die Kapazitäten C_{p1} und C_{p2} gleichgroß sein müssen:

$$C_{p1} = C_{p2}. \tag{55}$$

Für die Ladespannung der Kapazität C erhalten wir nach Gl. (53)

$$U_h = \hat{U}_w\,\frac{C + C_{p2}}{C}. \tag{56}$$

Die Größe der Kapazitäten C, C_{p1} und C_{p2} liefern die Gln. (48, 49) und (55).

Ermittlung des Schwingstromes in der Kompensationsschaltung mit kapazitivem Nebenschluß und Dämpfungswiderständen. Die Parallelkapazität C_{p2} in Abb. V/27 beeinflußt nicht nur den Schwingstrom, sondern auch die Einschwingspannung. Ist dabei ein bestimmter Überschwingfaktor einzuhalten, kann es notwendig werden, einen Dämpfungswiderstand in Reihe zu schalten.

Um unter diesen Verhältnissen den Verlauf des Schwingstromes zu erfahren und im Bereich des Nulldurchganges Gleichheit mit dem Verlauf des gedachten Ausschaltstromes herzustellen, muß zunächst die Differentialgleichung des so vervollständigten Schwingkreises aufgestellt werden.

Lassen wir in dieser weiter nicht dargestellten Differentialgleichung 3. Ordnung R_{p2} gegen Unendlich gehen, liefert sie die Gl. (23) des Schwingstromes in der ursprünglichen Schaltung; werden R_h, R_{p1} und R_{p2} Null, entsteht daraus die Gleichung des Schwingstromanteiles i_{s1}, der in der Kompensationsschaltung ohne Dämpfung durch die Schaltstrecke des Prüflings fließt.

Bei einem endlichen, nicht mehr zu vernachlässigenden Wert von R_{p2} ist die vollständige Differentialgleichung numerisch zu lösen und gegebenenfalls auch der Einfluß der Bogenspannung zu berücksichtigen.

Ermittlung der Einschwingspannung in der Kompensationsschaltung mit kapazitivem Nebenschluß und Dämpfungswiderständen. In einer der Abb. V/27 entsprechenden, aber noch durch Dämpfungswiderstände ergänzten Schaltung schwingt an den Klemmen des Prüflings eine Span-

3 Synthetische Prüfschaltungen 255

nung ein, die sich als Lösung einer Differentialgleichung von ebenfalls
3. Ordnung ergibt.

Nimmt die Impedanz parallel zur Induktivität sehr große Werte an,
vereinfacht sich diese Differentialgleichung zu einer linearen Differentialgleichung 2. Ordnung mit der Gl. (37) als Lösung.

Wird der Stromfluß durch das RC-Glied parallel zur Schaltstrecke
des Prüflings unterbunden, geht die allgemeine Differentialgleichung
wieder in eine Differentialgleichung 2. Ordnung über; sie beschreibt nun
die zweiparametrige Kurvenschar der in Reihe geschalteten Spannungen
an der Kapazität C_{p2} und an dem Widerstand R_{p2}. An den Klemmen des
Prüflings treten diese Spannungen in Reihe mit der Spannung an der
Kapazität C als Prüfspannung auf.

Für den Fall, daß die Impedanzen parallel zu Prüfling und Induktivität endliche und auch in den Teilwiderständen gleich große Werte
haben, wurde der Verlauf von Schwingstrom und Einschwingspannung
auf dem Schwingungsmodell ermittelt und in Abb. V/28 dargestellt.

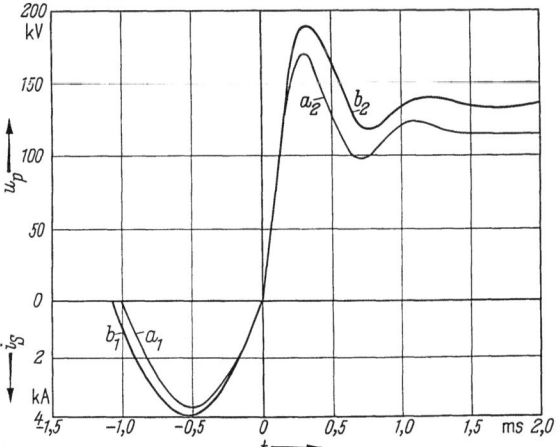

Abb. V/28. Schwingstrom und Einschwingspannung für die Prüfung eines Hochspannungs-Leistungsschalters

Nennspannung	110 kV
Nennausschaltleistung	5 GVA
Erdungsfaktor	1,5
Amplitudenfaktor	1,4

Einschwingfrequenz (nach VDE 0670 ausgewertet) 1500 Hz

a_1 Schwingstrom 500 Hz
a_2 Einschwingspannung } ohne Kompensation

R_p, C_p und L_h ($R_h = 0$) sind gleich den Schaltelementen
R_z, C_z und L einer entsprechenden Einkreisschaltung nach Abb. V/44 u. Gl. (86)

b_1 Schwingstrom
b_2 Einschwingspannung } bei kapazitivem Nebenschluß im Hochspannungskreis

Der Hochspannungskreis erfüllt folgende Bedingungen:

$$R_{p1} = R_{p2}, \quad C_{p1} = C_{p2}. \quad R_h = 0$$

R_{p1} ist doppelt so groß wie der entsprechende Widerstand R_z
L_h ist ebenso groß wie die Kurzschlußinduktivität L der Einkreisschaltung nach Abb. V/44 u. Gl. (86)

256   V. Verfahren und Stromkreise

Strom und Spannung entsprechen der Beanspruchung bei der Prüfung eines 110-kV-Leistungsschalters mit einem Nenn-Ausschaltstrom von 26,2 kA, was eine Nenn-Ausschaltleistung von 5 GVA ergibt.

3.4.2 Ausgeführte Prüfanlage

Eine synthetische Prüfschaltung nach dem Prinzip der gesteuerten Stromüberlagerung in der Schaltstrecke des Prüflings ist im Hochspannungs-Institut der AEG in Kassel in Betrieb.

Abb. V/29. Stoßleistungsgenerator im Hochspannungsinstitut der AEG in Kassel

Abb. V/30. Stoßleistungstransformatoren im Hochspannungsinstitut der AEG in Kassel

Um einen Begriff von den Größenverhältnissen des Hochstrom- und Hochspannungskreises zu geben, zeigen wir mit freundlicher Genehmigung der AEG auf den folgenden Abb. V/29, V/30 und V/31 die markantesten Baugruppen: einen der Stoßleistungsgeneratoren, die Stoßleistungstransformatoren und die Anordnung der Schaltelemente des Hochspannungskreises.

3 Synthetische Prüfschaltungen   257

Die einpolige synthetische Prüfleistung dieser Anlage beträgt zur
Zeit maximal 7,5 GVA bei einer wiederkehrenden Polspannung von
382 kV. Dazu gehört ein Kurzschlußstrom von rund 20 kA.

Abb. V/31. Hochspannungskreis der AEG-Schaltung nach WEIL-DOBKE im Hochspannungsinstitut
der AEG in Kassel

Mit diesen Zahlen ergibt sich eine äquivalente dreipolige synthetische
Prüfleistung von 15 GVA bei einer wiederkehrenden Spannung von
440 kV entsprechend den Formeln

$$P_3 = 2P_1$$

und

$$U_\Delta = U_w \sqrt{3}\,\frac{2}{3}.$$

3.4.3 Subtraktion der Ströme in der Schaltstrecke des Blockierschalters

In dieser synthetischen Prüfschaltung ist der Hochspannungsschwingkreis der Schaltstrecke des Blockierschalters parallelgeschaltet, und zwar
so, daß sich der Schwingstrom dem betriebsfrequenten Strom mit ent-
gegengesetztem Vorzeichen überlagert.

Die Abb. V/32 enthält den Schaltplan, der dem Prinzip nach 1951
von W. W. KAPLAN und W. M. NASCHATYR angegeben worden ist. Eine
Weiterentwicklung erfuhr diese Schaltung im „Staatlichen Forschungsinstitut für Starkstromtechnik" Běchovice, ČSSR.

17 Slamecka, Prüfung

258   V. Verfahren und Stromkreise

Bei der Beschreibung der Arbeitsweise halten wir uns wieder an die
Reihenfolge der charakteristischen Betriebszustände und können hier
gleich mit dem Überlagerungsintervall beginnen, da der Anfangszustand
und das Hochstromintervall gegenüber dem schon Bekannten nichts
Neues mehr bringen.

3.4.3.1 Überlagerungsintervall.

Nach dem gesteuerten Durchzünden
der Schaltfunkenstrecke kurz vor dem Nulldurchgang des betriebsfrequenten Stromes ist der Hochspannungsschwingkreis durch den
Bogen in der öffnenden Schaltstrecke
des Blockierschalters kurzgeschlossen.
Blockierschalter und Prüfling sollen
ebenfalls wieder ideale Schalter oder
Schalter mit sehr kleiner Bogenspannung sein. Zur Übersichtlichkeit
der Darstellung wird auch hier die
Dämpfung vernachlässigt.

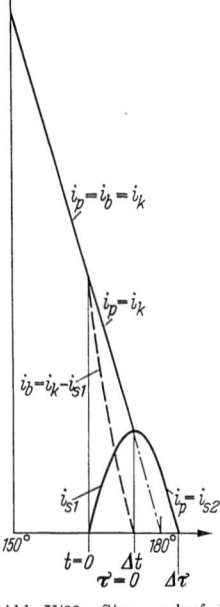

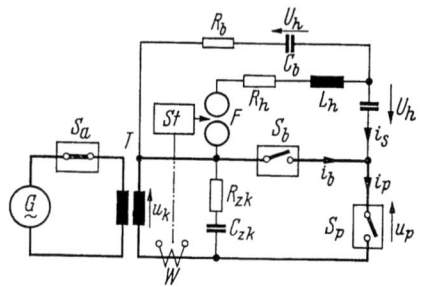

Abb. V/32. Synthetische Prüfschaltung System
W. W. KAPLAN und W. M. NASCHATYR

Abb. V/33. Stromverlauf in
der synthetischen Prüf-
schaltung nach Abb. V/32

In Abb. V/33 haben wir unter den genannten Voraussetzungen mit
dem gleichen Schwingstrom wie in Abb. V/22 die Form der Stromüberlagerung gezeichnet. Die Schaltstrecke des Prüflings führt demnach bis
zur Unterbrechung des resultierenden Stromes in der Schaltstrecke des
Blockierschalters den von der Stromüberlagerung unbeeinflußten, betriebsfrequenten Kurzschlußstrom und übernimmt anschließend den
Schwingstrom, der von diesem Schaltaugenblick an auch durch den
Hochstromkreis fließt.

Dementsprechend zeigt der resultierende Stromverlauf in der Schaltstrecke des Prüflings nur eine Knickstelle. Es fällt weiter auf, daß
die Schaltstrecke des Prüflings der Beanspruchung durch den Schwing-

strom eine wesentlich längere Zeit ausgesetzt ist als bei der synthetischen Prüfschaltung mit Addition der Ströme in der Schaltstrecke des Prüflings. Die Abb. V/34 veranschaulicht den Einfluß von Frequenz und Größe des Schwingstromes auf die Qualität der Anpassung des resultierenden Stromes an einen nachzubildenden sinusförmigen Kurzschlußstrom. Ströme und Schaltzeitpunkte sind die gleichen wie in der Abb. V/23.

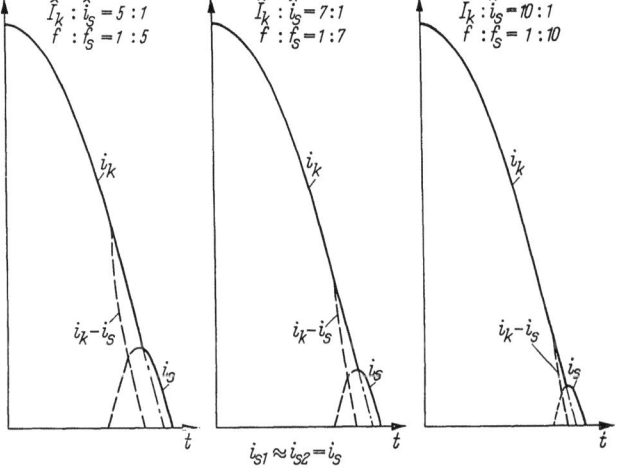

Abb. V/34. Stromverläufe in der synthetischen Prüfschaltung nach Abb. V/32

3.4.3.2 Schwingstromintervall. In Abb. V/35 wurde der Schaltplan nach Abb. V/32 wieder etwas vereinfacht gezeichnet, um darin die Vorgänge in den Zeitintervallen der Stromüberlagerung und des allein fließenden Schwingstromes besser übersehen zu können. Mit der Reihenschaltung eines Ohmschen Widerstandes und einer Kapazität parallel zur Schaltstrecke des Prüflings zeigen wir gleichzeitig die ursprüngliche Anordnung der Schaltelemente. Daraus wird ersichtlich, daß ein Stromkreis vorliegt, dessen Induktivität sich im Augenblick der Kommutierung des Schwingstromes von der Schaltstrecke des Blockierschalters in die Schaltstrecke des Prüflings plötzlich vergrößert. Dementsprechend ändern sich auch Größe und Frequenz des Schwingstromes. Es gilt der Gleichungsansatz

$$\hat{U}_k + (L_k + L_h) \frac{d i_{s2}}{d \tau} - u_h = 0, \tag{57}$$

$$u_h = (u_h)_{\Delta t} - \frac{1}{C} \int_0^\tau i_{s2} \, d \tau. \tag{58}$$

17*

260 V. Verfahren und Stromkreise

Aus diesen beiden Gleichungen ergibt sich die bereits transformierte Differentialgleichung des Schwingstromes

$$\mathfrak{L}\,i_{s2} = -\frac{\hat{U}_k - (u_h)_{\Delta t}}{L_k + L_h}\;\frac{1}{p^2 + v_{20}^2} + (i_{s1})_{\Delta t}\;\frac{p}{p^2 + v_{20}^2}, \qquad (59)$$

$$v_{20}^2 = \frac{1}{(L_k + L_h)\,C}\,,$$

mit der Lösung

$$i_{s2} = -\sqrt{\left(\frac{\hat{U}_k - (u_h)_{\Delta t}}{v_{20}(L_k + L_h)}\right)^2 + (i_{s1})_{\Delta t}^2}\;\;\sin v_{20}\,(\tau - \Delta\tau). \qquad (60)$$

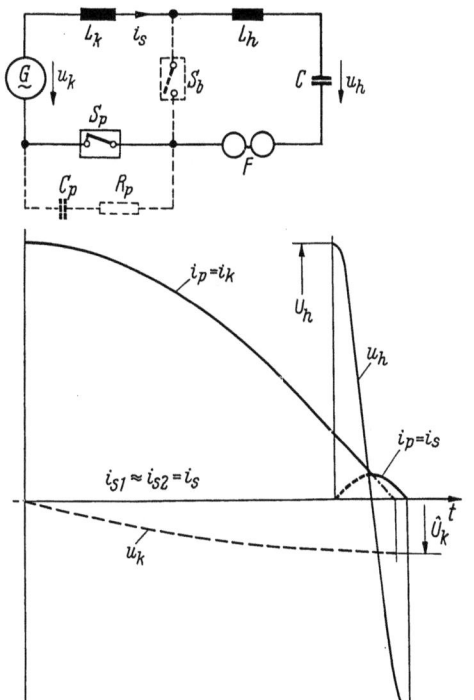

Abb. V/35. Schaltplan und Ausgleichsvorgänge im Schwingstromintervall

$(i_{s1})_{\Delta t}$ und $(u_h)_{\Delta t}$ stellen die Augenblickswerte von Strom und Spannung im Zeitpunkt der Stromunterbrechung in der Schaltstrecke des Blockierschalters dar;

$$\Delta\tau = \frac{1}{v_{20}}\;\text{arc tg}\;\frac{(i_{s1})_{\Delta t}\,v_{20}(L_k + L_h)}{\hat{U}_k - (u_h)_{\Delta t}} \qquad (61)$$

3 Synthetische Prüfschaltungen

bedeutet das Zeitintervall, das von diesem Zeitpunkt bis zur Stromunterbrechung in der Schaltstrecke des Prüflings vergeht, demnach das Schwingstromintervall dieser synthetischen Prüfschaltung.

Die Augenblickswerte sind durch die Gleichungen

$$\frac{U_h}{v_{10} L_h} \sin v_{10} \Delta t = (i_{s1})_{\Delta t} \tag{62}$$

und

$$U_h \cos v_{10} \Delta t = (u_h)_{\Delta t}, \tag{63}$$

$$v_{10}^2 = \frac{1}{L_h C},$$

$$t = \Delta t \equiv \tau = 0$$

gegeben. U_h bedeutet die Gleichspannung, auf welche die Kapazität C vor der Prüfung aufgeladen worden ist.

Im Nulldurchgang hat der Schwingstrom nach Gl. (60) unter Berücksichtigung der Gln. (62) und (63) eine Steilheit

$$\left(\frac{d i_{s2}}{d \tau}\right)_{\Delta \tau} = -v_{20} \sqrt{\left(\frac{U_k - U_h \cos v_{10} \Delta t}{v_{20} (L_k + L_h)}\right)^2 + \left(\frac{U_h}{v_{10} L_h} \sin v_{10} \Delta t\right)^2} \tag{64}$$

Wenn wir in diese Gleichung zunächst

$$U_h = \hat{U}_w - \hat{U}_k \tag{65}$$

und

$$L = L_k + L_h \tag{66}$$

einführen in der Annahme, daß die wiederkehrende Polspannung $\hat{U}_w$ und die Induktivität L durch den nachzubildenden einphasigen Prüfkreis vorgegeben sind, läßt sich die Gl. (64) zu folgendem Ausdruck umformen:

$$\left(\frac{d i_{s2}}{d \tau}\right)_{\Delta \tau} = -\frac{\hat{U}_w}{L} \sqrt{1 - \frac{1}{v}\left(1 - \frac{1}{v}\right)(1 + \cos v_{10} \Delta t)^2}, \tag{67}$$

die Abkürzung

$$v = \frac{\hat{U}_w}{\hat{U}_k} = \frac{\hat{U}_k + U_h}{\hat{U}_k} = \frac{L_k + L_h}{L_k} \tag{68}$$

kennzeichnet den gegebenen Verstärkungsfaktor. Als in bestimmten Grenzen freie Parameter treten in der Gl. (67) die Dauer der Stromüberlagerung im Blockierschalter sowie die Kreisfrequenz v_{10} auf. Im all-

262   V. Verfahren und Stromkreise

gemeinen ist der Wurzelausdruck in dieser Gl. von Eins verschieden, so daß die Steilheit des Schwingstromes im Nulldurchgang mit dem Sollwert nicht übereinstimmt. Der Gund liegt darin, daß die entsprechend der Gl. (65) eingesetzte Anfangsspannung U_h nach den Schaltvorgängen des Überlagerungs- und Schwingstromintervalls die Ausgangshöhe nicht wieder voll erreicht.

Diese Vorgänge an der Grenze zwischen zwei charakteristischen Intervallen wollen wir jedoch im nächsten Abschnitt behandeln. Hier sei noch das Verhältnis der Kreisfrequenzen der Schwingströme vor und nach der Unterbrechung des Stromes in der Schaltstrecke des Blockierschalters zu

$$\frac{v_{20}}{v_{10}} = \sqrt{1 - \frac{1}{v}} \qquad (69)$$

angegeben; sie unterscheiden sich bei großen Verstärkungsfaktoren nur wenig voneinander.

3.4.3.3 Hochspannungsintervall.

Die Gln. (57) und (58) Laplace-transformiert und daraus den Strom eliminiert, ergibt für die Spannung an der Kapazität C den Ausdruck

$$\mathfrak{L} u_h = \frac{\mathring{U}_k}{p} \frac{v_{20}^2}{p^2 + v_{20}^2} + (u_h)_{\Delta t} \frac{p}{p^2 + v_{20}^2} - \frac{(i_{s1})_{\Delta t}}{v_{20} C} \frac{v_{20}}{p^2 + v_{20}^2}, \qquad (70)$$

der zu dem zeitlichen Verlauf

$$u_h = \mathring{U}_k - \sqrt{[\mathring{U}_k - (u_h)_{\Delta t}]^2 + \left[\frac{(i_{s1})_{\Delta t}}{v_{20} C}\right]^2} \cos v_{20}(\tau - \Delta\tau) \qquad (71)$$

führt. Nach der Unterbrechung des Schwingstromes erscheint an den Klemmen des Prüflings als Ausgangsspannung, welche die Einschwingspannung anregt:

$$U_p = (u_h)_{\Delta\tau} - \mathring{U}_k = - \sqrt{[\mathring{U}_k - (u_h)_{\Delta t}]^2 + \left[\frac{(i_{s1})_{\Delta t}}{v_{20} C}\right]^2}. \qquad (72)$$

Es handelt sich um den gleichen Ausdruck für die Spannung, wie er aus der Gl. (60) schon bekannt ist. Führt man darin die Beziehungen (62), (63), (65), (66) und (68) ein, erhält man die Form

$$U_p = - \mathring{U}_w \sqrt{1 - \frac{1}{v}\left(1 - \frac{1}{v}\right)\left(1 + \cos v_{10} \Delta t\right)^2}, \qquad (73)$$

3 Synthetische Prüfschaltungen   263

Sie stimmt mit dem Ausdruck für die Spannung in der Gl. (67) überein.
Dies kann als Kontrolle der Rechnung gewertet werden.

Um diese Formel besser zu verstehen, betrachten wir zwei Grenzfälle.
Zuerst lösen wir die Schalt-
funkenstrecke so aus, daß die
Halbwelle des Schwingstromes
i_{s1} zur gleichen Zeit durch Null
geht wie der betriebsfrequente
Kurzschlußstrom (Abb. V/36).
Damit sind die Parameter zu

$$\cos \nu_{10}\, \varDelta t = -1$$

und

$$\sin \nu_{10}\, \varDelta t = 0$$

gegeben. Ferner wird $\varDelta \tau = 0$,
d. h. der Schwingstrom i_{s2} kann
gar nicht mehr fließen; die
Spannung an der Kapazität C
hat sich bereits im Verlauf der
i_{s1}-Halbwelle umgepolt. Wir
erhalten daher als resul-
tierende Spannung am Ende
des Schwingstromintervalls

$$U_p = -\hat{U}_w. \qquad (74)$$

Abb. V/36. Schaltplan und Ausgleichsvorgänge

bei $\varDelta t = \dfrac{\pi}{\nu_{10}}$

Beim nächsten Versuch lösen wir die Schaltfunkenstrecke gerade im
Nulldurchgang des Kurzschlußstromes aus, Abb. V/37.

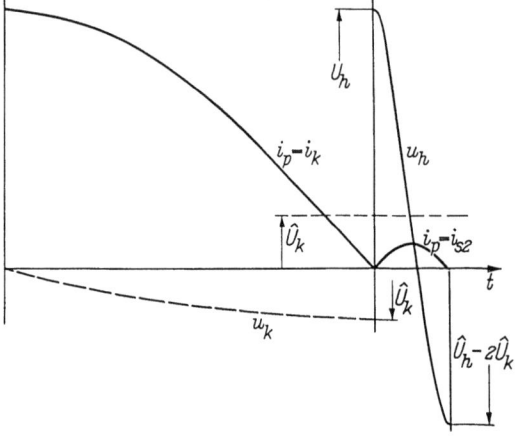

Abb. V/37. Ausgleichsvorgänge bei $\varDelta t = 0$

264   V. Verfahren und Stromkreise

Nun ändert die Spannung an der Kapazität C ihre Polarität innerhalb einer Schwingstromhalbwelle mit der Kreisfrequenz ν_{20}. Der Schaltvorgang verläuft analog zu den in Abb. V/24 dargestellten Verhältnissen. An die Stelle der Bogenspannung ist der in erster Näherung als konstant angenommene Scheitelwert der betriebsfrequenten Spannung des Hochstromkreises getreten. Berücksichtigt man entsprechend $\Delta t = 0$ den Anfangszustand

$$\cos \nu_{10}\, \Delta t = 1\,, \quad \sin \nu_{10}\, \Delta t = 0$$

in der Gl. (73), ergibt sich

$$U_p = -\hat{U}_w \left(1 - \frac{2}{v}\right). \tag{75}$$

Zwischen den Grenzfällen nach Gln. (74) und (75) liegt der praktische Betrieb. Dort sind am Ende des Schwingstrom-Intervalls sowohl die resultierende Spannung als auch die Neigung des Schwingstromes kleiner als die Sollwerte. Das Diagramm in Abb. V/38 gibt entsprechend der Gl. (73) über das Ausmaß der Spannungsabsenkung in Abhängigkeit vom Verstärkungsfaktor Auskunft. Parameter ist die bezogene Dauer des Schwingstromes i_{s1} im Überlagerungsintervall.

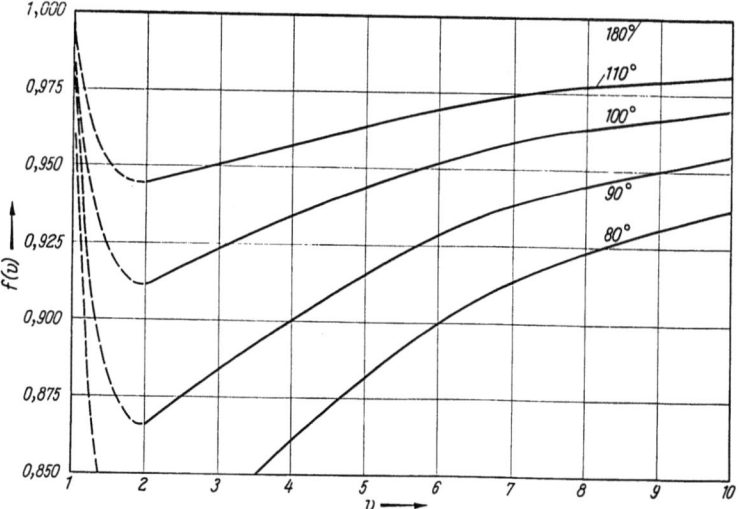

Abb. V/38. Abhängigkeit der bezogenen Ausgangsspannung für die Einschwingspannung und die wiederkehrende Polspannung vom Verstärkungsfaktor. Parameter: $\nu_{10}\, \Delta t$

Durch höheres Aufladen der Kapazität C läßt sich der Spannungsverlust kompensieren. Dabei kann die etwas erhöhte Anfangsspannung auf folgende Weise gefunden werden: Wir bezeichnen das Verhältnis der

Summe aus der Spannung des Hochstromkreises und der nun etwas erhöhten Spannung an der Kapazität C,

$$\hat{U}_k + \hat{U}'_h = \hat{U}'_w \, , \tag{76}$$

zu der Spannung des Hochstromkreises mit

$$\frac{\hat{U}'_w}{\hat{U}_k} = v' \, . \tag{77}$$

Das Verhältnis $\dfrac{L}{L_k} = v$ bleibt wegen der Forderung gleicher Steilheit des betriebsfrequenten Stromes im Nulldurchgang sowohl in der Einkreis- als auch in der Zweikreisschaltung, $\dfrac{\hat{U}_w}{L} = \dfrac{\hat{U}_k}{L_k}$, unverändert bestehen.

Entwickelt man unter diesen Verhältnissen die Gl. (64), ergibt sich der Ausdruck

$$U'_p = -\hat{U}'_w \sqrt{\left[\frac{1}{v'} - \left(1 - \frac{1}{v'}\right) \cos v_{10}\,\varDelta t \right]^2 + \frac{\left(1 - \dfrac{1}{v'}\right)^2}{1 - \dfrac{1}{v}} \sin v_{10}\,\varDelta t } \tag{78}$$

oder abgekürzt

$$U'_p = -\hat{U}'_w f(v, v'). \tag{79}$$

Die Kompensation verlangt

$$U'_p = -\hat{U}_w. \tag{80}$$

Deshalb kann die Gl. (79) auch in der Form

$$v' f(v, v') = v \tag{81}$$

geschrieben werden. Bei vorgegebenem Verstärkungsfaktor v läßt sich aus dieser Beziehung die Größe von v' ermitteln und damit nach den Gln. (77) und (76) die gesuchte, erhöhte Anfangsspannung an der Kapazität C berechnen. Nachdem die Anfangsspannung des Hochspannungsintervalls vorliegt, kann der Verlauf der Einschwingspannung z. B. in dem Schaltplan nach Abb. V/35 unschwer ermittelt werden.

Wir wollen uns nun für die Spannung nach dem Abklingen des überlagerten Ausgleichsvorganges in der Einschwingspannung interessieren. Wie aus dem Schaltplan in Abb. V/35 ersichtlich, läd im Hochspannungsintervall die Kapazität C die Kapazität C_p auf. Nach der Mi-

266 V. Verfahren und Stromkreise

schungsregel stellt sich an beiden, im Ersatzschaltplan parallelgeschalteten Kapazitäten im Grenzfall $\nu_{10}\,\Delta t = \pi$ die Spannung

$$U_h'' = (\hat{U}_w - \hat{U}_k)\left[1 - \left(\frac{\nu_{20}}{\nu_0}\right)^2\right] \tag{82}$$

ein mit

$$\nu_0^2 = \frac{C + C_p}{L\,C\,C_p}. \tag{83}$$

Im gesamten Prüfkreis ist diese Spannung mit der Spannung des Hochstromkreises in Reihe geschaltet, so daß die offene Schaltstrecke des Prüflings durch die stationäre Spannung

$$U_p'' = \hat{U}_k + U_h'' \tag{84}$$

beansprucht wird. Dafür ergibt sich nach einer Umformung

$$\boxed{U_p'' = \hat{U}_w\left[1 - \left(\frac{\nu_{20}}{\nu_0}\right)^2\left(1 - \frac{1}{v}\right)\right]}. \tag{85}$$

Demnach wird der Spannungsverlust beim Aufladen, den wir in ähnlicher Form schon bei der Behandlung der synthetischen Prüfschaltung mit Addition der Ströme in der Schaltstrecke des Prüflings kennengelernt haben, jetzt auch durch den Verstärkungsfaktor beeinflußt.

Bei einem sehr großen Verstärkungsfaktor verschwindet praktisch dieser Unterschied zwischen den beiden synthetischen Prüfschaltungen nach dem Prinzip der gesteuerten Stromüberlagerung. Bei einem Verstärkungsfaktor gleich Eins gibt es keine Aufladungsverluste, weil dann die synthetische Prüfschaltung in eine Einkreisschaltung übergegangen ist.

Überschreiten die Aufladeverluste ein zulässiges Maß, können die schon beschriebenen Kompensationsmethoden sinngemäß angewendet werden.

3.4.4 Ausgeführte Prüfanlage

Auch die synthetische Prüfschaltung nach dem Prinzip der gesteuerten Subtraktion der Ströme in der Schaltstrecke des Blockierschalters hat Eingang in die Prüffeldpraxis gefunden. Dank dem Entgegenkommen des staatlichen Forschungsinstitutes für Starkstromtechnik in Běchovice, ČSSR, können wir von der dort errichteten Anlage für synthetische Prüfungen ebenfalls die wichtigsten Baugruppen zeigen:

3 Synthetische Prüfschaltungen 267

die Stoßleistungsgeneratoren in Abb. V/39, die Stoßleistungstransformatoren in Abb. V/40 und eine der Ladebatterien des Hochspannungskreises in Abb. V/41.

Abb. V/39. Stoßleistungsgeneratoren im Staatlichen Forschungsinstitut für Starkstromtechnik in Běchovice, ČSSR

Abb. V/40. Stoßleistungstransformatoren im Staatlichen Forschungsinstitut für Starkstromtechnik in Běchovice, ČSSR

In diesem Hochleistungs-Prüffeld steht zur Zeit eine äquivalente dreipolige synthetische Prüfleistung von max. 25 GVA bei einer wiederkehrenden Spannung von 500 kV zur Verfügung.

268 V. Verfahren und Stromkreise

Abb. V/41. Ladebatterie des Hochspannungskreises der synthetischen Prüfschaltung im Staatlichen Forschungsinstitut für Starkstromtechnik in Běchovice, ČSSR

3.5 Synthetische Prüfschaltungen nach dem Prinzip der gesteuerten Spannungsüberlagerung (EinfrequenzPrüfschaltungen)

Bei den synthetischen Prüfschaltungen nach diesem Prinzip liefert der Hochstromkreis nicht nur die hier stets einfrequente Strombeanspruchung, sondern auch einen Teil der Spannungsbeanspruchung der Schaltstrecke des Prüflings. Sieht man nur auf den Strom, bietet sich dafür auch die Bezeichnung „Einfrequenz-Schaltung" an. Die stationäre Spannung, die Eigenfrequenz und die Dämpfung des Hochstromkreises werden nach folgenden Gesichtspunkten abgestimmt:

Im Bereich des Strom-Nulldurchganges soll die Wechselwirkung zwischen Schaltlichtbogen und Stromkreis den Verhältnissen in einer Einkreisschaltung entsprechen.

Anschließend daran soll an den Klemmen des Prüflings eine definierte Spannung einschwingen.

Die resultierende Einschwingspannung dieser synthetischen Prüfschaltung darf bis zum ersten Scheitelwert von der Einschwingspannung, die durch Netzberechnungen, Netz- oder Modellversuche gegeben ist und bei der Prüfung als Soll-Beanspruchung gilt, nur wenig abweichen. Sie soll auf die Höhe der wiederkehrenden Polspannung abklingen.

Eine solche Einschwingspannung synthetisch zu erzeugen, ist im wesentlichen auf zweierlei Art möglich: Die eine Möglichkeit besteht darin, zur Fortsetzung der zunächst allein vom Hochstromkreis ausgeübten Spannungsbeanspruchung den Hochspannungskreis der Schaltstrecke des Prüflings parallelzuschalten; die andere Möglichkeit sieht

3 Synthetische Prüfschaltungen

vor, im gleichen Zeitintervall den Hochspannungskreis mit dem Hochstromkreis in Reihe zu schalten, so daß die Summenspannung beider Prüfkreise auf die Schaltstrecke des Prüflings einwirkt.

3.5.1 Parallelschaltung des Hochspannungskreises zur Schaltstrecke des Prüflings

Der Schaltplan in Abb. V/42 zeigt die Ausführung der ersten dieser beiden grundsätzlichen Möglichkeiten. Im Vergleich zu den früheren Schaltplänen fehlt nun der Stoßleistungs-Transformator. Darauf kann verzichtet werden, falls die Klemmenspannung des Generators ausreichend hoch ist. Dadurch wird die Impedanz des Hochstromkreises wesentlich verkleinert, so daß sich eine bessere Ausnutzung der Prüfanlage ergibt.

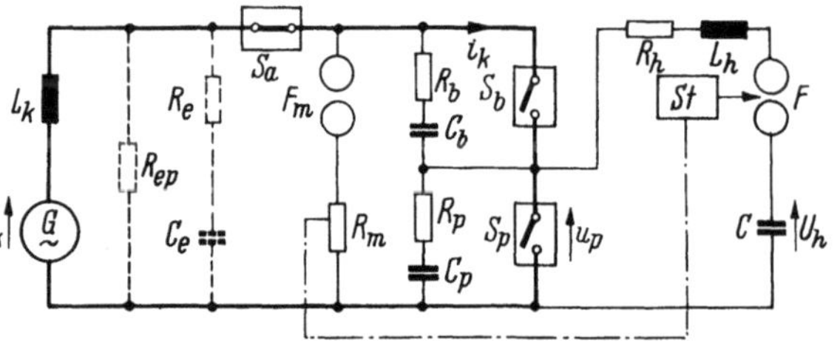

Abb. V/42. Synthetische Einfrequenz-Prüfschaltung mit Parallelschaltung des Hochspannungskreises zur Schaltstrecke des Prüflings nach E. SLAMECKA

Im Ablauf einer Prüfung mit dieser Schaltung reihen sich folgende kennzeichnende Betriebszustände zeitlich aneinander:

Als erstes haben wir den Anfangszustand der synthetischen Prüfschaltung vor uns; die Prüfanlage wird schaltbereit gemacht. Gegenüber dem schon Bekannten kommt in diesem Zeitintervall kein neuer Gesichtspunkt hinzu; eine weitere Beschreibung erübrigt sich daher. Ebenso gilt dies für das Hochstromintervall, das die gesamte Strombeanspruchung der Schaltstrecke des Prüflings umfaßt. Dem Hochstromintervall schließt sich das Hochspannungsintervall an. Die Vorgänge in diesem Zeitbereich sollen nun in ihre Komponenten aufgegliedert und erläutert werden:

Nach dem Strom-Nulldurchgang ist für die erste Spannungsbeanspruchung der sich elektrisch wieder verfestigenden Schaltstrecke des Prüflings der Hochstromkreis maßgebend.

Im Bereich des Scheitelwertes der vom Hochstromkreis gelieferten Einschwingspannung wird auch der Hochspannungskreis an der Spannungsbeanspruchung beteiligt. Die Meßfunkenstrecke F_m zündet durch, und

270 V. Verfahren und Stromkreise

infolge des Spannungsabfalles am Meßwiderstand R_m wird über das Steuergerät St ein Zündimpuls an die Schaltfunkenstrecke F gegeben. Damit tritt der Hochspannungskreis in Tätigkeit.

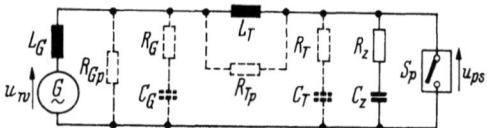

Abb. V/43. Ersatzschaltplan einer Einkreis-Prüfschaltung im Intervall der Einschwingspannung

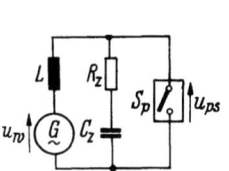

Abb. V/44. Vereinfachter Ersatzschaltplan einer Einkreis-Prüfschaltung mit im wesentlichen Reihendämpfung

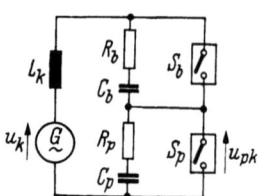

Abb. V/45. Vereinfachter Ersatzschaltplan des Hochstromkreises der synthetischen Prüfschaltung nach Abb. V/42

3.5.1.1 Intervall der vom Hochstromkreis erzeugten Einschwingspannung. Die nachzubildende Spannung soll in einem Schwingkreis nach Abb. V/43 als Ersatzschaltplan einer Einkreisschaltung einschwingen. Darin seien der zusätzliche Widerstand R_z und die zusätzliche Kapazität C_z für den Spannungsverlauf ausschlaggebend. Mit diesen Annahmen vereinfacht sich der Ersatzschaltplan wie in der Abb. V/44 dargestellt. Den Spannungsverlauf in dieser vereinfachten Einkreis-Prüfschaltung beschreibt die Gleichung

$$u_{ps} = \hat{U}_w \left[1 - e^{-\delta_s t} \left(\cos v_s t - \frac{\delta_s}{v_s} \sin v_s t \right) \right], \qquad (86)$$

$$\delta_s = \frac{R_z}{2L}, \quad v_s^2 = \frac{1}{LC_z} - \delta_s^2.$$

Für den Hochstromkreis der vorliegenden synthetischen Prüfschaltung gilt qualitativ in erster Näherung der gleiche Ersatzschaltplan nur mit dem Unterschied, daß der zusätzliche Widerstand und die zusätzliche Kapazität aufgeteilt sind, Abb. V/45. Dann lautet die Gleichung des Spannungsverlaufes an den Klemmen des Prüflings

$$u_{pk} = \hat{U}_k \varkappa \left[1 - e^{-\delta_k t} \left(\cos v_k t - \frac{\delta_k}{v_k} \sin v_k t \right) \right], \qquad (87)$$

$$\varkappa = \frac{C_b}{C_b + C_p} = \frac{R_p}{R_b + R_p},$$

$$\delta_k = \frac{R_p}{\varkappa \, 2L_k}, \qquad v_k^2 = \frac{1}{\varkappa \, L_k C_p} - \delta_k^2.$$

3 Synthetische Prüfschaltungen 271

Soll sich die unbeeinflußte Einschwingspannung des Hochstromkreises an den Klemmen des Prüflings zufriedenstellend dem vorgegebenen Spannungsverlauf anpassen, muß in dem Zeitintervall von der Unterbrechung des Kurzschlußstromes bis zur Zuschaltung des Hochspannungskreises stets

$$(u_{pk})_{0-tz} \approx (u_{ps})_{0-tz} \tag{88}$$

erfüllt sein. Demnach sollen beide Einschwingspannungen im Grenzfall die gleiche Anfangssteilheit besitzen:

$$\left(\frac{d\,u_{pk}}{d\,t}\right)_0 = \left(\frac{d\,u_{ps}}{d\,t}\right)_0, \tag{89}$$

was zu der Dimensionierungsgleichung

$$R_p = R_z \tag{90}$$

führt. Sie bestimmt die Dämpfung des Hochstromkreises.

Der Faktor $\varkappa$ ist wählbar. Man wählt ihn zweckmäßig so, daß auf die Klemmen des Prüflings der überwiegende Teil der vom Hochstromkreis gelieferten Spannung entfällt.

Nun fehlt noch die Frequenz dieser Einschwingspannung. Zu ihrer angenäherten Ermittlung kann z. B. folgender Ansatz dienen:

$$(u_{pk})_{tz} = \alpha\,(u_{ps})_{tz}. \tag{91}$$

Für den dimensionslosen Faktor α werden etwa die Grenzen 1 bis 1,2 zugelassen. Sie besagen, daß im Zeitpunkt der Zuschaltung die Spannung des Hochstromkreises gleich oder geringfügig größer als die vorgegebene Einschwingspannung sein soll. Ferner ist zu beachten, daß der Zuschaltaugenblick des Hochspannungskreises kurz vor dem ersten Maximum der Einschwingspannung des Hochstromkreises liegt.

Setzt man in der Gl. (87) $(u_{pk})_{tz}$ nach der Gl. (91) ein, ergibt sich nach einer Umformung

$$\left(1 - \frac{\alpha\,(u_{ps})_{tz}}{\hat{U}_k\,\varkappa}\right)e^{\delta_k t_z} = \left(\cos \nu_k t_z - \frac{\delta_k}{\nu_k}\,\sin \nu_k t_z\right); \tag{92}$$

daraus kann die Unbekannte ν_k graphisch ermittelt werden.

Nachdem so alle Bestimmungsgrößen für die Einschwingspannung des Hochstromkreises vorliegen, zeichnet man den Ist-Spannungsverlauf auf und vergleicht ihn im Sinne der Gl. (88) mit dem Soll-Verlauf. Vorab empfiehlt es sich zu kontrollieren, ob die wesentliche Voraussetzung der

272 V. Verfahren und Stromkreise

Näherungsrechnung, nämlich ein vernachlässigbarer Einfluß der Eigenkapazität des Hochstromkreises auf seine Frequenz im beschalteten Zustand, erfüllt ist. Trifft dies zu, so ist nach der Gl. (87) auch C_p und C_b gegeben.

Befriedigt dagegen die Übereinstimmung zwischen dem Spannungsverlauf nach dem Ergebnis der soeben skizzierten ersten Entwurfsberechnung und dem nachzubildenden Spannungsverlauf noch nicht, muß die Rechnung mit verbesserten Werten wiederholt werden; gegebenenfalls unter Berücksichtigung des genauen Ersatzschaltplanes.

Dies führt natürlich zu einer Differentialgleichung höherer Ordnung als der zweiten, deren zahlenmäßige Auswertung viel Zeit kostet. Hier bietet sich aber nach der Klärung der grundsätzlichen mathematischen Zusammenhänge die Verwendung eines relativ einfachen Schwingungsmodelles an, mit dessen Hilfe sich der Hochstromkreis in kurzer Zeit optimieren läßt.

Die Frequenz der Einschwingspannung des Hochstromkreises kann auch graphisch angenähert ermittelt werden. Das Verfahren beruht darauf, daß durch die Gl. (89) die Anfangstangente der Einschwingspannung gegeben ist. Damit liegt die Dämpfung fest. Nun können die Dämpfungskurven sowie die Mittellinie gezogen werden. Anhand dieses Systems von Leitlinien läßt sich mit etwas Übung der voraussichtliche Verlauf der Einschwingspannung abschätzen, Abb. V/46, und daraus ihre Frequenz ermitteln. Schließlich kann die Frequenz des Hochstromkreises auch noch so gefunden

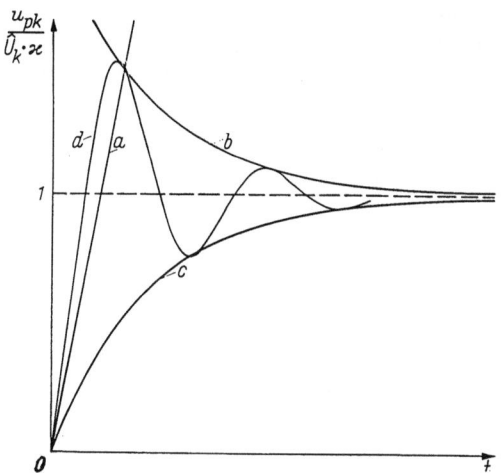

Abb. V/46. Leitlinien-Verfahren zur näherungsweisen Ermittlung des Verlaufes der Einschwingspannung des Hochstromkreises

$a \;\; 2\delta_k t$ $\qquad$ $b \;\; 1 + e^{-\delta_k t}$ $\qquad$ $c \;\; 1 - e^{-\delta_k t}$ $\qquad$ $d \;\; \dfrac{u_{pk}\,(t)}{\varkappa\,\hat U_k}$

werden, daß eine bestimmte Zeit vorgegeben wird, zu der die Tangenten an die Soll- und Istkurve der Einschwingspannung gleiche Neigungen aufweisen sollen, z. B.

$$\left(\frac{d\,u_{pk}}{d\,t}\right)_{\frac{\pi}{2\,\nu_k}} = \left(\frac{d\,u_{ps}}{d\,t}\right)_{\frac{\pi}{2\,\nu_k}} \tag{93}$$

3 Synthetische Prüfschaltungen   273

**3.5.1.2 Intervall der Wechselwirkung zwischen Hochstrom- und Hoch-
spannungskreis.** Durch die Zuschaltung des Hochspannungskreises entsteht ein elektrisches Netzwerk, dessen genaues Verhalten im Ausgleichs-
zustand bei wirtschaftlich noch vertretbarem Arbeitsaufwand mit kon-
ventionellen Rechenmethoden nicht mehr zu erfassen ist. Diese Schwierigkeit beseitigt jedoch auch hier der Einsatz eines Schwingungsmodells.

In gewissen Fällen macht sich eine Rückwirkung des Hochspannungskreises auf den Hochstromkreis bemerkbar. Ihr zufolge kann an den
Klemmen des Transformators und Generators eine flüchtige Spannung
entstehen, welche die zulässige Spannungshöhe überschreitet. Zur Be-
seitigung dieser Rückwirkung muß man die Impedanz des Hochstromkreises — von der generatorseitigen Klemme des Blockierschalters aus
betrachtet — für die Frequenz der Spannung des Hochspannungskreises
verkleinern.

Wir wollen jedoch von der Erläuterung der diesbezüglichen Maßnahmen absehen, da es möglich ist, die beiden Prüfkreise zu entkoppeln.
Zu diesem Zweck werden alle zusätzlichen Schaltelemente, die man
braucht, um die Einschwingspannung des Hochstromkreises zu beeinflussen — im wesentlichen Wirkwiderstände und Kapazitäten — der
Schaltstrecke des zu prüfenden Schalters parallelgeschaltet. Dann ver-
bindet man diese Schaltelemente so mit dem Hochstromkreis, daß im
Hochspannungsintervall eine Einweg-Gleichrichtung entsteht.

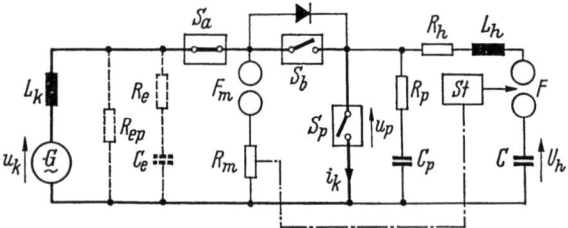

Abb. V/47. Synthetische Einfrequenz-Prüfschaltung mit Parallelschaltung des Hochspannungskreises
zur Schaltstrecke des Prüflings und Parallelschaltung eines Gleichrichters zur Schaltstrecke des
Blockierschalters

Wie die Abb. V/47 zeigt, entspricht der Aufbau des derart weiter-
entwickelten Hochstromkreises im Zeitbereich der Beanspruchung des
Gleichrichters in Durchlaßrichtung einer Einkreisschaltung, wie sie etwa
in den Abb. V/43 und V/44 zu sehen war. Es gilt $\varkappa = 1$, und somit
schwingt nach der Unterbrechung des Kurzschlußstromes die Spannung
des Hochstromkreises an den Klemmen des Prüflings voll ein.

Mit der Zuschaltung des Hochspannungskreises warten wir zunächst
noch so lange, bis der Schwingstrom des Hochstromkreises im ersten Nulldurchgang von dem Ventil unterbrochen worden ist. Für die Spannungs-

18 Slamecka, Prüfung

274 V. Verfahren und Stromkreise

höhe im Zuschaltaugenblick gelte weiterhin die Gl. (91), wobei nun $\alpha = 1$. Dies bedeutet zwar bei der in dem gewählten Beispiel vorliegenden Dämpfung durch einen Reihenwiderstand zur Kapazität, daß der Nulldurchgang des Schwingstromes dem Maximalwert der Einschwingspannung etwas nacheilt und deshalb noch keine optimale Anpasung, vorhanden ist; man erhält dadurch aber den Vorteil der Übersichtlichkeits da beide Prüfkreise getrennt und geschlossen berechnet werden können.

Unter Vernachlässigung des relativ geringen Spannungsabfalls an dem Ventil liegt die Gleichung der Einschwingspannung des Hochstromkreises bereits durch die Gl. (87) mit $\varkappa = 1$ vor. Da im Nulldurchgang des Schwingstromes zugeschaltet wird, ergibt sich mit Hilfe der Gln. (87) u. (91) folgende Bestimmungsgleichung für diesen Zeitpunkt:

$$\frac{(u_{ps})_{t'z}}{U_k} = 1 + e^{-\delta_k t_z}. \tag{94}$$

$(u_{ps})_{t'z}$ wird zu der vorerst geschätzten Zeit t'_z dem Sollverlauf der Einschwingspannung nach Gl. (86) entnommen. Diesen so erhaltenen Spannungswert setzt man in die Gl. (94) ein und rechnet einen neuen Zeitwert t_z aus. Mit dieser neuen Zeit geht man wieder in die Gl. (86) und erhält einen neuen Spannungswert $(u_{ps})_{tz}$. Ihn vergleicht man mit $(u_{ps})_{t'z}$. Bei einer größeren Abweichung muß das Verfahren wiederholt werden.

Sobald t_z ermittelt worden ist, folgt aus der Gleichung

$$t_z = \frac{\pi}{\nu_k} \tag{95}$$

die Kreisferquenz und daraus die Kapazität C_p. Die Schaltelemente des Hochstromkreises sind also zunächst bekannt.

Nun berechnen wir diejenigen des Hochspannungskreises. Die Spannung an der Kapazität parallel zu den Klemmen des Prüflings bleibt nach der Unterbrechung des Schwingstromes durch den Gleichrichter als Gleichspannung bestehen. Im Augenblick dieser Stromunterbrechung zündet voraussetzungsgemäß die Schaltfunkenstrecke des Hochspannungskreises. Daraufhin setzt sich die Spannungsbeanspruchung der Schaltstrecke des Prüflings zu höheren Spannungswerten fort. Den zugehörigen Spannungsverlauf beschreibt die Gleichung

$$u_p = (u_{pk})_{tz} + u_{ph} =$$

$$= (u_{pk})_{tz} + [U_h - (u_{pk})_{tz}]k\left\{1 - e^{-\delta\tau}\left[\left[\cos\nu\tau + \frac{\delta}{\nu}\left(1 - 2\frac{k_R}{k}\right)\sin\nu\tau\right]\right]\right\} \tag{96}$$

3 Synthetische Prüfschaltungen

mit $\tau = 0 \equiv t = t_z$. Da das Kapazitätsverhältnis $k = \dfrac{C}{C + C_p}$ wählbar ist, bleiben noch folgende vier Unbekannte zurück:

$$k_R = \frac{R_p}{R_h + R_p}, \qquad \delta = \frac{R_p}{L_h\, k_R}, \qquad v^2 = \frac{1}{L_h\, k_R\, C_p} - \delta^2$$

und U_h. Zu ihrer Ermittlung stehen zwei Gruppen von Bedingungen zur Verfügung:

Die erste Gruppe enthält die vier Gleichungen

$$v^2 + \delta^2 = \frac{k_R}{k}\, \frac{\delta}{R_p C_p}, \tag{97}$$

$$\left(\frac{d u_{ph}}{d\tau}\right)_{\tau\max} = 0, \tag{98}$$

$$\tau_{\max} = t_{\max} - t_z,$$

$$(u_p)_{\tau\max} = \gamma\, \hat{U}_W \tag{99}$$

und

$$(u_p)_{\tau\to\infty} = [U_h - (u_{pk})_{tz}]\, k + (u_{pk})_{tz} = \hat{U}_W. \tag{100}$$

Unter diesen vier Gleichungen ist die Gl. (100) für den stationären Spannungsverlauf charakteristisch; sie besagt, daß die Einschwingspannung auf den Scheitelwert der wiederkehrenden Polspannung abklingen soll.

In der zweiten Gruppe sind es wieder die Gln. (97), (98) und (99). Neu hinzu kommt die Gleichung

$$\left(\frac{d u_{ph}}{d\tau}\right)_0 = \left(\frac{d u_{ps}}{dt}\right)_{tz}. \tag{101}$$

Ihr zufolge sollen im Zuschaltaugenblick die Tangenten an die einsetzende Spannung des Hochspannungskreises und an den Sollverlauf der Einschwingspannung die gleiche Neigung besitzen.

Auf Grund dieser Bedingungen lassen sich die einzelnen Schaltelemente des Hochspannungskreises berechnen. Die Ergebnisse der Berechnung enthält die Abb. V/48. Wie man sieht, haben die beiden Gruppen von Bedingungsgleichungen zwei Kurven geliefert, von denen die eine den Sollverlauf etwas unter- und die andere etwas überschreitet.

18*

276   V. Verfahren und Stromkreise

Mit Hilfe des Schwingungsmodells wurde die Übereinstimmung verbessert. Das Ergebnis enthält ebenfalls die Abb. V/48. Das Zuschalten des Hochspannungskreises im optimalen Zeitpunkt bedeutet, daß sich das Hochspannungsintervall nun in drei Teilintervalle aufgliedert.

Das erste Teilintervall, in welchem nur die Einschwingspannung des Hochstromkreises wirksam ist, beginnt mit der Stromunterbrechung in der Schaltstrecke des Prüflings und endet mit der Zündung der Schaltfunkenstrecke;

das zweite Teilintervall reicht von der Zündung der Schaltfunkestrecke bis zum Nulldurchgang des Stromes im Ventil. In diesem Zeitbereich beteiligen sich sowohl Hochstrom- als auch Hochspannungskreis am Aufbau der Prüfspannung.

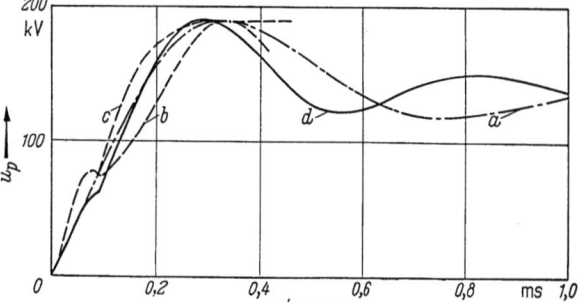

Abb. V/48. Einschwingspannung für die Prüfung eines Hochspannungs-Leistungsschalters

Nennspannung	110 kV
Nennausschaltleistung	5 GVA
Erdungsfaktor	1,5
Amplitudenfaktor	1,4

Einschwingfrequenz (nach VDE 0670 ausgewertet) 1500 Hz

a Sollverlauf in der Einkreisschaltung nach Abb. V/44; *b* Synthetische Einschwingspannung, Verlauf gerechnet nach Gleichungsgruppe 1; *c* Synthetische Einschwingspannung, Verlauf gerechnet nach Gleichungsgruppe 2; *d* Synthetische Einschwingspannung, Anpassung des Spannungsverlaufs mit Hilfe eines Schwingungsmodells

Das dritte Teilintervall umfaßt die Zeit von der Unterbrechung des Schwingstromes im Hochstromkreis bis zum stationären Verlauf der Einschwingspannung. Sieht man von der Ladung, welche die Parallelkapazität mittlerweile erhalten hat, ab, liefert jetzt nur mehr der Hochspannungskreis die Prüfspannung. Eine Rückwirkung des Hochspannungskreises auf den Hochstromkreis verhindert das Ventil. Dieses Ventil muß gegen eine Überbelastung im Falle einer Neuzündung des Prüflings geschützt werden. Eine solche Schutzanordnung, die zugunsten der vereinfachten Darstellung nicht in den Schaltplan der Abb. V/47 aufgenommen wurde, hat jedoch nur einen verschwindend kleinen Einfluß auf den Spannungsverlauf.

3 Synthetische Prüfschaltungen　　277

3.5.2 Reihenschaltung des Hochstrom- und des Hochspannungskreises

Wertet man die Möglichkeiten des Elementarschaltplanes in Abb. V/17 planmäßig aus, ergibt sich als weitere Variante des Zusammenwirkens von Hochstrom- und Hochspannungskreis der Schaltplan in Abb. V/49.

Wieder handelt es sich um eine Einfrequenzschaltung — was den vom Prüfling auszuschaltenden Strom betrifft — mit einer Reihenschaltung der beiden Prüfkreise im Hochspannungsintervall; sie sind in diesem Zeitabschnitt voneinander weitgehend unabhängig. Diese Eigenart läßt eine besonders enge kapazitive Kopplung zwischen dem Hochstromkreis und dem Prüfling zu. Die Vorgänge im Vorbereitungszustand und im Intervall des Kurzschluß-

stromes setzen wir als schon bekannt voraus und beginnen gleich mit der Behandlung des Hochspannungsintervalles.

Abb. V/49. Synthetische Einfrequenz-Prüfschaltung mit Reihenschaltung des Hochspannungskreises nach E. SLAMECKA

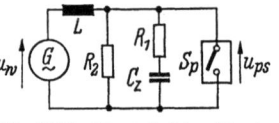

Abb. V/50. Vereinfachter Ersatzschaltplan einer Einkreis-Prüfschaltung mit im wesentlichen Paralleldämpfung

3.5.2.1 Intervall der vom Hochstromkreis erzeugten Einschwingspannung.

Es soll eine Spannung nachgebildet werden, die in dem Schaltplan nach Abb. V/50 einschwingt. Von den bisher bekannten Schaltplänen unterscheidet sich dieser durch einen zusätzlichen Widerstand, der unmittelbar an die Klemmen der Schaltstrecke des Prüflings angeschlossen ist. In Reihe mit der zusätzlichen Kapazität liegt ebenfalls ein Dämpfungswiderstand. Er kann z. B. einen Wert in der Größenordnung der Wellenwiderstände von Kabeln (15—25 Ω) haben.

Die Kopplung zwischen dem Hochstromkreis und dem Prüfling soll sehr eng sein. Das Verhältnis der Impedanzen parallel zu den Schaltstrecken des Prüflings und Blockierschalters ist daher viel kleiner als eins, $\dfrac{Z_b}{Z_p} \ll 1$. Aus diesem Grunde erscheint nahezu die gesamte Einschwingspannung an den Klemmen des Prüflings, und der vereinfachte Schaltplan des Hochstromkreises stimmt genau so wie bei der soeben erläuterten synthetischen Prüfschaltung mit Einweggleich-

278   V. Verfahren und Stromkreise

richtung qualitativ mit dem vereinfachten Schaltplan der nachzubildenden Einkreisschaltung überein.

An den Klemmen des Prüflings schwingt in der Einkreis-Prüfschaltung nach Abb. V/50 die Spannung entsprechend der Gleichung

$$u_{ps} = \hat{U}_w \left\{ 1 - e^{-(\delta_L + \delta_C)t} \left[\cos v_s t + \frac{1}{v_s} \left(\delta_C - \delta_L \right) \sin v_s t \right] \right\}, \quad (102)$$

$$\delta_L = \frac{R_1 R_2}{(R_1 + R_2) 2L}, \quad \delta_C = \frac{1}{(R_1 + R_2) 2C_z},$$

$$v_s^2 = \frac{R_2}{R_1 + R_2} \frac{1}{LC_z} - (\delta_L + \delta_C)^2,$$

ein; ihre Anfangssteilheit beträgt

$$\left(\frac{d u_{ps}}{dt} \right)_0 = \frac{\hat{U}_w}{L} \frac{R_1 R_2}{R_1 + R_2}. \quad (103)$$

Die Gl. (102) beschreibt mit entsprechend geänderten Indizes auch die Einschwingspannung u_{pk} des Hochstromkreises. Wegen der geforderten Gleichheit der Kurzschlußströme in den beiden Stromkreisen liefert sie bei der nach wie vor verlangten Gleichheit der Anfangssteilheit der Ist- und Soll-Einschwingspannungen

$$R_1 = R_{1k}$$

und

$$R_2 = R_{2k}.$$

Die weitere Anpassung der Einschwingspannung des Hochstromkreises an den Sollverlauf erfolgt prinzipiell in der gleichen Weise — rechnerisch, graphisch oder mit dem Schwingungsmodell — wie bei der Einfrequenzschaltung mit Parallelschaltung des Hochspannungskreises zur Schaltstrecke des Prüflings. Wir können uns daher gleich dem Intervall zuwenden, in dem die Einschwingspannung sowohl vom Hochstrom- als auch vom Hochspannungskreis erzeugt wird.

3.5.2.2 Intervall der Überlagerung der Spannungen des Hochstrom- und des Hochspannungskreises. Nach dem Ansprechen der Schaltfunkenstrecke gilt für die Anpassung des Istverlaufes der Einschwingspannung an den Sollverlauf die Beziehung

$$\boxed{u_{pk}(t) + u_{ph}(\tau) \approx u_{ps}(t)} \quad (104)$$

mit $\tau = 0 \equiv t = t_z$ und $[u_{ph}(\tau)]_{\tau < 0} = 0$.

3 Synthetische Prüfschaltungen

Die Addition der Augenblickswerte der vom Hochstrom- und Hochspannungskreis erzeugten Teil-Einschwingspannungen ergibt also die resultierende synthetische Einschwingspannung; sie soll bis zum ersten Maximum möglichst den gleichen Verlauf haben, wie die nachzubildende Einschwingspannung.

Da $u_{ps}(t)$ und $u_{pk}(t)$ bekannt sind, liegt auch der gesuchte Verlauf der Teil-Einschwingspannung des Hochspannungskreises vor. Daraus läßt sich der Maximalwert und die Zeit, die bis dahin verstreicht, auswerten. Die Ableitung der für die Einschwingspannung im Hochspannungsschwingkreis nach Abb. V/49 maßgebende Gleichung

$$u_{ph} = U_h k \left\{ 1 - e^{-\delta \tau} \left[\cos \nu \tau + \frac{\delta}{\nu} \left(1 - \frac{2\delta_b}{k\delta} \right) \sin \nu \tau \right] \right\}, \qquad (105)$$

$$k = \frac{C}{C + C_b}, \qquad \delta = \frac{R_h + R_b}{2 L_h},$$

$$\delta_b = \frac{R_b}{2 L_h}, \qquad \nu^2 = \frac{C + C_p}{L_h C C_p} - \delta^2,$$

nach der Zeit liefert im Augenblick des Spannungsmaximums die Beziehung

$$\text{tg}\, \nu \tau_{\max} = \frac{-\dfrac{2}{k} \delta_b}{\nu \left[\left(\dfrac{\delta}{\nu} \right)^2 \left(1 - \dfrac{2\delta_b}{k\delta} \right) + 1 \right]}. \qquad (106)$$

Ersetzt man in der Gl. (105) die laufende Zeit durch den Zeitpunkt des Spannungsmaximums ergibt sich die Bestimmungsgleichung

$$(u_{ph})_{\tau \max} = U_h k \left\{ 1 - e^{-\delta \tau_{\max}} \left[\cos \nu \tau_{\max} + \frac{\delta}{\nu} \left(1 - \frac{2\delta_b}{k\delta} \right) \sin \nu \tau_{\max} \right] \right\}. \quad (107)$$

Zu beachten ist hierbei, daß die Scheitelwerte von u_{ps} und u_{ph} i. a. nicht zur gleichen Zeit auftreten. Aus den Gln. (104) und (105) geht ferner noch die Spannung hervor, auf welche die Kapazität C zu Beginn der Prüfung aufgeladen werden muß:

$$U_h = \frac{1}{k} \left(\hat{U}_w - \hat{U}_k \right) = \frac{1}{k} \hat{U}_w \left(1 - \frac{1}{v} \right) \qquad (108)$$

mit $v = \dfrac{\hat{U}_w}{\hat{U}_k}$ als Verstärkungsfaktor der synthetischen Prüfschaltung.

Da die Anfangssteilheit der Einschwingspannung des Hochspannungsschwingkreises an den Klemmen des Prüflings gleich groß sein soll wie die

280 V. Verfahren und Stromkreise

des Sollverlaufes im Schaltaugenblick, läßt sich auch noch folgende Beziehung anschreiben:

$$\left(\frac{du_{ph}}{d\tau}\right)_0 = U_h \, 2\,\delta_b = \left(\frac{du_{ps}}{dt}\right)_{tz} - \left(\frac{du_{pk}}{dt}\right)_{tz}. \tag{109}$$

Nun können mit Hilfe der Gln. (108) u. (109) die Unbekannten U_h und δ_b berechnet und in den Gln. (106) u. (107) eliminiert werden, so daß diese für die Ermittlung des Dämpfungsfaktors δ und der Frequenz ν zur Verfügung stehen.

Wählbar ist im Hochspannungsschwingkreis die Größe der Kapazitäten. Die Parallelkapazität zur Schaltstrecke des Blockierschalters kann ohne weiteres so groß gemacht werden, daß sie selbst bei einer hohen Nachleitfähigkeit des in seinen Löscheigenschaften bekannten Blockier-Schalters einen noch wesentlich niedrigeren Parallelwiderstand darstellt. Als Speicherkondensator im Hochspannungskreis nimmt man dann eine Kapazität, die etwa 10mal so groß ist wie die Parallelkapazität zur Schaltstrecke.

Nachdem so auch die Kapazitäten des Schwingkreises bekannt sind, ergibt sich aus den Teilgleichungen zu Gl. (105) die Induktivität und der gesamte Wirkwiderstand.

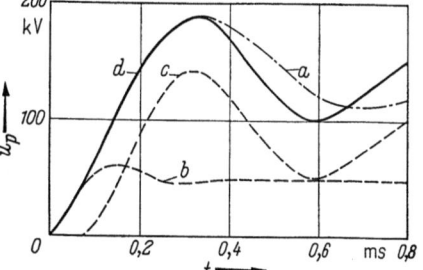

Abb. V/51. Einschwingspannung für die Prüfung eines Hochspannungs-Leistungsschalters

Nennspannung	110 kV
Nennausschaltleistung	5 GVA
Erdungsfaktor	1,5
Amplitudenfaktor	1,4

Einschwingfrequenz (nach VDE 0670 ausgewertet) 1500 Hz

a Sollspannung nach Gl. (102), mit $\delta_C = \delta_L$, entsprechend Abb. V/50; *b* Einschwingspannung des Hochstromkreises; *c* Einschwingspannung des Hochspannungskreises; *d* Synthetische Einschwing-spannung

Wird diese als eine von mehreren Möglichkeiten skizzierte Rechenanleitung befolgt, resultiert daraus der Spannungsverlauf in Abb. V/51 und Abb. V/52. Sie enthalten für zwei Beispiele sowohl die synthetische Einschwingspannung als auch die Teil- oder Komponentenspannungen

3 Synthetische Prüfschaltungen 281

des Hochstrom- und Hochspannungskreises. Die Ergebnisse der Rechnung wurden auf dem Schwingungsmodell kontrolliert. Die Unterschiede, die dabei festzustellen waren, liegen unterhalb der Zeichengenauigkeit.

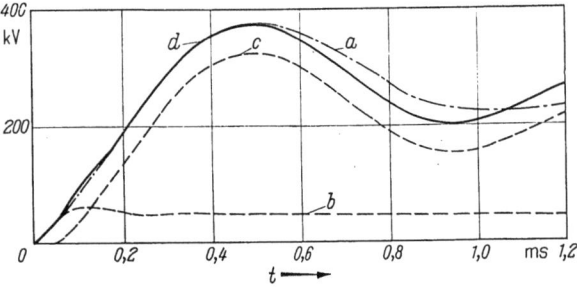

Abb. V/52. Einschwingspannung für die Prüfung eines Hochspannungs-Leistungsschalters

Nennspannung	220 kV
Nennausschaltleistung	15 GVA
Erdungsfaktor	1,5
Amplitudenfaktor	1,4

Einschwingfrequenz (nach VDE 0670 ausgewertet) 1000 Hz

a Sollspannung nach Gl. (102), mit $\delta_C = \delta_L$, entsprechend Abb. V/50; *b* Einschwingspannung des Hochstromkreises; *c* Einschwingspannung des Hochspannungskreises; *d* Synthetische Einschwingspannung

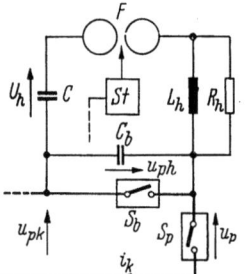

Abb. V/53. Synthetische Einfrequenz-Prüfschaltung mit Reihenschaltung und Paralleldämpfung des Hochspannungskreises

Als Variante zu der Anordnung des Hochspannungs-Schwingkreises in Abb. V/49 zeigen wir in Abb. V/53 noch eine Ausführung, die dadurch gekennzeichnet ist, daß der Dämpfungswiderstand parallel zur Induktivität liegt. Der Verlauf der Spannung, die nach der Zündung der Schaltfunkenstrecke an der Kapazität parallel zu den Klemmen des Blockierschalters ansteigt, wird dann von der Gleichung

$$u_{ph} = U_h\, k \left[1 - e^{-\delta\tau} \left(\cos \nu\tau - \frac{\delta}{\nu} \sin \nu\tau \right) \right], \tag{110}$$

$$k = \frac{C}{C + C_b}, \qquad \delta = \frac{C + C_b}{2\,R\,C\,C_b}, \qquad \nu^2 = \frac{C + C_b}{L\,C\,C_b} - \delta^2,$$

282   V. Verfahren und Stromkreise

beschrieben. Dabei wurde eine anfängliche Aufladung dieser Kapazität
— z. B. durch die Bogenspannung — vernachlässigt. Im Schaltaugenblick ist die Änderung der Spannung nach Gl. (110) durch den Ausdruck

$$\left(\frac{d\,u_{ph}}{d\tau}\right)_0 = U_h\,\frac{1}{R_h\,C_b} \tag{111}$$

bestimmt. Diese Eigenheit erweist sich bei der Formung der synthetischen Einschwingspannung oft als recht nützlich.

3.5.3 Ausgeführte Prüfanlage

Für die vorstehend beschriebenen synthetischen Prüfschaltungen
nach dem Prinzip der gesteuerten Spannungsüberlagerung, die unter
dem Begriff „Siemens-Komponentenschaltung I" und „Siemens-
Komponentenschaltung II" bekannt geworden sind, ist im Hochleis-
tungsversuchs- und Prüffeld der Siemens-Schuckert-Werke AG zu
Berlin eine Großanlage errichtet worden. Die Siemens-Schuckert-Werke
hatten die Freundlichkeit, davon einige Abbildungen zur Verfügung zu
stellen.

Abb. V/54. Stoßleistungsgenerator im Hochleistungsprüffeld der SSW in Berlin

In Abb. V/54 ist einer der Stoßleistungsgeneratoren und in Abb. V/55
sind die Stoßleistungstransformatoren zu sehen. Bei der Abb. V/56
blicken wir in das Innere der sogenannten Synthetik-Halle, in der sich
die Schaltelemente des Hochspannungskreises befinden.

3 Synthetische Prüfschaltungen   283

Die Leistungsfähigkeit dieser Prüfanlage ist durch die nachstehenden
Daten gekennzeichnet:

Einpolige synthetische Prüfleistung	15 GVA
Wiederkehrende Polspannung	365 kV
Kurzschlußstrom	41 kA
Äquivalente dreipolige synthetische Prüfleistung	30 GVA
Wiederkehrende Spannung	420 kV

Wir möchten abschließend noch einen Eindruck von der synthetischen
Prüfung eines Hochspannungs-Leistungsschalters vermitteln. Den für
die Prüfung notwendigen Aufbau zeigt die Abb. V/57. Die Oszillogramme,
die dabei registriert worden sind, enthält die Abb. V/58.

Abb. V/55. Stoßleistungstransformatoren im Hochleistungsprüffeld der SSW in Berlin

Aus den Lichtstrahl-Oszillogrammen werden Beträge und gegebenenfalls Besonderheiten relativ langsam veränderlicher Größen — hier z. B.
die Spannung an den Transformatorklemmen, die wiederkehrende Polspannung und der Ausschaltstrom — ausgewertet. Ferner ermöglichen
es diese Oszillogramme, die zeitliche Folge bestimmter Schalt- und
Steuervorgänge zu beurteilen und zu kontrollieren.

Zu dem Verlauf der stationären Spannung an den Klemmen des
Transformators und des Ausschaltstromes ist nichts Besonderes zu bemerken. Dagegen verdient das Lichtstrahl-Oszillogramm der wiederkehrenden Polspannung mehr Beachtung. In seinem stationären Verlauf zeigt es deutlich, wie sich diese Spannung aus einer Gleichspannung —

284   V. Verfahren und Stromkreise

geliefert von dem Hochspannungskreis — und aus einer betriebsfrequenten Wechselspannung — geliefert von dem Hochstromkreis — zusammensetzt. Weiter fällt darin nach dem Abklingen der Einschwing-

Abb. V/56. Hochspannungskreis der Siemens-Komponenten-Schaltung nach E. SLAMECKA im Hochleistungsprüffeld der SSW in Berlin

Abb. V/57. Prüfaufbau im Hochleistungsprüffeld der SSW in Berlin
Prüfling: Pol eines 220-kV-SF$_6$-Leistungsschalters mit 4 Unterbrechereinheiten
Nennausschaltleistung: 15 GVA
Die beiden Unterbrechereinheiten des rechten Halbpoles sind als Prüfling, die des linken Halbpoles
sind als Blockierschalter verwendet

spannung eine Schwingung mit kleinerer Amplitude auf, die in Zeitabständen von etwa 20 ms regelmäßig einsetzt. Charakteristisch für diese Schwingung ist ferner, daß sie die gleiche Frequenz wie die Einschwingspannung hat, daß sie stets im Bereich des Scheitelwertes der stationären Wechselspannung auftritt, und daß sie zu einer Anhebung der wiederkehrenden Polspannung überleitet.

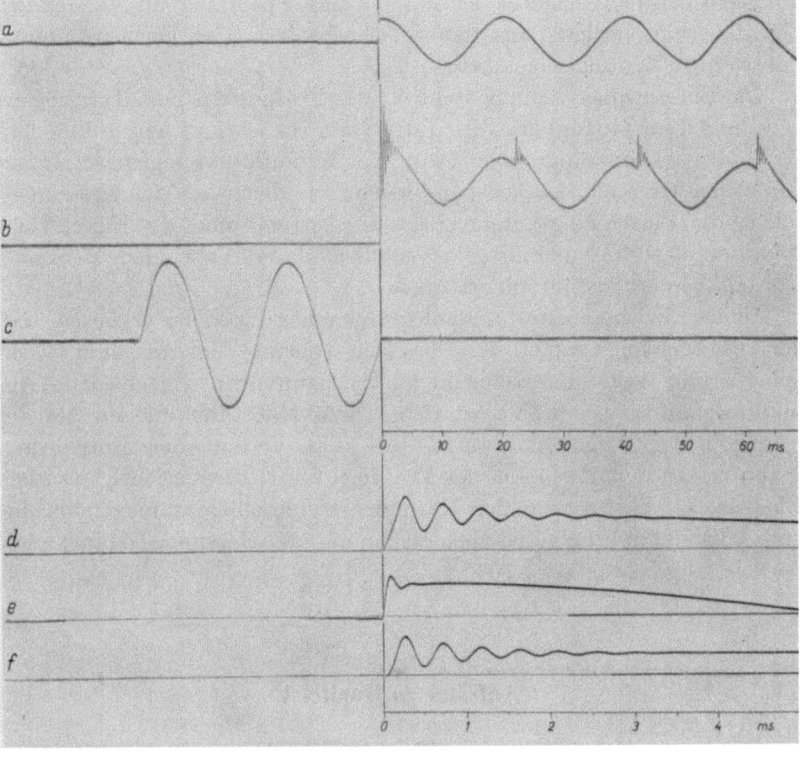

Abb. V/58. Oszillogramme von der synthetischen Prüfung eines Hochspannungs-Leistungsschalters
Angewendete Prüfschaltung: synthetische Prüfschaltung mit gesteuerter Spannungsüberlagerung und Reihenschaltung des Hochstrom- und Hochspannungskreises

Prüfling: Halbpol eines SF₆-Schalters der Siemens-Schuckertwerke AG

Nennspannung	220 kV
Nennausschaltleistung	15 GVA

Prüfdaten:

Ausschaltstrom	42 kA
wiederkehrende Polspannung	110 kV
Äquivalente dreipolige Ausschaltleistung	18,5 GVA
Erdungsfaktor	1,5
Überschwingfaktor	1,6
Einschwingfrequenz (nach VDE 0670 ausgewertet)	1,8 kHz

Lichtstrahl-Oszillogramme

a Spannung an den Klemmen des Stoßleistungstransformators; *b* Synthetische Einschwingspannung und wiederkehrende Polspannung an den Klemmen des Prüflings; *c* Ausschaltstrom

Kathodenstrahl-Oszillogramme

d Synthetische Einschwingspannung an den Klemmen des Prüflings; *e* Einschwingspannung an den Klemmen des Stoßleistungstransformators; *f* Einschwingspannung an den Klemmen des Blockierschalters

286 V. Verfahren und Stromkreise

Diese Erscheinung wird durch das automatisch gesteuerte, polaritäts-abhängige Ansprechen der Schaltfunkenstrecke ausgelöst, sobald die Spannung zwischen ihren Elektroden eine bestimmte Höhe überschreitet.

Dadurch wird der Kapazität, die der Schaltstrecke des Blockier-schalters parallelgeschaltet ist und die ihre Spannung im Verlauf der Zeit langsam verliert, aus der Speicherbatterie des Hochspannungs-kreises neue Ladung zugeführt.

Die Einschwingspannung steht bei der Prüfung des Schaltvermögens gewöhnlich im Mittelpunkt des Interesses. Ihr Verlauf wurde mit dem Kathodenstrahloszillographen bei großer Zeitauflösung registriert. Dane-ben sehen wir auch die Teilspannungen, aus denen sie sich zusammen-setzt: die Einschwingspannung des Hochstrom- und die Einschwing-spannung des Hochspannungskreises. Ihre charakteristischen Merkmale wurden bereits ausführlich erläutert.

Zu den Kathodenstrahl-Oszillogrammen ist noch zu ergänzen, daß der Deutlichkeit halber für die Registrierung der in ihrer wirk-lichen Höhe sehr unterschiedliche Teilspannungen verschiedene Ab-bildungsmaßstäbe gewählt wurden. Diese Maßstäbe müssen bei der Addition der Augenblickswerte, die zum Verlauf der Einschwing-spannung an den Klemmen des Prüflings führt, berücksichtigt werden. Eine solche Auswertung der Kathodenstrahloszillogramme ergab eine gute Übereinstimmung zwischen Rechnung und Messung. Die maximale Abweichung betrug etwa 10%.

Aufsätze zu Kapitel V

Allgemein

TESZNER, S.: Les contraintes de disjoncteurs en fonctionnement sur les réseaux et dans les essais de laboratoires. Bull. SFE 6 (1946) H. 8/9, 395—409.

BIRD, J. G., J. CHRISTIE and H. LEYBURN: Proving the Performance of Circuit-Breakers, with Particular Reference to Those of Large Breaking-Capacity. Proceedings IEE 102 (1955) A 697—708.

PETERMICHL, F.: Methoden der Schaltleistungsprüfung von Hochspannungs-schaltern. AEG-Mitt. 47 (1957) H. 7/8, 225—232.

AMER, D. F., and A. F. B. YOUNG: Researches into the Performance of High Vol-tage, High Breaking Capacity Oil Circuit Breaking Devices With Lateral Venting. CIGRE 1958, Ber. Nr. 123.

HORN, W.: Schaltleistungsprüfungen an Hochspannungsschaltern. Conti-Elektro-Ber. 5 (1959) H. 3, 169—181.

BALTENSPERGER, P.: Beschreibung der transitorischen wiederkehrenden Schalter-spannung durch 4 Parameter, Prüfmöglichkeiten in Kurzschlußversuchsanlagen. Bull. SEV 51 (1960) Nr. 3, 97—102.

HARRINGTON, E. J., and E. C. STAR: Power Circuit-Breaker Testing in the Field. CIGRE 1960, Ber. Nr. 109.

Aufsätze zu Kapitel V   287

HOCHRAINER, A.: Prüfung von Hochspannungsschaltern. E und M 78 (1961) H. 11, 369—375.

SLAMECKA, E.: Verfahren zur Prüfung des Schaltvermögens von Hochspannungs-leistungsschaltern. ETZ-A 83 (1962) H. 10, 332—339.

— Beanspruchung von Hochspannungs-Leistungsschaltern beim Ausschalten von Kurzschlußströmen und Verfahren zur Prüfung der Ausschaltleistung. Der Maschinenschaden 35 (1962) H. 5/6, 69—77.

BALTENSPERGER, P.: Neuere Erkenntnisse auf dem Gebiet der Schaltvorgänge und der Schalterprüfung. Brown Boveri Mitt. 49 (1962) Nr. 9/10, 381—397.

HOCHRAINER, A., u. H. G. MÜLLER: Die Prüfung von Hochspannungsschaltern im Grenzleistungsgebiet. ETZ-A 84 (1963) H. 23, 741—746.

KAPLAN W. W., und W. M. NASCHATYR: Die Normung der wiederkehrenden Spannung von Betriebsfrequenz bei der Prüfung von Schaltern. Nachr. Elektro-industrie (1963) Nr. 64—66.

Prüffelder

THOMMEN, H.: Die Hochleistungs-Versuchsanlage der A.-G. Brown, Boveri & Cie. Brown Boveri Mitt. 19 (1932) Nr. 4, 115—129.

COX, V. L.: New High-Capacity Switchgear Testing Laboratory. Electrical Engineering 71 (1952) No. 7, 608—614.

BIERMANNS, J.: Das Hochspannungs-Institut der AEG. ETZ-A 74 (1953) H. 22, 653—656.

BOHN, G.: Planung und Aufbau des Institutes. AEG-Mitt. 43 (1953) H. 9/10, 256—265.

NIMSCH, G.: Der Kurzschlußgenerator des Hochleistungsversuchsfeldes. AEG-Mitt. 43 (1953) H. 9/10, 266—273.

PETERMICHL, F.: Die Einrichtungen des Hochspannungsinstitutes der AEG. ETZ-A 75 (1954) H. 8, 278—282.

LABORDE, M.: L'évolution, en France, des conditions d'essais du matériel d'équipement des réseaux électriques. Rev. Gén. Électr. 63 (1954) Nr. 7, 379—400.

CHRISTIE, J., u. H. LEYBURN: A New Research Station for High-Power Circuit-Breakers. CIGRE 1954, Ber. Nr. 133.

GANTENBEIN, A.: Die neue Hochleistungsprüfanlage der Maschinenfabrik Oerlikon. Bull. Oerlikon Nr. 305, 1954, 55—68.

SCHNETZLER, A.: Die Kurzschlußgeneratoren. Bull. Oerlikon Nr. 305, 1954, 69—72.

REYROLLE: The Reyrolle Research Station. Druckschrift 1277/3—54.

BECKER, H.: Hochleistungs-Prüffeld. Neues von Sprecher & Schuh 1955, H. 3, 12—26.

ASTA (The Association of Short-Circuit Testing Authorities [Inc.] Leicester House, 8 Leicester Street, Leicester Square London WC 2): General Information on the Short-Circuit Testing and Certification of Electrical Apparatus Publ. No. 1, London 1956.

NOVOTNÝ, V., u. A. ŠMAJLER: Die technische Ausstattung des Hochleistungskurz-schlußprüffeldes in Prag-Běchovice. Schwerindustrie Tschechoslowakei 1957, H. 5, 9—18.

KEMA (Naamloze Vennootschap tot Keuring van Electrotechnische Materialen, Arnhem/Niederld.): Druckschrift NV-008/2/10—58.

MAY, W.: Die KEMA und ihr Hochleistungs-Prüffeld. ETZ-B 11 (1959) H. 2, 40—41.

288   V. Verfahren und Stromkreise

ARRIBE, H., Y. BARON, M. POUARD et F. SALGUES: Les essais du matériel à 420 Kilovolts au Centre de Recherches et d'Essais de Fontenay d'Électricité de France. Rev. Gén. Électr. 68 (1959) No. 1, 115—125.

REYVAL, J.: Les Laboratoires de la KEMA à Arnheim. Rev. Gén. Électr. 68 (1959) No. 6, 401—414.

MORAVOVÁ, H., V. NOVOTNÝ, J. PÁNEK et V. ZAJIC: Les méthodes d'essais utilisées à la station d'essai à grande puissance de Běchovice. CIGRE 1960, Ber. Nr. 132.

LAVAUT, M., E. MAURY et J. VIGREUX: Le CERDA: Centre d'Essais et de Recherches Delle-Alsthom. Rev. Gén. Électr. 69 (1960) No. 3, 135—173.

FOIT, B., V. NOVOTNÝ et A. ŠMAJLER: La station d'essais à grande puissance de Běchovice (Tschecoslovaquie). Rev. Gén. Électr. 69 (1960) Nr. 4, 207—216.

THORÉN, B.: Das neue ASEA-Hochleistungslaboratorium in Ludvika. ASEA-Zeitschrift 6 (1961) H. 1, 3—13.

HOCHRAINER, A.: Hochleistungsversuchsfelder. ETZ-A 83 (1962) H. 5, 139—146.

EINSELE, A., u. E. SLAMECKA: Das neue Hochleistungs-Versuchs- und -Prüffeld im Schaltwerk der Siemens-Schuckertwerke AG. Siemens-Zeit. 36 (1962) H. 1, 3—13.

TITTEL, J.: Der neue 4300-MVA-Stoßleistungsgenerator für das Schaltwerk der Siemens-Schuckertwerke. Siemens-Zeit. 36 (1962) H. 8, 569—575.

BOHN, G.: Das neue Hochleistungs-Versuchsfeld. AEG-Mitt. 52 (1962) H. 7/8, 265—278.

HAGEDORN, G.: Der neue Stoßkurzschluß-Generator der AEG, elektrotechnisch betrachtet. AEG-Mitt. 52 (1962) H. 7/8, 279—282.

FRANK, A.: Die Kurzschlußtransformatoren des Hochleistungs-Versuchsfeldes. AEG-Mitt. 52 (1962) H. 7/8, 283—286.

GÖBEL, W.: Der Draufschalter. AEG-Mitt. 52 (1962) H. 7/8, 376—378.

JANTSCHUS, E. J., W. W. KAPLAN u. W. M. NASCHATYR: Prüffeld für Hochspannungsapparate des Leningrader Polytechnischen Institutes. Westnik Elektropromischlennosti 33 (1962) H. 4, 33—39.

JOSS, P.: Möglichkeiten der Schalterprüfung. Bull. SEV 53 (1962) 493—500.

MacLANE, G. L., and R. C. VAN SICKLE: An Enlarged High-Power-Switchgear Testing Laboratory. AIEE Trans. 67 (1963) III, 553—559.

Westinghouse: Bigger Tests for Bigger Breakers. Westinghouse Engineer 23 (1963) H. 2, 34—39.

SUZUKI, M.: New High-Power Short-Circuit Testing Station of Our Company. Fuji Electric Journal 36 (1963) H. 2, 145—152.

KAWABATA, H., and K. MARN: Making Switch for New Short-Circuit Testing Station. Fuji Electric Journal 36 (1963) H. 2, 166—169.

KAPLAN, W. W., W. M. NASCHATYR u. a.: Hochleistungsprüfung von Schaltern. Električeskie Stancii (1963) H. 5, 65—68.

PEHLA (Ges. f. Prüfung elektrischer Hochleistungsapparate, Frankf./M., Theodor-Stern-Kai 1, Hochhaus Süd): Veröffentlichung Nr. 1/1964.

Synthetische Schalterprüfung

MARX, E.: Eine Ersatzschaltung für die Prüfung von Hochleistungsventilen und Hochleistungsschaltern. ETZ 57 (1936) H. 21, 583—586. Diskussion ETZ 58 (1937) H. 26, 724—728.

SKEATS, W. F.: Special Tests on Impulse-Circuit-Breakers. Electr. Engng 55 (1936) H. 6, 710—717, H. 11, 1256—1257.

BIERMANNS, J.: Fortschritte im Bau von Druckgasschaltern. ETZ 59 (1938) H. 2, 165—168. H. 8, 194—197.

Aufsätze zu Kapitel V

SKEATS, W. F.: Design and Test of High-Speed-High-Interrupting-Capacity Railway Circuit-Breaker. AIEE Trans. 57 (1938) 359—364.

GESSEN, V.: Ein spezielles System zur Prüfung von Hochspannungsschaltern für große Leistungen. Elektritschestwo 60 (1939) H. 12, 31—35.

CASSIE, A. M., F. O. MASON et L. H. ORTON: Application d'une tension de choc à un arc dont l'intensité est sur le point de s'annuler. Rev. Gén. Élcctr. 45 (1939) No. 26, 877—879.

AKODIS, M. M.: Künstliche Erhöhung der Grenzleistung von Anlagen zur Prüfung von Schaltern. Elektritschestwo 61 (1940) H. 5, 47—48.

SKEATS, W. F., and H. E. STRANG: Field Tests on High-Capacity Air-Blast Station-Type Circuit-Breakers. AIEE Trans. 61 (1942) 100—104.

MORTLOCK, J. R., and K. J. R. WILKINSON: Synthetic Testing of Circuit-Breakers. Journal I. E. E. 89 (1942) Nr. 8, 137—142, 518.

CHAMBRILLON, R.: Méthode d'essais indirects utilisée pour la détermination du pouvoir de coupure des disjoncteurs. Merger Magazine 34 (1945) 11—29.

LATOUR, A. A.: Le disjoncteur pneumatique de grande puissance et ses procédés d'essai. Rev. Gén. Électr. 55 (1946) Nr. 6, 219—232.

— L'essai en puissance des interrupteurs par tension de rétablissement amplifiée. La Houille Blanche Nov./Dez. 1946, 377—384.

BRESSON, CH.: Essais indirects des interrupteurs. CIGRE 1948, Ber. Nr. 101.

VOGELSANGER, E.: Les essais indirects des disjoncteurs. CIGRE 1948, Ber. Nr. 122.

DESCANS, F., S. TESZNER and A. THIBAUDAT: Sur les essais directs et indirects de disjoncteurs. CIGRE 1948, Ber. Nr. 129.

BLAHA, A.: Contribution aux essais indirects des disjoncteurs. CIGRE 1948, Ber. Nr. 132.

MAURY, E., et J. RENAUD: Méthode d'essais synthétiques de disjoncteurs. Rev. Gén. Électr. 57 (1948) Nr. 10, 389—401, Nr. 11, 447—461.

MASON, F. O.: Severity of Circuit-Breaker Test Conditions. Some Interesting Results Using a Discharging Condenser as Power Supply. BEAMA-Journal Juni 1949, Nr. 144, 206—207.

THORÉN, B.: Essais synthétiques en court-circuit des disjoncteurs. CIGRE 1950, Ber. Nr. 121.

CHAMBRILLON, R.: Étude sur les essais indirects réalisés sur des disjoncteurs pneumatiques et des disjoncteurs à huile à coupure commandée. CIGRE 1950, Ber. Nr. 140.

CHERNYSHEV, N. M.: Synchronising Device for the Synthetic Testing of High-Voltage Circuit-Breakers. Elektritschestwo 71 (1950) H. 4, 36—42.

Studienges. Höchstsp.: Ersatzschaltungen zur Prüfung von Leistungsschaltern. Archiv f. Kraftwerks- u. Netzbetrieb (Juli 1951) B-75-1.

DOBKE, G.: Die Ermittlung der Grenzleistung von Eisenstromrichtern. AEG-Mitt. 41 (1951) H. 9/10, 175—176.

GOREW, A. A., W. W. KAPLAN and W. M. NASCHATYR: Double-Frequency Oscillating Circuit for Interruption Tests with High-Voltage Circuit-Breakers. Elektritschestwo 72 (1951) H. 6, 5—12.

MARX, E.: Über die Prüfung von Hochspannungsschaltern und -Sicherungen mit zwei verschiedenen Stromquellen. ETZ 73 (1952) H. 13, 417—420.

ŠLAMECKA, E.: Die Weil-Schaltung, eine Schaltung zur Prüfung von Hochleistungsschaltern. AEG-Mitt. 43 (1953) H. 9/10, 280—285.

OPITZ, F.: Die Steuerung der Weil-Schaltung. AEG-Mitt. 43 (1953) H. 9/10, 286—288.

KAPLAN, W. W., u. W. M. NASCHATYR: Über die Anwendung gekoppelter Schwingungskreise zur Prüfung langsam-wirkender Hochspannungsapparate. Elektritschestwo 74 (1953) H. 5, 13—17.

AKODIS, M. M.: Grundsätze für die Durchbildung von Kunstschaltungen zur Prüfung bogenlöschender Einrichtungen. Elektritschestwo 74 (1953) H. 5, 18—22.

HELMCHEN, G.: Prüfung von Hochspannungsschaltern mit Hilfe indirekter Prüfverfahren. ATM Z 732-2, (Sept. 1953).

BIERMANNS, J.: Die Weilsche Schaltung, eine neue Schaltung zur Prüfung von Leistungsschaltern. CIGRE 1954, Ber. Nr. 102.

PETERMICHL, F.: Prüfung von Hochspannungsschaltern in der AEG-Schaltung nach Weil-Dobke. VDE-Fachber. 18 (1954) 2—6.

— Die Entwicklung der Hochspannungsschalter und ihre Prüfung im Versuchsfeld. E und M 72 (1955) H. 4, 73—80.

BECKER, H.: Synthetische Schalterprüfung. Neues von Sprecher & Schuh (1955) H. 3, 27—29.

— An Installation for Synthetic Tests on High Voltage Circuit-Breakers. CIGRE 1956, Ber. Nr. 117.

AKODIS, M. M.: Methoden von Kunstschaltungen zur Erhaltung hoher Leistungen für die Prüfung bogenlöschender Vorrichtungen. Elektritschestwo 79 (1958) H. 5, 42—47.

KAPLAN, W. W., u. W. M. NASCHATYR: Über die Anwendung der Methode der Prüfung einzelner bogenlöschender Vorrichtungen von Hochspannungsschaltern mit mehreren Unterbrechungsstellen. Elektritschestwo 79 (1958) H. 10, 59—65.

IWANOW, W. L., W. W. KAPLAN u. W. M. NASCHATYR: Eine synthetische Methode zur Prüfung von Hochspannungsschaltern. Elektritschestwo 79 (1958) H. 11, 29—35.

MAČÁT, J., u. J. VOJTA: Synthetische Prüfmethoden für Höchstspannungsschalter — Weilsche Methode. Elektrotechnický Obzor 47 (1958) Nr. 7, 355—359.

CHERNYSHEV, N. M.: Circuit for the Synthetic Testing of the Breaking Capacity of Circuit-Breakers. CIGRE 1958, Ber. Nr. 116.

FRISCHMANN, W.: Die Äquivalenz synthetischer Schaltungen in der Hochleistungstechnik. Deutsche Elektrotechnik 13 (1959) H. 1, 27—31.

FUKUDA, S., F. MORI and S. YAMAZAKI: A New Synthetic Method for Air-Blast Circuit-Breakers. CIGRE 1960, Ber. Nr. 103.

HOCHRAINER, A.: Synthetische Prüfverfahren für Hochspannungs-Leistungsschalter. ETZ-A 81 (1960) H. 10, 349—355.

MORAVOVÁ, H., V. NOVOTNÝ u. J. PÁNEK: Transformatorersatzschaltungen zur Schalterprüfung. Elektrie 14 (1960) H. 3, 93—97.

PFLAUM, E., u. E. SLAMECKA: Neue synthetische Prüfschaltung zur Prüfung von Hochleistungsschaltern. ETZ-A 82 (1961) H. 2, 33—38.

YAMAZAKI, S.: New Synthetic Method of Multi-Break Air-Blast Circuit-Breakers. Electrotechnical Journal of Japan 6 (1961) Nr. 2, 33—37.

NOVOTNÝ, V., u. J. PÁNEK: Indirekte Doppelfrequenzmethoden zur Prüfung von Höchstspannungsschaltern. Elektrotechnický Obzor 50 (1961) Nr. 8, 415—423.

LEBER, R.: Die gezielte AEG-Schaltung nach Weil-Dobke, eine synthetische, mit mehreren Kurzschlußstrom-Halbwellen arbeitende Prüfschaltung für Hochleistungsschalter. AEG-Mitt. 52 (1962) H. 7/8, 297—307.

KOPPLIN, H., u. E. PFLAUM: Zur Äquivalenz der synthetischen und direkten Prüfungen von Hochleistungsschaltern. ETZ-A 84 (1963) H. 5, 149—153.

SLAMECKA, E.: Systeme synthetischer Prüfschaltungen. ETZ-A 84 (1963) H. 18, 581—586.

KAPLAN, W. W., u. W. M. NASCHATYR: Grundsätzliche Kriterien für die Beurteilung der Äquivalenz der synthetischen Schaltungen zur Prüfung der Abschaltleistungen von Hochspannungsapparaten. Elektritschestwo 84 (1964) H. 5, 22—27.

NOVOTNÝ, V., u. J. PÁNEK: Errichtung eines Laboratoriums für indirekte Prüfungen von Hochspannungsschaltern. Die Schwerindustrie der Tschechoslowakei 1964, H. 1, 4—13.

PFLAUM, E.: Betriebserfahrungen mit der Siemens-Komponentenschaltung zur synthetischen Prüfung von Hochspannungs-Leistungsschaltern. Siemens-Z. 38 (1964) H. 12, 865—871.

SLAMECKA, E.: Die Beanspruchung von Hochspannungs-Leistungsschaltern in synthetischen Prüfschaltungen. ETZ-A 86 (1965). H. 3, 68—75.

LIAO, T. W., H. N. SCHNEIDER, W. F. SKEATS and C. H. TITUS: Switching of Extra-High-Voltage Circuits-IV-Compound Circuit-Test Facility for High-Voltage Circuit-Breakers. IEEE Pwr. App. Syst. (1964) 83, 1213—1223.

Nationale und internationale Bestimmungen und Richtlinien

1. National

Deutschland

Verband Deutscher Elektrotechniker e. V.[1]

VDE 0100. Bestimmungen für das Errichten von Starkstromanlagen mit Nennspannungen unter 1000 V.

VDE 0101. Bestimmungen für das Errichten von Starkstromanlagen mit Nennspannungen von 1 kV und darüber.

VDE 0102. Leitsätze für die Berechnung der Kurzschlußströme.

Teil 1: Drehstromanlagen mit Nennspannungen von 1 kV und darüber.

VDE 0103. Leitsätze für die Bemessung von Starkstromanlagen auf mechanische und thermische Kurzschlußfestigkeit.

VDE 0104. Bestimmungen für Prüfanlagen und Laboratorien mit Spannungen von 1 kV und darüber.

VDE 0105. Bestimmungen für den Betrieb von Starkstromanlagen.

Teil 1: Allgemeine Bestimmungen.

VDE 0111. Leitsätze für die Bemessung und Prüfung der Isolation elektrischer Anlagen für Wechselspannungen von 1 kV und darüber.

VDE 0141. Vorschriften für Erdungen in Wechselstromanlagen für Nennspannungen von 1 kV und darüber.

VDE 0670. Bestimmungen für Wechselstromschaltgeräte für Spannungen über 1 kV.

Teil 1: Leistungsschalter.

Teil 2: Trennschalter und Erdungsschalter.

---

[1] VDE-Verlag GmbH., 1 Berlin 12 (Charlottenburg), Bismarckstr. 33.

Teil 3: Lastschalter.

Teil 4: Sicherungen.

VDE 0674. Regeln für Isolierkörper und Isolatoren für Wechselstrom-Geräte und -Anlagen mit Nennspannungen über 1 kV.

VDE 0675. Leitsätze für den Schutz elektrischer Anlagen gegen Überspannungen.

Frankreich

Union technique de l'Electricité[1]

Appareillage à haute tension pour courant alternatif

C 64-100 Disjoncteurs: Règles.

C 64-101 Disjoncteurs tripolaires: Caractéristiques.

C 64-111 Disjoncteurs tripolaires: Règles complementaires.

C 64-112 Disjoncteurs tripolaires: Règles complementaires spéciales.

C 64-113 Disjoncteurs tripolaires: Règles complementaires spéciales.

C 64-130 Interrupteurs à coupure visible dans l'air: Règles.

C 64-131 Interrupteurs à coupure visible dans l'air: Caractéristiques.

Großbritannien

British Standard Specification[2]

B.S.   77 Voltages for A. C. Transmission and Distribution Systems.

B.S. 116 Oil Circuit-Breakers for Alternating Current Systems.

B.S. 2631 Oil Switches for Alternating Current Systems.

B.S. 3659 Specification for Heavy-Duty Air-Break Circuit-Breakers for A. C. Systems.

The Association of Short-Circuit Testing Authorities (Inc.)[3]

Nr. 2 (1957) Conditions for Test Work for the Short-Circuit Testing and Certification of Electrical Apparatus.

Nr. 5 (1950) Interpretation of Standard Rules Governing the Short-Circuit-Testing and Certification of Oil Circuit-Breakers.

Nr. 13 (1952) Interim Rules for the Evaluation of Restriking Voltage Severity.

Nr. 15 (1964) Rules for the Unit Testing of Circuit-Breakers for Making-Capacity and Breaking-Capacity.

Nr. 16 (1954) Rules Governing the Short-Circuit Testing of Air-Break Circuit-Breakers for Alternating Current Systems.

---

[1] Union technique de l'Electricité; 54, avenue Marceau, Paris (8e).

[2] British Standards Institution incorporated by Royal Charter; British Standards House, 2 Park St., London W. 1.

[3] The Association of Short-Circuit Testing Authorities (Inc); Leicester House, 8 Leicester Street Leicester Square, London WC 2.

Nr. 17 (1957) Rules Governing the Short-Circuit Testing of Air-Blast Circuit-Breakers for Alternating Current Systems.

Nr. 18 (1956) Certificates of Rating with Special Reference to Supplementary Proving Tests of Circuit-Breakers.

Nr. 19 (1961) General Instructions on Reports of Performance and Standard Ratings of Apparatus for Certification.

Nr. 21 (1961) Rules Governing the Short-Circuit Testing and Certification of Electric Fuses for Alternating Current Circuits above 660 Volts.

Italien

Associazione Elettrotecnica Italiana[1]

17—1 (1963) Interrutori a corrente alternata a tensione superiore a 1000 v

Japan[2]

JEC-113 (1947)   High Voltage Fuses.
JEC-142 (1957)   Expulsion Type Lightning Arresters
JEC-145 (1959)   Alternating-Current Circuit-Breakers
JEC-165 (1965)   Alternating-Current Isolators

Schweiz

Schweizerischer Elektrotechnischer Verein[3].

SEV 0186   Regeln für Wechselstrom-Hochspannungsschalter

Tschechoslowakei

Úřad pro Normalizaci.[4]

CSN 354200   Vypínače vn a vvn.

USA

American Standards Association[5]

C 37.03-1964   AC High-Voltage Circuit Breakers, Definitions for.
C 37.04-1964   AC High-Voltage Circuit Breakers, Rating Structure for.
C 37.05-1964   Values of a Sinusoidal Current Wave and a Normal-Frequency Recovery Voltage for AC High-Voltage Circuit Breakers, Methods for Determining the.

---

[1] Associazione Elettrotecnica Italiana, Ufficio centrale: Via S. Paolo 10, Milano.
[2] Denki Shoin 1—55 Kanda-Jimbocho, Chiyoda-ku, Tokio/Japan.
[3] Schweizerischer Elektrotechnischer Verein. Zürich 8, Seefeldstr. 301
[4] Úřad pro Normalizaci, Václavské náměstí 19, Praha 3.
[5] American Standards Association Inc., 10 East 40th Street, New York, N. Y.

294 V. Verfahren und Stromkreise

C 37.06-1964 Preferred Ratings and Related Required Capabilities for AC High-Voltage Circuit Breakers.

C 37.07-1964 Interrupting Capability Factors for Reclosing Service for AC High-Voltage Circuit Breakers.

C 37.09-1964 AC High-Voltage Circuit Breaker, Test Procedure for.

C 37.010-1964 AC High-Voltage Circuit Breakers, Application Guide for.

C 37.4-1953 Alternating-Current Power Circuit Breakers (including supplement C 37.4 a-1958).

C 37.4a-1958 Power Circuit Breaker Bushings and Dimensions of Power Circuit Breaker Bushings, Their Mountings and Bushing Current Transformers, Electrical Charakteristics of (Supplement to C 37.4-1953).

C 37.5-1953 Rms Value of a Sinusoidal Current Wave and a Normal-Frequency Recovery Voltage and for Simplified Calculation of Fault Currents, Methods for Determining the.

C 37.6-1964 Preferred Ratings for Power Circuit Breakers, Schedules of.

C 37.7-1960 Interrupting Rating Factors for Reclosing Service on Power Circuit Breakers.

C 37.8-1952 R 1960 Rated Control Voltages and Their Ranges for Power Circuit Breakers.

C 37.9-1953 Power Circuit Breakers, Test Code for.

C 37.11-1957 Power Circuit Breaker Control, Requirements for.

C 37.12-1952 Alternating-Current Power Circuit Breakers, Guide Specifications for.

National Electrical Manufacturers Association[1]

Standards Publication. High-Voltage Power Circuit Breakers.

2. International

International Electrotechnical Commission[2]

Publ. 38 I.E.C. Standard system voltages.

Publ. 56 I.E.C. Specification for alternating-current circuit-breakers. Chapter I: Rules for short-circuit-conditions.

---

[1] National Electrical Manufacturers Association 155 East 44th Street, New York 17, N. Y.

[2] Central Office of the International Electrotechnical Commission. 1, rue de Varembé, Geneva, Switzerland.

Nationale und internationale Bestimmungen und Richtlinien 295

Publ. 56-1 A Supplement to Chapter I: Rules for short-circuit conditions
(a) Recommendations for the unit testing by direct methods of circuit-breakers for making-capacity and breaking-capacity.
(b) Methods of determining inherent restriking-voltage wave-forms.

Publ. 56-1 B Amendments to Chapter I: Rules for short-circuit conditions, concerning the asymmetrical breaking-capacity of circuit-breakers.

Publ. 56-2 Chapter II: Rules for normal load conditions.
Part 1: Rules for temperature-rise.

Publ. 56-3 Chapter II: Rules for normal load conditions.
Part 2: Rules for operating conditions.
Part 3: Co-ordination of rated voltages, rated breaking-capacities and rated currents.

Publ. 56-4 Chapter III: Rules for strength of insulation.
Chapter IV: Rules for the selection of circuit-breakers for service.
Chapter V: Rules for the erection and maintenance of circuit-breakers in service.

Publ. 56-5 Guide to the field testing of circuit-breakers with respect to the switching of overhead lines on no load.

Publ. 56-6 Guide to the testing of circuit-breakers with respect to the switching of cables on no-load.

Publ. 56-7 Guide to the testing of circuit-breakers with respect to the switching of shunt capacitor banks.

Publ. 71 Recommendations for insulation co-ordination.

Publ. 71 A Application guide.

Publ. 85 Recommendations for the classification of materials for the insulation of electrical machinery and apparatus in relation to their thermal stability in service.

Anhang

Literaturverzeichnis

In diesem zusätzlichen Literaturverzeichnis findet man zunächst eine Auswahl von Büchern:

> Handbücher,
> Bücher über Mathematik,
> Physik, Technologie,
> Theoretische Elektrotechnik, Netzberechnung,
> Hochspannungstechnik, Anlagentechnik, Schaltgeräte,
> Synchronmaschinen,
> Transformatoren und
> Meßtechnik.

Vieles aus dem Inhalt dieser Bücher dürfte dem Ingenieur, der sich mit der Hochspannungstechnik, insbesondere mit der Schaltertechnik befaßt, von Nutzen sein. Einer möglichst guten und vielseitigen Information auf diesem Fachgebiet soll auch das Verzeichnis der einschlägigen Dissertationen (chronologisch geordnet) dienen. Dem Verzeichnis der Dissertationen schließt sich ein Verzeichnis von speziellen Veröffentlichungen über Hochspannungsschaltgeräte für Wechselstrom an. Die Notwendigkeit hierzu wurde bereits in der Einleitung zu diesem Buch begründet. Zur besseren Übersicht ist dieses Verzeichnis nach den folgenden Sachgebieten gegliedert:

> Druckgasschalter
> > Hochspannung
> > Mittelspannung
> Hartgasschalter
> Flüssigkeitsschalter
> > Hochspannung
> > Mittelspannung
> Vakuumschalter
> Magnetblasschalter
> Lasttrennschalter
> Hochspannungs-Sicherungen
> Kontakte

Um dabei die Fülle des Stoffes zu begrenzen, wurden in der ebenfalls chronologischen Reihung nur in Sonderfällen Aufsätze berücksichtigt, die vor dem Jahre 1950 geschrieben worden sind.

Den Abschluß des Literaturverzeichnisses bilden die Titel von Aufsätzen über

Meßtechnik für Hochspannungs-Hochleistungs-Prüffelder
Stromwandler,
Spannungswandler,
Funkenstrecken,
Spannungsteiler,
Oszillographen, Elektronik, Meßleitungen, Shunts usw.,
Druckmessung,
Dehnungsmessung,
Messung sonstiger mechanischer Größen,
Technik der Steuerungen in Hochspannungs-Hochleistungs-
Prüffeldern.

Diesen Veröffentlichungen können wichtige Angaben und Hinweise zur Verfahrenstechnik bei der Entwicklung und Prüfung von Hochspannungsschaltern entnommen werden.

Bücher
(Empfehlenswerte, aber nicht einzig mögliche Auswahl)

Handbücher

Hütte I. Theoretische Grundlagen. 28. Aufl. Berlin: Wilh. Ernst & Sohn 1955.
Hütte IV A. Elektrotechnik Teil A. 28. Aufl. Berlin: Wilh. Ernst & Sohn 1957.
Rziha, E., von, hrsg. v. R. Genthe: Starkstromtechnik Bd. I u. II. 8. Aufl. Berlin: Wilhelm Ernst & Sohn 1955 u. 1960.
Siemens-Schuckertwerke AG. Formel- und Tabellenbuch für Starkstrom-Ingenieure. 2. Aufl. Essen: Girardet 1960.

Mathematik

Baule, B.: Die Mathematik des Naturforschers und Ingenieurs. Leipzig: S. Hirzel. Bd. 1, 11. Aufl. 1959, Bd. 2, 6. Aufl. 1959, Bd. 3, 5. Aufl. 1956, Bd. 4, 6. Aufl. 1959, Bd. 5, 5. Aufl. 1958, Bd. 6, 5. Aufl. 1955, Bd. 7, 4. Aufl. 1955.
Brüderlink, R.: Laplace-Transformation und elektrische Ausgleichsvorgänge. Karlsruhe: Braun 1961.
Duschek, A.: Vorlesungen über höhere Mathematik. Wien: Springer. Bd. 1, 3. Aufl. 1960, Bd. 2, 2. Aufl. 1958, Bd. 3, 2. Aufl.,1960, Bd. 4, 1961.
Funk, P., H. Sagan u. F. Selig: Die Laplace-Transformation und ihre Anwendung. Wien: F. Deuticke 1953.
Linder, A.: Statistische Methoden für Naturwissenschaftler, Mediziner und Ingenieure. 2. Aufl. Basel: Birkhäuser 1951.
Pöschl, K.: Mathematische Methoden in der Hochfrequenztechnik. Berlin-Göttingen-Heidelberg: Springer 1956.
Richter, H.: Wahrscheinlichkeitstheorie (Die Grundlehren der mathematischen Wissenschaften in Einzeldarstellungen Bd. 86). Berlin-Göttingen-Heidelberg: Springer 1956.
Schmetterer, L.: Mathematische Statistik. Wien: Springer 1956.
Zurmühl, R.: Praktische Mathematik für Ingenieure und Physiker. 4. Aufl. Berlin-Göttingen-Heidelberg: Springer 1963.
Zurmühl, R.: Matrizen und ihre technischen Anwendungen. 3. Aufl. Berlin-Göttingen-Heidelberg: Springer 1961.

298 Anhang

Physik, Technologie

BURSTYN, W.: Elektrische Kontakte und Schaltvorgänge. 4. Aufl. Berlin-Göttingen-Heidelberg: Springer 1956.
GERTHSEN, CHR.: Physik. 7. Aufl. Berlin/Göttingen/Heidelberg: Springer 1963.
HOLM, R.: Die technische Physik der elektrischen Kontakte. Berlin: Springer 1941.
— Electric Contacts Handbook. 3. Aufl. Berlin/Göttingen/Heidelberg: Springer 1958.
KOHLRAUSCH: Praktische Physik. 20. Aufl. Stuttgart: Teubner.
    Bd. I: Allgemeines über Messungen und ihre Auswertung, Mechanik und Akustik, Wärme, Optik 1955.
    Bd. II: Elektrizität und Magnetismus, Korpuskeln und Quanten, 1956.
OBURGER, W.: Die Isolierstoffe der Elektrotechnik. Wien: Springer, 1957.
OSWATITSCH, K.: Gasdynamik. Wien: Springer 1952.
POHL, R. W.: Einführung in die Physik. Berlin/Göttingen/Heidelberg: Springer.
    Bd. 1: Mechanik, Akustik, Wärmelehre, 15. Aufl. 1962; Bd. 2: Elektrizitätslehre, 19. Aufl. 1964; Bd. 3: Optik und Atomphysik, 11. Aufl. 1963.
PRANDTL, L.: Führer durch die Strömungslehre. 5. Aufl. Braunschweig: Vieweg 1957.
SCHMIDT, E.: Einführung in die technische Thermodynamik. 10. Aufl. Berlin/Göttingen/Heidelberg: Springer 1963.
SCHREINER, H.: Pulvermetallurgie elektrischer Kontakte. Berlin/Göttingen/Heidelberg: Springer 1964.

Theoretische Elektrotechnik, Netzberechnung

BEWLEY, L. V.: Travelling Waves on Transmission Systems. 2. Aufl. New York: Wiley 1951.
FUNK, G.: Der Kurzschluß im Drehstromnetz. München: Oldenbourg 1962.
HOCHRAINER, A.: Symmetrische Komponenten in Drehstromsystemen. Berlin/Göttingen/Heidelberg: Springer 1957.
KÜPFMÜLLER, K.: Einführung in die theoretische Elektrotechnik. 7. Aufl. Berlin/Göttingen/Heidelberg: Springer 1962.
OBERDORFER, G.: Lehrbuch der Elektrotechnik. München-Berlin: Oldenbourg.
    Bd. 1: Die wissenschaftlichen Grundlagen der Elektrotechnik, 6. Aufl. 1961; Bd. 2: Rechenverfahren und allgemeine Theorien der Elektrotechnik, 5. Aufl. 1949; Bd. 4: Rechenbeispiele, 4. Aufl. 1952.
ROEPER, R.: Kurzschlußströme in Drehstromnetzen. 3. Aufl. Erlangen: Siemens-Schuckertwerke AG. 1962.
RÜDENBERG, R.: Elektrische Schaltvorgänge. 4. Aufl. Berlin/Göttingen/Heidelberg: Springer 1953.
— Elektrische Wanderwellen auf Leitungen und in Wicklungen von Starkstromanlagen. 4. Aufl. Berlin/Göttingen/Heidelberg: Springer 1962.
SCHNESSL, F.: Die Kurzschlußvorgänge. Berlin: VEB-Verlag Technik 1959.
WAGNER, K. W.: Elektromagnetische Wellen. Basel-Stuttgart: Birkhäuser 1953.

Hochspannungstechnik, Anlagentechnik, Schaltgeräte

BAATZ, H.: Überspannungen in Energieversorgungsnetzen. Berlin/Göttingen/Heidelberg: Springer 1950.
BABIKOW, M. A.: Wichtige Bauteile elektrischer Apparate. Bd. 1: Theoretische Einführung. Berlin: VEB-Verlag Technik 1954.
BIERMANNS, J.: Hochspannung und Hochleistung. München: Carl Hauser 1949.

Literaturverzeichnis 299

BUCHHOLDT-HAPPOLDT: Elektrische Kraftwerke und Netze. 4. Aufl. Berlin/
Göttingen/Heidelberg: Springer 1963.

FLECK, B.: Hoch- und Niederspannungs-Schaltanlagen. 4. Aufl. Essen: Girardet
1958.

GERSZONOWICZ, S.: High-Voltage A.C. Circuit-Breakers. London: Constable and
Company Ltd. 1953.

KESSELRING, F.: Theoretische Grundlagen zur Berechnung der Schaltgeräte.
Göschen Bd. 711. Berlin: W. de Gruyter & Co. 1950.

LESCH, G.: Lehrbuch der Hochspannungstechnik. Berlin/Göttingen/Heidelberg:
Springer 1959.

ROTH, A.: Hochspannungstechnik. 4. Aufl. Wien: Springer 1959.

SCHULZE, H.: Technik der Wechselstrom-Hochspannungsschalter. Berlin: VEB-
Verlag Technik 1961.

SIROTINSKI, L. J.: Hochspannungstechnik. Berlin: VEB-Verlag Technik. Bd. 1/I:
Gasentladungen 1955; Bd. 2: Isolatoren und Isolierungen 1958.

STRIGEL, R.: Elektrische Stoßfestigkeit. 2. Aufl. Berlin/Göttingen/Heidelberg:
Springer 1955.

WEICKERT, F.: Hochspannungsanlagen. 10. Aufl. Leipzig: Fachbuchverlag 1959.

Synchronmaschinen

BÖDEFELD, TH., u. H. SEQUENZ: Elektrische Maschinen. 6. Aufl. Wien: Springer
1962.

BONFERT, K.: Betriebsverhalten der Synchronmaschine. Berlin/Göttingen/Heidel-
berg: Springer 1961.

KOVACZ, K. P., u. J. RACZ: Transiente Vorgänge in Wechselstrommaschinen Bd. I.
Budapest: Verlag der Ungarischen Akademie der Wissenschaften 1959.

LAIBLE, TH.: Die Theorie der Synchronmaschine im nichtstationären Betrieb.
Berlin-Göttingen-Heidelberg: Springer 1952.

NÜRNBERG, W.: Die Prüfung elektrischer Maschinen. 4. Aufl. Berlin/Göttingen/
Heidelberg: Springer 1959.

RICHTER, R.: Elektrische Maschinen. Bd. 2: Synchronmaschinen und Einanker-
umformer. 2. Aufl. Basel-Stuttgart: Birkhäuser: 1953.

Transformatoren

RICHTER, R.: Elektrische Maschinen. Bd. 3: Die Transformatoren. 2. Aufl. Basel-
Stuttgart: Birkhäuser 1954.

SCHÄFER, W.: Transformatoren. Göschen Bd. 952. 3. Aufl. Berlin: de Gruyter
& Co. 1957.

VIDMAR, M.: Die Transformatoren. 3. Aufl. Basel-Stuttgart: Birkhäuser 1956.

Meßtechnik

CZECH, J.: Oszillographen-Meßtechnik. Berlin: Verl. für Radio—Foto—Kino-
technik 1959.

GOLDSTEIN, J.: Die Meßwandler, ihre Theorie und Praxis. 2. Aufl. Basel: Birkhäuser 1952.

KLEIN, P. E.: Elektronenstrahl-Oszillographen. Berlin: Widmann 1948.

— Zeit- und Kurzzeitmessungen mit Elektronenstrahl-Oszillographen. Berlin:
Widmann 1949.

— Elektronenstrahl-Sichtgeräte in Technik und Medizin. Berlin: Widmann 1952.

300 Anhang

SIROTINSKI, L. J.: Hochspannungstechnik. Bd. 1/II: Hochspannungsmessungen —
Hochspannungslaboratorien. Berlin: VEB-Verlag Technik 1956.
PAASCHE, P.: Hochspannungsmessungen. Berlin: VEB-Verlag Technik 1957.
WALTER, M.: Strom- und Spannungswandler. 2. Aufl. München: Oldenbourg 1944.

Dissertationen

HAMMARLUND, P.: Transient Recovery Voltage. Subsequent to Short-Circuit
Interruption with Special Reference to Swedish Power Systems. Ingeniörs-
vetenskapsakademiens Handlingar Nr. 189 (1946). Generalstabens Litografiska
Anstalts Förlag Stockholm. Acta Polytechnica No. 4 (1947).
SLAMECKA, E.: Untersuchungen über die AEG-Prüfschaltung für Hochleistungs-
schalter nach Weil-Dobke. Diss. TH Graz 1955.
THORÉN, B.: Synthetic Methods for Interruption Tests on Circuit-Breakers.
Kungl. Tekniska Högskolans Handlingar.
Transactions of the Royal Institute of Technology
Stockholm, Sweden No. 87 (1955).
Acta Polytechnica No. 166 (1955).
ASEA Research 1 (1958) 163—182.
NÖSKE, H.: Zum Stabilitätsproblem beim Abschalten kleiner induktiver Ströme
mittels Hochspannungsschaltern. Diss. TU Berlin 1955.
KRIECHBAUM, K.: Netzanalysator zur Messung der Einschwingspannung. Diss.
TH Darmstadt 1956.
KINDLER, H.: Beitrag zur Untersuchung der Vorgänge beim Abschalten leerlaufen-
der Leitungen in Hochspannungsnetzen. Diss. TH Hannover 1956.
SPRUTH, W.: Nachstromuntersuchungen an Hochleistungsschaltern. Diss. TH
Aachen 1957.
A. M. EL-ARABATY: Experimental and Theoretical Investigations of Current
Transformer Performance when Transforming D. C. Transient Currents. Diss.
E.T.H. Zürich 1958.
ÖZKAYA, M.: Über Meßfehler bei der Stoßspannungsmessung mit Spannungsteiler
und Oszillograph. Diss. TH Stuttgart 1958.
KOPPLIN, H.: Untersuchung des Löschverhaltens eines 110-kV-Expansionsschalters
mit Hilfe einer Nachstrom-Meßapparatur. Diss. TU Berlin 1959.
KUTSCHKE, L.: Untersuchung der Gasströmung zur Lichtbogenunterbrechung in
Druckgasschaltern. Diss. TH München 1959.
LEBER, R.: Meßverfahren zur Ermittlung der Einschwingspannung von in Betrieb
befindlichen Netzen. Diss. TH Aachen 1960.
PFLAUM, E.: Untersuchung einer neuen synthetischen Prüfschaltung zur Prüfung
von Hochleistungsschaltern. Diss. TU Berlin 1960.
NASKO, H.: Beitrag zur Untersuchung der Vorgänge beim Abschalten leerlaufender
homogener Leitungen in Hochspannungsnetzen. Diss. TH Graz 1961.
SCHÜTTE, H. G.: Über den Einfluß von Strömungsvorgängen auf die Lichtbogen-
wanderung in engen Spalten. Diss. TH Braunschweig 1961.
ERCHE, M.: Schaltungen für den Übergang zwischen den Komponentensystemen
für Drehstromnetze. Diss. TH Stuttgart 1962.
RIZK, F.: Interruption of Small Inductive Currents with Air-Blast Circuit-Breakers.
Doktorsavhandlingar Chalmers Tekniska Högskola Göteborg 1963.
SALGE, JÜRGEN: Über die Wanderung von Hochstromlichtbögen in engen Spalten
bei Unterdruck. Diss. TH Braunschweig 1963.

KUMMEROW, G.: Eine neue Leitungsnachbildung zur Prüfung von Hochspannungs-Leistungsschaltern unter den Beanspruchungen des Abstandskurzschlusses. Diss. TU Berlin 1965.

Aufsätze

Druckgasschalter

Hochspannung

BIERMANNS, J.: Die Entwicklung des Druckgasschalters. Techn. Ber. Studienges. Hochsp. 161 (1952), 70—79.

HOCHRAINER, A.: Hochspannungs-Schaltgeräte und Anlagen. ETZ-A 75 (1954) H. 18, 606—608.

BALTENSPERGER, P.: Der Brown Boveri Druckluftschnellschalter für 380 kV. Brown Boveri Mitt. 41 (1954) H. 9, 319—326.

STAUCH, B.: Der Mehrfach-Freistrahlschalter. AEG-Mitt. 45 (1955) H. 3/4, 229—233.

KANE, R. E., and K. J. WALKER: A 69-kV Compressed Air Circuit-Breaker for 5 000 000 kVA. AIEE Trans. 74 III (1955) 705—710.

McKEOUGH, D. H., and C. C. SMITH: A New Canadian Compressed-Air Circuit Breaker. AIEE Trans. 75 III (1956) 713—718.

AMER, D. E., J. CHRISTIE and A. F. B. YOUNG: The Development and Testing of a 300 kV Air Blast Circuit-Breaker for Severe Duties. AIEE Trans. 75 III (1956) 1056—1069.

HOCHRAINER, A.: Der Mehrfach-Freistrahlschalter bei der Prüfung und im Betrieb. VDE-Fachber. 19 (1956) I/19—I/25.

PARSCHALK, F.: Die Weiterentwicklung der Druckluftschnellschalter, Reihe DC, Reihe 30 bis 220 kV für Freiluftaufstellung. BBC Nachr. 39 (1957) 75—81.

CROMER, C. F., and R. E. FRIEDRICH: A New 115-kV 1000-MVA Gas-Filled Circuit Breaker. AIEE Trans. 75 III (1957) 1352—1357.

BEATTY, J. W., and K. B. SHORES: A New 138-kV 10000-MVA Air-Blast Circuit-Breaker. AIEE Trans. 76 III (1957) 178—187.

KANE, R. E., and J. E. SCHRAMEK: A New Compressed-Air Dead-Tank Circuit-Breaker For Interrupting 10 000 000 kVA at 138 kV. AIEE Trans. 76 III (1957) 188—193.

BIERMANNS, J., u. A. HOCHRAINER: Hochspannungsschaltgeräte. AEG-Mitt. 47 (1957) H. 7/8, 209—212.

McKEOUGH, D. H., and J. P. SKILLEN: A New 69-kV Dead Tank Compressed-Air Circuit Breaker. AIEE Trans. 76 III (1957) 697—703.

SCHULZ, R., u. P. WIEGAND: Druckkammerschalter für 220 kV. ETZ-A 79 (1958) 145—152.

PARSCHALK, F.: Die Leistungsschalter für 380 kV und 220 kV in Rommerskirchen und Hoheneck. ETZ-A 79 (1958) 227—232.

BÁRTA, K., u. M. VYLETA: Entwicklungs- und Typenprüfungen von Druckluftschaltern der Reihe 66, 110, 220 kV. Die Schwerindustrie der Tschechoslowakei (1958) H. 2, 2—14.

HOCHRAINER, A.: Mehrfach-Freistrahlschalter für 380 kV. AEG-Mitt. 48 (1958) H. 8/9, 424—429.

— Neuer Freistrahlschalter. AEG-Mitt. 49 (1959) H. 2/3, 61—67.

BEATTY, J. W., H. T. SEELY, R. B. SHORES u. W. R. WILSON: A Line of 115-kV Through 460 kV Air Blast Circuit-Breakers. AIEE Trans. 78 III (1959) 673—691.

FRIEDRICH, R. E., and R. N. YECKLEY: A New Concept in Power Circuit Breaker Design Utilizing SF_6. AIEE Trans. 78 III (1959) 695—702.

BÁRTA, K., u. M. VYLETA: Druckluft-Leistungsschalter und Trennschalter 66, 110, 220, 380 kV. Die Schwerindustrie der Tschechoslowakei (1960) H. 2, 12—19.

HOCHRAINER, A.: Hochleistungsschalter. AEG-Mitt. 50 (1960) H. 5, 193—200.

— Hochspannungsschalter für große Kurzschlußleistungen. ETZ-A 81 (1960) H. 25, 874—881.

PETITPIERRE, R.: Druckluftschnellschalter für besonders hohe Beanspruchung. Brown Boveri-Mitt. Bd. 47 (1960) H. 5/6, 339—344.

SCHULZ, R., u. P. WIEGAND: Druckkammerschalter für 110 kV bis 380 kV. Conti Elektro Ber. 7 (1961) H. 2, 53—65.

BERGSTRÖM, L. R., u. S. GROPP: Netzversuche mit 420-kV-Druckluftschaltern. ASEA Zeitschrift 6 (1961) H. 3, 114—122.

HENRY, J. C.: Leistungsschalter nach dem Druckkammerprinzip. Elektrie 15 (1961) H. 9, 301—305.

KARL, E., u. R. SCHULZ: Die Bauweise der Druckkammerschalter. Conti Elektro Ber. 7 (1961) H. 4, 175—189.

FORWALD, H.: Über einige pneumatische Phänomene in Druckluftschaltern. Conti Elektro Ber. 7 (1961) H. 4, 190—196.

HÖFER, P., u. W. HORN: Schaltversuche und Schaltleistungsprüfungen mit Druckkammerschaltern. Conti Elektro Ber. 7 (1961) H. 4, 157—165.

WUTZ, H.: Schaltleistungsversuche mit einem Druckkammerschalter LR 02 für 230 kV im Kraftwerk Grand Coulée. Conti Elektro Ber. 7 (1961) H. 4, 166—174.

CASSALETTE, F., u. R. DELEVOY: Hochleistungsschalter mit Schwefelhexafluorid als Löschmittel. Elektrie 15 (1961) H. 6, 192—194; H. 7, 211—216.

PETITPIERRE, R.: Druckluftschnellschalter für Hoch- und Höchstspannungsnetze. Brown Boveri Mitt. 49 (1962) H. 9/10, 404—421.

RUCKSTUHL, H.: Der Einsatz moderner Schaltapparate in Höchstspannungsanlagen. Brown Boveri Mitt. 49 (1962) H. 9/10, 422—432.

BALTENSPERGER, P., and H. THOMMEN: A High Speed Air Blast Circuit Breaker for the Most Severe Conditions of Operation. CIGRE 1962, Ber. Nr. 121.

DUBOIS, C., J. C. HENRY, E. MAURY u. M. POUARD: Multi-Break Circuit-Breakers. CIGRE 1962, Ber. Nr. 153.

COLCLASER JR., R. G., and R. E. KANE: A 69-kV SF_6 Common-Tank Breaker Rated 5000 MVA. AIEE Trans. 82 (1963/64) III 1076—1081.

BALTENSPERGER, P., u. J. SCHNEIDER: Druckluftschnellschalter für 750 kV. Brown Boveri Mitt. 51 (1964) H. 1/2, 69—75.

PARSCHALK, F., u. W. SCHÖLLHORN: Neue Höchstspannungs-Druckluftschnellschalter vom Typ DK für sehr hohe Ausschaltleistungen. BBC-Nachr. 46 (1964) H. 4, 175—186.

RUOSS, E.: Leistungsschalter. Bull. SEV 55 (1964) Nr. 11, 532—551.

EINSELE, A.: Der Siemens F-Schalter 220 kV 15 GVA. Siemens-Z. 36 (1964) H. 4, 225—228.

Mittelspannung

ARNDT, K.: AEG-Druckgasschalter, Reihe 10—30. AEG-Mitt. 47 (1957) H. 7/8, 279—285.

PETITPIERRE, R., u. W. REUTERCRONA: Innenraum-Druckluftschnellschalter großer Ausschaltleistung. Brown Boveri Mitt. 44 (1957) H. 12, 539—557.

BERNHARD, H.: Druckgasschalter mit erhöhter Ausschaltleistung. Deutsche Elektrotechnik 13 (1959) H. 1, 11—16.

SCHICK, W.: Der AEG-Gießharzschalter, ein neuer Typ des Druckgasschalters für Mittelspannung. AEG-Mitt. 49 (1959) H. 2/3, 67—73.

FAY, F. S., J. LEGG, J. S. MORTON and J. A. THOMAS: Development of High Voltage
  Air Break Circuit-Breakers with Insulated-Steel-Plate Arc Chutes. Proceedings
  IEE 106 (1959) A H. 29, 381—396.
PETITPIERRE, R.: Innenraum-Druckluftschnellschalter großer Ausschaltleistung.
  BBC-Nachr. 41 (1959) H. 5/6, 218—226.
HILLENKAMP, M. H.: Der Innenraum-Druckluftschnellschalter, seine Weiterent-
  wicklung zu höheren Nenndaten. Brown Boveri Mitt. 48 (1961) 371—375.
HOCHRAINER, A.: Die Entwicklung des Gießharzschalters. AEG-Mitt. 52 (1962)
  H. 3/4, 57—63.
MORF, A.: Innenraum-Druckluftschnellschalter in aller Welt. Brown Boveri Mitt.
  49 (1962) H. 9/10, 433—451.
KEIPER, K.: Neue Hochstromverbindungen und Hochstromschalter für Mittel-
  spannungsanlagen. BBC-Nachr. 46 (1964) H. 2, 70—77.

Hartgasschalter

PETERMICHL, F.: Hartgasschalter. AEG-Mitt. 28 (1938) 521—523.
— Entwicklung der Hartgasschalter. VDI-Z. 84 (1940) 321—324.
KEUNECKE, W.: Hartgasschalter. AEG-Mitt. 47 (1957) H. 7/8, 285—288.

Flüssigkeitsschalter

Hochspannung

HOHM, H., u. E. MASS: Die Strömungslöschkammer und ihre Anwendung im ölarmen Druckausgleichschalter. ETZ-A 72 (1951) 263—266.
ALRAN, L.: Évolution envisagée par l'Électricité de France pour la construction de
  disjoncteurs à très haute tension en vue d'obtenir une simplification des appareils
  et une réduction des frais d'installation et d'exploitation. CIGRE 1952, Ber. Nr.
  136.
JAGSICH, K.: Die konstruktive Entwicklung der Ölstrahlschalter. ÖZE 5 (1952)
  286—288.
EHRENSPERGER, H.: Versuche mit einem neuen 220-kV-Ölstrahlschalter in der
  Schaltstation Fontenay. Bull. SEV 43 (1952) 730—738.
JAGSICH, K.: Über Versuchsergebnisse mit 220-kV-Ölschaltern. ÖZE 6 (1953) 129
  bis 130.
GANTENBEIN, A.: Neuere Entwicklungen der Hochspannungstechnik. E und M 70
  (1953) 237—247.
SCHERB, E.: Aufbau und Erprobung eines Ölstrahlschalters für 380 kV bei Netz-
  versuchen. Bull. SEV 44 (1953) 151—154.
ROTH, A.: Aktuelle Probleme im Bau von Hochleistungsschaltern. E und M 70 (1953)
  425—430, 460—467.
VOGELSANGER, E.: Der 380-kV-Schalter der Maschinenfabrik Oerlikon. Bull. SEV
  44 (1953) 154—157.
MORGAN, L., P. WILDI and W. H. CLAGETT: 135 kV, 3 500 000 kVA low-oil circuit
  breaker tests. Electr. Engng. 72 (1953) 223.
RIETZ, E. B.: The operation of outdoor oil circuit breakers under low ambient
  temperatures. Electr. Engng. 72 (1953) 907—911.
LEEDS, W. M., and G. J. EASLEY: A new milestone on circuit breaker interrupting
  capacity 25 Million kVA at 330 kV. Electr. Engng. 73 (1954) 421—426.
DORMONT, J.: L'évolution en France de la technique des courants forts dans le
  domaine des machines statiques. II. Interrupteurs. Rev. Gén. Électr. 63 (1954)
  461.

304 Anhang

HILL, A. W., and G. B. CUSHING: 10000 MVA 138 kV outdoor oil circuit breaker. Electr. Engng. 73 (1954) 248.

KADLEC, M., u. J. BALON: Schalter des VE CKD Stalingrad für 220 kV mit einer kleinen Ölmenge. Elektrotechnický Obzor 44 (1955) 17—23.

GURWITSCH, W. B., u. W. W. KAPLAN: Ein neuer ölarmer 110-kV-Schalter. Električeskie Stancii 26 (1955) H. 4, 34—38.

KATZSCHNER, M.: 25 Jahre Expansionsschalter. Siemens-Z. 29 (1955) 43—48.

VOGELSANGER, E., et P. JOSS: Recherches récentes dans le domaine des disjoncteurs à faible volume d'huile. CIGRE 1956, Ber. Nr. 130.

HILL, A. W., and R. E. FRIEDRICH: Interrupters for high-voltage circuit breakers. Electr. Engng. 76 (1957) 394—399.

SCHÄFER, A.: Konstruktion und Leistungsprüfung der neuen 30- und 110-kV ölarmen Leistungsschalter des Sachsenwerkes. Deutsche Elektrotechnik 12 (1958) 422—426.

AMALRIC, J., ST. KOHN, E. MAURY et M. PEROLINI: Le matériel d'interruption: Les disjoncteurs. Rév. Gén. Électr. 68 (1959) 65—77.

ROXBURGH, A.: Development testing of multi-break oil circuit breakers. CIGRE 1960, Ber. Nr. 130.

JOSS, P., and E. LEIMGRÜBLER: Interruption without restrike of capazitive currents with minimum oil circuit breakers. CIGRE 1960, Ber. Nr. 114.

MARTY, G.: Anforderungen an Schaltgeräte für Schnellwiedereinschaltung in Hochspannungsnetzen bis 150 kV. Bull. SEV 51 (1960) 1152—1156.

MAREŠ, A.: Ölarme Höchstspannungsschalter. Elektrie 15 (1961) 327—330.

EINSELE, A.: Ein neuer Expansionsschalter 110 kV, 4000 MVA. Siemens-Z. 35 (1961) 747—756, 803—808.

v. PETZINGER, J. D., u. H. J. WILHELM: Schaltversuche im 110-kV-Netz der Bewag Berlin mit dem 110-kV-Expansionsschalter H 800. Siemens-Z. 35 (1961) 808 bis 813.

ROTH, A. W.: Entwicklungstendenzen im Bau von Flüssigkeitsschaltern. E und M 79 (1962) 1—8.

THALER, R.: Neue Wege im Bau von Ölschaltern. Schweiz. Techn. Zeit. 58 (1961) 620—625.

FRATE, G.: Comparison between air-blast and low-oil-content circuit breakers as regards the short-line fault. CIGRE 1962, Ber. Nr. 144.

SIMOČATOV, N. P.: Verstärkung der Ölschalter MKP 220. Električeskie Stancii 33 (1962) Nr. 10, 63—65.

MAREŠ, A.: Ergebnisse der Entwicklung von ölarmen Schaltern für 110 kV, 3500 MVA. Elektrotechnický Obzor 51 (1962) 509—513.

MAURY, M. E.: Étude comparative des techniques „air" et „huile" des disjoncteurs à très haute tension. Progrès récents du disjoncteur à faible volume d'huile. Electrotechniek 40 (1962) 345—358.

SIDANOV, J. A., u. N. P. SIMOČANOV: Vor- und Nachteile von Druckluft- und Ölschaltern für 110 kV. Električeskie Stancii 34 (1963) Nr. 1, 76—78.

RICHTER, F.: Prüfung des Schaltvermögens ölarmer Hochspannungsleistungsschalter. Siemens-Z. 39 (1965) H. 2, 107—112.

Mittelspannung

ROTH, A., u. E. SCHERB: Neue Abschaltversuche an einem Ölstrahlschalter für Mittelspannung. Bull. SEV 36 (1945) 115—118.

BALLY, A.: Der neue ölarme Schnellschalter Typ V für Nennspannungen 10—30 kV. Bull. Oerlikon (1946) 1695—1700.

Literaturverzeichnis

EHRENSPERGER, H.: Ölstrahlschalter zur Verminderung der Kurzschlußschäden und der Betriebsstörungen bei elektrischen Bahnen. Bull. SEV 41 (1950) 346—350.

HOHM, H., u. E. MAASS: Die Strömungslöschkammer und ihre Anwendung im ölarmen Druckausgleichschalter. ETZ 72 (1951) 263—266.

KIRCH, G.: Moderne Bauformen der Expansionsschalter. VDE-Fachber. 15 (1951) 86—91.

MAASS, E.: Ölarmer Bahnschnellschalter für Unterwerke und Kuppelstellen. Elektr. Bahnen 22 (1951) H. 9.

PARSCHALK, F.: Der Konvektorschnellschalter Bauart S und sein Einbau in offene Innenraumschaltanlagen Reihe 10 und 20. BBC-Nachr. 34 (1952) 85—86.

BOSSI, H.: Der Konvektorschnellschalter Typ S für Innenraumschaltanlagen, ein Ölschalter mit sehr kleinem Ölvolumen und sehr kurzer Abschaltzeit. Brown Boveri Mitt. 39 (1952) 368—373.

HOH, A.: Expansionsschalter in Hochspannungsschaltanlagen. Deutsche Elektrotechnik 6 (1952) 322—324.

NEUMANN, J.: Hochspannungs-Schaltgeräte. Elektro-Post 5 (1952) 139—143.

AUTENRIETH, K.: Unterbrechung kleiner induktiver und kapazitiver Ströme mit dem Druckausgleichschalter. VDE-Fachber. 16 (1952) II 8—13.

MAASS, E. : Stand und Entwicklung im Bau von Druckausgleichschaltern. Techn. Ber. Studienges. Höchstsp., 161 (1952), 1. Teilber. 80—88.

SCHMITZ, L.: Neuzeitliche Hochspannungs-Leistungsschalter. Techn. Ber. Studienges. Höchstsp., 161 (1952), 1. Teilber. 96—100.

MARX, E., u. L. SCHMITZ: Hochspannungs-Ölströmungsschalter für große Ausschaltleistungen mit Pumpeinrichtung. ETZ-A 74 (1953) 693—698.

ROTH, A.: Aktuelle Probleme im Bau von Hochleistungsschaltern. E und M 70 (1953) 425—430, 460—467.

WIEGAND, P.: Ölarme Hochspannungs-Leistungsschalter. Elektro-Post 6 (1953) 141—143.

KATZSCHNER, M.: 25 Jahre Expansionsschalter. Siemens-Z. 29 (1955) 43—48.

REMDE, F., u. H. TOLAZZI: Untersuchungen von Strömungsvorgängen in Schaltern. ETZ-A 76 (1955) 704—710.

GEMEINHARDT, H., u. H. ROLLER: Neue Hochspannungsschaltgeräte. Siemens-Z. 30 (1956) 163—164.

BEYER, W., u. K. PATZAK: Neue Leistungsschalter für 10 und 20 kV. CEG-Ber. 2 (1956) 41—48.

BITTER, H.: Expansionsschalter für große Schalthäufigkeit. Siemens-Z. 31 (1957) 163—165.

OBERT, E.: Ölkesselschalter und ölarme Strömungsschalter. AEG-Mitt. 47 (1957) 289—293.

SCHÄFER, A.: Konstruktion und Leistungsprüfung der neuen 30- und 110-kV-ölarmen Leistungsschalter des Sachsenwerkes. Deutsche Elektrotechnik 12 (1958) 422—426.

REISKE, K.: Die 30-kV-Leistungsschalter und -Trenner in Rommerskirchen und Hoheneck. ETZ-A 79 (1958) 232—235.

FOHRMANN, F., u. F. HOFFMANN: Druckausgleichschalter 10—30 kV für hohe Ausschaltleistung. CEIG-Ber. 4 (1958) 56—63.

PATZAK, K.: Erweiterung der Reihe der Druckausgleichschalter 10—30 kV für mittlere Ausschaltleistungen. CEIG-Ber. 4 (1958) 64—67.

SÖDERBERG, G.: Oil minimum circuit-breakers type HKL with operating gear. ASEA J. 32 (1959) 43—46.

KUTSCHKE, L.: Neue ölarme Strömungsschalter für Mittelspannungen. AEG-Mitt. 94 (1959) 268—270.

BROCKHAUS, G.: Ölströmungsschalter für Kurzunterbrechung. Elektrizitätswirtschaft 58 (1959) 365—368.

ELSÄSSER, H. P.: BBC-Konvektorschalter — jetzt auch für Kurzunterbrechung und mit Druckluftantrieb. BBC-Nachr. 41 (1959) 258—163.

FERNIER, B.: Evolution et progrès récents de l'appareillage à haute et moyenne tension. Bull. SFE 8 (1960) I, 82—92.

FOHRMANN, F., u. H. KELBEL: Druckausgleichschalter kleiner Schaltleistung Reihe 10 und 20 für Innenanlagen. Conti-Elektro Ber. 6 (1960) 61—66.

KRACHLER, B., u. K. PATZAK: Druckausgleichschalter mit Druckölantrieb Reihe 30 für Freiluftanlagen. Conti-Elektro Ber. 6 (1960) 67—71.

STRÖMBLAD, E.: Truck-Type Switchgear for 20 kV. ASEA-J. 34 (1961) 127—129.

KEUNECKE, W.: Schaltgeräte für Mittelspannungs-Schaltanlagen. AEG-Mitt. 51 (1961) 315—319.

ÖHMANN, G.: The Reaction Chamber — A New Breaking Feature for High-Voltage Circuit-Breakers. ASEA-J. 34 (1961) 178—181.

ROTH, A.: Entwicklungstendenzen im Bau von Flüssigkeitsschaltern. E und M 79 (1962) 1—8.

MARTY, G.: Ölarme Schalter für Innenraumanlagen. Bull. SEV 53 (1962) 518—526.

JEAN-RICHARD, M.: Ölstrahlschalter für 30—52 kV — nun auch für Kondensatorbatterien rückzündungsfrei. Neues von Sprecher & Schuh (1963) 36—39.

SCHMITZ, L., u. H. WEGESIN: Ölarme Leistungsschalter mit teilweise stromabhängiger Löschmittelströmung. ETZ-A 84 (1963) 126—131.

KELBEL, H., u. K. PATZAK: Gießharzisolierte Druckausgleichschalter Reihe 10 und 20 für Innenanlagen. Conti-Elektro Ber. 10 (1964) 1—11.

JÄHRIG, S., u. A. SCHULZ: Der T-Schalter: ein ölarmer 20-kV-Leistungsschalter 500 MVA, für 630 und 1250 A. Siemens-Z. 38 (1964) 229—231.

SZENTE-VARGA, H. P., u. W. HOFMANN: Neue ölarme Innenraum-Leistungsschalter Typ SB. Brown Boveri Mitt. 51 (1964) H. 4, 258—262.

Vakuumschalter

KOLLER, R.: Fundamental Properties of the Vacuum Switch. AIEE Trans. 65 (1946) 597—604.

JENNINGS, J. E., H. C. ROSS and A. C. SCHWAGER: Vacuum Switches for Power Systems AIEE Trans. 75 (1956/57) III 462—468.

RITTENHOUSE, J. W.: The Role of the Vacuum Switch in Power Applications. Electr. Engng. 76 (1957) 202—207.

— Application of Vacuum Switches to Utility Loads. Electr. Engng. 77 (1958) 414—417.

ROSS, H. C.: Vacuum Switch Properties for Power Switching Applications. AIEE Trans. (1958) III, 104—117.

CROUCH, D. W., A. GREENWOOD, I. H. LEE and C. H. TITUS: Development of Power Vacuum Interrupters. IEEE, Pwr.-App. Syst. (1963) 64 629—639.

REECE, P.: The Vacuum Switch. Proceedings IEE 110 (1963) H. 4, 793—802, 803—811.

COBINE, J. D.: Research and Development Leading to the High-Power Vacuum Interrupter. IEEE Pwr. App. Syst. (1963) 65 201—217.

Magnetblasschalter

DICKINSON. R. C., and RUSSELL FRINK: Size reduction and rating extention of magnetic air circuit-breakers upto 500,000 Kva, 15 kV. AIEE Trans. 65. (1946) 220—223.

LATOUR, A.: Les disjoncteurs secs. Rev. Gén. Électr. 2 (1953) 371—377.

RUSSELL FRINK and J. M. KOZLOVIC: A new 5 kv 50,000 Kva De-ion Air Circuit-Breaker. Electr. Engng. 74 (1955) 1072—1077.

STROM, A. P.: Leakage-Flux Suppression in Magnetic Air-Breakers. Electr. Engng. 77 (1958) 317.

SCHNEIDER, J.: Die Entwicklung und Konstruktion von Magnetschnellschaltern für 3,6 und 7,2 kV. Brown Boveri Mitt. 46 (1959) 194—203.

ENGELDINGER, R.: Le disjoncteur solenarc. Merger-Magazine 51 (1965) 1—8.

— Air-Break Circuit-Breakers. Service d'information Merlin & Gerin.

Lasttrennschalter

LINGAL, H. J., and J. B. OWENS: New High-Voltage Outdoor Load-Interrupter Switch Electr. Engng. 72 (1953) 324—327.

KLÖTZER, A.: Ein neuartiger Hochspannungs-Freiluft-Lasttrennschalter. Deutsche Elektrotechnik 8 (1954) Nr. 6, 228—229.

WARRELMANN, E.: Derzeitiger Entwicklungsstand von Leistungs- und Lasttrennschaltern für 6—30 kV in Deutschland. Elektrizitätswirtschaft 54 (1955) Nr. 4, 94—100.

BUTER, J.: Leistungs- und Lasttrennschalter im In- und Ausland. Techn. Ber. Studienges. Höchstsp. 187 (1958) 5—25.

PETERMICHL, F.: Flachlöschkammer. Techn. Ber. Studienges. Höchstsp. 187 (1958) 35—42.

BUTER, J.: Lastschalter und Lasttrennschalter. ETZ-B 10 (1958) 449—453.

KINDLER, H.: Lasttrennschalter. AEG-Mitt. Bd. 49 (1959) Nr. 2/3, 73—79.

FEINDT, H.: Einsatzmöglichkeiten und betriebliche Beanspruchungen von Innenraum-Lasttrennschaltern für Mittelspannungsnetze. Elektrizitätswirtschaft 59 (1960) 227—230.

SCHRANK, E.: Lasttrennschalter für Mittelspannungsnetze. ETZ-B 12 (1960) 458—462.

KEUNEKE, W.: Schaltgeräte für Mittelspannungs-Schaltanlagen. AEG-Mitt. 51 (1961) Nr. 9/10, 315—319.

MARKWORTH, E.: Einsatzbedingungen für Last(trenn)schalter, Ergebnis einer Rundfrage. Techn. Mitt. Studienges. Hochsp. (Mai 1961) N-3—5.

KÖRBER, R.: Lasttrennschalter mit unter Last herausnehmbarer Löscheinrichtung. ETZ-B 13 (1961) 362.

KOLLMANN, F.: Lasttrennschalter für Mittelspannungen. ETZ-B 14 (1962) 393 bis 398.

MARKWORTH, E.: Schaltungen induktiver Lastströme in einem 20-kV-Netz. Techn. Mitt. d. Studienges. Hochsp. (Juli 1962) N-3—6.

RUTZ, A.: Trenner, Last- und Leistungstrenner für Innenraumanlagen. Bull. SEV 53 (1962) Nr. 10, 526—529.

BROCKHAUS, G.: Lasttrennschalter mit Flachlöschkammern für Reihe 10—30. Calor-Emag-Mitt. H. I/II (1962) 32—37.

MARKWORTH, E.: Betriebliche Gesichtspunkte zum Einsatz von Lasttrennschaltern (Ergebnis einer Rundfrage). Techn. Mitt. Studienges. Hochsp. (Juli 1963) N-3—7.

KRAUSE, E.: Lasttrennschalter für 630 A Nennausschaltstrom. Siemens-Z. 37 (1963) H. 4, 315.

ELSÄSSER, H. P., u. W. SCHÖLLHORN: Neue BBC-Lasttrennschalter. BBC-Nachr. 45 (1963) Nr. 7, 366—371.

308   Anhang

Hochspannungs-Sicherungen

LÄPPLE, H.: Die Vorgänge bei der Kurzschluß-Unterbrechung durch schnell-schaltende Hochspannungssicherungen. VDE-Fachber. 3 (1934) 72—74.

LOHAUSEN, K. A.: Die Vorgänge in der Hochspannungs-Schmelzsicherung. AEG-Mitt. 25 (1935) 4, 148—152.

LÄPPLE, H.: Die Lichtbogenlöschung in körnigem Löschmittel bei Hochspannungssicherungen. ETZ 58 (1937) 369—372, 426—428.

WEBER, H.: Vorgänge bei Kurzschlußabschaltungen durch Schmelzsicherungen. VDE-Fachber. 9 (1937) 92—95.

GANTENBEIN, A.: Die progressiv schaltende Schmelzsicherg. Bull. SEV 32 (1941) 189—196.

GIBSON, J. W.: The High-Rupturing-Capacity Cartridge-Fuse with Special Reference to Short-Circuit Performance. Journal IEE 88 (1941) II, 2—40.

SCHUCK, C. L., u. E. A. WILLIAMS: Control of the Switching Surge Voltages Produced by the Current-Limiting Power Fuse. AIEE Trans. 60 (1941) 214—217.

DANNENBERG, K., u. W. J. JOHN: A High-Voltage High Rupturing-Capacity Cartridge Fuse and its Effect in Protection Technique. AIEE Trans. 61 (1942) 565—584.

JOHANN, H.: Die Lenkung des Schaltvorganges in Hochspannungs-Sicherungen mit körnigem Löschmittel. VDE-Fachber. 18 (1954) II/34—38.

MEIER, F.: Einfluß von Schaltmoment und Phasenverschiebung auf die Beanspruchung von Sicherungen bei Kurzschlußabschaltungen. Bull. SEV 46 (1955) 101—108.

BITTER, H.: Die Prüfung der Siemens-Hochspannungs-Hochleistungs-Sicherungen. Siemens-Z. 29 (1955) H. 1, 25—29.

KRIECHBAUM, K.: Neue Hochspannungs-Hochleistungs-Sicherungen. AEG-Mitt. 47 (1957) 7/8, 265—270.

BITTER, H.: Einfluß der Bemessung des Steuerschmelzleiters auf die Größe der Löscharbeit bei HH-Sicherungen. Siemens-Z. 32 (1958) 39—43.

— Zur Frage der Lichtbogenarbeit in Hochspannungs-Hochleistungs-Sicherungen. ETZ-B 12 (1960) 608—611.

MOCSÁRY, J.: Neuere Untersuchungen an Hochspannungs-Hochleistungssicherungen mit sehr hohem Abschaltvermögen und niedrigen Schaltüberspannungen. Elektrie 17 (1963) 305—307.

LOHAUSEN, K. A.: Überstromunterbrechung mit strombegrenzenden Hochspannungssicherungen für Gleich- und Wechselstrom. Elektrie 18 (1964) H. 1, 24—29.

MOCSÁRY, J.: Untersuchungen von strombegrenzenden Hochspannungs-Hochleistungs-Sicherungen in Stromkreisen mit unterschiedlichen Netzeinschwingfrequenzen. E und M 81 (1964) 655—661.

Kontakte

MILLIAN, K., u. W. RIEDER: Kontaktwiderstand und Kontaktoberfläche. Zeitschrift f. angew. Physik 8 (1956) H. 1, 28—34.

RIEDER, W.: Das Auftreten von Heißkontakten an Sammelschienenverbindungen und Netzschaltgeräten. CIGRE 1956, Ber. Nr. 124.

HILGARTH, G.: Über die Grenzstromstärken ruhender Starkstromkontakte. ETZ-A 78 (1957) H. 6, 211—217.

WOLLENEK, A.: Kontaktwiderstand ruhender Starkstrom-Punktkontakte bei hohen Temperaturen. ETZ-A 80 (1959) H. 5, 139—142.

— Kontaktwiderstand ruhender Starkstrom-Flächenkontakte bei hohen Temperaturen. ETZ-A 80 (1959) H. 10, 306—308.

WOLLENEK, A.: Symmetrische und unsymmetrische versilberte Starkstrom-Punktkontakte. ETZ-A 80 (1959) H. 23, 826—827.

KEIL, A., u. C.-L. MEYER: Die mechanische Deformation von Kontaktstücken durch Schaltlichtbogen. ETZ-B 12 (1960) H. 13, 309—311.

MÜLLER, O.: Kontaktwerkstoffe im Hochleistungs-Schalterbau. Elektrie 16 (1962) H. 1, 7—11.

HEUTSCH, A.: Untersuchungen über den Widerstand sulfidierter Kontakte aus Silber und Silberlegierungen. Elektrie 16 (1962) H. 7, 234—236.

SCHREINER, H.: Gesinterte mehrschichtige Fertigformkontakte. Siemens-Z. 36 (1962) H. 11, 804—808.

RIEDER, W.: Die Beurteilung der Kontaktwerkstoffe für elektrische Schaltgeräte. Bull. SEV 53 (1962) Nr. 18, 830—840.

MATHISEN, E. S.: Measurement of Electrical Contacts. Instruments and Control Systems 35 (1962) Nr. 6, 125—127.

HÖFT, H.: Physikalische Untersuchungen an elektrischen Kontakten. Wiss. Zeitschr. Hochsch. Elektr. Ilmenau 9 (1963) H. 2, 207—215.

KEIL, A.: Der elektrische Kontakt als Gegenstand der Forschung und eines internationalen Erfahrungsaustausches. Bull. SEV 55 (1964) 2, 51—58.

ERK, A.: Über die thermische Beanspruchung von Starkstromkontaktstücken bei Kurzzeitbelastung mit hohen Strömen. ETZ-A 85 (1964) H. 8, 226—231.

—, u. H. WETHOFF: Über das Verschweißen geschlossener Starkstromkontakt-stücke bei hohen Wechselströmen. ETZ-A 85 (1964) H. 8, 231—238.

SCHREINER, H.: Kupfer-Blei-Legierungen für elektrische Kontaktstücke mit hoher Schweißsicherheit. ETZ-A 85 (1964) H. 8, 239—241.

SCHICK, W.: Schaltstücke an Einsäulen-Trennschaltern für hohe Spannungen. ETZ-A 85 (1964) H. 8, 241—245.

Meßtechnik für Hochspannungs-Hochleistungs-Prüffelder

Stromwandler

LANGGUTH, P. O., and D. E. MARSHALL: Current Transformer Exitation under Transient Conditions. AIEE Trans. 48 (1929) 1464—1474.

SINKS, A. T.: Transient Characteristic of Current Transformers. AIEE Technical Paper 40—70, Jan. 1940.

HANSEN, A.: The Ability of a Current Transformer to Measure Transient Currents in A. C. Networks. ASEA's Tidning 38 (1946) H. 7—8, 107—115.

TER HORST, D. TH. J., u. H. DE JONGE MULOCK HOUWER: Die Messung großer Einschaltströme von Netzfrequenz mit Hilfe von Stromwandlern. Electrotechniek (1946) H. 1 u. 2.

MARENESI, R.: Recording of Transient Short-Circuit Currents by Means of Current Transformers. CIGRE 1952, Ber. Nr. 319.

VOGEL, H. F.: Stromwandler-Sekundärströme bei momentaner Kurzschluß-Beanspruchung. ETZ-A 80 (1959) H. 19, 665—671.

GLADUN, A.: Über die Verwendung von Stromwandlern zur Messung der Stoß-kurzschlußströme von Synchronmaschinen. Wiss. Zeitschr. Hochsch. Elektr. Ilmenau 9 (1963) H. 2, 121—126.

Spannungswandler

KETTLER, H., u. H. LANGE: Hochspannungswandler konstanter Isolationsfestig-keit. Siemens-Z. 30 (1956) 319—326.

POLECK, H.: Grundlagen des kapazitiven Spannungswandlers. Siemens-Z. 30 (1956) H. 5/7, 326—330.

310 Anhang

BAUER, E.: Verwendung, Aufbau und Prüfung des kapazitiven Spannungswandlers. Siemens-Z. 30 (1956) H. 5/7, 330—333.

KETTLER, H.: Entwicklungstendenzen im Meßwandlerbau. Siemens-Z. 31 (1957) 427—434.

ANNELL, H.: The Principle and Metering Properties of Capacitor-Voltage-Transformers. ASEA-J. 31 (1958) H. 7, 91—97.

SEIFERT, G.: Vereinfachte Spannungswandlerberechnung I und II. ATM Z 31-2 u. Z 31-3 (1958).

ZINN, E.: Über die Meßgenauigkeit kombinierter Strom- und Spannungswandler. E und M 79 (1962) 326—328.

HERMSTEIN, W.: Hochspannungsmeßwandler neuer Bauform: Die Zwillingswandler. Elektrizitätswirtschaft 62 (1963) 256—259.

Funkenstrecken

BINDER, L.: Entladeverzug von Meß- und Schutzfunkenstrecken. ETZ-A 47 (1926) 1511—1513.

BECHDOLDT, H.: Eichung der Kugelfunkenstrecken. ETZ-A 50 (1929) 1394—1398.

NORD, G. L.: Effect of Ultraviolet on Breakdown Voltage. Electr. Engng. 54 (1935) 955—958.

LAMPE, W.: Triggerung von Stoßgeneratoren mit weitem Arbeitsbereich. ETZ-A 83 (1962) H. 18, 591—596.

FRANKEN, H.: Die Abhängigkeit der Durchschlagsspannung von Meßkugelfunkenstrecken von äußeren Einflüssen. Wiss. Zeitg. d. Elektrotechn. 2 (1964) H. 3, 176—196.

Spannungsteiler

RASKE, W.: Meßteiler für hohe Stoßspannungen. Teil I: Der Widerstandsteiler, Teil II: Der Kapazitätsteiler. Archiv f. Elektrotechnik 31 (1937) 653—666, 732—748.

ZINKE, O.: Frequenzunabhängige kapazitiv ohmsche Spannungsteiler für Meßzwecke. ETZ-A 60 (1939) 927—930.

ELSNER, R.: Die Messung steiler Hochspannungsstöße mittels Spannungsteiler. Archiv f. Elektrotechnik 33 (1939) 23—40.

BÖCKMANN, M., and N. HYLTÉN-CAVALLIUS: Errors in Measuring Surge Voltage by Oscillograph. ASEA-Report 7084 E/0977, 1946.

HOWARD, P. R.: Errors in Recording Surge Voltages. Proceedings IEE 99 (1952) II, 371—383.

VLNAŘ, F.: Reproduktion steiler Wellen durch einen Widerstandsteiler. Elektrotechnický. Obzor 47 (1958) H. 5, 244—249.

BAATZ, H., H. BÖCKER and M. ÖTZKAYA: Procedure for the Determination of the Errors of Measuring-Circuits for Impulse-Voltages. CIGRE 1958, Ber. Nr. 344, Appendix II, 14—19.

STEPHANIDES, H.: Spannungsteiler für hohe Stoßspannungen und ihre Anwendung und Meßgenauigkeit. Scientia Electrica 5 (1958) H. 2.

ASMER, A.: Fortschritte auf dem Gebiet der Messung sehr hoher, rasch veränderlicher Stoßspannungen. Brown Boveri Mitt. 47 (1960) 239—267.

CLARKE, S. A., and R. E. MARTIN: A Mobile Data Recording Unit for Power Network and Switchgear Investigations. CIGRE 1962, Ber. Nr. 150.

BOECK, W.: Eine Scheitelspannungsmeßeinrichtung erhöhter Meßgenauigkeit mit digitaler Anzeige. ETZ-A 84 (1963) 883—886.

GURR, W., u. J. KÖNIG: Ein neuer Druckgaskondensator für hohe Spannungen. Elektrie 18 (1964) H. 5, 130—133.

SLAMECKA, E.: Zur Elementenprüfung von Hochspannungs-Hochleistungsschaltern. Siemens-Z. 38 (1964) H. 3, 157—159.

SCHWAB, A.: Spannungsteiler großer Bandbreite für hohe Stoßspannungen. EZT-A 85 (1964) 878—879.

Oszillographen, Elektronik, Meßleitungen, Shunts usw.

PARK, J. H.: Shunts and Inductors for Surge-Current Measurements. Journal of Research of the National Bureau of Standards. 39 (1947) 191—204, Research Paper RP 1823.

HERBST, W.: Eine fahrbare Meßkabine zur oszillographischen Aufzeichnung schnell verlaufender Hochspannungsvorgänge. ETZ-A 77 (1956) 105—107.

SCHOLL, G.: Anordnung zur geschwindigkeits-proportionalen Hellsteuerung von Kathodenstrahlröhren. STEMAG-Nachrichten (1958) H. 23, 648—650.

GOLDSCHMIDT, R.: Hochfrequenzkabel. Bull. SEV 49 (1958) 708—716.

RUHLMANN, R.: Messung der Amplitude und des zeitlichen Verlaufes von Stoßströmen. ATM V 327-4 (Mai 1958), V 327-5 (Aug. 1958).

STEPANIK, E., u. S. WAGNER: Gerät zur Messung der Lichtbogenenergie beim Öffnen von Starkstromschaltern. Elektrie 14 (1960) 161—162.

KAISER, W.: Lichtstrahloszillographen für die Registrierung elektrischer und nicht elektrischer Größen. Elektronik 9 (1960) 193—198.

BIENECKE, O., u. P. E. KLEIN: Der „Elektronenstrahl-Oszillomat", eine direkt schreibende Registriereinrichtung mit Braunschen Röhren. ATM R 141—R 146 (Okt. 1960).

FAXÖ, L.: Electronic Aids for High Voltage Tests. ASEA-J. 33 (1960) 83—89.

HAAG, E.: Oszillar I/G 60 — ein Universal-Breitband-Oszillograph mit Tastschaltern. Siemens-Z. 38 (1964) 280—281.

Druckmessung

GERDIEN, H.: Eine elektrische Meßdose nach dem Prinzip des Kondensatormikrometers. Wiss. Veröff. Siemens-Konzern 8 (1929) 2, 126—129.

KAUFMANN, W.: Druck in Flüssigkeiten, Druckmessung an Hochleistungsschaltern. ATM V 133-2, 1931 — T 7.

WILD, R. W.: The Electrical Measurement of Pressure and Strain, with Particular Reference to the Testing of Circuit-Breakers. Journal IEE 95 (1948) II, 733 bis 749.

PERLS, T. A.: Electrical Noise from Instrument Cables Subject to Shock and Vibration. Journal of Applied Physics 23 (1952) 674—680.

SCHWETZKE, R.: Messung schnell veränderlicher Drücke in Hochspannungsschaltgeräten. ETZ-A 75 (1954) 84—89.

AUTENRIETH, K., u. H. VOIGT: Anwendung der piezoelektrischen Meßtechnik zum Aufzeichnen des Druckverlaufes in Hochspannungsleistungsschaltern. ETZ-A 78 (1957) 572—577.

CONRADI, G., u. P. DUFFING: Druckmessungen in unmittelbarer Nähe des Lichtbogens. ETZ-A 80 (1959) 421—425.

STARKE, L.: Der Quarz in der elektronischen Meßtechnik. Elektronik 8 (1959) 335—338, 379—382.

FRATE, G., and J. SCUCCATO: Methods of Observing and Recording Continuously the Magnitude and Phase of Pressures and Stresses of Points which are Inaccessible because Live. CIGRE 1960, Ber. Nr. 126.

312   Anhang

GOHLKE, H.: Zur dynamischen Eichung piezoelektrischer Meßsysteme. Elektro-
nische Rundschau 15 (1961), 354—357.
KUTSCHKE, L.: Druckmessungen in den Strömungskanälen von Druckgasschaltern.
AEG-Mitt. 52 (1962) 333—340.
NORTON, H. N.: Strain Gauge Pressure Transducers. Instruments and Control
Systems 36 (1963) H. 3, 85—88.

Dehnungsmessung

HAASE, M.: Messungen mit Dehnungsstreifen über längere Zeiträume. Industrie-
Elektronik 2 (1954) H. 3, 3—7.
NEWIGER, W.: Torsionsmessungen. Industrie-Elektronik 4 (1956) H. 2/3, 28—29.
PICARD, K.-H.: Dehnungsmessungen an technischen Porzellanen, Teil I—III.
Industrie-Elektronik 4 (1956) H. 1, 3—12; 6 (1958) H. 2, 10—18; 6 (1958) H. 3,
21—24.
ZOTTMANN, W.: Messungen mit Dehnungsmeßstreifen bei zeitlich und örtlich ver-
änderlicher Temperatur, Teil I u. II. ATM, J 135-12 u. J 135-13 (1957).
PFLAUM, E.: Schrumpfungsmessungen mittels Dehnungsmeßstreifen an Porzellan-
stützern und -durchführungen. Diplomarbeit TU Berlin, 1958.
ROHRBACH, CH.: Dehnungsmeßstreifen und ihre Anwendung. Elektronik 8 (1959)
5—13.

Messung sonstiger mechanischer Größen

FRANKEN, H.: Messung von Kontaktprellungen bei Schaltgeräten. ETZ-A 75
(1954) H. 23, 787—789.

Technik der Steuerungen in Hochspannungs-Hochleistungs-Prüffeldern

SLAMECKA, E.: Programmsteuerung des Ablaufs der Prüfung von Leistungs-
schaltern. E und M 74 (1957) 193—198.
SEYSEN, R.: Elektronisches Programmschaltgerät für Prüfungen an Niederspan-
nungsschaltgeräten. Conti-Elektro-Ber. 6 (1960) 20—27.
— Die zeitgenaue Steuerung eines Kathodenstrahl-Oszillographen zur Registrie-
rung von Einschwingspannungen an Schaltgeräten. Conti-Elektro-Ber. 8 (1962)
208—213.
SCHÜNEMANN, H.: Zeit-Steuergerät einer Hochleistungsversuchsanlage. Conti-
Elektro-Ber. 9 (1963) 30—33.
PAESSLER, E. R.: Ein elektronisch gesteuertes Programmschaltgerät mit hoher
Schaltzeitgenauigkeit. Elektronische Rundschau 17 (1963) 169—172.
BUCH, W., E. R. PAESSLER u. E. PFLAUM: Zeitgenaue Steuerung von Schaltvor-
gängen mit elektronischen Programmschaltgeräten. ETZ-A 84 (1963) H. 18,
591—595.

Sachverzeichnis

Abkippstrom 91, 195, 202
—, Abhängigkeit von der Parallelkapazität 92
Abstandskurzschluß 1
Aufladungsverlust 251, 266
Ausgleichsspannung bei Schalthandlungen 55
Ausgleichsstrom bei Schalthandlungen 55
Ausschaltleistung, dreipolige 232
—, äquivalente dreipolige 233

Bestimmungen und Richtlinien für Schaltgeräte, nationale 291
—, internationale 294
Beweglichkeit der Ladungsträger 175
Blockierschalter 238
Bogen, Energiebilanz 165
—, Darstellung als konstante Impedanz 189, 209
—, Gleichung des dynamischen 167, 178, 189
—, Kennlinie des statischen 172, 174
Bogen-Leitwert, statischer 167, 189, 208
—, dynamischer 208
—, quasistationärer 169, 179, 182
— -Säule, Verteilung der Leitfähigkeit 173
— -schwingung 191, 195, 205
— -Zeitkonstante 167, 178, 204, 206, 211, 212, 213
— —, Korrekturfaktor zur Bestimmung 203

Dämpfung, Ursache 51
Doppelerdschluß 38
Druckluftschalter 301

Einfrequenz-Prüfschaltung 268
Einschwingspannung 8, 9
—, beim Ausschalten kapazitiver Ströme, Kenngrößen 134
Elementenprüfung 157
Elenbaas-Hellersche Gleichung 172

Erdung, starre 31
Erdungsfaktor 232
Erdschlußstrom 64

Ferranti-Effekt 137, 138, 139
Flüssigkeitsschalter 303
Freileitung, Kenngrößen 154
—, Nachbildung 145, 155
Frequenzbeeinflussung durch Dämpfung 51
Grenzausschaltleistung 185, 186

Hartgasschalter 303
Hochspannungskreis 238
Hochstromkreis 238

Impedanzoperator 53
Induktivität von Sammelschienen und Verbindungsleitungen 115

Kaplan-Naschatyr-Schaltung 257
Kompensation der Aufladungsverluste 251, 253
Kontakte 308
Kunstschaltung nach Biermanns 239
Kurzschluß, Arten 10
—, Entstehungsursache 10
Kurzschluß-Leistung 12
— -strom, maximaler 21, 26
— — der Synchronmaschine 41

Lasttrennschalter 307
Leistungsfaktor 16
Löschbedingung 80, 86
Löschentfernung, sichere 231
Löschspitze 171, 180
Löschverhältnis 78, 80

Magnetblasschalter 306
Marx-Schaltung 241
Messung in Prüffeldern 309

Nachstrom 171, 182, 184
Netzspannung, wiederkehrende 9

Sachverzeichnis

Neuzündung 112
Nullimpedanz 19

Operator, komplexer 18

Partialbruchzerlegung 54
Phasenopposition 14
Polspannung, wiederkehrende 8, 9
Prüfanlagen Berlin 282, 283, 284
—, Kassel 256, 257
—, Prag-Běchovice 266, 267, 268
Prüffelder 287
Prüfschaltung, Einkreis-, dreipolig 223,
    224, 225
—, — -, einpolig 224, 226, 270
—, synthetische, Elementarschaltplan
    238
Prüfung, direkte 221, 222
—, indirekte 222, 228

Reaktanz, Synchron- 42
—, transiente 42
—, subtransiente 42
—, Invers- 42
Richtlinien und Bestimmungen für
    Schaltgeräte, nationale 291
—, internationale 294

Saha-Gleichung 173
Schaltarbeit 232
Schaltaufgaben 220
Schaltfunkenstrecke 239
Schaltspannung, Abhängigkeit von der
    Phasenlage des zu unterbrechenden
    Stromes im Augenblick der Kon-
    takttrennung 82
—, — von der Parallelkapazität der
    Schaltstrecke 92
—, — von Induktivitäten mit Luft-
    oder Eisenpfad f. d. magnetischen
    Fluß 97
— bei Rückzündungen 115
Schaltwiderstände 193

Skeats-Schaltung 240
Sicherungen 308
Siemens-Komponentenschaltung 282
Spannung, wiederkehrende 9
Spannungsverteilung über den Schalt-
    strecken, Messung 234, 237
Stabilitätskriterium nach Hurwitz 190
Steuerung in Prüffeldern 239, 312
Stoßerregung 44
Stoßleistungsgeneratoren 223, 224
Stoßleistungstransformatoren 227
Störungsstatistik 11, 12
Strom, eingeprägter, Verfahren 55
Stromumschlag 2
Synchronmaschine, Aufbauskizze 43
—, Kenngrößen 47
—, Kurzschlußstrom 41, 44, 46, 48
—, Reaktanzen 42
—, Zeitkonstanten 41, 42, 48

Transformatoren, Nullreaktanzen 25

Ueberkompensation 31, 65
Umladungsverlust 264
Unsymmetriefaktor 50
Unterkompensation 30, 65

Vakuumschalter 306
Verstärkungsfaktor 239, 261, 279
Verstimmung 65

Weil-Schaltung 243
Wiederverfestigung, elektrische- der
    Schaltstrecke 183
Wiederzündung 115

Zeitkonstante des Gleichstromgliedes 42
—, subtransiente 41
—, transiente 41
Zündspitze 180
Zweifrequenz-Prüfschaltung 242
Zweikreisschaltung 238

MIX
Papier aus verantwortungsvollen Quellen
Paper from responsible sources
FSC www.fsc.org **FSC® C105338**

If you have any concerns about our products,
you can contact us on
ProductSafety@springernature.com

In case Publisher is established outside the EU,
the EU authorized representative is:
**Springer Nature Customer Service Center GmbH
Europaplatz 3, 69115 Heidelberg, Germany**

Printed by Libri Plureos GmbH
in Hamburg, Germany